JOHN GRIBBIN

SCHRÖDINGERS KÄTZCHEN

UND DIE SUCHE NACH DER WIRKLICHKEIT

Aus dem Englischen von
Christiana Goldmann

S. Fischer

IMPRESSUM

Die englische Originalausgabe mit dem Titel »Schrödinger's Kittens and the Search for Reality« erschien 1995 bei Weidenfeld & Nicolson, London • Gesamtherstellung: Clausen & Bosse, Leck • Printed in Germany 1996 • ISBN 3-10-027030-4 • Gedruckt auf chlor- und säurefreiem Papier

INHALT

DANKSAGUNG

Bei der Arbeit an diesem Buch war ich auf das Wohlwollen vieler Wissenschaftler angewiesen, die mir oftmals Kopien ihrer noch unveröffentlichten wissenschaftlichen Aufsätze zur Verfügung stellten. All diese Informationsquellen sind im Text erwähnt, doch einige meiner Briefpartner verdienen eine besondere Namensnennung, da die Gespräche und der Briefwechsel mit ihnen die Entwicklung meiner Gedanken über die Quantenrealität beeinflußte. Vor allem möchte ich folgenden, in alphabetischer Ordnung angeführten Personen danken: Bruno Augenstein vom RAND in Santa Monica; Shu-Yuan Chu von der University of California, Riverside; John Cramer von der University of Washington, Seattle; Paul Davies von der University of Adelaide; Dipankar Home vom Bose Institut in Kalkutta; Geoff Jones von der University of Sussex; Martin Krieger von der University of Southern California, Los Angeles; und Thanu Padmanabhan vom Tata Institut in Bombay.

Die Universität von Sussex unterstützte mich noch großzügiger als bei meinen anderen Büchern, indem sie mich zum Gastdozenten am Institut für Astronomie ernannte und mir leichten Zugang zu einer hervorragenden wissenschaftlichen Bibliothek und zum Internet verschaffte. Die Astronomen in Sussex waren so freundlich, mir als Resonanzboden für meine weniger konventionellen Gedanken zu dienen. Ohne diese Personen wäre das Buch nie zustande gekommen.

VORWORT

Als ich meine vor zehn Jahren erschienene historische Darstellung über die Entwicklung der Quantentheorie schrieb, dachte ich nicht im Traume daran, daß ich das Thema der Quantengeheimnisse noch jemals in einem weiteren Buch aufgreifen würde. In meinem Buch *Auf der Suche nach Schrödingers Katze* wollte ich zeigen, wie seltsam und geheimnisvoll die subatomare Welt der Quantenphysik ist und welch unanfechtbare Logik die Physiker zwingt, dergleichen ausgefallene Vorstellungen ernst zu nehmen. Ausgelöst wurde diese Logik von bizarren experimentellen Ergebnissen. Sie riefen Theorien ins Leben, die zwar gegen den gesunden Menschenverstand verstießen, aber von späteren Experimenten bestätigt wurden. Mitte der achtziger Jahre lautete das letzte Wort, die Quantentheorie besitze trotz all ihrer Eigenartigkeit einen Erklärungswert und sei die Theorie, die unsere Erkenntnisse über das Verhalten von Lasern, Computerchips, DNS-Molekülen und vieles andere mehr untermauere. Ältere Vorstellungen, die sogenannte »klassische Physik«, sind außerstande, derartige Phänomene zu erklären. Wie ich in *Auf der Suche nach Schrödingers Katze* unterstrich, war das ausschlaggebende Argument, daß die Quantentheorie in der Tat funktioniert, auch wenn sie unserem Verständnis eine harte Nuß zu knacken gibt. Da – wie Richard Feynman bemerkte – »*niemand* die Quantentheorie versteht«, konnte ich mein früheres Buch, ohne zu erröten, mit der Behauptung schließen, daß »ich Sie gern mit offenen Fragen, verheißungsvollen Andeutungen und der Aussicht zurücklasse, daß es noch mehr Geschichten zu erzählen geben wird«.

Während ich es zufrieden war, die losen Enden baumeln zu lassen, wollten sich viele Physiker nicht auf ihren Lorbeeren ausruhen. Da sie alles andere als glücklich über eine Theorie waren, die zwar funktioniert, aber unverständlich bleibt, bemühten sie sich seit meiner letzten Bilanzierung im Jahr 1984 verstärkt darum, den Quantengeheimnissen auf die Spur zu kommen. Dabei ließen sie jedoch einige dieser Geheimnisse in einem noch rätselhafteren Licht erscheinen und entdeckten neue seltsame Aspekte der Quantenwelt. Sie arbeiteten an Erklärungen der Quantengeheimnisse, die Außenstehenden wie zunehmend verstiegene Verzweiflungsthesen vorkommen mußten. Indes gelang es den Physikern in den vergangenen Jahren auch, eine Erklärung der Quantengeheimnisse anzubieten, die uns nach einem gut sechzig Jahre währenden Ringen durchaus einen Einblick in das tatsächliche Geschehen erlauben könnte – einen Einblick, der nicht allein für Eingeweihte verständlich ist, sondern für alle, die sich für das Wesen der Wirklichkeit interessieren.

Die neue Einsicht stützt sich ebenso auf eine geeignete Interpretation der Quantentheorie wie auch auf eine Erklärung für das Verhalten des Lichts im Rahmen der Einsteinschen Relativitätstheorie. In diesem Buch bringe ich beide Geschichten auf den neuesten Stand und zeige, daß wir die Vorstellungen der Quantentheorie mit denen der Relativitätstheorie zusammenführen müssen, wenn wir die Quantengeheimnisse lösen und damit zu einer optimalen Erklärung für das Funktionieren des Kosmos gelangen wollen.

Da ich bereits an anderer Stelle darüber geschrieben habe, sollte der Leser nicht erwarten, hier über den historischen Hintergrund der Entwicklung der Quantentheorie aufgeklärt zu werden. Ich gehe davon aus, daß der Erfolg der Quantentheorie nicht mehr zu bezweifeln ist, und bevor ich deren Geheimnisse für Sie enträtsle, mache ich Sie mit neuen Geheimnissen und neuen Betrachtungsweisen der alten Geheimnisse bekannt. Hingegen *wird* der Leser hier das nötige Rüstzeug finden, um den Dreh- und Angelpunkt der Quantendebatte zu verstehen, und zwar unabhängig davon, ob er bereits mit anderen einschlägigen Werken (von meinen

Büchern ganz zu schweigen) vertraut ist. Der Leser wird von so augenscheinlich paradoxen Phänomenen wie Photonen (Lichtteilchen) erfahren, die sich zur selben Zeit an verschiedenen Orten befinden können, von Atomen, die gleichzeitig zwei verschiedene Wege einschlagen; er wird lesen, wieso die Zeit für ein Teilchen, das sich mit Lichtgeschwindigkeit bewegt, stillsteht, und auf den ernstgemeinten Vorschlag stoßen, die Quantentheorie könne möglicherweise eine Teleportation im Stil der Star-Trek-Serie Wirklichkeit werden lassen.

Zur Vorbereitung des Schauplatzes knüpfe ich jedoch mehr oder weniger an den Schluß von *Auf der Suche nach Schrödingers Katze* an, d. h., ich beginne mit der berühmten Katze und John Bells Beweis, daß Quantenentitäten, sobald sie Teil eines Systems sind, irgendwie voneinander wissen, gleichgültig welche Distanz zwischen ihnen liegt. Einstein nannte dies »geisterhafte Fernwirkung«, weniger ehrenrührig wird das Phänomen als »Nichtlokalität« bezeichnet. Es mag sein, daß die Ideen für Sie neu sind, Sie können Ihnen aber auch ganz vertraut vorkommen. Das »Paradox« von Schrödingers Katze, die zugleich tot ist und lebt, ist in den letzten zehn Jahren fast zum Gemeinplatz geworden. Doch halt! Auch wenn Sie meinen, Sie wüßten, worum es geht, sollten Sie darauf vorbereitet sein, noch einmal alles zu überdenken. Bis jetzt haben Sie noch *gar nichts* gesehen. Ich habe noch größere und bessere, durch unangreifbare Experimente abgestützte Paradoxien in der Hinterhand, mit denen ich Sie verblüffen kann. Alle laufen freilich auf ein und dieselbe Frage hinaus. Wie kann beispielsweise ein Elektron in einem Doppelspaltexperiment zwei Wege gleichzeitig nehmen? Wieso »kennt« es zu einem bestimmten Zeitpunkt den Aufbau des ganzen Experimentes?

Wie durch und durch fremdartig die Quantenwelt ist und welches Problem wir zu knacken haben, werden wir am besten anhand der Abenteuer begreifen, die den beiden Nachkommen unserer ursprünglichen Katze, den Kätzchen aus dem Titel dieses Buches, bevorstehen. Außerdem müssen wir uns noch einmal durch den Kopf gehen lassen, was wir über die Natur des Lichtes wissen, über jenes Phänomen, das den Kernpunkt der Quanten- und der Relativitätstheorie bildet. Erst dann werde ich Sie mit den neuen Ideen bekannt machen können, die das Wesen der Wirklichkeit erklären und ausnahmslos *alle* Quantengeheimnisse lösen. Zum ersten Mal seit Aufkommen der Quantentheorie Mitte der zwanziger Jahre dürfen wir mit einiger Gewißheit behaupten, wir wüßten, was die Quantentheorie *bedeutet*. Und wenn das kein hinreichender Grund ist, dieses Buch zu schreiben, was dann?

John Gribbin
April 1994

Fünfzig Jahre angestrengten Nachdenkens haben mich der Antwort auf die Frage »Was sind Lichtquanten?« nicht näher gebracht. Heute bilden sich Hinz und Kunz ein, es zu wissen. Aber da täuschen sie sich.
ALBERT EINSTEIN
in einem Brief an M. Besso, 1951

Hinter den offenbar grundlegenden Sinneseindrücken, die vom Bewußtsein reflektiert werden, existiert keine materielle Welt.
GEORGE BERKLEY
Treatise Concerning the Principles of Human Knowledge, 1710

Es gibt neunundsechzig Weisen, Stammeslegenden zu erfinden, und eine jede ist richtig.
RUDYARD KIPLING
In the Neolithic Age, 1895

PROLOG: DAS PROBLEM

Das zentrale Geheimnis der Quantentheorie steckt im Doppelspaltexperiment. Mir müssen Sie dies nicht glauben, aber genau das behauptete Richard Feynman, der größte Physiker seiner Generation, auf der ersten Seite des ersten Kapitels seiner berühmten *Vorlesungen über Physik*, die sich mit der Quantenmechanik befaßten.[1] Als er die Quantenphysik den klassischen Vorstellungen Isaac Newtons und jener Wissenschaftler gegenüberstellte, die in Newtons Fußstapfen traten, meinte Feynman, dies sei ein Phänomen, »das auf klassische Art zu erklären *absolut* unmöglich ist und das in sich den Kern der Quantenmechanik enthält. In Wirklichkeit enthält es das *einzige* Geheimnis.« In einem anderen Buch, *Vom Wesen physikalischer Gesetze*, schrieb er: »Bei jeder x-beliebigen anderen Situation in der Quantenmechanik genügt dann der Hinweis: Sie erinnern sich an das Experiment mit den zwei Löchern? Das hier ist im Prinzip auch nichts anderes.« Aus diesem Grund beginne ich wie Feynman mit dem Doppelspaltexperiment und lege zu Anfang das entscheidende Geheimnis in all seiner Pracht offen. Das Experiment mag bekannt erscheinen, doch ist dies eine Art von Vertrautheit, aus der keinerlei Geringschätzung hervorgeht. Denn je mehr wir über das Doppelspaltexperiment wissen, um so geheimnisvoller erscheint es.

Sollten Sie dem Experiment einmal im Physiklabor Ihrer Schule beigewohnt haben, werden Sie es vielleicht ganz und gar nicht geheimnisvoll finden, weil niemand sich die Mühe machte (oder es wagte), Ihnen das Mysteriöse daran zu erklären. Vermutlich begnügten sich Ihre Lehrer mit der Mitteilung, das Verhalten von Licht beim Passieren zweier schmaler Schlitze in einem Brett, wodurch ein Muster von hellen und dunklen Streifen auf einem Schirm entsteht, sei einfach ein recht eleganter Beweis für die Tatsache, daß Licht sich wellenförmig ausbreitet.

Das ist zweifellos wahr, nur ist es weit davon entfernt, die ganze Wahrheit zu sein.

Das wunderliche Verhalten des Lichts

Das klassische Beispiel einer Welle ist jene Erscheinung, die man auf der Oberfläche eines stillen Teiches wahrnimmt, wenn man einen Kieselstein hineinwirft. Die Wellen bilden eine Reihe von Kräuselungen, die sich kreisförmig von dem Punkt entfernen, an dem der Kieselstein ins Wasser fiel. Stoßen solche Wellen auf eine Barriere mit zwei Durchlässen, die kleiner als die Wellenlänge sind, so breiten sich die Wellen auf der anderen Seite der Barriere als zwei um die beiden Durchlässe zentrierte Halbkreise aus. Das so entstehende Muster sieht aus wie die Hälfte des Wellenmusters, das sich ergäbe, wenn man zwei Kieselsteine gleichzeitig in den stillen Teich werfen würde.

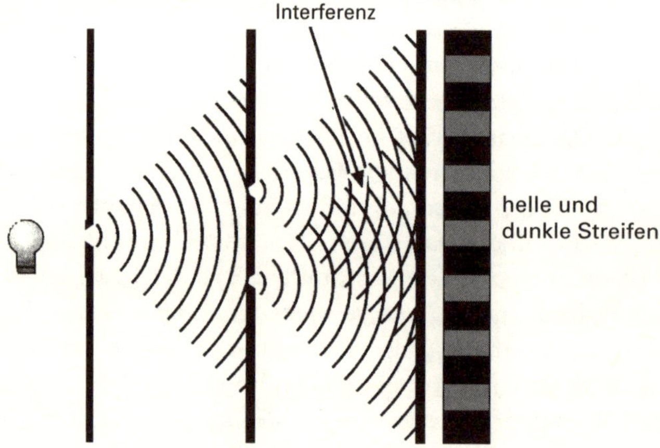

Abb. 1: Das gleichförmige Licht aus dem ersten Loch erzeugt Wellen, die phasengleich die beiden Löcher des zweiten Schirms passieren. Durch ihre Interferenz bilden sie ein deutliches Muster heller und dunkler Streifen auf dem Bildschirm, was beweist, daß Licht sich als Welle fortbewegt.

Jeder weiß, wie ein solches Muster aussieht. Lassen Sie zwei Steinchen in den Teich fallen, und was Sie dann sehen, sind nicht bloß zwei kreisförmige Reihen von Wellen, die einander überschneiden, vielmehr beobachten Sie ein kompliziertes Muster, das durch die Überlagerung der beiden Kreismuster zustande kommt. An einigen Stellen werden sich die Wellen zu einem besonders hohen Wellenkamm vereinigen, an anderen Stellen werden sie sich aufheben und eine nur geringe oder gar keine Wellenbewegung auf der Wasseroberfläche zurücklassen.

Wird Licht durch zwei Löcher in einem Brett geschickt, so daß sich auf einem Schirm jenseits des Brettes ein Muster bildet, dann geschieht genau das gleiche. Bei diesem Versuch ist es ratsam, einfarbiges Licht, d. h. Licht von *einer* bestimmten Wellenlänge, zu verwenden, da der Effekt dann besonders deutlich hervortritt.

Die beiden Lichtwellen verbreiten sich nach ihrem Durchgang durch die beiden Löcher wie die Wellen auf einem Teich, und sobald das Licht auf den Schirm trifft, zeigt es ein Muster aus hellen und dunklen Streifen (sogenannten Interferenzstreifen), die den Orten entsprechen, an denen sich die Wellen addieren (konstruktive Interferenz), und jenen, wo sich die Wellen wechselseitig aufheben (destruktive Interferenz). Bis jetzt ist das alles einfache, unproblematische Schulphysik, aus der wir zum einen lernen, daß Licht eine Welle ist, und aus der wir andererseits sehr leicht die Wellenlänge des Lichtes ableiten können, indem wir einfach das Intervall der Interferenzstreifen messen.

Doch schon auf dieser Stufe gibt es Subtilitäten. Das Muster auf dem Schirm entspricht *nicht* dem Muster, das wir erhielten, falls wir Licht nacheinander durch die beiden Löcher schickten und die Helligkeit der beiden auf den Schirm geworfenen Lichtflecken addierten. Dies ist eines der Schlüsselmerkmale, die uns Aufschluß über das Wirken der Interferenz geben. Stünde nur ein Loch offen, so bekämen wir einen Lichtfleck auf dem Bildschirm unmittelbar hinter dem Loch; wäre nur das andere geöffnet, ergäbe sich ein zweiter Lichtfleck. Addierten wir die beiden Wirkungen, würden wir lediglich einen größeren Lichtfleck bekommen. Interferenz hingegen bedeutet, daß das Muster auf dem Schirm, falls das Licht gleichzeitig beide Löcher passiert, komplizierter ist – nicht zuletzt deshalb, weil sich als hellster Teil des Musters eben jene Stelle auf dem Schirm zeigt, die in der Mitte zwischen den beiden hellen Flecken liegt, die wir erhalten, wenn die Löcher nacheinander offen stehen, d. h., die hellste Stelle ist genau dort, wo wir einen dunklen Schatten erwarten würden.

So weit, so gut. Licht *ist* eine Welle. Doch entgegen diesem einfachen Bild verfügen wir leider auch über sehr gute Belege dafür, daß Licht aus Teilchen, sogenannten Photonen, besteht. Und unsere alltägliche Erfahrung sagt uns, daß Teilchen zwei Löcher in einer Wand auf völlig andere Art und Weise passieren als Wellen.

Nehmen wir an, die beiden Löcher seien tatsächlich Löcher in einer Wand und Sie stünden nun mit einem Haufen von Steinen auf der einen Seite und schleuderten die einzelnen Steine, ohne genau zu zielen, nacheinander in Richtung Wand. Einige der Steine würden durch das erste, andere durch das zweite Loch fallen, wodurch sich hinter der Wand zwei Haufen bilden. Das Muster (die beiden Steinhaufen) gleicht exakt dem Muster, das wir erhielten, wenn wir zunächst das erste und dann das zweite Loch jeweils die Hälfte der Zeit dicht machten. Unter keinen Umständen würden wir einen Steinhaufen *zwischen* den beiden Löchern, genau hinter dem festen Teil der Wand, vorfinden. Teilchen, die nacheinander durch Löcher gehen, interferieren *nicht* miteinander.

Selbstverständlich können sich viele gleichzeitig die Löcher passierende Teilchen gegenseitig anrempeln, um so ein anderes Muster zu erzeugen. Schließlich ist uns die Vorstellung vertraut, daß auch Wasser aus Teilchen besteht – nämlich aus Wassermolekülen – und daß Kräuselungen auf einem Teich dennoch ordentliche Wellen bilden können. Es ist durchaus denkbar, daß sich ein Strom von Photonen aus einer Lampe gemeinsam wie eine Welle verhält, wenn die Photonen durch die beiden Löcher gehen. Doch sehen wir uns an, was mit *einzelnen* Photonen geschieht, die nacheinander durch das Doppelspaltexperiment geschickt werden, so wird die Sache noch geheimnisvoller.

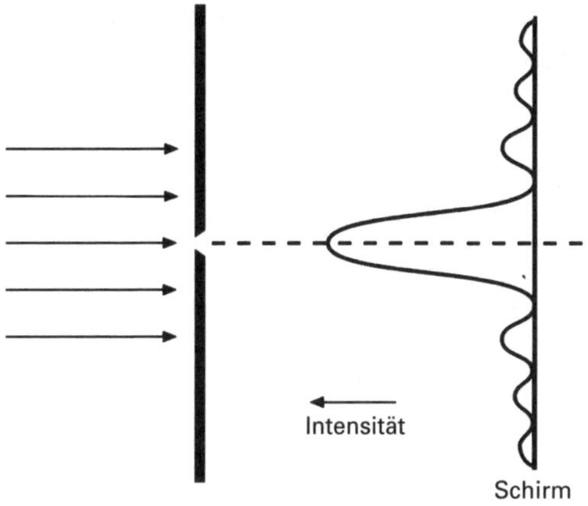

Abb. 2: Ein Elektronenstrahl, der ein einzelnes Loch passiert, erzeugt eine Verteilung, bei der sich die meisten Elektronen auf der Durchgangslinie des Loches befinden. Genau so sollte sich ein Teilchenstrahl verhalten.

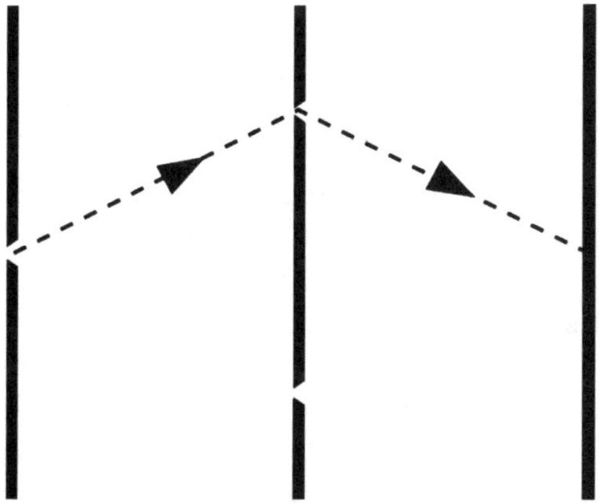

Abb. 3: Ein Elektron oder Photon, das durch eines von zwei Löchern hindurchgeht, sollte sich dem gesunden Menschenverstand zufolge so verhalten, als ginge es durch ein einzelnes Loch. Die Anwesenheit des zweiten Loches dürfte keinerlei Auswirkung haben.

Dieses Experiment ist tatsächlich Mitte der achtziger Jahre von einer Forschungsgruppe in Paris durchgeführt worden. Dabei wurde beobachtet, daß einzelne Photonen in dem Doppelspaltexperiment mit sich selbst interferieren. Als ich *Auf der Suche nach Schrödingers Katze* schrieb, waren die Indizien dafür, daß Licht sich unter diesen Umständen so verhält, zwar sehr stark, aber es waren eben noch immer bloße Indizien. Mittlerweile *wissen* wir ohne den geringsten Zweifel, was geschieht, wenn ein einzelnes Photon das Experiment durchläuft.

Alles, was wir sehen, ist natürlich das vom Licht erzeugte Muster auf dem Bildschirm, nachdem es die beiden Löcher passiert hat. Stellen wir uns vor, die Lichtquelle wird so stark gedämpft, daß jeweils nur ein Photon gleichzeitig austritt und durch das Experiment geht. (Physiker können diesen Trick heutzutage durchführen, obgleich sie dafür große Geschicklichkeit und ausgeklügelte Apparate benötigen.) Nehmen wir weiterhin an, bei dem Schirm jenseits der beiden Löcher handle es sich um eine Photoplatte, die das Auftreffen jedes Photons als weißen Punkt registriert. Wenn die einzelnen Photonen das Experiment durchlaufen, sehen wir in jedem einzelnen Fall, was wir erwarten: Ein einzelnes Photon verläßt die Lichtquelle und erzeugt einen weißen Punkt auf der Photoplatte. Nachdem aber erst Hunderte, dann Tausende und schließlich Millionen von Photonen durch das Experiment gegangen sind, beobachten wir etwas Phantastisches. Die einzelnen weißen Punkte auf dem lichtempfindlichen Film versammeln sich exakt zu dem hell und dunkel gestreiften Muster einer typischen Welleninterferenz.

Obwohl jedes Photon seine Reise als Teilchen antritt und als solches ankommt, scheint es durch beide Löcher gleichzeitig gegangen zu sein, mit sich selbst interferiert und herausgefunden zu haben, wo genau es sich auf dem Film niederlassen muß, damit es seinen bescheidenen Beitrag zum gesamten Interferenzmuster leistet. Dieses Verhalten gibt zwei Rätsel auf. Erstens: Wie stellt ein Photon es an, gleichzeitig beide Löcher zu passieren? Und zweitens: Angenommen, es beherrscht diesen Trick, wie »weiß« es dann, wo es sich in dem Gesamtmuster niederzulassen hat? Warum folgt nicht jedes Photon derselben Bahn und landet auf der anderen Seite an derselben Stelle?

Zwar ist das alles reichlich rätselhaft, aber man könnte immerhin argumentieren, das Licht sei überhaupt ein seltsames Ding. Und damit läge man zweifellos richtig. Licht (genauer gesagt: elektromagnetische Strahlung) pflanzt sich stets mit derselben Geschwindigkeit, der Lichtgeschwindigkeit, fort (die wir als *c* bezeichnen). Wie auch immer wir uns bewegen und wie auch immer die Lichtquelle sich bewegt, stets wird die Messung der Lichtgeschwindigkeit zum selben Ergebnis führen. Später, bei der Erörterung der Relativitätstheorie, werden wir sehen, daß dieser Befund weitreichende Konsequenzen hat. Das Verhalten des Lichts ent-

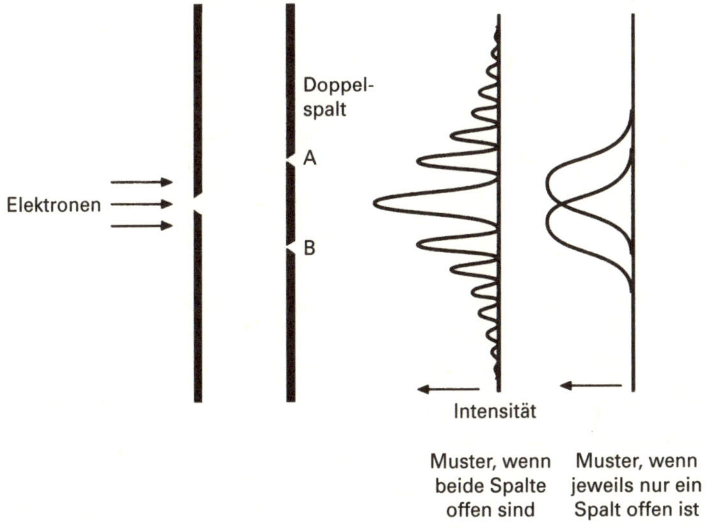

Abb. 4: Sowohl Elektronen als auch Photonen verhalten sich so, als wüßten sie, daß es ein zweites Loch gibt. Sind beide Löcher offen, sehen wir ein Muster, das *nicht* demjenigen gleicht, welches wir durch Addition jener Muster erhielten, die bei getrennter Öffnung der Löcher erzeugt werden. Bedeutet dies, daß Elektronen wirklich Wellen sind?

spricht sicherlich nicht demjenigen anderer uns aus der Alltagswelt vertrauter Dinge. Außerdem haben Photonen keine Masse, was eine weitere merkwürdige und dem gesunden Menschenverstand widersprechende Eigenschaft ist. Wäre es möglich, daß das eigenartige Verhalten von Photonen im Doppelspaltexperiment auf die Tatsache zurückgeht, daß Photonen gewichtslos sind und sich mit Lichtgeschwindigkeit fortpflanzen? Oder sollte es sich nur um eine weitere merkwürdige Eigenschaft des Lichts handeln? Ralph Baierlein formulierte den Sachverhalt so: »Obwohl Licht sich als Welle ausbreitet, tritt es seine Reise als Teilchen an und beendet sie auch so.«[2] Vielleicht handelt es sich hierbei bloß um eine besondere Eigenschaft des Lichts?

Leider ist das nicht der Fall. Genau dasselbe Experiment läßt sich mit Elektronen durchführen, die zwar auch nicht gerade zu den Dingen gehören, mit denen wir alltäglichen Umgang pflegen, die aber immerhin nicht nur Masse haben, sondern auch eine elektrische Ladung, und die sich anständigerweise je nach den Umständen mit verschiedener Geschwindigkeit bewegen. Gleichwohl reisen Elektronen als Wellen, obschon sie als Teilchen aufbrechen und als solche ankommen. Diesen Befund können wir nicht so leicht als eine jener Merkwürdigkeiten abtun.

Elektronen-Interferenz

Elektronen gehören recht eindeutig zur Welt der Teilchen. 1897 demonstrierte J. J. Thomson, der damals am Cavendish-Laboratorium in Cambridge arbeitete, als erster die Teilchennatur von Elektronen. Er wies nach, daß es sich bei Elektronen um Bruchstücke handelte, die aus Atomen entkommen oder aus ihnen herausgeschlagen worden waren. Das war der erste Beweis für die Teilbarkeit von Atomen. Jedes Elektron hat exakt dieselbe Masse (etwas mehr als $9 \cdot 10^{-31}$ kg, das sind 30 Nullen und eine 9 hinter dem Komma) und dieselbe elektrische Ladung ($1{,}6 \cdot 10^{-19}$ Coulomb). Elektronen lassen sich mit Hilfe elektrischer oder magnetischer Felder manipulieren, und sie bewegen sich schneller oder langsamer, je nachdem wie sie gestoßen oder gezogen werden. In vielerlei Hinsicht verhalten sich Elektronen wie winzige, elektrisch geladene Kugeln.

In den zwanziger Jahren, 30 Jahre nach ihrer Entdeckung, wurde deutlich, daß Elektronen sich auch wie Wellen verhalten. Zu den Physikern, die 1927 den Beweis dafür erbrachten, gehörte George Thomson, J. J. Thomsons Sohn. An den Belegen für die Doppelnatur des Elektrons, den sogenannten Wellen-Teilchen-Dualismus, ließ sich schon lange vor Mitte der achtziger Jahre nicht mehr rütteln. Das Doppelspaltexperiment wurde jedoch erst 1987 von einer japanischen Forschungsgruppe mit Elektronen durchgeführt.

Vor diesem Zeitpunkt hatten Lehrbücher (auch das von Feynman) sowie populärwissenschaftliche Darstellungen (die meinen eingeschlossen) Experimente dieser Art bereits beschrieben und dem Leser voller Selbstvertrauen versichert, daß es sich zwar um bloße »Gedankenexperimente« handelte, daß wir jedoch aufgrund unseres Wissens über die Elektronen dennoch zu Aussagen über ihr Verhalten an den zwei kleinen Löchern in der Wand berechtigt seien. Aber erst 90 Jahre nachdem Elektronen als Teilchen und 60 Jahre nachdem sie als Wellen identifiziert worden waren, führte eine Gruppe der Hitachi-Forschungslaboratorien und der Gakushuin-Universität in Tokyo den Trick mit den beiden Löchern für Elektronen vor.

In ihrem Experiment stellte ein sogenanntes Elektronen-Doppelprisma den »Doppelspalt« dar, während der Schirm, der die Elektronen auf der anderen Seite auffing, ein Fernsehschirm war, den jedes auftreffende Elektron mit einem bleibenden Lichtfleck zierte. Auf diese Weise ließen die nacheinander ankommenden Elektronen allmählich ein Muster auf dem Bildschirm entstehen.

Die Versuchsergebnisse stimmten exakt mit jenen überein, die man in dem gleichartigen Experiment mit Photonen erhalten hatte. Die Quelle der Elektronen war die Spitze eines Elektronenmikroskops, d. h. eines Gerätes, das zur Standardausrüstung jedes Laboratoriums gehört. Die Elektronen traten an der Spitze des »Elektronengewehrs« als Teilchen aus, kamen an der anderen

Seite auf dem Bildschirm als Teilchen an und hinterließen einen Lichtpunkt. Doch das so auf dem Bildschirm entstandene Muster war ein Interferenzmuster, was bewies, daß die Elektronen als Wellen durch die beiden Löcher gegangen sein mußten.

Vielleicht steht Ihnen noch immer der Sinn danach, an diesem merkwürdigen Verhalten von Elektronen herumzudeuteln. Schließlich können Sie ein einzelnes Elektron nicht in die Hand nehmen. Und bislang hat niemand ein Elektron gesehen. Was wir allein beobachten, sind die Punkte, die sie auf dafür geeigneten Bildschirmen hervorrufen. Außerdem wissen wir aus unserer alltäglichen Erfahrung, daß dieser bizarre Interferenzeffekt nicht entsteht, wenn wir Steine durch Löcher werfen. Weder Steine noch Tennisbälle, noch irgendwelche anderen uns aus der Alltagswelt vertrauten Dinge weisen diesen seltsamen Welle-Teilchen-Dualismus auf.

Nun haben die Physiker auch darauf eine Antwort parat. Verlangt es Sie nach einem Beweis dafür, daß sich auch Teilchen, die groß genug sind, um gesehen werden zu können, im Doppelspaltexperiment wie Wellen verhalten, dann können Physiker ihn liefern.

Bei den fraglichen Teilchen handelt es sich um Atome. Zugegeben, Sie können ein einzelnes Atom weder mit dem bloßen Auge erkennen noch in der Hand halten. Aber einzelne, von Magnetfeldern eingeschlossene Atome kann man mittlerweile photographieren. Diese Leistung – sie wird unter anderem von Hans von Baeyer in seinem Buch *Das Atom in der Falle* beschrieben – ist um so bemerkenswerter, als die Wissenschaftler erst seit Beginn dieses Jahrhunderts die Vorstellung von Atomen rückhaltlos akzeptieren. Tatsächlich erhielt Einstein seinen Doktortitel dafür, daß er unter anderem die Existenz der Atome nachgewiesen hatte. Zwar sind Atome sehr viel größer als Elektronen; an normalen Maßstäben gemessen sind sie jedoch noch immer winzig. Ein Kohlenstoffatom wiegt knapp $2 \cdot 10^{-26}$ kg, das ist 22000mal mal die Masse eines Elektrons. Die Größe eines Atoms beträgt ungefähr ein zehnmillionstel Millimeter, das heißt, wir müßten 10 Millionen Atome aneinanderreihen, um den Abstand zwischen zwei Briefmarkenzacken zu überbrücken. Dennoch sind einzelne Atome photographiert worden, und ihre Bilder können in »Echtzeit« auf Fernsehbildschirmen gezeigt werden.

Das Doppelspaltexperiment mit Atomen wurde zum ersten Mal Anfang der neunziger Jahre ausgeführt. Eine Forschungsgruppe an der Universität Konstanz schickte Heliumatome durch die 1 Mikrometer (d. h. ein millionstel Meter) breiten Spalten einer Goldfolie, während sich auf der anderen Seite ein Detektor befand. In diesem Versuch ließ sich das Entstehen des Interferenzmusters nicht direkt auf einem Fernsehschirm demonstrieren, die Messungen der Anzahl der auf verschiedenen Teilen des Detektor»schirms« ankommenden Atome ergaben jedoch das schon vertraute Muster. Mithin reisen auch Atome als Wellen, kommen jedoch als Teilchen an.

Mehrere Forschungsgruppen veröffentlichten in den frühen neunziger Jahren ähnliche Ergebnisse. Ein am Massachusetts Institute of Technology durchgeführtes Experiment verwandte einen Strahl von Natriumatomen. In allen Versuchen stimmten die Resultate überein. Ein einzelnes Atom nimmt im Doppelspaltexperiment zwei Wege gleichzeitig und interferiert mit sich selbst. Anscheinend kann sich ein Atom zur selben Zeit an zwei Orten (zwei Löchern) befinden.

Nach ihrer (vorläufig) letzten Beschäftigung mit diesem Thema berichteten Wissenschaftler des National Institute of Standards and Technology in Boulder, Colorado, sowie der Universität Texas von einer Versuchsanordnung, die das herkömmliche Experiment auf den Kopf stellt. Anstatt Atome durch das Doppelspaltexperiment zu jagen, hatten sie Paare von Atomen in einem magnetischen Feld eingefangen. Diese Atome verwendeten sie als »Löcher«, indem sie Licht von ihnen abprallen ließen und die dadurch erzeugten Interferenzmuster maßen. Die von den Atomen abprallenden Wellen breiteten sich genauso aus wie die Wellen im Doppelspaltexperiment. Selbstverständlich funktioniert dieses neue Experiment nur deshalb, weil Atome Teilchen sind, die sich von magnetischen Feldern einfangen lassen und für die Streuung des Lichts sorgen. Es gibt kein schöneres Beispiel für den Welle-Teilchen-Dualismus als diese Kombination von Experimenten, in denen es um Atome – d. h. um Teilchen, deren Größe, wie Sie sich erinnern werden, eine photographische Aufnahme erlauben – und Interferenz geht.

Da sich dieser seltsame Effekt nicht bei Steinen, Tennisbällen oder anderen Dingen einstellt, die wir benutzen, berühren oder mit bloßem Auge sehen können, muß es irgendein Niveau geben, auf dem die Regeln der Quantenwelt nicht mehr gelten. Irgendwo auf der Größenskala zwischen Atom und Mensch treten die Quantengesetze ab und die Gesetze der klassischen Physik in Kraft. Wo genau dieses Niveau liegt und warum der Wechsel eintritt, das sind Fragen, denen wir uns später in diesem Buch zuwenden werden. Jedenfalls rühren die Antworten an den Kern unseres Begriffs von Wirklichkeit.

Im Augenblick muß vor allem eines festgehalten und betont werden: Alle diese Experimente sind heutzutage durchgeführt worden, doch ihre Ergebnisse entlockten den Physikern keinen Ausruf des Erstaunens. Seit 1930 hätte jeder fähige Physiker im Rückgriff auf die Quantentheorie vorhersagen können, wie die Experimente ausfallen würden. Sie hätten anders ausgehen können, und die Quantentheorie hätte sich als falsch erweisen können. Doch im Gegenteil: Als die entscheidenden Experimente Ende der achtziger und zu Beginn der neunziger Jahre bis ins Innerste, bis zum Kern des Geheimnisses vordrangen, lieferten sie »Antworten«, die exakt auf der Linie der Quantenphysik lagen. Wie also erklärt die Quantenphysik dieses merkwürdige Verhalten?

Die Standardauffassung

Die übliche Interpretation der Vorgänge in der Quantenwelt läuft unter dem Namen »Kopenhagener Deutung«, da sie hauptsächlich von dem dänischen, in Kopenhagen arbeitenden Physiker Niels Bohr entwickelt wurde. Wohl trugen auch andere Physiker – zu nennen wären vor allem die beiden deutschen Wissenschaftler

Werner Heisenberg und Max Born – zu jenem Bündel von Ideen bei, aus dem die Kopenhagener Deutung hervorgehen sollte; ihr glühendster Verfechter war und blieb jedoch Niels Bohr. Im Jahr 1930, vor weniger als einem Menschenalter, war jenes Bündel im wesentlichen geschnürt; seitdem bildet es das Fundament für nahezu alle praktischen Arbeiten in der Quantenwelt. Allerdings beruht es auf einigen recht wunderlichen Begriffen.

Der Schlüsselbegriff ist der sogenannte »Zusammenbruch der Wellenfunktion«. Als Bohr und seine Mitstreiter zu erklären versuchten, wieso ein Photon oder ein Elektron sich »als Welle ausbreiten, aber als Teilchen ankommen« konnte, meinten sie, die Beobachtung der Welle sei dafür verantwortlich, daß sie zu einem Teilchen »zusammenbreche«. An der Elektronenversion des Doppelspaltexperimentes veranschaulicht, heißt das, ein Elektron durchläuft das Experiment als eine Welle und »bricht« dann zu einem einzelnen Punkt auf dem Detektorschirm »zusammen«.

Freilich ist das nur die halbe Geschichte. Denn wie ist es möglich, daß die Welle eines einzelnen Elektrons mit sich selbst interferiert, und wie entscheidet sie, an welchem Punkt des Bildschirmes sie zusammenbrechen muß? Folgen wir der Kopenhagener Deutung, so geht keineswegs eine materielle Welle durch das Experiment, sondern eine »Wahrscheinlichkeitswelle«. Die Gleichung für die Bewegung einer Quantenwelle – die von dem Österreicher Erwin Schrödinger aufgestellte Wellengleichung – beschreibt keine materiellen Wellen von der Art, wie es Wellen auf einem Teich sind, sondern gibt lediglich an, mit welcher Wahrscheinlichkeit wir ein Photon (ein Elektron oder dergleichen) an einem bestimmten Ort vorfinden.

Nach diesem – in der Hauptsache auf Borns Arbeit zurückgehenden – Bild existiert ein nicht beobachtetes Elektron überhaupt nicht in Form eines Teilchens. Obgleich wir mit einer gewissen Wahrscheinlichkeit das Teilchen eher hier als dort entdecken, ist es prinzipiell möglich, daß es irgendwo im Universum auftaucht. Für einige Orte ist eine sehr große Wahrscheinlichkeit gegeben, etwa für die hellen Streifen des Doppelspaltexperimentes, wäh-

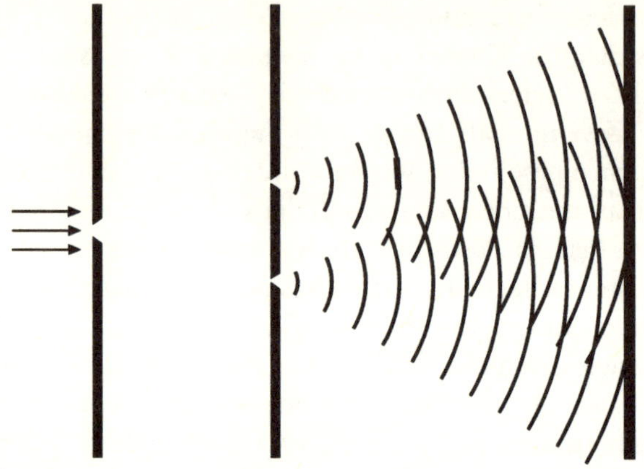

Abb. 5: Die gängige Erklärung für das Rätsel in Abb. 4 nimmt an, daß »Wahrscheinlichkeitswellen« durch beide Löcher hindurchgehen und festlegen, wo sich jedes Teilchen des Strahls niederläßt. Wahrscheinlichkeitswellen interferieren auf genau dieselbe Weise wie Wasserwellen.

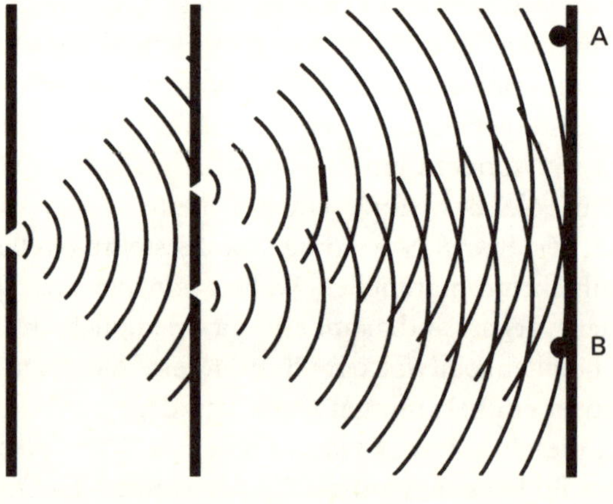

Abb. 6: Sollten wir jedoch nach Teilchen *suchen*, so entdecken wir Teilchen (in diesem Beispiel A und B)! Die Wahrscheinlichkeitswelle entscheidet, wo sich die Teilchen befinden. Allerdings bekommen wir die Wellen selbst nie zu sehen. Was genau sich in dem Experiment fortbewegt, wissen wir nicht. Dieses seltsame Verhalten hat die witzige Bemerkung provoziert, daß ein Elektron (oder ein Photon) »als Welle reist, aber als Teilchen ankommt«.

rend andere äußerst unwahrscheinlich sind, etwa die dunklen Streifen. Damit ist aber *nicht ausgeschlossen*, daß das Elektron statt im Interferenzmuster auf dem Mars oder auf dem Fernsehschirm Ihres Nachbarn auftaucht. Es ist nur äußerst unwahrscheinlich.

Sobald wir das Elektron beobachten, ändern sich die Chancen. Die Wellenfunktion bricht zusammen (möglicherweise, falls jemand dort nachschaut, auf dem Mars, wahrscheinlicher aber im Interferenzmuster), und in dem Augenblick wissen wir mit hundertprozentiger Sicherheit, wo sich das Elektron herumtreibt. Wenden wir unseren Blick ab, beginnt die Wahrscheinlichkeit aus jener Stelle zu »entweichen«. Entsprechend der Ausbreitung der Wahrscheinlichkeitswelle im Universum, nimmt die Wahrscheinlichkeit, daß wir das Elektron an derselben Stelle wiederfinden, an der wir es zuletzt beobachtet haben, ab, und die Wahrscheinlichkeit, daß wir es irgendwo anders ausmachen, zu.

Das mag seltsam klingen, in der Praxis handelt es sich jedoch um ein sehr nützliches Konzept, da wir es bei allen praktischen Anwendungen, etwa der Herstellung von Fernsehgeräten und Computerchips, mit einer riesigen Anzahl von Elektronen zu tun haben. Unterliegen sie alle den strikten Regeln der Wahrscheinlichkeit, so können wir das Verhalten der Elektronenschar vorhersagen. Solange wir wissen, daß in einem Computerschaltkreis 30 Prozent der Elektronen die eine Richtung und 70 Prozent die andere Richtung einschlagen werden, muß es uns nicht kümmern, welchen Weg ein einzelnes Elektron nimmt. So weiß ein Spielkasinobesitzer, daß ihm langfristig gesehen die Wahrscheinlichkeitsregeln einen Profit garantieren, selbst wenn ein Spieler gelegentlich einen großen Gewinn beim Roulette einstreicht. Albert Einstein fühlte sich von der ganzen Vorstellung so abgestoßen, daß er seine berühmte Bemerkung fallen ließ: »Ich kann einfach nicht glauben, daß Gott mit dem Universum würfelt.« Die Implikationen dieser Vorstellung treten deutlich zutage, wenn wir zu den Experimenten mit einzelnen Elektronen oder Photonen kommen.

Etwas von dem, was da zutage tritt, sehen wir, wenn wir noch einmal das Doppelspaltexperiment durchdenken. Diese Version des Experimentes ist bislang nicht mit einzelnen Elektronen durchgeführt worden, doch nur leicht kompliziertere Versuche haben das Verhalten von Elektronen bestätigt, so daß kein Zweifel daran besteht, daß genau dies geschehen würde, falls wir das Experiment in dieser Reinform durchführten.

Rufen wir uns zunächst in Erinnerung, was mit dem (entweder von Licht oder von Elektronen erzeugten) Interferenzmuster geschieht, sobald eines der beiden Löcher geschlossen ist: Das Muster verschwindet. Offenbar muß sich das Elektron, wenn nur ein Loch geöffnet ist, durch dieses und nur durch dieses Loch bewegen, um den Detektorschirm zu erreichen. Stellen wir uns Elektronen als Teilchen vor, dann ist das schon seltsam genug. Wie »weiß« ein Elektron, das ein Loch passiert, ob das andere Loch offen ist oder nicht? Ein einfaches Teilchen, das durch ein Loch des Doppelspaltexperimentes hindurchgeht, würde weder wissen noch sich darum kümmern, ob das andere Loch geöffnet ist. Doch selbst wenn man das Experiment so anordnet, daß das zweite Loch geschlossen (oder offen) ist, sobald ein Elektron das »Gewehr« verläßt, aber geöffnet (bzw. geschlossen) wird, bevor das Elektron das erste Loch erreicht, wird es den geeigneten Weg zum Zielbildschirm »wählen«, um das richtige Gesamtmuster zu erzeugen. Man kann das Experiment auch so anlegen, daß das zweite Loch nach dem Zufallsprinzip geöffnet oder geschlossen wird. Jedes Elektron wählt eine Flugbahn an einem Loch in Abhängigkeit davon, ob das andere Loch *zur selben Zeit* offen ist oder nicht.

Offenbar kennen Elektronen mehr von der Welt als ihre unmittelbare Lokalität. Sie sind sich nicht nur über die Bedingungen an einem Loch im klaren, sie kennen zudem die Bedingungen des ganzen Experimentes. Diese Nichtlokalität, ein grundlegender Bestandteil der Quantenmechanik, verursachte Einstein erhebliches Kopfzerbrechen. Sie veranlaßte ihn, von einer »geisterhaften Fernwirkung« zu reden, wobei er allerdings auf eine noch seltsamere Manifestation der Nichtlokalität abzielte, die ich in Kürze beschreiben werde.

Bislang resultiert unser Wissen schlicht aus der Betrachtung der auf dem Detektorschirm entstandenen Muster, wobei wir verschiedene Kombinationen von offenen und geschlossenen Löchern durchgespielt haben. Warum sollten wir nicht herauszufinden versuchen, was an den Löchern selbst geschieht? Stellen Sie sich vor, wir würden in dem Experiment ein Paar Detektoren neben die beiden Löcher stellen und ein Elektron nach dem anderen abschicken. Nun können wir beobachten, ob das Elektron wellenförmig durch beide Löcher gleichzeitig hindurchgeht oder ob es nur ein Loch passiert (oder ob gar ein halbes Elektron jedes Loch passiert). Außerdem können wir den Detektorschirm im Auge behalten, um zu sehen, welche Art von Muster sich auf ihm abzeichnet, nachdem viele Elektronen das Experiment durchlaufen haben. Unter diesen Umständen werden Sie folgendes finden: Jedes Elektron erscheint durchgängig als ein Teilchen, welches durch das eine oder das andere Loch geht. Es verhält sich wie eine kleine Kugel. Und siehe da, das Interferenzmuster verschwindet. Statt seiner zeichnet sich nun auf dem Schirm jenes Muster ab, das kleine, unabhängig voneinander durch jedes Loch gehende Kugeln (oder durch zwei Löcher in der Wand geworfene Steine) erzeugen würden. Unsere Beobachtung der Elektronenwelle läßt diese zusammenbrechen, so daß sie sich im entscheidenden Augenblick – dann nämlich, wenn sie das Loch passiert – wie ein Teilchen verhält. Doch glauben Sie nur ja nicht, wir seien damit dem Paradox der Nichtlokalität entronnen. Denn wir brauchen bloß *eines* der beiden Löcher im Auge zu behalten, um das Muster zu verändern. Tun wir es, so sehen wir, daß bloß kugelartige Elektronen hindurchgehen und auf dem Schirm das Muster erscheint, das wir von Teilchen erwarten würden. Irgendwie »wissen« die Elektronen, die das zweite Loch passieren, daß wir das erste Loch beobachten, und infolgedessen verhalten sie sich ebenfalls wie Teilchen.

Auch der Wahrscheinlichkeitsaspekt der Kopenhagener Deutung spielt hier noch immer hinein. Wäre das Experiment vollkommen symmetrisch angeordnet, dann würden Sie entdecken, daß exakt die Hälfte der Elektronen einem der beiden möglichen Wege folgt: 50 Prozent werden das eine und 50 Prozent das andere Loch passieren. Es ist unmöglich vorherzusagen, durch welches Loch ein einzelnes Elektron gehen wird, und folglich auch, in welchem Punkt auf dem Bildschirm es ankommen wird. So wie Sie beim Werfen einer Münze mehrmals hintereinander »Kopf« erhalten können, so kann auch eine Serie von Elektronen zufällig durch dasselbe Loch gehen. Nachdem jedoch eine Million Elektronen unter Beobachtung durch die beiden Löcher gegangen sind, wird sich eine halbe Million in dem einem Punkt und die andere Hälfte in dem anderen Punkt auf dem Bildschirm versammelt haben. Obwohl wir die Elektronen beobachten und wissen, daß sie sich wie Teilchen verhalten, hat die Wahrscheinlichkeitswelle noch immer ihre Hand im Spiel.

Bohr behauptete, es komme weder auf das Verhalten eines einzelnen Elektrons noch auf das Verhalten einer Million Elektronen an. Ausschlaggebend sei vielmehr die gesamte Versuchsanordnung, einschließlich der Elektronen, der beiden Löcher, des Detektorschirms *und des menschlichen Beobachters*. Es ist sinnlos zu behaupten, das Elektron »ist« eine Welle oder es »ist« ein Teilchen. Wir können lediglich sagen, daß, wenn wir ein Experiment auf eine bestimmte Weise anordnen und bestimmte Messungen durchführen, wir bestimmte Ergebnisse erhalten werden. Legen wir das Experiment so an, daß Wellen gemessen werden, erhalten wir ein Interferenzmuster, führen wir das Experiment hingegen so durch, daß wir durch die Löcher hindurchgehende Teilchen überprüfen, dann sehen wir eben Teilchen, welche die Löcher passieren. Es ist sogar möglich, daß wir unsere Entscheidung, ob wir die Detektoren an den beiden Löchern einschalten und nach Teilchen Ausschau halten wollen, so lange hinauszögern, bis die Elektronen aus der »Gewehrmündung« ausgetreten sind. Was immer wir tun, letztendlich hängt das Ergebnis (das Muster auf dem Bildschirm) von der ganzen Versuchsanordnung ab. Diese holistische

Auffassung der Quantenwelt führt uns in sehr tiefe philosophische Gewässer.

Tiefe Gewässer

Die Kopenhagener Deutung erfreute sich mehr als 50 Jahre, von 1930 bis in die achtziger Jahre, nahezu unangefochtener Beliebtheit bei der großen Mehrheit der Physiker. Die tiefen philosophischen Paradoxien der Kopenhagener Deutung vermochten sie nicht zu erschüttern, vorausgesetzt sie war ein brauchbares Werkzeug für die Vorhersage experimenteller Ergebnisse. Für die meisten Physiker gilt das noch heute. Allerdings hat die Frage, was die Quantentheorie »bedeutet«, in den letzten Jahren zu einem wachsenden Unbehagen geführt, so daß man sich verstärkt um alternative Deutungen bemühte.

Die größte Schwierigkeit bereitet der Zusammenbruch der Wellenfunktion. Es ist ja schön und gut, wenn Bohr uns sagt, man müsse das ganze Experiment in Betracht ziehen und die Art und Weise, in der die Wellenfunktion zusammenbrechen wird, hinge von der gesamten Versuchsanordnung ab. Doch leider gibt es so etwas wie ein reines, in sich geschlossenes Experiment nicht. Nach dieser Deutung der Quantentheorie sind solche Dinge wie Elektronen nur insofern wirklich, als sie beobachtet werden – in gewissem Sinne ist also der Meßapparat »wirklicher« als die Photonen, Elektronen usw. Das ist nicht meine persönliche Sichtweise der Kopenhagener Deutung, vielmehr entspricht sie einer ausdrücklichen Behauptung Bohrs, Heisenbergs und ihrer Mitstreiter. So meinte Heisenberg: »Nach der Kopenhagener Deutung bilden jene Dinge und Abläufe, die sich im Rahmen der klassischen Begriffe beschreiben lassen, also das Tatsächliche, die Grundlage jeder physikalischen Deutung.«[3] Mit anderen Worten: Die Atome, aus denen alles in der klassischen Welt der Physik besteht, sind irgendwie weniger wirklich als die aus ihnen bestehenden Dinge. Schon in den dreißiger Jahren kam diese Ansicht vielen Menschen ziemlich merkwürdig vor, und heutzutage, wo Atome photographiert worden sind, ist sie noch schwerer hinzunehmen.

Wenden wir diesen Gedankengang – die Kopenhagener Deutung – auf das Doppelspaltexperiment an, so muß jemand das Experiment beobachten, damit es den einen oder anderen Zustand annehmen kann. Oder wie Heinz Pagels, der damalige (1981) Präsident der New Yorker Akademie der Wissenschaften und zweifellos jemand, der die Pointe der Quantentheorie verstand, es formulierte: »Die objektive Existenz eines Elektrons an irgendeinem Punkt im Raum, z. B. an einem der beiden Löcher, hat keinen Sinn, solange nicht tatsächlich Beobachtung stattfindet. Das Elektron scheint als reales Objekt erst dann existent zu werden, wenn wir es beobachten!«[4] Der Versuchsleiter gehört jedoch ebenso zur äußeren Welt, wie er ein Teil des Experimentes ist. Menschen bestehen unter anderem aus Elektronen. Was sorgt nun dafür, daß ihre Wellenfunktionen zusammenbrechen, damit sie sich wie lokalisierte Objekte im Körper des Versuchsleiters verhalten? Vermutlich sind dafür Wechselwirkungen mit der Welt außerhalb des Beobachters verantwortlich. Und wodurch wird die Welt außerhalb des Beobachters in diesem Sinne »wirklich«? Durch weitere Wechselwirkungen mit weiteren Dingen (und Beobachtern), die immer größere Kreise ziehen. Nehmen wir die Kopenhagener Deutung beim Wort, so kommen wir zu dem Schluß, eine Elektronenwelle breche zu einem Punkt auf dem Detektorschirm zusammen, weil das ganze Universum sie ansieht. Diese Annahme ist schon haarsträubend, aber es kommt noch dicker: Einige Kosmologen (unter ihnen auch Stephen Hawking) zerbrechen sich den Kopf darüber, ob dann nicht auch eine Instanz »außerhalb des Universums« das ganze Universum beobachten muß, um dessen Wellenfunktion insgesamt zusammenbrechen zu lassen.[5] John Wheeler behauptete demgegenüber, die Gegenwart bewußter Beobachter, wie wir es sind, reiche hin, um die Wellenfunktion zusammenbrechen und das Universum existent werden zu lassen. Nach diesem Bild existiert alles im Universum allein deshalb, weil *wir* es betrachten. Ich werde auf diese verzweifelten Heilmittel und letzten Strohhalme später eingehen, doch schon die Tatsache, daß derartige Argumente allen Ernstes von angesehenen Wissenschaftlern vorgetragen werden, beweist zur Genüge, in welch tiefen Gewässern wir gelandet sind.

Ein weiteres Problem betrifft das Verhältnis von Teilchen- und Wellenaspekt im Verhalten eines Quantenobjekts. Bohr beschrieb sie als komplementäre Eigenschaften, so wie auch Kopf und Zahl einer Münze komplementär sind. Wenn Sie eine Münze flach auf den Tisch legen, liegt entweder Kopf oder Zahl oben, nie aber beide gleichzeitig. Nach der Kopenhagener Deutung ist ein Elektron weder eine Welle noch ein Teilchen, sondern etwas davon Verschiedenes, das in unserer Alltagssprache nicht ausdrückbar ist. Je nachdem, welche Messung wir durchführen – welche Seite der Quantenmünze wir aufdecken –, wird es uns entweder sein Wellen- oder sein Teilchengesicht zeigen. Möglicherweise hat ein Elektron noch ganz andere Eigenschaften; da wir aber nicht klug genug sind, sie zu messen, wissen wir nichts über sie.

Diese Komplementarität, der Welle-Teilchen-Dualismus, steht in einem Zusammenhang zu Heisenbergs berühmter Unschärferelation. In ihrer einfachsten Version besagt die Unschärferelation, daß Ort und Bewegungsimpuls eines Quantenobjekts nicht gleichzeitig meßbar sind. Der Impuls ist einfach ein Maß dafür, in welche Richtung und wie schnell sich ein solches Objekt bewegt. In mancherlei Hinsicht ist das eine Welleneigenschaft; schließlich müssen Wellen irgendwo hinlaufen, sonst wären sie keine Wellen. Der Ort hingegen ist fraglos eine Eigenschaft von Teilchen – eine Welle pflanzt sich von Natur aus fort, während ein Teilchen auf einen Ort beschränkt bleibt. Mit Hilfe von Messungen können wir den Ort eines Elektrons feststellen oder alternativ seine Bewegungsrichtung in Erfahrung bringen, und in beiden Fällen würden unsere Messungen so exakt ausfallen, wie wir es wünschen. Der Haken ist nur, daß wir durch unsere Versuche, exakt den Ort zu messen, den Impuls des Elektrons um einen quantifizierbaren Betrag verzerren und umgekehrt.

Obwohl es immer noch in einigen Lehrbüchern so steht, liegt das keineswegs an praktischen Problemen bei der Durchführung der Messungen. Die Krux ist nicht, daß wir den Elektronen, indem wir ihren Ort bestimmen (beispielsweise dadurch, daß wir Photonen von ihnen abprallen lassen), einen Stoß versetzen und so ihren Impuls ändern. Ein Quantenobjekt hat vielmehr *keinen* genau bestimmten Impuls und *keinen* genau bestimmten Ort. Innerhalb gewisser Grenzen »weiß« das Elektron selbst nicht, wo es sich befindet oder wohin es fliegt. Es ist kaum übertrieben zu sagen: Wenn das Elektron genau weiß, wo es ist, dann weiß es nicht, wohin es geht, und wenn es genau weiß, wohin es geht, dann hat es keine Ahnung, wo es sich befindet. Gewöhnlich hat ein Quantenobjekt eine vage Vorstellung davon, wo es ist und wohin es fliegt. Das entscheidende Wort ist hier »vage«. Für den »gesunden Menschenverstand« mag es schwer zu begreifen sein, aber eine Quantenentität ist nun einmal nicht genau zu lokalisieren, und stets herrscht eine gewisse Unsicherheit darüber, wohin es geht.

Die Bedeutung dieser Tatsache kann gar nicht hoch genug eingeschätzt werden, denn beispielsweise läßt die Quantenunbestimmtheit bei Kernfusionsreaktionen zu, daß Atomkerne sich überlappen und miteinander verbinden, die sich nach den Vorstellungen der klassischen Physik aufgrund ihrer Entfernung gar nicht berühren. Einige dieser Kernreaktionen sind für die Hitze der Sterne verantwortlich. Ohne Quantenunschärfe würde die Sonne nicht so scheinen, wie sie es tut.[6]

Gewiß muten diese Gedanken unserer Auffassungsgabe einiges zu, dennoch möchte ich Sie nicht durch ihre ganze Entstehungsgeschichte führen oder ihnen alle Beweise dafür unterbreiten, daß die Quantenwelt tatsächlich so funktioniert. Die Einzelheiten erfährt man mittlerweile aus einer ganzen Reihe anderer Bücher, darunter meine eigenen. In diesem Buch möchte ich vor allem darlegen, an welcher Stelle die Kopenhagener Deutung versagt und was sie ablösen könnte. Die Unbestimmtheit scheint jedoch auf der Quantenebene eine vitale Tatsache zu sein. Daß sie sich nicht in der Alltagswelt bemerkbar macht, geht auf denselben Grund zurück, aus dem sich auch der Welle-Teilchen-Dualismus im alltäglichen Leben nicht manifestiert. Alle Gleichungen, die Phänomene dieser Art beschreiben, enthalten eine Zahl, die nach dem

Quantenpionier Max Planck »Plancksche Konstante« heißt. Verglichen mit den Massen und Impulsen alltäglicher Objekte ist die Plancksche Konstante verschwindend klein. Ihr Wert beträgt bloß $6{,}55 \cdot 10^{-27}$ erg sec (stolpern Sie nicht über die Einheiten; wichtig ist nur, daß die Massen in den äquivalenten Einheiten, d. h. in Gramm gemessen werden). Quanteneffekte herrschen nur bei Objekten vor, deren Massen in die gleiche Größenordnung gehören, wie z. B. das Elektron mit einer Masse von $9 \cdot 10^{-31}$ kg oder, um es in Einheiten auszudrücken, die unmittelbarer den erg Sekunden entsprechen, $9 \cdot 10^{-28}$ g. Sobald wir es mit Massen zu tun haben, die sehr viel größer als jene der Atome sind, werden die Quanteneffekte so klein, daß wir ihre Auswirkungen vernachlässigen dürfen – *außer* insofern, als alles, was größer ist als ein Atom, selbst aus Atomen besteht.

Es lohnt sich, kurz innezuhalten und ein Gefühl dafür zu entwickeln, wie weit die Quantenwelt von unserer alltäglichen Erfahrung entfernt ist. Die Zahl 10^{-27} bedeutet ein Milliardstel eines Milliardstel eines Milliardstel. Ist ein Gegenstand 10^{-27} cm lang, so bräuchten wir eine Milliarde mal eine Milliarde mal eine Milliarde solcher Gegenstände, um die Strecke von einem Zentimeter abzumessen. Wie lang wäre dann die Strecke, die wir durch die Aneinanderreihung von einer Milliarde mal einer Milliarde mal einer Milliarde Gegenständen mit einer Länge von 1 cm – etwa Zuckerwürfel – erhielten? Die Antwort lautet 10^{27} cm. Und wie lang ist das? Die Standardlängeneinheit in der Astronomie, die Strecke, die das Licht in einem Jahr zurücklegt (d. h. ein Lichtjahr), beträgt ungefähr 10^{18} cm; 10^{27} Zuckerwürfel würden demnach aneinandergelegt eine Strecke von einer Milliarde (10^{9}) Lichtjahren ergeben. Bei den entferntesten uns bekannten Objekten im Universum handelt es sich um Quasare, die ungefähr 10 Milliarden Lichtjahre entfernt sind. Mit 10^{27} Zuckerwürfeln würden wir ein Zehntel des Weges zu dem entferntesten, uns bekannten Quasar zurücklegen. Kurz gesagt, die Quantenwelt operiert in einer Größenordnung, die um so vieles kleiner ist wie ein Zuckerwürfel im Vergleich zum gesamten beobachtbaren Universum. Oder anders ausgedrückt: Auf der logarithmischen Skala zwischen Quantenwelt und Universum nehmen wir Menschen ungefähr eine mittlere Position ein – und wir erheben den Anspruch, zu verstehen, was an beiden Extremen geschieht.

Wir erwarten nicht, daß sich der Welle-Teilchen-Dualismus an einem Backstein, einem Haus oder einer Person zeigt, weil Dinge dieser Art im Vergleich zur Planckschen Konstante riesengroß sind. Physiker gehen heute davon aus, daß sich der Welle-Teilchen-Dualismus bei Quantenobjekten manifestiert, obwohl nach einem Kernsatz der Kopenhagener Deutung nicht beide Aspekte zugleich wahrnehmbar sind. Bohr behauptete rigoros, es sei prinzipiell unmöglich, bei Gegenständen wie Photonen oder Elektronen gleichzeitig wellen- und teilchenartige Eigenschaften zu beobachten. Später werden wir sehen, daß Experimentalphysiker entgegen Bohr und der Kopenhagener Deutung heute auch diese Ansicht anzweifeln.

Fazit ist, daß die Kopenhagener Deutung in dem Sinne funktioniert, daß sie eine Reihe von Rezepten angibt – wozu die Unbestimmtheit, der Zusammenbruch der Wellenfunktion, die Wahrscheinlichkeit, die Rolle des Beobachters und die holistische Auffassung des Experimentes gehört –, mittels deren Physiker die Ergebnisse eines Versuches vorhersagen können. Doch sie *erklärt* nichts. Diese Einsicht ist alles andere als neu. Zehn Jahre seines Lebens focht Einstein in Briefen eine freundschaftliche Kontroverse mit Bohr aus, in der er versuchte, die Irrtümer und Absurditäten der Kopenhagener Deutung bloßzulegen. Und Schrödinger entwarf das berühmteste Beispiel für die Quantenabsurdität ebenfalls in der Absicht, seine Kollegen von der Lächerlichkeit all dieser Ideen zu überzeugen. Sie werden schon erraten haben, daß ich auf das legendäre »Gedankenexperiment« mit der Katze in der Kiste anspiele, das trotz seiner Berühmtheit – 1995 wurde die Katze 60 Jahre alt – noch immer ein lohnendes Beispiel für die Schwierigkeiten ist, die jede verbesserte Deutung der Quantentheorie – jede Deutung, die die Dinge wirklich *erklärt* – zu überwinden hat.

Die Katze in der Kiste

Das Katzen-»Experiment« nimmt eine der seltsamsten Annahmen der Kopenhagener Deutung aufs Korn: die Rolle des bewußten Beobachters bei der Bestimmung dessen, was im Mikrokosmos geschieht. Das einfachste Beispiel dafür ist eine Kiste, die nur ein Elektron enthält. Solange niemand in die Kiste schaut, ist die Wahrscheinlichkeit, daß wir das Elektron irgendwo in der Kiste entdecken, nach der Kopenhagener Deutung überall gleich groß, d. h., die mit dem Elektron verbundene Wahrscheinlichkeitswelle füllt die Kiste gleichförmig aus. Nehmen wir weiter an, eine automatisch herabgleitende Trennwand teilte die Kiste in zwei gleichgroße Hälften, wobei auch jetzt niemand einen Blick hinein wirft. Nach dem gesunden Menschenverstand zu urteilen, muß sich das Elektron nun in einer der beiden Hälften befinden. Die Kopenhagener Deutung behauptet jedoch, dies hätte an der gleichmäßigen Ausbreitung der Wahrscheinlichkeitswelle nichts geändert, was bedeutet, daß die Chance, das Elektron in einer der beiden Kistenhälften zu finden, noch stets 50 Prozent beträgt. Erst in dem Augenblick, wo jemand in die Kiste schaut und sieht, auf welcher Seite der Trennwand das Elektron ist, bricht die Welle zusammen und das Elektron wird »wirklich«. Im selben Moment verschwindet die Wahrscheinlichkeitswelle auf der anderen Seite der Schranke. Schließen wir die Kiste wieder und hören auf, das Elektron zu beobachten, so breitet sich die Wahrscheinlichkeitswelle erneut in jener Hälfte der Kiste aus, in der das Elektron lokalisiert wurde, nicht jedoch in der anderen Kistenhälfte.[7]

Die Situation ist von dem Physiker Paul Davies knapp und bündig zusammengefaßt worden: »Es ist, als gäbe es vor der Beobachtung zwei nebulöse Geister-Elektronen, die sich in jeweils einer Kammer aufhalten und auf den Moment ihrer Beobachtung warten, die das eine in ein ›wirkliches‹ Elektron verwandelt und gleichzeitig das andere vollkommen verschwinden läßt.«[8] Das Wort »gleichzeitig« ist von großer Bedeutung, denn es unterstreicht, daß uns hier ein weiteres Beispiel für die Nichtlokalität begegnet. Bevor ich mich jedoch den Implikationen der Nichtlokalität zuwende, möchte ich darlegen, wie Schrödinger die Absurdität der Behauptung demonstriert, der Beobachter sei für das Wirklichwerden des Elektrons in einer der beiden Kistenhälften verantwortlich.

Schrödingers Paradox erschien zum ersten Mal 1935 im Druck. Es geht dabei wiederum um eine Quantensituation, in der die Wahrscheinlichkeit, daß eines von zwei Ergebnissen zustande kommt, genau 50 Prozent beträgt. Daß Schrödinger sich in seinem ursprünglichen Beispiel auf den radioaktiven Verfall bezog, weil radioaktive Quellen ebenfalls den Wahrscheinlichkeitsregeln gehorchen, ist dabei nebensächlich. Sein Beispiel läßt sich mühelos auf das Elektron in der geteilten Kiste übertragen. Schrödinger selbst wollte sein Experiment in einer Stahlkammer durchführen. In der Quantenfolklore ist daraus eine »Kiste« geworden, in der sich unter anderem die fragliche Katze aufhält. Ich persönlich würde das Wort »Kammer« großzügig auslegen, damit die Katze den Rest ihres Lebens noch genießen kann. Doch das sind Nebensächlichkeiten, die an der Stoßrichtung von Schrödingers Argument nichts ändern.

Stellen wir uns demnach vor, das ganze von mir beschriebene System – die Kiste, das einzelne Elektron und die automatisch herabgleitende Trennwand – steht auf dem Tisch eines geschlossenen, fensterlosen Raumes. Die Trennwand ist abgesenkt und hat die Kiste in zwei Hälften geteilt, so daß die Wahrscheinlichkeit für die Anwesenheit des Elektrons in einer der beiden Hälften der Kiste exakt 50 Prozent beträgt. Außerhalb der Kiste würde ein Elektronendetektor installiert, der mit einer Apparatur so verbunden ist, daß Giftgas in den Raum strömt, sobald er ein Elektron aufspürt. In einer Ecke des Raumes ist eine Katze, die sich um ihre eigenen Angelegenheiten kümmert. Schrödinger bezeichnet diese Anordnung als »Höllenmaschine«[9]; vergessen Sie aber nicht, daß es sich um ein bloßes »Gedankenexperiment« handelt und keine wirkliche Katze jemals die hier beschriebene schimpfliche Behandlung erfahren hat.

Nach Schrödinger sollen wir uns nun vorstellen, was geschieht, wenn sich eine Hälfte der Elektronenkiste automatisch öffnet, so daß das Elektron, sofern es in dieser Hälfte der Kiste ist, entweicht. Noch immer hat kein Mensch beobachtet, was in dem verschlossenen Raum vor sich geht. Nach der Kopenhagener Deutung beträgt die Wahrscheinlichkeit, daß sich das Elektron in der weiterhin geschlossenen Hälfte der Kiste befindet, noch immer 50 Prozent, allerdings hält sich das Elektron nun auch mit einer 50prozentigen Wahrscheinlichkeit in dem großen Raum auf. Da es sich um ein Gedankenexperiment handelt, dürfen wir ruhig annehmen, der Detektor sei so empfindlich, daß er die Anwesenheit eines zu den übrigen Gegenständen im Raum hinzutretenden Elektrons zuverlässig registriert. Falls das Elektron aus der Kiste entwichen ist, wird der Apparat es entdecken, daraufhin das Giftgas entweichen lassen und die Katze töten.

Möglicherweise sind Sie der Ansicht, das würde so oder so geschehen, gleichgültig ob jemand zuschaut: Entweder entkommt das Elektron aus der Kiste oder nicht. Bleibt es eingeschlossen, ist die Katze in Sicherheit. Sollte es hingegen entrinnen, bricht die Wahrscheinlichkeitswelle des Elektrons zusammen, sobald der Detektor das Elektron »bemerkt«, und das Schicksal der Katze ist besiegelt. Nach Bohr ist diese Common-sense-Auffassung jedoch falsch.

Die übliche Deutung der Quantentheorie besagt vielmehr folgendes: Da der Elektronendetektor seinerseits aus mikroskopischen Einheiten der Quantenwelt besteht (Atomen, Molekülen usw.) und die Wechselwirkung mit dem Elektron auf dieser Ebene stattfindet, unterliegt der Detektor ebenfalls den Quantenregeln und damit den Wahrscheinlichkeitsgesetzen. Dieser Vorstellung zufolge bricht die Wellenfunktion des ganzen Systems erst zusammen, wenn ein bewußter Beobachter (er sollte tunlichst eine Gasmaske tragen, um sicherzugehen, daß er nicht das Bewußtsein verliert) die Tür öffnet und einen Blick in den Raum wirft. Genau in diesem Augenblick und *nur* in diesem Augenblick »entscheidet« das Elektron, ob es im Inneren der Kiste oder draußen herumschwirrt, der Detektor »entscheidet«, ob er ein Elektron aufgespürt hat oder nicht, und die Katze »entscheidet«, ob sie tot oder lebendig ist. Solange niemand in den Raum geschaut hat, gleicht die Situation im Inneren des Raumes nach der Kopenhagener Deutung einer »Überlagerung von Zuständen«, oder, wie Schrödinger es ausdrückt, es ist, als sei »die lebende und die tote Katze (s. v. v.). zu gleichen Teilen gemischt oder verschmiert«.[10]

Je nachdem, was Ihnen lieber ist, dürfen Sie sich vorstellen, im Raum befände sich eine Katze, die gleichzeitig tot und lebendig ist, oder eine weder tote noch lebendige, gleichsam in einem Schwebezustand verharrende Katze. Sollte die Kopenhagener Deutung richtig sein, dürfen Sie sich jedenfalls nicht vorstellen, in dem Raum sei, solange noch niemand hineingesehen hat, entweder eine bloß tote oder eine bloß lebendige Katze.

Der Witz des Argumentes ist natürlich, die Absurdität der Kopenhagener Deutung aufzudecken, deshalb sollten Sie sich nicht wundern, wenn sie Ihnen jetzt reichlich dubios vorkommt. Offenbar steckt das Paradox in der Definition des »bewußten« Beobachters. Eine Katze sollte doch in der Lage sein, zu wissen, ob sie Gift eingeatmet hat und gestorben ist oder nicht. Erfüllt die Reaktion der Katze auf die Ereignisse im Raum nicht dieselbe Aufgabe wie ein menschlicher Beobachter, der durch die Tür schaut? Wo sollen wir die Grenze ziehen? Wenn wir die ganze Skala vom Menschen bis zur Quantenwelt heruntergehen, würden wir dann sagen, auch eine Ameise könne die Wellenfunktion zusammenbrechen lassen? Oder wie steht es mit einer Bakterie?

Betrachten wir das Paradoxon aus der anderen Richtung, von der Quantenwelt aufsteigend. Es hört sich ja ganz überzeugend an, daß ein Elektronendetektor nicht den Zusammenbruch der Wellenfunktion auszulösen vermag, da er ebenfalls aus solchen Quantenentitäten wie Atomen und Molekülen besteht. Doch besteht ein Mensch (oder eine Katze) nicht auch daraus? Wenn der Detektor *nicht* die Fähigkeit besitzt, den Zusammenbruch der Wahrscheinlichkeitswelle hervorzurufen, warum sollten wir darüber verfügen? Ist Leben die Bedingung für einen bewußten Beobachter? Könnte nicht ein hochentwickelter Computer ebensogut die Wellenfunktion zusammenbrechen lassen, indem er in den Raum schaut?

Entfernen wir uns noch weiter von dem ursprünglichen Elektron, dann fragt sich, wie wir die Situation desjenigen beschreiben sollen, der zwecks Feststellung, ob die Katze tot ist oder lebt, in den Raum schaut. Angenommen, er ist in dem über Nacht verschlossenen Gebäude mutterseelenallein. Nach der strengen Kopenhagener Deutung erstreckt sich die Überlagerung von Zuständen (Schrödingers »Verschmieren«) auch auf den Beobachter, solange keine zweite Person außerhalb des Gebäudes vorbeischaut und sich nach dem Verlauf des Experiments erkundigt (oder etwa telefonisch den Spielstand erfragt). Ohne Beobachtung befindet sich nicht nur die Katze, sondern auch der menschliche Beobachter in einem Schwebezustand. Und wer beobachtet die Person außerhalb des Gebäudes, damit *deren* Wellenfunktion zusammenbricht? Setzt sich der ganze Prozeß nicht unendlich fort und endet in einem unendlichen Regreß?

Die entscheidende Frage ist, wo wir die Grenze zwischen den Quantenwahrscheinlichkeiten und der vermeintlichen Realität ziehen sollen. Wenn Sie so wollen, können wir auch fragen, wie viele Moleküle ein System enthalten muß, bevor es »wirklich« wird und Wellenfunktionen zusammenbrechen läßt. Und welche Anordnung müssen die Moleküle aufweisen, damit das System diesen Trick ausführen kann?

Paradoxa dieser Art sind es, die Philosophen und Quantenmechaniker heute in Atem halten. Zwar wissen sie alle, daß die Quantentheorie *funktioniert*, aber sie möchten wissen, *warum* sie funktioniert, und eine plausible Vorstellung davon gewinnen, was im Inneren eiens unbeobachteten, geschlossenen Raumes vor sich geht. Das Paradox reicht jedoch sehr viel weiter, als das einfache Szenarium mit der Katze in der Kiste erahnen läßt. Bevor ich die Bedeutung der Quantenmechanik thematisiere, möchte ich mit Hilfe der Töchter von Schrödingers Katze die tiefer reichenden Aspekte des Geheimnisses enthüllen.

Noch ein Aspekt der Realität

Zwar hat bislang niemand ernsthaft versucht, eine Katze in die berüchtigte Kammer einzusperren und das Geschehen zu beobachten, doch welch dramatischen Fortschritt die Physik gemacht hat, zeigt sich daran, daß in den achtziger Jahren ein Gedankenexperiment realisiert wurde, das Einstein kurz vor Schrödingers Katzen-Paradoxon ersonnen hat. Vielleicht hat es sein Gutes, daß Einstein die praktische Realisierung nicht mehr erlebte. Wie das Katzen-Paradoxon sollte dieses Gedankenexperiment die Widersinnigkeit der Quantentheorie herausstellen; als die Probe aufs Exempel aber tatsächlich durchgeführt wurde, ging die Quantentheorie siegreich daraus hervor.

Einstein hatte diesen Gedanken nicht allein ausgearbeitet, vielmehr entwickelte er ihn kurz nach seiner Ankunft in Princeton in den frühen dreißiger Jahren zusammen mit Boris Podolsky und Nathan Rosen. 1935 – im selben Jahr, in dem Schrödinger sein Katzen-»Paradox« veröffentlichte – erschien er unter ihrer gemeinsamen Autorenschaft im Druck. Heute wird das Gedankenexperiment allgemein als »EPR-Paradoxon« bezeichnet, weil es (nach den Maßstäben des gesunden Menschenverstandes) die unlogische Natur der Quantenrealität beleuchtet.

David Bohm, ein in England lebender amerikanischer Physiker, verfeinerte es im Jahre 1951; allerdings blieb es auch weiterhin ein bloßes Gedankenexperiment. Erst Mitte der sechziger Jahre entdeckte der am CERN in Genf tätige irische Physiker John Bell eine Möglichkeit, das Paradoxon in ein Experiment zu übersetzen, das sich im Prinzip mit einem Photonenpaar, das gleichzeitig von einem Atom in verschiedene Richtungen emittiert wurde, durchführen ließ. Zum damaligen Zeitpunkt glaubte jedoch nicht einmal Bell daran, daß das Experiment jemals praktisch verwirklicht würde. Doch in den darauffolgenden zwanzig Jahren setzten mehrere Physiker ihren Ehrgeiz darein, die von Bell beschriebene Beziehung zu messen. Das umfassendste und schlüssigste Experiment dieser Art wurde dann in den frühen achtziger Jahren von Alain Aspect und seinen in Orsay in Paris arbeitenden Kollegen durchgeführt. Sie bewiesen jenseits aller Zweifel, daß sich der gesunde Menschenverstand (und Einstein) irrten und in der Quantenwelt tatsächlich eine Nichtlokalität herrscht. Meine Beschreibung des Versuchs folgt der von Bell vorgeschlagenen und von Aspect überprüften Spielart des EPR-Paradoxons.

Die in Aspects Experiment gemessene Eigenschaft der Photonen heißt Polarisation. Was sich dahinter verbirgt, können wir uns klarmachen, indem wir uns jedes Photon von polarisiertem Licht als Träger eines Pfeiles denken, der in eine bestimmte Richtung weist: nach unten, oben, zur Seite oder irgendwo dazwischen. Im 3. Kapitel werde ich zeigen, daß sich polarisiertes Licht in vielerlei Hinsicht merkwürdig verhält. Im Augenblick ist allein wichtig, daß sich diese verschiedenen Richtungen der Photonen-Polarisation messen lassen und daß diese Eigenschaften entsprechend den Quantenregeln miteinander korreliert sind. Um das tatsächliche Geschehen ein wenig zu vereinfachen, werden wir sagen, daß das eine Photon nach oben und das andere zur Seite zeigen muß, wobei es jedoch völlig unvorhersagbar ist, welches Photon in welche Richtung weist. Sobald das Atom die beiden Photonen emittiert hat, existieren sie wie Schrödingers Katze in einer Überlagerung von Zuständen, die erst durch die Messung der Polarisation eines von ihnen beendet wird. Im Augenblick der Messung bricht die Wellenfunktion des betreffenden Photons zu einem der möglichen Zustände zusammen: d. h., es weist möglicherweise nach oben. Gleichzeitig muß auch die Wellenfunktion des *anderen* Photons zusammenbrechen, allerdings in den anderen Zustand, das heißt, es ist seitwärts ausgerichtet. Das andere Photon ist von niemandem beobachtet worden, und es mag sein, daß die beiden Photonen zum Zeitpunkt der Messung meilenweit voneinander entfernt sind (im Prinzip könnten sie sich an den beiden entgegengesetzten Enden des Universums befinden). Sobald die Wellenfunktion des einen zusammenbricht, geschieht das gleiche beim anderen. Genau diesen Sachverhalt hatte Einstein vor Augen, als er von »geisterhafter Fernwirkung« sprach. Es ist, als blieben die beiden Quantenobjekte (in unserem Fall die beiden Photonen) auf ewig miteinander verbunden, so daß ungeachtet ihrer Entfernung das eine augenblicklich zusammenzuckt, wenn das andere gestoßen wird.

Für Einstein mußte diese Vorstellung besonders skandalös sein, schließlich beruht seine Relativitätstheorie, wie wir noch sehen werden, auf der Tatsache, daß Licht sich stets mit derselben Geschwindigkeit fortbewegt und nichts, was langsamer als Licht ist, so beschleunigt werden kann, daß es sich mit Überlichtgeschwindigkeit bewegt. Nach der Relativitätstheorie, jedenfalls so wie sie ursprünglich aufgefaßt wurde, ist es ausgeschlossen, daß irgend etwas zwei Teilchen durch den Raum hinweg augenblicklich miteinander verbindet. Später werden wir sehen, daß in der Relativitätstheorie vielleicht mehr steckt, als selbst Einstein erkannte; damals war dies jedoch vor allem für Einstein ein schlagendes Argument für die Unmöglichkeit einer derartigen Fernwirkung.

Wie ist es überhaupt möglich, daß Experimente uns Beweise für (oder gegen) die gespensterhafte Fernwirkung liefern? Es wäre zwecklos, beide Photonen zu messen. Denn selbstverständlich erhielten wir stets die richtige Antwort (in unserem Beispiel, daß das eine nach oben, das andere zur Seite weist), ohne die augenblickliche Verbindung am Werk zu »sehen«. Nach den Messungen könnten wir, wenn wir dem gesunden Menschenverstand folgen, ebensogut sagen, die Eigenschaften jedes Photons seien im Augenblick ihrer Emission festgelegt worden. Um die Fernwirkung – die Nichtlokalität – auf frischer Tat zu ertappen, bedarf es eines besonderen Tricks. Dazu müssen wir mit drei miteinander verbundenen Messungen arbeiten (in Aspects Experiment handelte es sich um drei Polarisationswinkel), während wir nur zwei von ihnen tatsächlich durchführen, eine für jedes Photon.

Da die Polarisation eine wenig vertraute Eigenschaft ist, mag es hilfreich sein, sich die Geschehnisse anhand von Farben zu verdeutlichen. Solange wir nicht vergessen, daß Aspects Forschungsgruppe nicht wirklich Farben gemessen hat, kann es nicht schaden. Nehmen wir also an, das Atom emittiere nicht Photonenpaare, sondern Paare farbiger Teilchen, die winzigen Billardkugeln gleichen. Die Kugeln könnten etwa rot, gelb oder blau sein; jedes Kugelpaar wird jedoch zwei verschiedene Farben aufweisen.

In die Quantensprache zurückübersetzt, folgt daraus nach der Kopenhagener Deutung, daß die Kugeln, nachdem das Atom sie in verschiedene Richtungen abgeschossen hat, keine bestimmte Farbe aufweisen. Beide befinden sich in einer Überlagerung dreier möglicher Zustände. »Beobachtet« der Versuchsleiter nun eine Kugel, so bricht die Wellenfunktion zusammen, und die Kugel nimmt eine bestimmte Farbe an. Im selben Augenblick bricht auch die Wellenfunktion der anderen Kugel zusammen, so daß sie nun eine der beiden anderen möglichen Farben trägt. Allerdings vermag die eine Messung allein uns nicht mitzuteilen, um welche Farbe es sich handelt.

Nehmen wir nun an, es sei möglich, die eine Kugel so zu messen, daß wir anschließend wissen, ob sie blau ist oder nicht. Die Antwort auf diese Frage gibt uns Auskunft über den Zustand, in den die andere Kugel zusammengebrochen ist, ohne daß wir über deren Zustand vollständig unterrichtet sind. Angenommen unsere Messung ist zu dem Ergebnis »blau« gekommen. Dann muß die andere Kugel entweder »rot« oder »gelb« sein. Als einzige Alternative hätte unsere Messung das Ergebnis »nicht blau« haben können. Da wir in diesem Falle nicht wissen, ob die erste Kugel rot oder gelb ist – sie ist lediglich nicht blau –, kann die andere Kugel eine der drei möglichen Farben aufweisen. Die Wahrscheinlichkeit, daß sie blau statt rot oder gelb ist, ist freilich aus folgendem Grund größer.

Sollte die erste Kugel »blau« sein, muß die zweite Kugel entweder die Farbe »rot« oder »gelb« aufweisen. Die Wahrscheinlichkeit, daß sie sich in einem der beiden »Farbzustände« befindet, beträgt jeweils 50 Prozent. Falls die erste Kugel »nicht blau« ist, gibt es hinsichtlich ihres Zustandes zwei Möglichkeiten. Sie könnte erstens »rot« sein, und trifft dies zu, so ist die zweite Kugel entweder »blau« oder »gelb«. Zweitens könnte die erste Kugel »gelb« sein. In diesem Fall wäre die zweite Kugel entweder »blau« oder »rot«. Mithin ergeben sich für die zweite Kugel *vier* Möglichkeiten. *Zwei* dieser Möglichkeiten lauten »blau«, daher ist die Kugel mit einer 50prozentigen Wahrscheinlichkeit (2 aus 4) blau. Eine der vier Alternativen ist »rot« und eine »gelb«. Das heißt, die Wahrscheinlichkeit, daß die Kugel »rot« ist, beträgt 25 Prozent (1 aus 4), und dieselbe Wahrscheinlichkeit besteht für »gelb«. Natürlich muß die Kugel nach erfolgter Beobachtung eine der drei Farben aufweisen, und die Prozentzahlen ergeben zusammen offenkundig 100 Prozent.

Durch die Zustandsmessung der ersten Kugel verändern sich also die Chancen, eine bestimmte Farbe bei der Zustandsbestimmung der zweiten Kugel vorzufinden. Wollen wir wissen, wie sich die Chancen in Abhängigkeit von unseren Messungen der ersten Kugel tatsächlich wandeln, müssen wir unsere Messungen für eine große Anzahl von Kugeln wiederholen. Dasselbe gilt ja auch für das Werfen einer Münze: Um eindeutig 50 Prozent Kopf und 50 Prozent Zahl zu erhalten, muß die Münze sehr oft geworfen werden. Wie Bell bewies, ist der entscheidende Punkt jedoch, daß sich beim Wirksamwerden der Nichtlokalität ein statistisches Muster abzeichnet, das von demjenigen abweicht, das sich einstellt, wenn jede Kugel ihre Farbe »wählt«, sobald sie das Atom verläßt, und diese auch späterhin beibehält.

So gesehen läuft das Experiment darauf hinaus, daß wir an die Photonenpaare Fragen dieser Art stellen: »Ist eines der beiden Photonen blau oder nicht, und ist das andere Photon gelb oder nicht?« Alternativ können wir fragen: »Ist eines der Photonen blau oder nicht, und ist das andere Photon rot oder nicht?« Führen wir diese Messungen wiederholt für eine Vielzahl von Teilchenpaaren durch, so erhalten wir eine Liste von Antworten über die Häufigkeit der Paarung von Teilchen, d. h., wir erfahren, wie oft »blau und nicht rot« vorkommt oder wie oft wir das Paar »nicht blau und nicht gelb« bzw. das Paar »blau und nicht gelb« usw. vorfinden. Bell zeigte nun, daß, wenn wir diese Fragen an sehr viele abgeschossene Photonenpaare stellen, die erhaltenen Antworten einem statistischen Muster entsprechen. Am Ende sollten wir wissen, wie häufig die Kombination »blau und nicht gelb«

im Vergleich zur Kombination »nicht blau und nicht rot« und den anderen möglichen Kombinationen vorkommt. Um es noch einmal zu betonen: Unter der Voraussetzung, daß Quantenobjekte erst im Augenblick der Beobachtung über ihre Farbe entscheiden, während gewöhnliche Teilchen ihre Farbe beim Austritt aus dem Atom wählen und sie späterhin beibehalten, weicht das statistische Muster der Quantenwelt deutlich von dem ab, das der gesunde Menschenverstand erwartet.

Sollte der gesunde Menschenverstand recht behalten, muß, wie Bell deutlich machte, eine bestimmte Reihe von Meßergebnissen – d. h. ein bestimmtes Verhaltensmuster, wir wollen es Muster A nennen – stets *häufiger* anzutreffen sein als eine andere Reihe von Meßergebnissen, ein Verhaltensmuster B. Der Alltagslogik zufolge ist Muster A verbreiteter als Muster B. Aus dem Experiment von Aspect (und vielen vergleichbaren Experimenten) geht jedoch klar hervor, daß diese Ungleichung außer Kraft gesetzt wird. Stets wird Muster A *seltener* gemessen als Muster B.

Obwohl in mathematischer Sprache vorgetragen, beruft sich das Argument auf unsere Alltagslogik. Die Logik des gesunden Menschenverstandes sagt uns beispielsweise, daß die Zahl der Teenager auf der Welt geringer ist als die Summe aller weiblichen Teenager *und* aller männlichen Lebewesen jeglicher Altersstufe. Logisch betrachtet, laufen die Ergebnisse des Experiments von Aspect auf die Entdeckung hinaus, daß es auf der Welt tatsächlich mehr Teenager gibt als weibliche Teenager und alle Männer (Teenager *und* Erwachsene) zusammengenommen. Das ist ein klarer Verstoß gegen die Bellsche Ungleichung, was nichts anderes heißt, als daß die Nichtlokalität ihre Hände im Spiel hat und die Quantentheorie bestätigt wurde. Allerdings haben wir immer noch keine Ahnung, was das alles *bedeutet*.

Nach eigenem Bekunden sah Bell in der Quantentheorie nur einen »vorübergehenden Notbehelf«[11] und hoffte weiterhin, die Physiker würden eines Tages selbst diese Eigentümlichkeiten theoretisch deuten, ohne die Annahme fallenzulassen, daß die Welt auch außerhalb unserer Beobachtungen und Messungen existiert. Obwohl das Resultat des Aspect-Experimentes seine Hoffnungen, nicht aber seine *Erwartungen* enttäuschte (denn angesichts der vorausgegangenen Triumphe der Quantentheorie hatte Bell damit gerechnet), erzählte er später dem Physiker Nick Herbert, er sei »erfreut [gewesen], in einem Bereich, in dem Verschwommenheit und Dunkelheit herrschten, auf etwas Nüchternes und Klares gestoßen zu sein«, auch wenn dieses Etwas dem gesunden Menschenverstand und seinen eigenen Vorurteilen widersprach.[12]

Übersetzen wir die Implikationen des Experimentes von Aspect nun wieder in unser etwas simpleres Beispiel, so sieht das Fazit dieser Entdeckungen wie folgt aus: Emittiert das Atom zwei Teilchen in verschiedene Richtungen und müßte nach den Quantenregeln das eine rot und das andere gelb sein, wobei dieselben Regeln verschweigen, welches Teilchen welche Farbe hat, so befinden sich die Teilchen so lange in einer Überlagerung von Zuständen, bis ein bewußter Beobachter die Farbe eines Teilchens feststellt. In diesem Augenblick bricht die Wellenfunktion des einen Teilchens in die festgestellte *und* die Wellenfunktion des anderen Teilchens in die alternative Farbe zusammen. Man muß es noch einmal betonen: Hier geht es weder um die hanebüchene Idee eines verschrobenen Theoretikers noch um ein sorgfältig ausgetüfteltes Gedankenexperiment. Mit Photonen durchgeführte Experimente haben das Auftreten der Nichtlokalität *bewiesen*.

Wir müssen das Experiment nur ein wenig abwandeln – wir brauchen dazu lediglich ein Elektron und ein Katzenpaar –, und schon können wir Schrödingers berühmtes Gedankenexperiment auf den neuesten Stand bringen und dabei auch Aspects Messungen zur Verletzung der Bellschen Ungleichung berücksichtigen. Dann werden wir ein für allemal sehen, was Nichtlokalität und Fernwirkung beinhalten.

Die Töchter von Schrödingers Katze

Jetzt wird es spannend. Hier sehen Sie das grundlegende Problem in voller Pracht:

Stellen Sie sich zwei Kätzchen vor, die Zwillingstöchter von Schrödingers Katze. Beide leben isoliert in je einer Raumkapsel, werden von einer automatischen Apparatur versorgt und mit ausreichend Futter versehen. Die beiden Raumkapseln sind durch eine enge, zu den Kapseln hin sich öffnende Röhre verbunden. In der Mitte der Röhre befindet sich eine Kiste samt einer automatisch herabgleitenden Trennwand, und diese Kiste – Sie ahnen es schon – enthält ein Elektron. Beide Raumkapseln sind mit der bekannten Höllenmaschine versehen, welche die jeweilige Katze töten wird, sobald ein Elektron aus dem Tunnel in die Kapsel eindringt. Die Elektronenkiste inmitten der Röhre blockiert diese so vollständig, daß nichts von der einen Raumkapsel in die andere gelangen kann. Außerdem bestehen die Enden der Kiste ebenfalls aus gleitenden Trennwänden.

Wie Sie sich erinnern werden, füllt die Wahrscheinlichkeitswelle des Elektrons die Kiste vor einer Beobachtung gleichförmig aus. Sobald die herabgleitende Trennwand die Kiste genau in zwei Hälften geteilt hat, beträgt die Wahrscheinlichkeit, daß sich das Elektron auf der einen oder der anderen Seite der Trennwand tummelt, jeweils genau 50 Prozent. Öffnen sich nun die beiden Enden der Kiste, wird sich die Wahrscheinlichkeitswelle gleichmäßig in den beiden Raumkapseln ausbreiten. Im nächsten Schritt wird die Verbindungsröhre automatisch geteilt, und zwar exakt entlang der Trennwand, die die Elektronenkiste halbiert. So erhalten wir zwei unverbundene Raumkapseln mit jeweils einer von Maschinen versorgten Katze, einer Höllenmaschine, welche die Katze tötet, sobald sie ein Elektron aufspürt, und einer Wahrscheinlichkeitswelle von 50 Prozent für das Elektron. Elektronenwelle, Höllenmaschine und Katze befinden sich nun *allesamt* in einer Überlagerung von Zuständen.

Weil es sich um ein bloßes Gedankenexperiment handelt, dürfen wir unsere hypothetischen Raumkapseln mit den besten Antriebssystemen ausrüsten, die mit den Gesetzen der Physik vereinbar sind. Selbstverständlich werden wir sie nicht mit Überlichtgeschwindigkeit reisen lassen, da wir nicht gegen Einsteins Relativitätstheorie verstoßen wollen. Außerdem nehmen wir an, daß die Kätzchen einer robusten und (soweit die Höllenmaschinen es gestatten) langlebigen Familie entstammen. Nachdem die beiden Kapseln voneinander abgekoppelt wurden, werden sie von automatisch gezündeten Raketen in entgegengesetzte Richtungen des Raumes abgeschossen. Sie sind mehrere Jahre unterwegs, bis endlich eine der Kapseln einen abgelegenen Planeten erreicht, der von bewußten (intelligenten) Beobachtern bewohnt ist. Da die andere Kapsel von äußerst wirksamen Raketen in die entgegengesetzte Richtung getragen wurde, ist sie zu diesem Zeitpunkt mehr als ein Lichtjahr von der ersten Kapsel entfernt.

Neugierig, was die Kapsel wohl enthalten mag, öffnen die intelligenten Beobachter die Luke und spähen hinein. In diesem Augenblick bricht die Wellenfunktion für alles, was die Kapsel enthält, zusammen. Sie »entscheidet«, ob das ursprüngliche Elektron in die gerade inspizierte Kapsel eingedrungen ist. Trifft dies zu, stirbt die Katze – oder vielmehr, sobald die Beobachtung erfolgt ist, *war* die Katze die ganze Zeit über tot, von dem Zeitpunkt an, wo das Elektron aus seiner Kiste entlassen wurde. In dem Moment, da die fremden Sternenbewohner die tote Katze erblicken, ist die andere Katze aus ihrer Überlagerung von Zuständen befreit und »wird« lebendig. Natürlich ist auch denkbar, daß die Fremden die Kapsel öffnen und eine lebende Katze sehen. In diesem Fall hat ihr Beobachtungsakt das Schicksal der anderen Katze besiegelt. Die Sache ist weniger die, daß jede Katze gleichzeitig tot und lebendig war, vielmehr ist es, als hätte es all die Jahre im Raum eine tote und eine lebende Katze gegeben, bei vollständiger Unklarheit darüber, welche Katze sich in welcher Kapsel befand. Oder so, als sei jede Kapsel von Geistern bewohnt gewesen, die alternative Geschichtsversionen darstellten und von denen sich der eine im Augenblick der Beobachtung in Luft auflöste, während der andere wirklich wurde.

Soweit die Kopenhagener Deutung betroffen ist, steht es Ihnen frei, die eine oder andere Interpretation des Geschehens zu wählen. Auf dieser Ebene gibt es keine anerkannte »Interpretation«: Die Kopenhagener Deutung insistiert allein darauf, daß, sollten Sie das Experiment mit Tausenden von Katzenpaaren durchführen, stets die eine Hälfte der auf dem fremden Planeten landenden Katzen tot und die andere Hälfte lebendig ist, während sich ihre Pendants immer im entgegengesetzten Zustand befinden. Die übliche Deutung äußert sich nicht einmal zu der Schlußfolgerung, daß neben einer nichtlokalen Fernwirkung, die beim Zusammenbruch der Wellenfunktion augenblicklich ein Signal von der einen Kapsel zur anderen sendet, von einem bestimmten Blickwinkel aus auch ein Zeitreiseelement involviert ist.

Man könnte durchaus argumentieren, der Akt der Beobachtung sende nicht nur ein Signal durch den Raum, sondern wirke auch in der Zeit zurück, bis hin zu dem Augenblick, an dem sich entschied, in welche Kapsel das befreite Elektron eindrang. Da aus Einsteins Relativitätstheorie folgt, daß, *falls* ein Signal schneller als Licht ist, es auch in der Zeit rückwärts reist, ist die Vorstellung der Zeitreise letztlich nicht schwerer zu verdauen als die Annahme, Signale könnten ohne zeitliche Verzögerung den Raum durchqueren. (Genau aus diesem Grund wird die Möglichkeit einer »überlichtschnellen« Signalübermittlung normalerweise verworfen.)

Es mag extrem erscheinen, in der Zeit rückwärts laufende Signale als möglich zuzulassen. Doch vorausgesetzt, sie läßt sich in eine umfassende Deutung der Quantenwelt einbauen, hat diese Erwägung den Vorzug, die von Schrödingers Katze und ihren Töchtern exemplifizierte geisterhafte Überlagerung von Zuständen zu beseitigen. Bell meinte einmal, er würde, vor die Wahl gestellt, eher an der Vorstellung einer objektiven Realität festhalten als an der Idee, Signale könnten nicht mit Überlichtgeschwindigkeit übermittelt werden.[13] Wenn wir verstehen wollen, warum diese Entscheidung zwar drastisch, aber (möglicherweise) auch haltbar ist, müssen wir mehr über die Natur des Lichts erfahren, ist doch dessen Verhalten ausschlaggebend dafür, wie Physiker die Relativitätstheorie und die Quantentheorie begreifen.

Falls Sie zu den Menschen gehören, die die letzte Seite eines Kriminalromans immer zuerst lesen, und falls Sie meinen, die Standarddeutung der Relativitätstheorie und Quantenphysik sei Ihnen sattsam bekannt, dann sollten Sie jetzt auf jeden Fall einen Blick in den Epilog werfen. Wenn Sie meinem Rat folgen, müssen Sie mir aber versprechen, die vorderen Seiten noch einmal aufzuschlagen und das restliche Buch zu lesen. Wie alle guten Kriminalschriftsteller habe ich nämlich noch einige Tricks auf Lager, mit denen ich Sie bis zur Auflösung zu unterhalten hoffe. Einige dieser Tricks arbeiten, wie die besten Zauberkünstler, mit Spiegeln, die allesamt die geheimnisvolle Natur des Lichtes reflektieren.

1 LICHT AUS ALTEN ZEITEN

Es hängt ganz und gar vom eigenen Blickwinkel ab, was man zum Altertum der Wissenschaft zählt. Häufig werden alle Beschreibungen des Universums und seines Aufbaus, alle Theorien und mathematischen Modelle, die nicht auf den Ideen der Quantenmechanik beruhen, als »klassisch« bezeichnet. Nach diesem Kriterium war Archimedes ebenso wie Isaac Newton jeder Zoll ein klassischer Wissenschaftler. Sogar die Einsteinschen Relativitätstheorien wären nach dieser Definition klassisch. Dennoch ruht die Physik des 20. Jahrhunderts auf zwei Säulen: der Quantentheorie *und* der Relativitätstheorie. Beide revolutionierten die wissenschaftliche Weltsicht, und beide entstanden zu Beginn des 20. Jahrhunderts. So gesehen berührt das Altertum der Wissenschaft die Schwelle zu unserem Jahrhundert. Wenn ich im folgenden die klassische Epoche in der Erforschung des Lichts darstelle, so benutze ich den Begriff in diesem Sinne, d. h., ich zähle alles dazu, was seit den Tagen der alten Griechen über das Licht geäußert wurde, bis hin zu den Arbeiten James Clerk Maxwells, der im 19. Jahrhundert Licht als eine Form elektromagnetischer Strahlung nachwies.

Antike Philosophen glaubten, das Licht entspringe dem Auge und »ertaste« wie der Strahl eines Leuchtturmes oder der Stock eines Blinden das Wesen der Welt um uns herum. Empedokles, ein Philosoph aus dem 5. vorchristlichen Jahrhundert, vertrat die Auffassung, alles Seiende bestünde aus vier »Elementen« (Erde, Luft, Feuer, Wasser), und er schilderte, wie Aphrodite das menschliche Auge aus diesen vier, von der Liebe zusammengehaltenen Elementen schuf. Die Göttin entzündete das Feuer des

Auges am Herdfeuer des Universums, damit es, einer Laterne gleich, seinen Schein in die Welt sandte und Sehen ermöglichte.[1]

Empedokles erkannte, daß dies nicht die ganze Wahrheit sein könne. Seiner Ansicht nach gab es nur eine Erklärung für die nächtliche Dunkelheit: Der Körper der Erde vertrat dem Licht der Sonne den Weg. Ähnliche Auffassungen verfocht der im 3. Jahrhundert v. Chr. lebende Epikur, dessen Gedanken der römische Schriftsteller Lukrez 55 v. Chr. in seinem Buch *De rerum natura* zusammenfaßte. Lukrez schrieb: »Über das Licht und die Wärme der Sonne können wir sagen, auch sie setzen sich aus winzigen Atomen zusammen, die angestoßen sogleich durch den Zwischenraum der Luft in die ihnen durch den Stoß mitgeteilte Richtung eilen.«[2] Von heute aus betrachtet, ist das für die damalige Zeit eine erstaunlich genaue Beschreibung; allerdings spiegelt sie nicht die Meinung der meisten seiner Zeitgenossen wider. Die Vorstellung, der Gesichtssinn resultiere daraus, daß etwas vom Auge ausstrahle, behauptete sich noch jahrhundertelang. Platon – er lebte ungefähr von 428 bis 347 v. Chr. – sprach von der Ehe des inneren und des äußeren Lichtes. Euklid (ca. 330 bis ca. 260 v. Chr.) grübelte unter anderem über die Geschwindigkeit nach, mit welcher der Gesichtssinn »wirkte«. Er machte darauf aufmerksam, daß, wenn wir unsere Augen schließen und wieder öffnen, selbst die entferntesten Sterne sogleich wieder sichtbar werden, obwohl die Einwirkung des Gesichtssinns von den Augen zu den Sternen und wieder zurückreisen muß, bevor wir sie sehen können!

Diese Ideen mögen uns sehr befremdlich vorkommen, doch anscheinend wurden sie ungeachtet der Tatsache, daß Lukrez die Schriften des Epikur propagierte, erst gegen Ende des ersten nachchristlichen Jahrtausends ernsthaft bezweifelt. Teilweise verantwortlich dafür waren der Zusammenbruch der europäischen Zivilisation und das dunkle Zeitalter, das auf den Untergang des Weströmischen Reiches folgte. Zudem zeigten die Römer kein besonderes Interesse für die Naturwissenschaften, und die gelehrte Welt ihrer Zeit hat sich nie von dem unglückseligen Brand der großen alexandrinischen Bibliothek in den Tagen Julius Caesars erholt. Damals ging ein großer Teil der wissenschaftlichen Lehren der Griechen in Rauch und Flammen auf. Noch mehr Bücher wurden beim Zusammenbruch des Römischen Reiches zerstört oder gingen verloren, und was Europa an wissenschaftlicher Bildung erhalten blieb, erschöpfte sich über mehr als tausend Jahre in einer ehrfurchtsvollen Haltung gegenüber den Gedanken der Antike und in dem Bestreben, jedes Fragment zu hüten, in dem jene Lehren überliefert wurden.

Der erste Wissenschaftler, der auf allen Gebieten über die Gedanken der alten Griechen hinausging, war ein arabischer Gelehrter, der auf der Höhe der islamischen Kulturblüte von 965 bis 1038 lebte. Unsere Kenntnisse der antiken Welt und ihres wissenschaftlichen Gedankengutes verdanken wir in erster Linie Zeugnissen, die zunächst aus dem Griechischen oder aus anderen alten Sprachen ins Arabische übersetzt wurden und später aus dem Arabischen in europäische Sprachen. Oftmals gelangten die Schriften über das Oströmische Reich in die arabische Welt, d. h. über Byzanz, das den Untergang Roms fast tausend Jahre bis 1453 überdauerte. Die Beziehungen zwischen Byzanz und der arabischen Welt waren zwar gelinde gesagt turbulent, schlossen aber den Austausch wissenschaftlicher Ideen durchaus ein.

Die arabischen Gelehrten entwickelten das Ideengut der Antike weiter und verbesserten es (man denke nur daran, daß unser Zahlensystem dem arabischen folgt). So hinterließen sie dem Okzident ein reiches Erbe, das wesentlich dazu beitrug, das Feuer der naturwissenschaftlichen Forschung erneut zu entzünden. Die Untersuchung des Lichts ist dafür ein gutes Beispiel.

Der erste moderne Wissenschaftler

Abu Ali al-Hasan ibn al-Haitham war der größte Wissenschaftler des Mittelalters, dessen Leistungen mehr als 500 Jahre, bis zur Zeit Galileos, Keplers und Newtons, unübertroffen blieben. In Europa wurde er schließlich unter dem Namen Alhazen bekannt. Alhazen schrieb eine große Anzahl von Büchern (heute würden wir von wissenschaftlichen Abhandlungen sprechen) über vielfältige wissenschaftliche und mathematische Themen. Sein größtes Werk waren jedoch sieben Bücher zur Optik, die er um das Jahr 1000 verfaßte.

Gegen Ende des 12. Jahrhunderts wurden sie ins Lateinische übersetzt, in die intellektuelle und wissenschaftliche Sprache, deren sich die europäische Gelehrtenwelt noch weit über die Zeit Newtons hinaus bediente. Allerdings wurde das Werk erst 1572 in Europa veröffentlicht (immer noch in Latein), und zwar unter dem Titel *Opticae thesaurus* (*Der Schatz der Optik*). Das Buch wurde in weiten Kreisen studiert und beeinflußte maßgeblich jene Denker, die im 17. Jahrhundert eine wissenschaftliche Revolution in Europa auslösten.

Für seine Behauptung, daß das Sehvermögen unmöglich irgendeinem inneren, vom Auge ausgehenden Licht entspringen könne, das die Welt um sich herum ergründete, brachte Alhazen mehrere logische Argumente vor. Seiner Ansicht nach beruhte das Sehvermögen darauf, daß Licht von der Außenwelt ins Auge fiel. Das bekannte Phänomen der Nachbilder war ein Stützpfeiler seiner Argumentation. Starren Sie einmal eine halbe Minute in eine helle Lichtquelle, und schließen Sie danach die Augen, so werden Sie den Umriß des hellen Lichtes »sehen«, und zwar gewöhnlich in einer anderen Farbe (der sogenannten Komplementärfarbe).[3] Derartige Nachbilder dauern mitunter auch als »Flecken vor den Augen« fort, nachdem Sie Ihre Augen wieder geöffnet haben. Alhazen schloß daraus, dieses Phänomen müsse von etwas hervorgerufen werden, was das Auge von außen berührte und dabei einen so starken Eindruck hinterließ, daß die Wirkung selbst bei geschlossenen Augen, wenn das Licht weder in sie hinein- noch hinausgelangen konnte, anhielt.

Alhazen führte noch weitere Beispiele für den Einfluß des von außen ins Auge fallenden Lichtes an. Am nachhaltigsten sollte sich jedoch seine Erörterung, wie Bilder in einer »Camera obscura« zustande kommen, auf die wissenschaftliche Entwicklung eines Verständnisses des Lichtverhaltens auswirken. Der Ausdruck bedeutet wörtlich »verdunkelte Kammer« (oder »dunkler Raum«) und bezeichnet ein Phänomen, das zweifellos schon in der Antike bekannt war. Seine früheste und klarste Beschreibung findet sich aber erst in Alhazens Schriften. Wenn Sie das Phänomen beobachten wollen, so sollten Sie sich an einem hellen, sonnigen Tag in einen verdunkelten Raum begeben und einen schweren Vorhang vor das Fenster ziehen. Machen Sie ein winziges Loch in den Vorhang – es sollte etwa die Größe einer Kugelschreibermine haben –, damit ein wenig Licht in den Raum fallen kann. Jetzt werden Sie auf der dem verhängten Fenster gegenüberliegenden Wand ein farbgetreues, auf dem Kopf stehendes Bild der Außenwelt sehen.

Der Effekt ist so wirkungsvoll, daß einige Städte (beispielsweise Edinburgh in Schottland) selbst heute, im Zeitalter des Fernsehens, moderne Spielarten der Camera obscura als Touristenattraktion bereithalten. Dasselbe Phänomen tritt bei einer Lochkamera auf. In diesem Fall kann die dunkle »Kammer« ein Schuhkarton oder etwas Ähnliches mit einem Loch auf einer Seite sein. Als Leinwand dient ein Blatt Pauspapier, das über die dem Loch gegenüberliegende und herausgeschnittene Seite des Kartons gespannt wird. Halten Sie Ihren Kopf und die »Leinwand« im Dunkeln (beispielsweise indem Sie einen Mantel über Kopf und Karton ziehen), während das Loch dem Licht zugewandt ist, so sehen Sie ein kopfstehendes Bild der Außenwelt. Schließlich führte die Camera obscura zur Entwicklung der Photokamera (der sie auch ihren Namen lieh). Wie aber funktioniert sie?

Alhazen erkannte ganz richtig, daß der entscheidende Punkt die geradlinige Bewegung des Lichtes ist. Nehmen wir an, in dem Garten, auf den das Fenster der Camera obscura hinausgeht, befindet sich ein Baum. Durch das Loch im Vorhang läuft von der Spitze des Baumes eine gerade Linie nach unten, zu einem bodennahen Punkt auf der gegenüberliegenden Wand, während vom Fuß des Baumes eine gerade Linie durch das Loch nach oben geht und in Deckennähe auf der gegenüberliegenden Wand endet. In gleicher Weise verlaufen von sämtlichen Punkten des Baumes gerade Linien durch das Loch zu den entsprechenden Stellen auf der Wand. Somit erhalten wir ein auf dem Kopf stehendes Bild des Baumes (und aller anderen Gegenstände im Garten).

Alhazen nahm an, Licht bestehe aus einem Strom winziger Teilchen, die in der Sonne und in Erdfeuern erzeugt werden, sich geradlinig fortpflanzen und von hinderlichen Gegenständen abprallen. Nach dieser Vorstellung prallt das Sonnenlicht von dem Baum im Garten ab, fällt durch das Loch im Vorhang, wird von der Rückwand der verdunkelten Kammer zurückgeworfen und trifft schließlich auf Ihr Auge, so daß Sie das Bild in der Camera obscura sehen können. Alhazen erkannte, daß das Licht sich zwar sehr schnell, aber nicht unendlich schnell bewegt. Auf diesen Gedanken verfiel er angesichts der Beobachtung, daß ein gerader, ins Wasser gehaltener Stock geknickt aussieht. Dieser Effekt, die Brechung, ging seiner Meinung nach darauf zurück, daß Licht sich im Wasser und in der Luft unterschiedlich schnell fortpflanzt. Darüber hinaus beschäftigte er sich mit Linsen und gekrümmten Spiegeln, und er entdeckte, daß die Krümmung einer Linse das Licht durch Brechung in einem Brennpunkt bündeln kann.

Im 11. Jahrhundert war Europa für solche Gedanken noch nicht empfänglich. Erst Johannes Kepler (1571–1630) nahm den von Alhazen weitergereichten Stab auf. Fällt heute Keplers Name, dann vor allem deshalb, weil er die Gesetze der Planetenbahnen um die Sonne entdeckte. Ausgehend von Alhazens Erörterung im *Opticae thesaurus*, beschrieb Kepler Anfang des 17. Jahrhunderts das menschliche Auge als eine Lochkamera, wobei das Licht durch die Pupille eindringt und ein Bild der Außenwelt auf die Rückwand des Auges, die Retina, wirft. Noch Jahrhunderte später rätselte man an der Frage herum, warum wir die Welt »richtig herum« sehen, da doch das Bild auf der Retina auf dem Kopf stehen muß. Daß das Bild tatsächlich verkehrt herum *ist*, bewies René Descartes, indem er den hinteren Teil vom Auge eines toten Ochsen entfernte, damit es transparent würde und er so das auf der Retina entstandene Bild betrachten konnte. Heute wissen wir, daß das menschliche Gehirn automatisch das auf dem Kopf stehende Bild korrigiert, ähnlich wie sich das Bild auf einem Fernsehschirm elektronisch richtig ausrichten läßt, auch wenn der Fernsehapparat auf dem Kopf steht.

Etwa zu dieser Zeit – Descartes lebte von 1596 bis 1650 – begann sich plötzlich alle Welt für das Licht zu interessieren. Als Galileo Galilei, der 1564 (im gleichen Jahr wie Shakespeare) geboren wurde und 1642 (im Geburtsjahr Isaac Newtons) starb, im Jahre 1608 erfuhr, ein holländischer Brillenschleifer habe das Fernrohr erfunden, fertigte er eilends ein eigenes Modell an, richtete es auf den Himmel und initiierte so die moderne, wissenschaftliche Form der Astronomie. Nicht lange nach dem Fernrohr wurde das Mikroskop gebaut, das den Wissenschaftlern die Möglichkeit eröffnete, ihren forschenden Blick auch nach innen, auf die Welt des sehr Kleinen, zu richten. Mit Hilfe seines Fernrohrs entdeckte Galileo 1610 die vier größten Jupitermonde. 1676 ermöglichten Beobachtungen über die Bewegungen dieser Monde zum ersten Mal eine Berechnung der Lichtgeschwindigkeit.

Der dänische Astronom Ole Rømer brachte dieses Kunststück zustande, indem er die Zeiten maß, zu denen die Monde durch den Jupiter verdunkelt wurden. Wann die Verfinsterungen eintraten, schien davon abzuhängen, ob Erde und Jupiter sich auf derselben Sonnenseite befanden oder auf gegenüberliegenden Seiten. Rømer erklärte die Zeitverschiebungen bei Eintreten der Verfinsterungen damit, daß das Licht der Monde mehr Zeit brauche, um die Erde zu erreichen, wenn sich diese auf der gegenüberliegenden Seite der Sonne befindet. In heutigen Zahlen ausgedrückt, braucht das Licht bei einer Geschwindigkeit von 300 000 km pro Sekunde mehr als 8 Minuten, um uns von der Sonne zu erreichen und dabei den halben Durchmesser der Erdumlaufbahn zurückzulegen. Die Verfinsterung eines der Jupitermonde kann also maximal mit der doppelten, d. h. mit einer mehr als viertelstündigen »Verspätung« beobachtet werden.

Im selben Jahrzehnt, in dem Rømer vorführte, wie sich die Lichtgeschwindigkeit messen läßt, lenkte der Mann, der nicht nur die Optik, sondern die gesamte Wissenschaft revolutionieren sollte, zum ersten Mal die Aufmerksamkeit der englischen Gelehrtenwelt auf sich. Im Jahr 1672 veröffentlichte Isaac Newton seinen ersten wissenschaftlichen Aufsatz, und natürlich behandelte er die Natur des Lichtes.

Woolsthorpe – Cambridge und zurück

Um ein Haar wäre Newton überhaupt kein Wissenschaftler geworden – jedenfalls kein Wissenschaftler mit Universitätsausbildung und Mitgliedschaft in der Royal Society. Er wurde am Weihnachtstag des Jahres 1642[4] in der nahe bei Grantham in Lincolnshire gelegenen Ortschaft Woolsthorpe geboren. Da er zu früh auf die Welt kam, erwartete kaum jemand, daß dieser winzige, kränkliche Säugling am Leben bleiben würde. Mit knapper Not überstand er die erste Woche. Sein Vater, der ebenfalls Isaac hieß, war vor Newtons Geburt gestorben, was letzten Endes für Isaac eine glückliche Fügung gewesen sein mag. Als seine Mutter drei Jahre nach seiner Geburt eine neue Ehe einging und in das Nachbardorf North Witham zog, wurde Isaac zu seinen Großeltern mütterlicherseits geschickt. Vor ihm hatte keiner der Newtons eine Schulausbildung erhalten, und sehr wahrscheinlich hätte er keine Ausnahme dargestellt, wenn sein Vater, ein freier Bauer, der nicht einmal seinen Namen schreiben konnte, am Leben geblieben wäre. Die Ayscoughs, die Familie seiner Mutter, nahmen auf der gesellschaftlichen Leiter eine höhere Stellung als die Newtons ein. Der Großvater James Ayscough war ein Mann von Stand, und William, ein Bruder von Isaacs Mutter Hannah, hatte am Trinity College in Cambridge studiert, die Gelübde abgelegt und war zum Pfarrer einer nahe gelegenen Gemeinde ernannt worden.

Newton verlebte eine einsame Kindheit, da sein Stiefvater ihn nie in seine Familie aufnahm. Allerdings besuchte er die Schule am Ort, was ihm eine erste Ausbildung und den Geschmack an einer entschieden höheren Lebensweise verschaffte, als er sie als Sohn des Landwirtes Isaac Newton normalerweise hätte erwarten können. Als sein Stiefvater 1653 starb, kehrte der junge Isaac nach

Woolsthorpe zurück, um künftig wieder bei seiner Mutter zu leben. Seine Freude über die Wiedervereinigung dürfte jedoch stark dadurch gedämpft worden sein, daß er ihre Zuneigung mit einem Halbbruder und zwei Halbschwestern teilen mußte. Zwei Jahre später – Isaac war erst zwölf Jahre alt – schickte man ihn in die Lateinschule nach Gratham, wo er als Kostgänger im Hause des Apothekers, eines Mr. Clark, wohnte.

Die Einsamkeit und wiederholte Trennung von seiner Mutter sowie der Umstand, daß er seinen Vater nie gekannt hatte, haben wohl zu der wenig gewinnenden Persönlichkeit des erwachsenen Newton beigetragen: Er war ein Geheimniskrämer, zanksüchtig, unduldsam gegenüber Dummköpfen und verstrickte sich oftmals in heftige akademische Streitigkeiten über Prioritätsfragen und Plagiatsanschuldigungen. Obwohl er ein guter Schüler war und als ungewöhnlich intelligent (wenn auch recht merkwürdig) galt, hatte Newton noch eine letzte Hürde zu nehmen, bevor er entschlossen den Pfad des wissenschaftlichen Ruhms einschlagen konnte. Die Mutter holte den Siebzehnjährigen nach Woolsthorpe zurück, um ihn mit der Führung des Hofes vertraut zu machen, den er erben sollte. Newton war jedoch ein hoffnungsloser Fall. Hannah zweifelte bald daran, aus ihrem Sohn jemals einen Landwirt machen zu können, und ihr Bruder William drängte sie, Isaac zur Schule zu schicken, damit er sich auf den Universitätseintritt vorbereiten könne. Mr. Stokes, der Schullehrer in Grantham, hatte noch bessere Überredungskünste aufzubieten. Er bot an, den jungen Mann zu ermäßigtem Schulgeld in sein Haus aufzunehmen, wenn er nur seinen glänzenden Schüler zurückerhielte. 1660 gab Hannah nach, und Isaac durfte zu seinen Studien nach Gratham zurückkehren. Es war das Jahr, in dem Charles II. nach einem elfjährigen Interregnum des Parlamentes wieder den englischen Thron bestieg. Im Juni 1661 brach Newton endlich nach Cambridge auf. Nun gab es kein Zurück mehr.

Der offizielle Lehrplan in Cambridge folgte in den 1660er Jahren noch immer den überkommenen Ideen der griechischen Philosophen, allen voran denen des Aristoteles. Newton scheint die

Pflichtvorlesungen fleißig besucht zu haben und erwarb 1665 einen akademischen Grad. Gleichzeitig hatte er sich auch in die Schriften modernerer Denker vertieft, darunter Kepler, Galileo und Descartes, und sich die neue Wissenschaft des 17. Jahrhunderts erarbeitet. 1665, beim Ausbruch der Pest in London, wurde die Universität in Cambridge geschlossen, und Newton kehrte nach Lincolnshire zurück. In den zwei Jahren, die er dort verbrachte, grübelte er über das Erlernte nach und entwickelte seine eigenen Gedanken über den Bau der Welt. In dieser Zeit erfand er das Infinitesimalkalkül, entwickelte seine Gravitationstheorie und formulierte seine Licht- und Farbtheorie. Veröffentlicht wurden sie jedoch erst Jahre später. Newton genügte es, diese Probleme zu seiner eigenen Zufriedenheit gelöst zu haben. Nachdem seine Kollegen herausgefunden hatten, was er in petto hielt, vermochten sie ihn nur mit Mühe zu überreden, die Früchte seiner Arbeit allen zugänglich zu machen.

In den sechziger Jahren des 17. Jahrhunderts gab es zwei konkurrierende Lichttheorien. Nach der einen, von Pierre Gassendi (1592–1655) vertretenen Theorie, war Licht ein Strom winziger Teilchen, die sich mit unvorstellbarer Geschwindigkeit fortbewegten. Die andere, von Descartes befürwortete Theorie behauptete hingegen, nichts Körperhaftes sei es, was sich von einem Ort zum anderen bewegt. Vielmehr sei das ganze Universum von einem (*plenum* genannten) Stoff erfüllt, der auf das Auge drücke. Dieser Druck oder diese »Tendenz zur Bewegung« sollte das Sehphänomen hervorbringen. Man müsse sich vorstellen, daß ein heller Gegenstand wie etwa die Sonne einen Stoß nach außen abgibt, der augenblicklich übermittelt und vom menschlichen, den hellen Gegenstand betrachtenden Auge empfangen wird.

Beide Vorstellungen zogen gewisse Schwierigkeiten nach sich. Wenn Licht ein Strom winziger Teilchen ist, was geschieht dann mit ihnen, wenn zwei Leute sich gegenüberstehen und einander in die Augen blicken? Und wenn Sehen durch den Druck des Plenums auf das Auge verursacht wird, dann müsse (wie Newton in seinen Aufzeichnungen bemerkte) ein nächtlich herumwandernder Mensch etwas sehen, da durch die Bewegung das Plenum gegen seine Augen drückt.

Die Idee, daß Licht aus einem Strom von Teilchen (Korpuskeln) bestünde, wurde von Newton nicht zuletzt deshalb favorisiert, weil seine Gesetze der Mechanik das Verhalten von Teilchen erfolgreich zu erklären vermochten. Er war davon überzeugt, daß für die Umlaufbahnen der Planeten um die Sonne, die Flugbahn von Kanonenkugeln oder das Verhalten von Lichtteilchen im wesentlichen dieselben Gesetze gelten. In gewisser Hinsicht versuchte er eine einheitliche physikalische Theorie zu entwerfen, womit er seiner Zeit um mehr als 300 Jahre voraus war. Doch im Jahr 1661, als Newton nach Cambridge kam, schien die Anwendung der konkurrierenden Descartesschen Ideen aussichtsreicher.

Die ursprüngliche Form von Descartes' Lichttheorie nahm an, daß ein stetiger Druck auf das Auge ausgeübt werde. Von dieser Vorstellung bis zur Ausarbeitung einer Theorie, die postulierte, daß sich von einem hellen Objekt Druckimpulse ausbreiten, war es nur ein kleiner Schritt. Diese Impulse riefen Wellen hervor – freilich nicht wie Kräuselwellen auf einem Teich, sondern wie Druckimpulse, die durch das Wasser des Teiches wandern, wenn man mit der Hand auf die Wasseroberfläche schlägt. (Sie entsprechen genau jenen Druckwellen, die, wie wir heute wissen, die Ausbreitung des Schalls von seiner Quelle erklären.) In den frühen sechziger Jahren des 17. Jahrhunderts begannen mindestens zwei Leute in diese Richtung zu denken und auf eine vollständige Wellentheorie des Lichts hinzuarbeiten: Robert Hooke in England und Christiaan Huygens in Holland.

Über Hooke werden wir bald mehr erfahren. Auch Huygens verdient mehr als nur eine flüchtige Erwähnung, nahm er doch unter den großen Physikern seiner Zeit den zweiten Rang hinter Newton ein – und da Newton noch immer als der größte Wissenschaftler gilt, der je gelebt hat, ist dies wahrlich keine geringe Leistung.

Im Schatten Newtons

Huygens wurde 1629 in Den Haag geboren. Sein Familienleben hatte keinerlei Ähnlichkeiten zu demjenigen Newtons. Sein Vater, ein Diplomat und Dichter, entstammte einer Familie, die seit Generationen in den diplomatischen Diensten des Hauses Oranien stand. Descartes, der als junger Mann in das Heer des Prinzen von Oranien eintrat und von 1628 bis 1649 in Holland lebte, war ein häufiger Gast im Hause Huygens. Möglicherweise war dieser Umstand nicht ohne Einfluß auf die Laufbahn, für die sich Christiaan entschied. Neben der Mathematik studierte er die Rechtswissenschaften; eine gute Vorbereitung darauf, die Familientradition fortzusetzen und eine diplomatische Karriere einzuschlagen. 1649 nach Abschluß seiner Universitätsausbildung kehrte er wider Erwarten nach Hause zurück und verbrachte die nächsten 16 Jahre dank der finanziellen Unterstützung seines Vaters als Privatgelehrter.

Bei seiner privilegierten Herkunft und einer Familie, die es sich leisten konnte und bereit war, seinen Grillen zu willfahren, hätte Huygens leicht ein dilettierender Amateurwissenschaftler werden können, der aus Liebhaberei naturwissenschaftliche Studien betreibt. Sein Interesse für alle Facetten der Wissenschaft, die er auf verschiedensten Gebieten bereicherte, ging jedoch sehr tief. Huygens war nicht nur kein Dilettant, sondern im Gegenteil so erfolgreich und berühmt, daß die 1666 gegründete französische Académie Royale des Sciences ihn als eines ihrer sieben Gründungsmitglieder berief. Sein Aufenthalt in Paris nahm 1681 ein Ende, als er sich, teils aus gesundheitlichen Gründen, aber auch weil ihm wegen seines protestantischen Glaubens im katholischen Frankreich religiöse Verfolgung drohte, zu einer Rückkehr nach Holland gezwungen sah. Eine seiner gelegentlichen Reisen ins Ausland führte ihn 1689 nach London, wo er mit Isaac Newton zusammentraf. 1695 starb Huygens in Den Haag.

Etwas hatte Huygens mit Newton gemein. Auch er zögerte die Veröffentlichung seiner Ideen lange hinaus. Der Grund dafür war allerdings Huygens' übertriebener Perfektionismus, der ihn jeden i-Punkt und jedes Komma dreimal überprüfen ließ, bevor er seine Schrift in den Druck gab. Diese besessene Konzentration auf Details kam ihm sehr zustatten bei seinem ersten großen Beitrag zur Wissenschaft des 17. Jahrhunderts: der Pendeluhr.

Obgleich Galileo schon 1581 erkannt hatte, daß ein schwingendes Pendel, unabhängig von seiner Amplitude, einen gleichmäßigen Rhythmus beibehält, war es niemandem gelungen, mittels der regelmäßigen Pendelschwingung eine genau gehende Uhr anzutreiben. Erst Huygens legte in den fünfziger Jahren des 17. Jahrhunderts einen praktikablen Entwurf vor. 1657 wurde die erste Uhr dieser Art gebaut, und bereits ein Jahr später waren Pendeluhren in holländischen Kirchtürmen ein vertrauter Anblick. Die Erfindung war für die Wissenschaft schon deshalb ein Gewinn, weil sie ein genaues Zeitmeßinstrument bereitstellte – was beispielsweise für Rømers Bestimmung der Lichtgeschwindigkeit und in anderen Bereichen der Astronomie von größter Wichtigkeit war. 1674 ging Huygens noch einen Schritt über die Turmuhr hinaus, seine neue Uhr wurde von einer Feder betrieben und durch eine Unruhe statt durch ein Pendel reguliert. (Hooke hatte zwar dieselbe Idee gehabt, doch Huygens gelang es, den ersten funktionierenden Prototyp zu bauen.)

Daneben entwarf Huygens Fernrohre und stellte astronomische Beobachtungen an. So entdeckte er 1655 den größten der Saturnmonde, den Titan, und lieferte als erster eine korrekte Beschreibung des Saturnrings. Seine astronomischen Studien und seine Bemühung, leistungsfähigere Fernrohre zu bauen, weckten Huygens' Interesse für die Natur des Lichtes. Daraus sollte seine größte Leistung hervorgehen: eine vollständig ausgearbeitete Wellentheorie des Lichtes, die im wesentlichen 1678 abgeschlossen war, doch erst 1690 ungekürzt veröffentlicht wurde. Mit Hilfe seiner Theorie vermochte er zu erklären, wie Licht von einem Spiegel reflektiert und wie es beim Übergang von der Luft in Glas oder Wasser gebrochen (bzw. abgelenkt) wird. Ausgehend von Descartes' Idee, stellte er sich Licht als eine Bewegung zusammenstoßender Teilchen vor, die einander anrempeln, so daß sich eine Störung von ihrer Quelle in Gestalt einer kugelförmigen Druckwelle ausbreitet. Aus seiner Theorie folgte eine besonders bedeutsame Voraussage: Die Erklärung des Brechungsphänomens erforderte, daß Licht sich in einem dichteren Medium (etwa Glas oder Wasser) langsamer bewegte als in einem weniger dichten Medium (etwa Luft).

Huygens' Pech war es, daß sein Ruf durch Newtons Schatten verdunkelt wurde. Newtons atemberaubende Leistungen in der »Naturphilosophie«, seine Bewegungsgesetze und seine Gravitationstheorie, wurden 1687 in den berühmten *Principia* veröffentlicht. Obwohl einige seiner Erkenntnisse über das Licht schon 15 Jahre zuvor im Druck erschienen waren, wurde die vollständige Theorie – aus Gründen, die bald klar werden sollten – erst 1704 veröffentlicht. Dank seiner Reputation als das größte wissenschaftliche Genie betrachteten weite Kreise im 18. Jahrhundert Newtons Überlegungen zum Licht ebenso wie seine Bewegungsgesetze und seine Gravitationstheorie als Evangelium. Unter anderem behauptete Newton in seinen Schriften, daß Licht in Form von Teilchen auftritt – folglich mußte Huygens' Theorie falsch sein. Doch auch einem Genie unterläuft hin und wieder ein Fehler, und im Grunde genommen war die Teilchenhypothese keineswegs der wichtigste Aspekt an Newtons Lichttheorie. Die damalige wissenschaftliche Welt hatte vor allem bei Newtons Farbtheorie aufgehorcht, die ebenso wie Huygens' Arbeiten zum Licht Verbindungen zur Astronomie aufwies.

Newtons Weltsicht

Das Bedeutende an Newtons Farbtheorie ist nicht allein, daß er ins Schwarze traf; ebenso wichtig ist, *wie* er zu seinen Schlußfolgerungen gelangte. Vor Newton verließen sich die Philosophen bei der Entwicklung ihrer Ideen zur natürlichen Welt hauptsächlich auf reine Gedankenarbeit. So grübelte Descartes darüber nach, auf welche Weise wohl das Licht eines hellen Gegenstandes dem Auge übermittelt würde, ohne irgendwelche Versuche zur Überprüfung seiner Ideen anzustellen. Natürlich waren schon vor Newton Versuche durchgeführt worden. Vor allem Galileo hatte mit seinen Untersuchungen über Kugeln, die eine schiefe Ebene hinunterrollten, und mit seinen Arbeiten über Pendel gezeigt, welchen Weg die Wissenschaft einschlagen müsse. Newtons Verdienst war es jedoch, als erster die Fundamente der künftigen wissenschaftlichen Methode klar und deutlich formuliert zu haben: jenes Zusammenspiel von Ideen (Hypothesen), Beobachtungen und Versuchen, auf dem die moderne Wissenschaft beruht.

Newtons Farbtheorie war die Frucht von Experimenten, die er während seiner erzwungenen Beurlaubung von Cambridge angestellt hatte. Daß sich ein Strahl des Sonnenlichtes in ein regenbogenartiges Farbspektrum verwandelte, wenn er durch ein dreieckiges Glasprisma geschickt wurde, war 1665 durchaus eine bekannte Tatsache. Gewöhnlich griff man bei der Erklärung dieses Effekts auf die aristotelische Vorstellung zurück, daß weißes Licht rein und ungetrübt sei, beim Durchgang durch das Glas jedoch verdorben würde. Tritt das Licht in das Prisma ein, wird es gebrochen, geht dann geradlinig durch das Dreieck hindurch und wird beim Austritt in die Luft erneut gebrochen. Gleichzeitig beobachten wir, daß sich der weiße Lichtfleck in ein Farbband auffächert. Von oben nach unten, von der Spitze des Dreiecks bis zu seiner Basis betrachtet, ergibt sich, daß das Licht an der Spitze weniger stark gebrochen wird, eine kurze Strecke durch das Glas zurücklegt und als Rot auftaucht. Weiter unten, dort wo der dreieckige Glaskeil breiter ist, erscheint das Licht, das bei Eintritt in das Prisma etwas stärker gebrochen wird und einen weiteren Weg durch das Glas zurücklegen muß, bei seinem Austritt in die Luft als Violett. Hält man ein Prisma vor einen Lichtstrahl, der durch ein kleines Loch im Vorhang fällt (ähnlich wie bei der Camera obscura), so zeigt sich das Farbspektrum auf der dem Fenster gegenüberliegenden Wand.

Aristoteles meinte, das weiße Licht, das die kürzeste Strecke durch das Glas zurücklegte, würde am wenigsten verändert und daher zu rotem Licht. War der zurückgelegte Weg jedoch ein wenig länger, so war die Veränderung stärker, und weißes Licht wurde gelb – und so das ganze Spektrum hindurch bis hin zum Violett.

Newton ging nun daran, diese Behauptung zu überprüfen, wobei er sowohl Prismen als auch eigenhändig geschliffene Linsen verwandte und versuchte, die Farbveränderung durch selbst angefertigte Linsen unterschiedlichster Form zu verringern. Er unterschied als erster die verschiedenen Farbstrahlen und benannte die sieben Farben des Spektrums. (Daß er es in genau sieben Farben aufteilte, geschah mit Absicht, denn sieben ist eine Primzahl mit angeblich mystischen Bedeutungen. Sollte es Ihnen schwerfallen, zwischen Blau und Violett noch die Farbe »Indigo« zu unterscheiden, dann sind Sie damit keineswegs der einzige!)

Entscheidend aber war, daß Newton bei seinen Versuchen noch ein zweites dreieckiges Glasstück umgekehrt hinter das erste Prisma stellte. Das erste mit der Spitze nach oben zeigende Prisma zerlegte einen weißen Lichtfleck in das Regenbogenspektrum. Das zweite, mit der Spitze nach unten weisende Prisma bündelte die Farben des Spektrums wieder zu einem Flecken weißen Lichtes. Das Licht mußte also ein weiteres Mal durch ein dickes Glas gehen, doch statt stärker verdorben zu werden, kehrte es zu seiner ursprünglichen Reinheit zurück.

Damit hielt Newton, wie er richtig erkannte, den Beweis in Händen, daß weißes Licht keineswegs »rein« war, sondern eine Mischung aus allen Farben des Regenbogens darstellte. Verschiedenfarbiges Licht wird unterschiedlich stark gebrochen, dennoch sind sämtliche Farben in dem ursprünglichen weißen Licht enthalten. Der Gedanke war einfach revolutionär, zum einen, weil er eine grundlegende Behauptung der aristotelischen Philosophie widerlegte, und zum anderen, weil er sich auf ein solides experimentelles Fundament berufen konnte. Newton drängte es allerdings nicht danach, seine Entdeckung der Öffentlichkeit mitzuteilen. Statt dessen veranlaßte ihn diese 1665 gewonnene Erkenntnis über die Natur des Lichtes, neue Wege in der Herstellung von Fernrohren zu gehen.

Fernrohre mit großen Linsen (refraktierende Fernrohre) haben den Schönheitsfehler, daß sie dazu neigen, das weiße Licht in das Farbspektrum zu zerlegen. Durch die so entstandenen farbigen Streifen wird das Bild des beobachteten Objektes unscharf. Dieses Phänomen, das wir unter der Bezeichnung »chromatische Aberration« kennen, ist für die Erforschung von Sternen besonders mißlich. Newton war klar, daß es schwierig sein dürfte, ein von diesem Makel unbeeinträchtigtes Linsensystem zu konstruieren. (Schwierig, doch nicht unmöglich; sogenannte »achromatische« Linsen, die aus einem oder mehreren Glasstücken mit unterschiedlichen Brechungseigenschaften bestehen, lassen sich für die Herstellung von Fernrohren ohne chromatische Aberration verwenden.) Deshalb ging er daran, ein Fernrohr zu entwerfen und zu bauen, das anstelle großer Linsen einen gekrümmten Spiegel verwendete: ein Spiegelteleskop.

Bei der Konstruktion seines Spiegelteleskops verfiel Newton auf die hübsche Idee, das Licht von einem großen gekrümmten Spiegel im hinteren Teil des Fernrohrs auf einen kleinen flachen, um 45 Grad geneigten Spiegel zu werfen, der das Bild durch ein Loch in der Seite der Teleskopröhre nach außen lenkte. Auf diese Weise ließen sich die Sterne beobachten, ohne daß der Kopf des Beobachters in das von den Sternen kommende Licht geriet, während er durch das Loch schaute. Der Einfall war in seiner Einfachheit geradezu brillant, doch aus den vorhandenen Materialien einen exakten Spiegel herzustellen war eine mühsame Aufgabe, die Newton, ein Fachmann auf diesem Gebiet, im Alleingang bewältigte. Was dabei herauskam, war ein 20 cm langes Instrument, das neunmal größere Bilder zustande brachte als ein viermal längeres Linsenfernrohr – und das ohne jede chromatische Aberration.

Nachdem die Pestgefahr gebannt war, öffnete die Universität wieder ihre Tore, und Newton konnte nach Cambridge zurückkehren. 1667, im selben Jahr, als England und Holland Krieg führten und die holländische Flotte die englische auf der Themse zurückschlug, hatte man ihn zum Mitglied des Trinity College gewählt. Das Donnern von Kanonenschüssen war bis Cambridge zu hören, und jeder wußte, was sie bedeuteten. Newton verblüffte seine Kollegen mit der – wie sich herausstellte – richtigen Behauptung, die Holländer hätten die Schlacht gewonnen. Aus dem immer deutlicher vernehmbaren Kanonendonner hatte er geschlossen, daß die Schlacht näher rückte, und die Engländer sich folglich zurückzogen.

Zu Beginn des Jahres 1669 hatte sich Newtons Ruf als Mathematiker auch außerhalb von Cambridge verbreitet, und als Isaac Barrow, der erste Professor für Mathematik auf dem von Henry Lucas gestifteten Lehrstuhl (er war 1663 berufen worden), im selben Jahr von seinem Posten zurücktrat, gab er mit diesem Schritt bewußt den Weg für Newton frei. Zwar war Barrow ein vorzüglicher Mathematiker, doch sein Ehrgeiz richtete sich auf ein anderes Ziel. Bald darauf wurde er erster Hofprediger und wenig später Rektor des Trinity College. Dank seines Einflusses auf die Testamentsvollstrecker von Henry Lucas konnte er dafür sorgen, daß zu seinem Nachfolger ein Mann ernannt wurde, der ebenfalls aus dem Trinity College kam und gerade seine ersten Lorbeeren als Mathematiker von Rang erworben hatte.

Die Ernennung festigte Newtons Stellung in Cambridge und verpflichtete ihn, regelmäßig Vorlesungen zu halten. In seiner ersten Vorlesung beschäftigte er sich nicht mit mathematischen Fragen, sondern mit der Optik und der Farbtheorie, unter besonderer Berücksichtigung des Problems der chromatischen Aberration in Teleskopen. Zur gleichen Zeit führte er seinen Kollegen in und außerhalb von Cambridge stolz sein neues Fernrohr vor. Die älteste erhaltene Abschrift eines Briefes von Newton, den er im Februar 1669 an einen unbekannten Empfänger schrieb, enthält vor allem eine Beschreibung des Teleskops.

Gegen Ende des Jahres 1671 erreichte die Kunde von dem bemerkenswerten Instrument die Royal Society, woraufhin Henry Oldenburg, der Sekretär der Gesellschaft, darum bat, das Teleskop sehen zu dürfen. (Das offizielle Gründungsjahr der Royal Society war 1662, als informelle Vereinigung bestand sie allerdings schon seit 1645.) Im Auftrag Newtons brachte Barrow das

Fernrohr nach London, zum Sitz der Gesellschaft. Im Januar 1672 schrieb Oldenburg einen überschwenglichen Brief an Newton, gratulierte ihm im Namen der Gesellschaft zu seiner Erfindung und teilte ihm mit, er habe Huygens, der damals in Paris weilte, die Neuigkeit mitgeteilt. So verbreitete sich Newtons Ruhm als Erfinder eines neuartigen Fernrohrs auch auf dem europäischen Festland. Am 11. Januar 1672 wurde er aufgrund dieser Erfindung in die Royal Society aufgenommen, und ein paar Wochen später erschien seine erste physikalische Abhandlung – sie betraf die Farbtheorie – in Form eines Briefes an Oldenburg. Am 19. Februar 1672 wurde sie in den *Philosophical Transactions* der Royal Society veröffentlicht und löste die erste der berühmten akademischen Polemiken aus, in die Newton sich noch häufiger verstricken sollte.

Damals war Robert Hooke (1635–1703) Kurator der Royal Society. Hooke war in wissenschaftlichen Kreisen eine bekannte Figur, hatte eigene Gedanken über Licht und Farbe (seine Wellentheorie des Lichtes, die weniger vollständig als diejenige Huygens' war, erschien 1665) und war stets darauf bedacht, Priorität für seine Arbeiten zu reklamieren. Er reagierte in herablassendem Ton auf Newtons Brief, verwarf die Vorstellung, daß Licht aus Korpuskeln bestehe, und übersah dabei völlig, daß die Farbtheorie in keiner Weise von der Korpuskel-Hypothese abhing. In einem bissigen Briefwechsel ließ Hooke durchscheinen, daß das Neue an Newtons Theorie falsch und das, was an ihr richtig sei, nicht originell wäre.

Der daraus entspringende Streit hatte zwei Folgen. Erstens veranlaßte er Newton, der wissenschaftlichen Gesellschaft den Rücken zu kehren, sich in Cambridge zu verkriechen und in den nächsten Jahren kaum etwas zu veröffentlichen. (Seine vollständige Theorie der Optik gab er bis zu Hookes Tod nicht aus den Händen, erst dann konnte er sie mit der Gewißheit veröffentlichen, das letzte Wort zu behalten.) Zweitens entlockte er Newton den berühmten Ausspruch: »Wenn ich weiter geblickt habe, dann, weil ich auf den Schultern von Riesen stand.« Das war eine bissige Anspielung auf Hookes kleinen Wuchs, die besagte, daß auch dessen Verstand wohl nicht der größte sei.[5]

Im Briefwechsel mit einem anderen Kritiker seiner Farbtheorie gewährte Newton bereitwillig Einblick in seine Arbeitsweise, die später zu *der* wissenschaftlichen Methode überhaupt werden sollte. Der fanzösische Jesuit Ignace Gaston Pardies schrieb aus Paris an Newton und kommentierte dessen Farbtheorie auf eine Weise, die Newton offenbar für respektvoll genug hielt. Statt Pardies als Dummkopf abzutun, äußerte er sich eingehend über seine Art der Beweisführung:

> Das beste und sicherste Verfahren, zu philosophieren, scheint mir zunächst eine sorgfältige Untersuchung der Eigenschaften der Dinge zu sein. Sodann sollten diese Eigenschaften in Versuchen bestätigt werden, um danach Schritt für Schritt Hypothesen für ihre Erklärung zu gewinnen. Hypothesen sollten einzig und allein dazu dienen, die Eigenschaften der Dinge zu entschlüsseln, sie dürfen aber keinen Eingang in deren Bestimmung finden; oder nur insofern, als sie zu Versuchen führen.[6]

Nichts anderes ist das Wesen der Wissenschaft. Eine Theorie mag noch so großartig sein – wenn sie den Versuchsergebnissen widerspricht, kann sie nicht richtig sein. Beispielsweise erklärt Newtons Lichttheorie (oder vielleicht besser seine »Hypothese«, obwohl Newton sich beleidigt fühlte, als Hooke diese Ideen so bezeichnete) das Brechungsphänomen durch die Veränderung der Lichtgeschwindigkeit beim Übergang des Lichts aus einem Medium in ein anderes. Im Gegensatz zu Huygens' Theorie folgt aus der Korpuskulartheorie, daß sich Licht in einem dichteren Medium *schneller* fortbewegt. Damit eröffnet sich eine eindeutige Möglichkeit, zwischen den beiden Vorstellungen zu unterscheiden. Hätte Newton lange genug gelebt, um Zeuge der Experimente zu werden, aus denen klar hervorging, daß Licht sich in einem dichteren Medium langsamer bewegt, so hätte er dies sicherlich als Beweis für die wellenförmige Fortbewegung des Lichtes akzeptiert.

Wir verdanken Newton nicht allein die wissenschaftliche Methode zur Ergründung der Welt; gemeinsam mit Huygens und anderen Zeitgenossen entwickelte er zudem das erste wissenschaftliche Paradigma oder Modell der Wirklichkeit. Danach war die Welt exakten Regeln oder Gesetzen unterworfen, und so verschiedenartige Dinge wie die Planetenbewegungen und die Brechung eines Lichtstrahls waren durch dieselben Gesetze zu erklären, so daß für die Launen unberechenbarer Götter kein Platz mehr blieb.

Das Bild, das uns die wissenschaftlichen Riesen des 17. Jahrhunderts überliefert haben, wird oft zutreffend als ein unbeugsamen Gesetzen gehorchendes »Uhrwerk-Universum« bezeichnet. Wir sollten dabei allerdings nicht an moderne Uhren oder Armbanduhren denken, die eine Sekunde nach der anderen im Takt verstreichen lassen. Um das Bild richtig zu verstehen, müssen wir uns eine der großen Kathedraluhren des 17. Jahrhunderts vorstellen, eine jener Uhren, die Huygens' Entwürfen folgend von einem riesigen Pendel angetrieben wurden und aus vielen ineinandergreifenden Rädchen und Zahnrädern bestanden, die nicht allein das Vergehen der Zeit anzeigten, sondern mittels eines komplizierten Mechanismus ein kunstvolles Tableau beweglicher Heiligenfiguren, erklingender Glocken und anderer mechanischer Spielzeuge zur vorgesehenen Stunde in Gang setzten. *So* sah das komplexe Uhrwerk aus, das für die Wissenschaft des 17. Jahrhunderts den Tanz der Planeten um die Sonne und andere Naturerscheinungen veranschaulichte.

Newtons Vermächtnis verband zwei Dinge miteinander: die Vorstellung, das Verhalten sämtlicher Gegenstände in der Welt sei auf dieselbe Weise vorhersagbar wie der Figurenreigen in den Tableaus der Kathedraluhren, *und* die Tatsache, daß verhältnismäßig einfache, für den menschlichen Verstand erkennbare Gesetze ausreichen, um zu verstehen, was das Universum in Gang hält. Vor dem Hintergrund dieser Errungenschaften verblaßt die Tatsache, daß der nächste bedeutende Schritt zu einem Verständnis des Lichtes Newtons Korpuskulartheorie zu widerlegen schien. Dennoch handelte es sich um einen entscheidenden Schritt.

Youngs Ideen

Schon zu Newtons Zeit sprach manches dafür, daß sich Licht wellenförmig fortpflanzt. Doch waren die entsprechenden Belege spärlich, die betreffenden Arbeiten weitgehend unbekannt und die Erklärung des Phänomens noch unvollständig. Zu finden waren sie in den Untersuchungen des italienischen Physikers Francesco Grimaldi (1618–63), der sich wie Newton mit dem Verhalten eines durch ein kleines Loch in einen dunklen Raum fallenden Lichtstrahls beschäftigt hatte. Grimaldi entdeckte, daß der Lichtfleck auf einem Schirm, wenn der Lichtstrahl zuvor ein zweites Loch passiert hatte, ein wenig größer als das Loch selbst war und farbige Ränder aufwies. Offensichtlich hatte sich das Licht nach seinem Durchgang durch das kleine Loch leicht ausgebreitet, und zwar je nach Farbe unterschiedlich weit.

Außerdem beobachtete Grimaldi, daß der durch ein kleines Hindernis im Lichtstrahl erzeugte Schatten auf dem Schirm Farbsäume zeigte, wo das Licht in die Ränder des Schattens eingedrungen war. Es hatte sich *in* den Schatten hinein ergossen, und wiederum galt dies für die verschiedenen Farben in unterschiedlichem Maße. Obgleich beide Effekte sehr schwach sind, lassen sie sich bei sorgfältiger Beobachtung und Messung deutlich erkennen. Grimaldi nannte diese Phänomene »Beugung« und unterschied damit neben der Reflexion und Brechung eine dritte Möglichkeit, Licht abzulenken. Grimaldis Arbeit zur Beugung wurde erst zwei Jahrzehnte nach seinem Tod 1665 veröffentlicht, und so hatte er keine Gelegenheit mehr, für die Wellentheorie des Lichtes einzutreten, als sich Newtons Ideen in der wissenschaftlichen Welt durchsetzten. Hooke hatte ebenfalls bemerkt, daß Licht sich nicht vollkommen geradlinig bewegt, sondern in die Schattenränder eines Gegenstandes eindringt, der dem Licht im Wege steht. Warum *er* nicht bereitstand, um für die Wellentheorie eine Lanze zu brechen, nachdem Newton seine vollständige Theorie der Optik veröffentlicht hatte, haben wir ja schon erfahren.

Obwohl Newtons Ideen das wissenschaftliche Denken im 18. Jahrhundert beherrschte, war die Wellentheorie nicht ganz und gar ohne Befürworter. Ihr berühmtester war der Schweizer Mathematiker Leonhard Euler, der 1707 in Basel geboren wurde und einige Wochen nach Newtons Tod im Jahr 1727 seinen 20. Geburtstag beging. Euler gehört zu den größten Mathematikern, die jemals gelebt haben. Seine vielfältigen Interessen galten nicht nur der reinen, sondern auch der angewandten Mathematik, was sich in seinen Untersuchungen zu den Gezeiten und zur Strömungslehre sowie in seinen Voraussagen über die Bewegung der Himmelskörper nach den Newtonschen Gesetzen und in anderen Gebieten niederschlug. Doch auch ein großer Wissenschaftler kann gelegentlich eine Dummheit begehen. In den 1730er Jahren – Euler war damals Professor für Mathematik in Sankt Petersburg – büßte er die Sehkraft seines rechten Auges ein, weil er bei seinen astronomischen Studien zu lange in die Sonne gestarrt hatte. Dreißig Jahre später, wieder lebte er in Sankt Petersburg, doch diesmal als Direktor der Akademie der Wissenschaften (es war die Zeit Katharinas der Großen), wurde er infolge eines Stars auch auf dem anderen Auge blind. Dennoch blieb er auf seinem Posten und erfüllte bis zu seinem Tod im Jahr 1783 alle damit verbundenen Pflichten und Aufgaben. In seinen letzten fünfzehn Lebensjahren befaßte er sich weiterhin mit Mathematik, indem er sämtliche Berechnungen im Kopf durchführte und einem Assistenten seine Entdeckungen in die Feder diktierte. An seinem Todestag – Euler starb im Alter von 76 Jahren – hatte er sich noch damit beschäftigt, die Aufstiegsgesetze der unlängst erfundenen Heißluftballons zu berechnen.

Zwischen seiner ersten und zweiten Petersburger Periode wirkte Euler an der von Friedrich dem Großen geförderten Akademie der Wissenschaften in Berlin, und dort veröffentlichte er 1746 auch seine Theorie des Lichtes. In seiner Schrift macht er deutlich, welche Probleme die Annahme aufwirft, daß Licht sich als ein Strom kleiner Teilchen ausbreite (unter anderem ist es schwierig, auf diese Weise die Beugung zu erklären), und zog eine ausdrückliche Analogie zwischen den Schwingungen des Lichtes und den Schwingungen von Schallwellen. Mittlerweile nannte man das für die Schwingungen verantwortliche Medium nicht mehr »Plenum«, sondern »Äther«. In einem in den 1760er Jahren geschriebenen Brief meinte Euler, das Sonnenlicht sei »in Ansehung des Äthers eben das, was der Schall in Ansehung der Luft« sei, und beschrieb die Sonne als »eine Glocke, die Licht erschallen« läßt.[7] Die wissenschaftliche Welt zeigte sich jedoch noch nicht überzeugt. Bezeichnenderweise löste die Wellentheorie die Korpuskulartheorie erst in dem Moment ab, wo neue Versuche zu ihrer Überprüfung angestellt wurden. Newtons Korpuskulartheorie des Lichts sollte schließlich als unmittelbare Folge der Anwendung seines wissenschaftlichen Methodenideals über Bord geworfen werden.

Den ersten Schritt hierzu machte der englische Physiker Thomas Young, der, 1773 geboren, bei Eulers Tod zehn Jahre alt war. Die Altersangabe mag bedeutungslos erscheinen, wenn man nicht weiß, daß Young ein echtes Wunderkind war, das in seinen ersten zehn Lebensjahren mehr Wissen in sich hineinstopfte als viele Leute in ihrem ganzen Leben. Im Alter von zwei Jahren las er in seiner Muttersprache und verschlang sämtliche Bücher, die ihm sein in ihn vernarrter Großvater gab. Mit sechs Jahren begann er Latein und andere Sprachen zu lernen. Mit sechzehn beherrschte er neben der lateinischen, griechischen, französischen und italienischen Sprache Hebräisch, Aramäisch, Syrisch, Sumerisch, Arabisch, Persisch, Türkisch und Äthiopisch. Aus der Liste der Sprachen ist unschwer zu erkennen, daß Young sich von Kindheit an für Archäologie und alte Geschichte begeisterte; obwohl es eigentlich kaum etwas gab, wofür er sich nicht interessierte. 1792 – er war nun 19 Jahre alt – begann er ein Medizinstudium mit dem Ziel, in die Londoner Praxis eines wohlhabenden Großonkels einzutreten. Er studierte in London, Edinburgh und Göttingen, wo er 1796 sein Examen ablegte. Die Royal Society wählte den erst einundzwanzigjährigen Studenten zu ihrem Mitglied, da es Young bereits in seinem ersten Studienjahr gelungen war, die Akkommodation des Auges zu erklären. Er fand nämlich heraus, daß Muskeln die Form der Linse entsprechend veränderten.

Nach seinem Studienabschluß bereiste Young Deutschland, arbeitete danach zwei Jahre in Cambridge, stellte eine Vielzahl wissenschaftlicher Untersuchungen an und wurde wegen seiner Vielseitigkeit »das Phänomen Young« genannt. 1800 kehrte er nach London zurück, eröffnete eine Praxis und wurde schließlich Arzt am St. Georgshospital, was er von 1811 bis zu seinem Tod 1829 blieb. Dennoch war die Medizin nur eines seiner vielen Interessengebiete.

Young führte den Astigmatismus auf Unregelmäßigkeiten in der Krümmung der Cornea zurück, erkannte als erster, daß das Farbensehen auf der Verbindung von nur drei Farben (Rot, Grün und Blau) beruhte, die auf verschiedene Rezeptoren im Auge einwirkten, führte wichtige physikalische Untersuchungen durch (darunter die erste Schätzung der Größe von Molekülen) und arbeitete als Auslandssekretär für die Royal Society (wobei ihm seine Sprachkenntnisse zweifellos sehr zustatten kamen). Nach 1815 flammte seine frühere Vorliebe für alte Geschichte wieder auf. Er veröffentlichte Aufsätze zur Ägyptologie und half den 1799 in der Nilmündung gefundenen Stein von Rosetta zu entziffern. (Vermutlich hatte Young den zündenden Gedanken, der dann zur Entzifferung der alten Inschriften auf dem Rosetta-Stein führte. Da seine entscheidende Arbeit zu dem Problem jedoch 1819 anonym in einem Ergänzungsband der *Encyclopaedia Britannica* erschien, erhielt er nie die ihm gebührende Anerkennung.) Trotz dieser und anderer Leistungen gründet Youngs Ruhm heute vor allem auf seinen Untersuchungen zum Phänomen der Lichtinterferenz.

Während seiner Cambridger Zeit von 1797 bis 1799 führte Young seine ersten Interferenzexperimente durch, die er nach seiner Rückkehr nach London fortsetzte. In den ersten Jahren des 19. Jahrhunderts war es dann soweit: Er präsentierte der skeptischen Wissenschaftsgemeinde in England einen klaren und genauen Bericht über seine Versuche und trat für die Wellentheorie des Lichtes ein. Young stellte das grundlegende, im Prolog seines Buches beschriebene Interferenzexperiment sowohl mit zwei runden Löchern als auch mit zwei schmalen Spalten an. (Eigentlich müßte man sagen, er führte das Experiment nicht nur durch, sondern erfand es geradezu.) Und zur Krönung des Ganzen vermochte er einige der Newtonschen Experimente im Sinne der Wellentheorie zu erklären. Young erkannte, daß jeder Farbe des Lichts eine bestimmte Wellenlänge korrespondiert und daß Licht bei der Brechung oder Beugung seiner Wellenlänge entsprechend abgelenkt wird. Mit diesen Erkenntnissen ausgerüstet, berechnete er unter Zugrundelegung von Newtons Daten die Wellenlänge für rotes und violettes Licht: Sie beträgt $6{,}5 \cdot 10^{-7}$ Meter im ersten und $4{,}4 \cdot 10^{-7}$ Meter im zweiten Fall. Beide Zahlen stimmen weitgehend mit den heute angenommenen Werten überein, was beweist, wie gut Young als Theoretiker und wie penibel Newton als Experimentator war. Zudem wird aus den Zahlen ersichtlich, warum der Beweis dafür, daß Licht sich wellenförmig ausbreitet, so lange auf sich warten ließ. Die Wellenlängen sind winzig klein – ungefähr die Hälfte eines millionstel Meters –, und die Größe des Beugungseffektes entspricht, über den Daumen gepeilt, der betreffenden Wellenlänge. Licht, das an der Kante eines Objektes vorbeigeht, wird also nur ein paar millionstel Meter abgelenkt. Doch einzig und allein Wellen, wenn auch sehr kleine Wellen, können erklären, was geschieht, wenn Licht durch das Doppelspaltexperiment geschickt wird.

1807, 80 Jahre nach Newtons Tod, faßte Young das Doppelspaltexperiment mit folgenden Worten zusammen:

> Die Mitte des Musters ist stets hell, und die hellen Streifen auf jeder Seite sind so weit voneinander entfernt, daß das Licht, das aus einer der beiden Öffnungen auf sie fällt, einen größeren Raum durchschritten haben muß als jenes, das durch die andere Öffnung geht, und zwar in einem Intervall, das der Breite von einer, zwei, drei oder mehr der angenommenen Wellenbewegungen (Wellenlängen) entspricht, während die dazwischenliegenden dunklen Flächen der Differenz einer halben angenommenen Wellenbewegung korrespondiert, bzw. der anderthalbfachen, zweieinhalbfachen und mehr.[8]

Diese Beschreibung ist vollkommen richtig. Zehn Jahre später meinte Young, Lichtwellen seien transversal (d. h., sie schwingen quer zur Ausbreitungsrichtung) und nicht longitudinal (in Ausbreitungsrichtung laufend, wie es bei Schallwellen oder »Wellen« der Fall ist, die im Gebläse eines Akkordeons erzeugt werden).

Wahrscheinlich denken Sie nun, daß die Wellennatur des Lichtes damit schlagend bewiesen war. Doch selbst Young vermochte das wissenschaftliche Establishment seiner Tage nicht davon zu überzeugen, daß Newton sich über die Natur des Lichtes getäuscht hatte. Youngs Scheitern hatte mehrere Gründe: Zum einen mußte er mit der weitverbreiteten Einstellung rechnen, daß es eindeutig unpatriotisch, wenn nicht gar ehrenrührig sei, Newton eines Irrtums zu beschuldigen; und zum anderen fanden viele seiner Kollegen die Vorstellung, die Addition zweier Lichtstrahlen könne Dunkelheit erzeugen, geradezu unbegreiflich. Uns ist dieser Gedanke so vertraut, daß wir eine Beschreibung des Doppelspaltexperiments allein aufgrund von Welleneigenschaften völlig einleuchtend finden. Im frühen 19. Jahrhundert sagte der gesunde Menschenverstand jedoch, daß die Addition zweier Lichtstrahlen eine größere Helligkeit ergeben müsse. Die Vorstellung, die Summe zweier Lichtstrahlen könne Dunkelheit erzeugen, war mit den Worten eines Zeitgenossen »eine der unverständlichsten Annahmen, die jemals in der Geschichte des menschlichen Theoretisierens vorgebracht worden sind«.[9] Vielleicht ist es bezeichnend, daß der letzte »unenglische« Schritt zur Überwindung von Newtons Korpuskularhypothese von einem Franzosen kam, der Youngs Arbeiten nicht kannte. (Bedenkt man, daß England und Frankreich, von einer kurzen Unterbrechung abgesehen, von 1799 bis 1815 miteinander Krieg führten, so ist das nicht weiter erstaunlich.)

Augustin Fresnel wurde 1788 in der normannischen Ortschaft Broglie geboren. 1809 beendete er sein Ingenieursstudium und arbeitete im Auftrag der Regierung an Straßenbauvorhaben in vielen Teilen Frankreichs. Seine Beschäftigung mit der Optik war nur ein Steckenpferd. Außerdem hatte er keinerlei Berührung mit wissenschaftlichen Kreisen, die trotz des englisch-französischen Krieges über Youngs Arbeit hätten unterrichtet sein können. Nach

Napoleons Niederlage und Verbannung nach Elba »entpuppte« sich Fresnel als Royalist – als Napoleon 1815 von Elba zurückkehrte und sein 100tägiges Zwischenspiel begann, gab Fresnel entweder aus Protest seine Stellung auf oder wurde entlassen (die Berichte darüber sind nicht eindeutig). Wie dem auch sei, er wurde in seinem Haus in der Normandie unter Arrest gestellt und konnte nun seine unfertigen Gedanken über das Licht zu einer vollständigen Theorie ausbauen. Nach Napoleons endgültiger Niederlage nahm er seine Ingenieurstätigkeit wieder auf, so daß seine Beschäftigung mit der Optik wieder auf seine freien Stunden beschränkt blieb.[10] Was er in seiner Freizeit und jener kurzen Periode erzwungener Muße leistete, reichte jedoch aus, um die Teilchentheorie der Lichtausbreitung endgültig zu Grabe zu tragen.

Fresnel, Poisson und der Fleck

Daß Fresnel im Jahr 1815 von Youngs Arbeit nichts wußte, ist nicht weiter verwunderlich, wohl aber überrascht es, daß er Huygens' und Eulers Schriften ebensowenig kannte. Dennoch scheint es so gewesen zu sein. Seine Wellentheorie, in der er die einfachste Erklärung für das Beugungsphänomen sah, war ganz und gar seine eigene Leistung. Das entscheidende Beweisstück lieferte ihm ein Versuch, der in gewisser Hinsicht simpler als das Doppellochexperiment ist, aber noch eine weitere Überraschung bereithält.

Tatsächlich sehen wir das von der Beugung und der Interferenz erzeugte Streifenmuster selbst dann, wenn wir nur eine einzige Spalte (oder ein einziges Loch) verwenden. Um den Effekt hervorzurufen, benötigen wir keinerlei komplizierte wissenschaftliche Apparatur. Es genügt, daß wir eine Hand so vor unser Gesicht halten, daß sich die Finger fast berühren. Während wir nun die Finger sacht zusammenpressen, so daß die Lücke zwischen ihnen immer enger wird, schauen wir durch den schmalen Spalt zwischen den beiden mittleren Fingern in ein helles Licht. Kurz bevor er sich völlig schließt, werden wir ein Muster von dunklen Streifen im »Spalt« zwischen unseren Fingern sehen. Wahrscheinlich beobachten wir nur eine oder zwei dunkle Linien in der Mitte der

Lücke; gehen wir aber sehr sorgfältig vor, so lassen sich auch mehrere Streifen ausmachen.

Genau denselben Effekt erreichen Physiker, wenn sie einen schmalen Spalt zu Hilfe nehmen und das hindurchgehende Licht auf einen Schirm werfen. Ohne allzu verwickelte Berechnungen erhalten wir eine vollständige Erklärung und klare Deutung des Phänomens: Das Licht krümmt sich leicht um die beiden Ränder des Spalts und erreicht auf zwei verschiedenen Wegen, die jeweils eine unterschiedliche Anzahl von Wellenlängen umfassen, das Auge oder den Schirm hinter dem Spalt. Bei seinem entscheidenden Beweis für die Wellennatur des Lichtes verlegte Fresnel dieses Beugungsexperiment von innen nach außen, d. h., er stellte statt des Schlitzes ein schmales Hindernis in den Lichtstrahl und beobachtete die Interferenzeffekte, die sich infolge der Krümmung des Lichtes um die Ränder des Gegenstandes in dessen Schatten zeigten. Dies ähnelt ein wenig der Art und Weise, in der Wellen einen Felsen umspülen und dabei das hinter ihm liegende Wasser, wenn auch weniger heftig, aufwühlen.

Im Jahr 1817 – die Napoleonischen Kriege waren beendet – beschloß die französische Akademie der Wissenschaften, angeregt durch die Arbeit Youngs (aber vermutlich noch immer in Unkenntnis der Versuche Fresnels), ein für allemal Klarheit über die Natur des Lichtes zu schaffen. Sie setzte einen Preis für die beste experimentelle Untersuchung des Beugungsphänomens *und* für eine Theorie aus, die das Verhalten des Lichtes in dem Versuch zufriedenstellend erklärte. Obwohl es jedem, nicht nur Franzosen, freistand, sich an dem Wettbewerb zu beteiligen, gab es nur zwei Einsendungen. Die eine stammte offenbar von einem Spinner, dessen Namen uns die Geschichte verschweigt, von den Einzelheiten des von ihm vorgeschlagenen Versuches gar nicht erst zu reden. Der andere Beitrag, ein ausführlicher, 135 Seiten starker Aufsatz kam von Fresnel. Daß er den Preis erhielt, erübrigt sich wohl zu sagen. Dennoch erhoben sich aus den Reihen der Jury, die sich im März 1819 zur Bekanntmachung ihrer Entscheidung versammelte, ablehnende Stimmen: die des Mathematikers Siméon Poisson, des Physikers Jean Biot und des Astronomen Pierre Laplace, allesamt überzeugte Verteidiger der Newtonschen Theorie.

Fresnel war kein schlechter Mathematiker und lieferte mit Hilfe der von Newton und Gottfried Wilhelm Leibniz entwickelten Infinitesimalrechnung eine mathematisch-formale Beschreibung des Lichtverhaltens unter verschiedenen Beugungsbedingungen. Leider waren die Gleichungen mitunter so kompliziert, daß nicht einmal Fresnel eine vollständige Lösung zu finden vermochte, die exakt und detailliert angab, wie Licht unter bestimmten Umständen gebeugt wird. Poisson war indes nicht nur ein überzeugter Newtonianer, sondern auch ein leidenschaftlicher Mathematiker. Er lebte von 1781 bis 1840 und leistete wichtige Beiträge zu vielen Forschungsgebieten, unter anderem zu Wahrscheinlichkeitsproblemen, zur Differential- und Integralrechnung sowie zum Verhalten von Elektrizität und Magnetismus. Indem er eines der Beispiele Fresnels herausgriff und die entsprechende Gleichung löste, konfrontierte er die übrigen Jurymitglieder, wie es schien, mit einer *reductio ad absurdum*, die die Wellentheorie endgültig vom Tisch wischen sollte.

Die Vorstellung, durch die Beugung des Lichtes entstünden farbige Ränder am Saum eines Schattens, widersprach zumindest nicht den Ideen, die der gesunde Menschenverstand über das Verhalten von Wellen hegte. Nach Fresnels Theorie müßte aber, wie Poissons Berechnungen zeigten, ein winziger heller Punkt *unmittelbar hinter* einem kleinen runden, in den Lichtstrahl gehaltenen Gegenstand erscheinen. Die Lichtwellen, die sich um die Ränder des Hindernisses bogen, mußten sich demnach so vereinigen, daß sie diesen hellen Punkt in der Mitte des dunklen Schattens erzeugten. Wie absurd! Poisson selbst beschrieb das Resultat seiner Berechnungen so:

> Lassen wir paralleles Licht auf eine dunkle Scheibe fallen, während die Umgebung völlig lichtdurchlässig ist, dann wirft die Scheibe natürlich einen Schatten, doch der Mittelpunkt des Schattens wird hell sein. Kurz und bündig gesagt, entlang der senkrecht zum Mittelpunkt stehenden Linie hinter einer dunkeln Scheibe ist es – mit Ausnahme des unmittelbar hinter der

Scheibe gelegenen Punktes – nicht dunkel. Die Intensität der Helligkeit nimmt sogar von null – unmittelbar hinter der Scheibe – kontinuierlich zu. Bei einem Abstand, der dem Durchmesser der Scheibe entspricht, beträgt die Intensität bereits 80 % der Helligkeit, die wir bei einem Fehlen der Scheibe beobachteten. Danach nimmt die Intensität langsamer zu und nähert sich der 100-Prozent-Marke des Zustands, den wir bei Abwesenheit der Scheibe erhielten.[11]

Als gute Newtonianer waren die Juroren keineswegs gewillt, Fresnels Theorie allein aufgrund von Logik und Räsonnements des gesunden Menschenverstandes in Bausch und Bogen zu verwerfen. Entsprechend der mittlerweile üblichen Newtonschen Methode zur Prüfung von Hypothesen hatte der Vorsitzende der Jury, François Arago, Vorsorge für die Durchführung des entscheidenden Versuchs getroffen. Er entdeckte in der Tat einen winzigen hellen Lichtfleck genau in der Mitte des Schattens (noch heute heißt dieser Punkt Poissons Fleck). Wir können diesen Punkt sowohl bei kleinen Kugeln als auch bei runden Scheiben wahrnehmen. Fresnel hatte recht und Newton unrecht. Arago teilte dem Vorstand der Akademie der Wissenschaften auf der Versammlung im März 1819 mit:

Einer unserer Juroren, Herr Poisson, hatte aus den Integralen des Autors (Fresnels) das merkwürdige Ergebnis abgeleitet, daß, wenn die Lichtstrahlen dort in einem leicht schrägen Einfallswinkel eindringen, der Mittelpunkt des Schattens einer dunklen runden Scheibe ebenso erleuchtet sein müßte, als wenn es gar keine Scheibe gäbe. *Der Schluß ist in einem Versuch überprüft worden, und die Beobachtung hat die Berechnung vollkommen bestätigt.*[12]

Das ist der entscheidende Punkt. Theorien sind nur dann gültig, wenn sie durch Versuche erhärtet werden. Gleichgültig, was die entsprechenden experimentellen Ergebnisse uns mitteilen, es ist »wahr«, und jede gute Theorie muß dem Rechnung tragen. Die Versuchsergebnisse mögen so merkwürdig sein, wie sie wollen – denken Sie nur an die im Prolog erörterte Doppelnatur des Elektrons –, sie *können* nicht unter den Teppich gekehrt und von unseren Theorien ignoriert werden.

Dank der Bestätigung durch die Wettbewerbsjury war Fresnels Ruhm gesichert. Gemeinsam mit Arago arbeitete er an einigen Aspekten der transversalen Wellentheorie, die alte Rätsel hinsichtlich der Polarisation des Lichtes erklärten: ein bedeutender Schritt in Richtung des endgültigen Nachweises, daß Lichtwellen in der Tat transversal sind. Darüber hinaus schlug er ein Experiment zur Messung der Lichtgeschwindigkeit im Wasser vor. Nachdem es 1850 durchgeführt worden war, bestätigte es die Voraussage der Wellentheorie, daß sich Licht im Wasser langsamer als in der Luft ausbreitet. Zu diesem Zeitpunkt mußte jedoch niemand mehr von der Wellennatur des Lichtes überzeugt werden. 1823 wurde Fresnel in die französische Akademie der Wissenschaften gewählt, und 1827, kurz bevor er an Tuberkulose starb, ernannte ihn die Royal Society zu ihrem Mitglied. Bei seinem Tode – man schrieb das hundertste Todesjahr Newtons – war Fresnel erst 39 Jahre alt. Young, der 1829 einen Monat vor seinem 56. Geburtstag starb, überlebte ihn. Zwei Jahre später wurde der Mann, der die Wirkungsweise von Lichtwellen endgültig aufklären sollte, im schottischen Edinburgh geboren. James Clerk Maxwell hatte jedoch das Glück, bei seiner Erklärung der Natur des Lichtes von einer Theorie der Wechselwirkung von Elektrizität und Magnetismus ausgehen zu können, die bereits 1820, noch zu Lebzeiten Youngs und Fresnels, entwickelt worden war.

Der Buchbinderlehrling

Michael Faraday wurde 1791 geboren und sollte der bedeutendste Experimentalwissenschaftler des 19. Jahrhunderts werden. Bis es freilich soweit war, mußte er mit Beharrlichkeit, Begabung und ein wenig Glück die Hindernisse seiner bescheidenen Herkunft und einer fehlenden Schulbildung überwinden. Faraday war das dritte von vier Kindern eines armen Grobschmieds aus Newington in Surrey. Damals war es noch eine ländliche Gegend, die heute allerdings dem wuchernden London einverleibt ist und einen Teil von Southwark bildet. Später zog die Familie in den Londoner Norden, und als 13jähriger wurde Faraday Laufbursche für einen Buchhändler und Buchbinder. Von Mathematik hatte er nicht den geringsten Schimmer, doch verdankte er seinen gelegentlichen Schulbesuchen immerhin die Fähigkeit, lesen zu können. Nun, da er sich von Büchern umgeben fand, stürzte er sich begierig in die Lektüre. Sein Brotgeber, ein französischer Emigrant, der vor den Revolutionswirren jenseits des Kanals geflohen war, fand offenbar Gefallen an dem wißbegierigen Jungen und nahm ihn als Buchbinderlehrling auf. In den nächsten sieben Jahren erlernte Faraday das Gewerbe gründlich, und die dabei erworbene manuelle Geschicklichkeit sollte sich für seine spätere Laufbahn als Experimentalwissenschaftler sehr nützlich erweisen. Außerdem las er alles, was ihm in die Hände fiel, vor allem faszinierte ihn der Artikel über Elektrizität in der *Encyclopaedia Britannica.*

1810, er war jetzt 19 Jahre alt, trat Faraday der Londoner Philosophischen Gesellschaft bei und besuchte regelmäßig naturwissenschaftliche Vorlesungen. Auf diese Weise eignete er sich die Grundlagen der Physik und Chemie an und nahm an experimentellen Arbeiten teil. Darüber hinaus fertigte er ausführliche, genaue und säuberliche Nachschriften der von ihm besuchten Vorlesungen an, die er eigenhändig in Buchform band. Diese Bücher sollten zum Eintrittsbillett für seine wissenschaftliche Karriere werden.

Monsieur Ribeau, Faradays Meister, pflegte dessen gebundene Vorlesungsmitschriften seinen Kunden zu zeigen, worauf einer von ihnen von Faradays Begeisterung für die Wissenschaften dermaßen beeindruckt war, daß er dem Buchbinderlehrling Zugang zu Sir Humphrey Davys Vorlesungen an der Royal Institution verschaffte. Davy war ein hervorragender Dozent und zu jener Zeit Englands berühmtester Wissenschaftler. Er wurde 1778 geboren und entdeckte unter anderem die Verwendungsmöglichkeit von Stickstoffoxyd (Lachgas) für die Anästhesie. Die Erfindung einer Sicherheitslampe, welche die Entzündungsgefahr natürlicher Gase in tiefer gelegenen Kohleflözen verringerte, war seine bedeutendste praktische Leistung. Die Davylampe gehörte von da an zur Grundausstattung eines Bergmanns.

Der ohnehin von der Wissenschaft faszinierte Faraday ließ sich von Davys Vorlesungen zu noch größerer Begeisterung entflammen. Da seine Lehrzeit gerade zu Ende ging (1812), beschloß er, Wissenschaftler statt Buchbinder zu werden. Er band die Mitschriften von Davys Vorlesungen in Buchform und suchte jede Art von wissenschaftlicher Beschäftigung. Doch ohne Erfolg. Kein potentieller Arbeitgeber erkannte in dem arbeitslosen Buchbinder den angehenden Wissenschaftler. Der einzige Kontakt, den Faraday schließlich knüpfte, schien auf den ersten Blick ebenfalls keine dauerhafte Anstellung zu versprechen. Ein paar Tage durfte Faraday als Davys Assistent einspringen, nachdem dieser durch eine Explosion in seinem Laboratorium zeitweilig erblindet war. Kurz darauf ließ er Davy die gebundenen Mitschriften seiner, Davys, Vorlesungen zukommen, nebst einem Brief, in dem er um eine feste Anstellung bat. Davy fühlte sich zwar geschmeichelt, da es jedoch keine freien Stellen an der Royal Institution gab, verlief die Sache im Sande.

Endlich winkte Faraday das Glück. Davys Assistent geriet mit seinem Vorgesetzten aneinander und wurde daraufhin schimpflich entlassen. Man bot die Stelle Faraday an, der dann am 1. März 1813, im Alter von 21 Jahren, seine Arbeit bei der Royal Institution antrat. Davy war in vielerlei Hinsicht alles andere als ein idealer Arbeitgeber. Er war snobistisch, eifersüchtig, aufbrausend und setzte die Leistungen anderer Wissenschaftler gerne herab. In den ersten drei Jahren mußte Faraday auf Davys langen Europareisen dessen Kammerdiener spielen. Zwar war seine Stellung untergeordnet und miserabel bezahlt (er erhielt 1 Guinee die Woche, weniger, als er als Buchbinder verdient hätte, sowie das Recht, zwei Dachzimmer in der Royal Institution zu bewohnen), doch immerhin gab sie ihm Gelegenheit, hervorragende Wissenschaftler kennenzulernen und einen von ihnen bei der Arbeit zu beobachten. 1816 veröffentlichte er seinen ersten wissenschaftlichen Aufsatz, verflüssigte, was vor ihm noch niemandem gelungen war, verschiedene Gase (darunter Chlor), wurde 1824 zum Mitglied der Royal Society gewählt (trotz Davys Sträuben, der damals Präsident der Gesellschaft war) und entdeckte das Benzol, das er 1825 aus Erdöl isolierte. Im selben Jahr wurde er zum Laboratoriumsleiter der Royal Institution ernannt und begann im Jahr darauf mit seinen regelmäßigen Freitagabend-Vorträgen, die im viktorianischen England zu einer eigenen Institution wurden. Im Laufe der Zeit stellte sein Ruhm und Erfolg Davys Ansehen derart in den Schatten, daß Davy sich verbittert darüber beklagte, wie das Werk seines Schützlings sein eigenes verdunkelte. Davy starb jedoch 1829 in relativ jungen Jahren. Von da an bis 1861, als Faraday sich in seinem Haus am Hampton Court, dessen Nutzung Prinz Albert ihm überlassen hatte, zur Ruhe setzte, wurden die Namen Faraday und Royal Institution in einem Atemzug genannt. Zweifellos kann sich niemand neben Faraday rühmen, nicht nur eine Erhebung in den Adelsstand ausgeschlagen zu haben, sondern auch (zweimal!) die Präsidentschaft der Royal Society. Er meinte einmal: »Ich empfand es immer als erniedrigend, Belohnungen für geistige Leistungen angeboten zu bekommen, und daß Sozietäten oder Akademien, ja sogar König und Kaiser, daran beteiligt sind, mildert in keiner Weise die Erniedrigung.«

Obwohl Faraday im Laufe seiner langen Karriere mit vielen hervorragenden Leistungen aufwarten konnte, bestand sein größter Beitrag zur Wissenschaft eindeutig darin, daß er neue Einsichten in das Wesen der Elektrizität und des Magnetismus gewann. Dank dieser Erkenntnisse ebnete er nicht nur den Weg zu einem Verständnis der Ausbreitung des Lichtes, er vermachte der Physik damit auch einen Schlüsselbegriff, der noch heute eine zentrale Rolle für unsere Einsicht in den Bau des Universums spielt: den Begriff des Kraftfeldes.

Faradays Felder

Faradays erste wichtige Untersuchungen zu Elektrizität und Magnetismus fielen bereits in das Jahr 1821. Im Jahr zuvor hatte Hans Ørsted in Kopenhagen von einer erstaunlichen Entdeckung berichtet: Durch einen Draht fließender Strom lenkte die in der Nähe befindliche Nadel eines kleinen Kompasses ab. Ohne Zweifel übte der elektrische Strom längs des Drahtes einen magnetischen Einfluß aus. André Ampère, dessen Name durch unsere Maßeinheit für elektrischen Strom unsterblich wurde, wies nach, daß zwei parallel laufende Drähte, die beide in derselben Richtung von Strom durchflossen wurden, einander anzogen, sich aber abstießen, wenn der Strom in entgegengesetzte Richtungen floß. Und François Arago, dem wir schon einmal begegnet sind, entdeckte, daß eine rotierende Kupferscheibe eine unmittelbar über ihr befindliche Kompaßnadel ablenkte.

Daraufhin versuchte der Herausgeber des *Philosophical Magazine* Faraday, diesen rätselhaften Erscheinungen zu Leibe zu rücken und sie seinen Lesern zu erklären. Nach einer Reihe verschiedener Versuche verfiel Faraday auf den Gedanken, daß sich um einen unter Strom stehenden Draht kreisförmige »Linien magnetischer Kraft« winden. Er entwarf und baute eine Vorrichtung, in der ein elektrisch geladener, herabhängender Draht einen Kreis um einen feststehenden Magneten beschrieb und ein aufgehängter Magnet dieselbe Bewegung über einem feststehenden elektrisch geladenen Draht vollzog, so daß beide von dem magnetischen Feld angetrieben wurden. Auf diesem Prinzip beruht der Elektromotor ebenso wie Dynamo und Stromgenerator. Wenn Elektrizität Magnetismus erzeuge, so überlegte Faraday, dann müsse eigentlich auch das Umgekehrte gelten und Magnetismus Elektrizität erzeugen.

1831 erbrachte er den Beweis dafür. Das direkteste Beispiel für seine »elektromagnetische Induktion« ist ein gewöhnlicher Magnetstab, der sich in einer Drahtspule hin und her bewegt. Solange sich der Magnet bewegt, fließt Strom durch den Draht. Damit hatte Faraday bewiesen, daß sich bewegende Elektrizität Magnetismus erzeugt und sich bewegender Magnetismus Elektrizität. Das Entscheidende an der Sache ist das Wort »bewegend«. Daß Faraday den zweiten Effekt erst später entdeckte, war auf seine anfängliche Erwartung zurückzuführen, daß ein *stationäres* Magnetfeld in dem nahe gelegenen Draht Strom induzieren würde.[13]

Nun hielt er alles in Händen, was er brauchte, um das Geheimnis von Aragos Scheibe zu lüften. Die Bewegung des Kupferleiters induzierte unter Einfluß des Magneten Strom in der Scheibe, und der induzierte Strom erzeugte seinerseits einen magnetischen Einfluß, der den Magneten ablenkte: Was wir hier sehen, ist ein frühes Beispiel für einen Rückkoppelungsprozeß. Als eine Variation zu diesem Thema baute Faraday im Oktober 1831 den ersten Stromgenerator: Diesmal drehte sich eine Kupferscheibe zwischen den Polen eines großen Magneten, während zwei Drähte die Oberfläche der Scheibe berührten, der eine im Mittelpunkt und der andere am Rand.

Faraday zerbrach sich lange den Kopf darüber, wie diese Phänomene zu erklären seien. Er war noch immer keine mathematische Leuchte, verfügte aber über eine begnadete Vorstellungskraft. So kam ihm die revolutionäre Idee, die elektrischen und magnetischen Kräfte, ja sogar die Schwerkraft, als »Kraftlinien« zu beschreiben, die sich durch den leeren Raum erstrecken und miteinander wechselwirken. Diese Vorstellung sollte die frühere Auffassung ablösen, daß das Universum von einem materiellen Äther oder Plenum erfüllt sei, das durch die physikalische Wechselwirkung kleiner, einander anstoßender Objekte die Einflüsse mechanisch übermittelte. Faraday schlug vor, Atome nicht als kleine Brocken fester und undurchdringlicher Materie zu betrachten, sondern – nicht mehr und nicht weniger – als Mittelpunkte von Kräftekonzentrationen.

Jeder, der einmal im Physikunterricht beobachtet hat, was geschieht, wenn ein Magnetstab unter ein mit Eisenspänen bestreutes Blatt Papier gehalten wird, ist mit dem Begriff der Kraftlinien vertraut. Die Späne ordnen sich tatsächlich in Linien an und bilden Bögen zwischen den beiden Polen. Im viktorianischen England war dieser Gedanke jedoch eine sensationelle Neuigkeit, vor allem, wenn man ihn auf *alle* bekannten Naturkräfte anwandte. Deshalb grübelte Faraday lange und angestrengt darüber nach, bevor er es wagte, diese Vorstellung in zwei Vorträgen der Öffentlichkeit zu unterbreiten. Den ersten hielt er 1844 an der Royal Institution, während der zweite 1846 stattfand. Der zweite Vortrag war offenbar eine Stegreifangelegenheit. Eigentlich hätte Charles Wheatstone an jenem Tage vortragen sollen, doch von heftigem Lampenfieber befallen, ergriff er in letzter Minute die Flucht, so daß Faraday keine Wahl blieb, als für ihn einzuspringen. Nach einer Zusammenfassung der Rede, die Wheatstone hätte halten sollen, blieb ihm noch Zeit, und so sprach Faraday unvorbereitet über seine Idee der Kraftlinien.

Faraday führte seinem Publikum ein klassisches Beispiel für ein »Gedankenexperiment« vor, indem er es aufforderte, sich einmal vorzustellen, im Raum gäbe es nichts anderes außer der Sonne. Was würde geschehen, wenn plötzlich, wie durch ein Wunder, die Erde im richtigen Abstand von der Sonne im Raum auftauchen würde? Wie könnte sie »wissen«, daß es die Sonne gibt? Faraday behauptete, daß, noch bevor die Erde ihren Platz zugewiesen bekäme, sich der Einfluß der Sonne bereits in Gestalt von Gravitationskraftlinien im Raum ausgebreitet habe. Die Reaktion der Erde auf das Gravitationsfeld der Sonne stellte folglich eine Reaktion auf die Existenz von Kraftlinien *am Ort der Erde* und nicht auf die entfernte Sonne selbst dar. Für die Erde real sind die Kraftlinien (das Feld). Auf die gleiche Weise sollten sich nach Faraday auch die magnetischen und elektrischen Kraftlinien in das Universum ergießen. Die Wirklichkeit bestand, wie wir heute sagen, aus »Feldern«, während die Materie – die Atome – lediglich den Orten entsprach, an denen sich die Felder konzentrierten.

In seinem Vortrag aus dem Jahr 1846 ging Faraday weiter. Er meinte, Licht ließe sich als Schwingungen elektrischer Kraftlinien deuten. Schließlich betrachtete man das Licht nun allgemein als eine Art Welle, eine Schwingung. Obwohl es Faraday an den nötigen mathematischen Fähigkeiten mangelte, diese Vorstellung zu einer vollständigen Erklärung der Bewegung des Lichts auszuarbeiten, hatte er eine klare physikalische Vorstellung des möglichen Geschehens, wie er ein paar Jahre später anläßlich der Veröffentlichung der 1846 vorgetragenen Gedanken deutlich machte: »Die Ansicht, welche ich aufzustellen so kühn bin, betrachtet also die Strahlung als eine mächtige Art von Schwingung in den Kraftlinien, die, wie wir wissen, materielle Theilchen und Massen mit einander verknüpfen. Sie läßt den Aether entbehrlich erscheinen, aber nicht die Schwingungen.«[14]

Wie »mächtig« die Schwingungen im Licht genau sind, veranschaulichte ein anderer Wissenschaftler des 19. Jahrhunderts, John Tyndall, ein paar Jahre später bildhaft in einem wunderbaren Buch. Um die Größe der Lichtgeschwindigkeit zu illustrieren, wies Tyndall darauf hin, daß jede Sekunde eine 300 000 km lange »Lichtsäule« in unser Auge fällt, während (beispielsweise) die Wellenlänge des Rotlichts so kurz ist, daß aufgerundet etwa 200 000 Milliarden Wellen in einer Säule von rotem Licht dieser Länge enthalten sind, die allesamt jede Sekunde mit den Rezeptoren in unseren Augen wechselwirken, um ein Sehen zu ermöglichen.[15]

Faradays Einsicht in die Natur solcher Wellen wurde in den nächsten zwei Jahrzehnten von den Arbeiten Maxwells bestätigt, der die Schwingungen elektrischer und magnetischer Felder in vier Gleichungen beschrieb. Sie erschienen 1864, drei Jahre vor Faradays Tod, im Druck.

Die Farben der Magie

Maxwells familiäre Herkunft unterschied sich sehr von der Faradays. Der zwischen Newton und Einstein sicherlich größte theoretische Physiker stammte aus einer bereits im 18. Jahrhundert bekannten schottischen Familie, den Clerks of Penicuik. Im 18. Jahrhundert heirateten zwei Mitglieder dieser Familie in eine andere wohlhabende Familie ein, die Maxwells von Middlebie. James' Vater, John Clerk, nahm den Namen Maxwell an, nachdem er den in der Nähe von Dalbeattie, in der südwestlichen schottischen Grafschaft Galloway gelegenen, ungefähr 600 Hektar großen Besitz der Middlebies geerbt hatte. John Clerk Maxwell war Anwalt, begeisterte sich aber sehr für die Naturwissenschaften und gehörte der Edinburgher Royal Society an. So wuchs James nicht nur in gesicherten und wohlhabenden Verhältnissen auf, sondern machte auch schon in jungen Jahren mit der wissenschaftlichen Welt Bekanntschaft.

Er wurde 1831 in Edinburgh geboren, wohin seine Eltern gezogen waren, damit seine Mutter bei ihrer Niederkunft die denkbar beste ärztliche Betreuung erhielt, doch verbrachte er die ersten zehn Lebensjahre in Glenlair House auf dem Gut in Galloway. Seine Mutter brachte ihrem einzigen Kind das Lesen bei und überwachte seine frühe Erziehung. Unglücklicherweise starb sie bereits mit 48 Jahren an Krebs, als Maxwell gerade acht Jahre alt war. Zu jener Zeit war Dalbeattie noch völlig von der Welt abgeschnitten. Bevor die Stadt mit der Eisenbahnlinie verbunden wurde, war es eine Tagesreise bis Glasgow und zwei Tagesreisen bis Edinburgh, was sich erst mit der 1837 eröffneten Glasgow-Edinburgh-Linie änderte. Maxwell wuchs ohne Altersgenossen auf und litt nicht nur unter dem Trauma des Todes seiner Mutter, sondern stand auch die nächsten vier Jahre unter der Fuchtel eines Erziehers, der reichlich veraltete Ideen über Erziehung und die Notwendigkeit hegte, Latein durch mechanisches Einpauken zu erlernen. Später wurde Maxwell auf die Edinburgher Akademie geschickt, wo er während der Schulzeit bei einer seiner beiden Tanten wohnte. Die Ferien verbrachte er immer zu Hause in Glenlair.

Nach dem ersten Eindruck zu urteilen, den der Junge aus Galloway bei seinem Mitschülern an der Akademie hervorrief, war er nicht gerade ein zukünftiges Genie. Er hatte einen ländlichen Akzent, kleidete sich anders als die Stadtknaben und trug zudem von seinem Vater entworfene und angefertigte Schuhe, die mehr von seines Vaters handwerklichem Geschick zeugten als von gesundem Menschenverstand. Nach seinem ersten Schultag kehrte Maxwell mit Beulen und Schrammen, zerrissenen Kleidern und dem neuen Spitznamen »Dafty« (Einfaltspinsel) zu seiner Tante zurück. Dieser Name hing ihm die ganzen Jahre in der Akademie an, obwohl er sich eindeutig auf seine Eigentümlichkeit und nicht auf einen beschränkten Verstand bezog.

Trotz dieses unglücklichen Auftakts war Maxwell ein guter Schüler. Ein paar Jahre später stellte er sein mathematisches Können unter Beweis, indem er zeigte, wie sich mit Hilfe eines gewickelten Stücks Schnur ein Oval (und nicht, wie einige Biographen behaupten, eine Ellipse) konstruieren läßt. Aufgrund der Verbindungen seines Vaters zur wissenschaftlichen Gesellschaft Edinburghs wurde diese Entdeckung veröffentlicht. So erschien Maxwells erster wissenschaftlicher Artikel, als er gerade einmal 14 Jahre alt war. Es handelte sich zwar nicht um eine besonders welterschütternde Entdeckung, doch führte sie Maxwell schon in jungen Jahren in Edinburghs wissenschaftliche Kreise ein.

1847 immatrikulierte sich Maxwell an der Edinburgher Universität. (Mit 16 Jahren war er im richtigen Alter, in dem man zur damaligen Zeit in Schottland die Universität bezog.) Nachdem er die ersten drei Jahre der vierjährigen Ausbildung absolviert hatte, wechselte er nach Cambridge und erwarb dort 1854 seinen Abschluß in Mathematik. 1856 wurde er Professor für Naturphilosophie am Marischal College in Aberdeen. Als das College 1860 mit dem Kings College der Aberdeener Universität zusammengelegt wurde, mußte einer der beiden Professoren für Naturphilosophie seine Stellung niederlegen. Da Maxwell der jüngere von beiden war, verlor er seinen Posten, obwohl er in der Zwischenzeit die Tochter des Rektors am Marischal College geheiratet hatte. Er ging daraufhin für fünf Jahre ans Kings College in London und kehrte 1865 nach dem Tode seines Vaters auf das Familiengut in Schottland zurück. Die nächsten sechs Jahre verbrachte er dort als Gutsbesitzer und Amateurwissenschaftler und nutzte die Zeit, um seine große Arbeit über Elektrizität und Magnetismus niederzuschreiben. Das Angebot, die erste Professur für experimentelle Physik zu erhalten und gleichzeitig Direktor des Cavendish-Laboratoriums zu werden, lockte ihn 1874 nach Cambridge zurück. Maxwell war maßgeblich daran beteiligt, das Laboratorium zu einer der wissenschaftlich führenden Einrichtungen in der Welt zu machen. Leider starb er bereits 1879, im selben Alter und an derselben Krankheit – Krebs – wie seine Mutter.

Maxwell interessierte sich für ein breites Spektrum physikalischer Probleme, die das 19. Jahrhundert bewegten, darunter die kinetische Theorie der Gase, Wärme und Thermodynamik, Natur und Festigkeit der Saturnringe, die exakte Schätzung der Größe von Molekülen und anderes mehr. Seine schöpferischste Arbeit befaßte sich jedoch mit der Natur des Lichts und der Farbe. Bei seiner ersten wirklich dramatischen Entdeckung schien es sich mehr um Magie als um Wissenschaft zu handeln. Sie demonstrierte nämlich, wie sich Farbphotographien aus Schwarzweißbildern herstellen lassen. Das Verfahren wird noch heute angewandt, unter anderem von Satelliten, die Farbphotos vom Saturn und anderen entfernten Gegenden des Sonnensystems zur Erde senden. Wenn diese Satelliten Aufnahmen der Saturnringe zur Erde senden, so tun sie es mittels einer von Maxwell erfundenen Technik der Farbphotographie, damit wir Bilder eines von Maxwell erklärten Systems von Ringen erhalten. Bei den zur Erde gefunkten Signalen handelt es sich um Radiowellen, die Teil des elektromagnetischen Spektrums sind, dessen Eigenschaften ebenfalls von Maxwell gedeutet (und was das Radio betrifft, sogar von ihm vorausgesagt) wurden. Das ist in der Tat Magie!

Ausgehend von Youngs Entdeckung, daß das Farbensehen auf drei Arten von Rezeptoren im Auge beruht, die jeweils für eine der Primärfarben Rot, Grün und Blau empfänglich sind, erfand Maxwell die Farbphotographie. (Youngs Theorie hatte unter anderem die Farbenblindheit als Fehlen einer oder mehrerer dieser Rezeptoren erklärt.) Bereits 1849, während seiner Edinburgher Studienzeit, hatte sich Maxwell bei seiner Arbeit im Laboratorium von James Forbes mit den verschiedenen Wechselwirkungen der Farben beschäftigt. Forbes, der in Edinburgh den Lehrstuhl für Naturphilosophie innehatte, kannte Maxwell schon vor dessen Universitätsjahren, denn er war es, dem Maxwells Vater den daraufhin in den *Proceedings of the Royal Society of Edinburgh* veröffentlichten Artikel seines Sohnes über die Ovale gezeigt hatte. Forbes und Maxwell arbeiteten bei ihren Untersuchungen mit rotierenden Farbscheiben: Die in verschiedene farbige Segmente aufgeteilte Scheibe wurde gedreht, um zu sehen, welche Wirkung die Farbmischung auf das Auge hatte.

Eine schwere Erkrankung hinderte Forbes an der Fortsetzung seiner Versuche, und bald darauf verließ Maxwell Edinburgh.

Nach seinem Abschluß in Cambridge nahm Maxwell 1854 die Experimente wieder auf. Er führte vor, wie verschiedene Farben aus einer Mischung der drei Primärfarben gewonnen werden konnten, und entwickelte eine von ihm so genannte »Farbbox«, mit deren Hilfe die drei Primärfarben zunächst aus dem Sonnenlicht herausgefiltert wurden, um anschließend in verschiedenen Anteilen zur Erzeugung jeder gewünschten Farbe wieder verbunden zu werden.

1861 krönte Maxwell diesen Aspekt seiner Untersuchungen damit, daß er einem höchst beeindruckten Publikum an der Royal Institution, zu dem auch Faraday gehörte, die erste Farbphotographie vorführte. Das Bild war der Vorläufer der gesamten Farbphotographie sowie des Prozesses, der beim Farbfernsehen genutzt wird. Mittels eines Rot-, Blau- und Grünfilters machte Maxwell drei getrennte Photographien eines Stück Schottenstoffes, wobei jeder Filter nur eine Farbe des Lichts durchließ. Auf diese Weise enthielt jede Photoplatte eine Information – d. h. ein Hell-Dunkel-Muster –, die jeweils einer Farbe des Lichtes entsprach. Jede Photographie war lediglich eine Schwarzweißaufnahme, so daß Maxwell drei Schwarzweißbilder desselben Schottenstoffes mit einer je anderen Hell-Dunkel-Schattierung in Händen hielt, von denen keines auch nur den leisesten Anflug von Farbigkeit zeigte.

Die drei Photoplatten wurden nun gleichzeitig auf eine Leinwand geworfen, wobei er sorgfältig darauf achtete, daß die projizierten Bilder genau übereinanderlagen, während in den entsprechenden Projektoren dieselben Filter verwandt wurden. Nacheinander auf die Leinwand geworfen, zeigten die drei Bilder nur ein rotes, grünes oder blaues Bild. Damit war der Beweis erbracht, daß das kombinierte Bild auf der Leinwand allein auf der Mischung aus rotem, blauem und grünem Licht basierte, wobei es sich exakt um dieselbe Mischung handelte wie in dem von der ursprünglichen Borte reflektierten Licht. Das kombinierte Bild ließ deutlich alle Farben des Schottenstoffes erkennen und bewies somit, daß die menschliche Farbwahrnehmung nur auf den drei Primärfarben beruht.

Eine entfernte Raumsonde bedient sich im wesentlichen desselben Verfahrens: Sie nimmt drei Bilder durch drei verschiedene Filter auf und sendet die Daten (die Informationen über das Hell-Dunkel-Muster) zur Erde, wo ein Computer sie wieder zu einem gemeinsamen Bild verbindet. Einem entsprechenden Trick verdanken wir das Farbfernsehen: Der Bildschirm ist mit drei Arten winziger Punkte überzogen, die alle einen Lichtfleck in einer der drei Primärfarben erzeugen können. Das Farbbild entsteht nun durch die richtige Kombination der drei Farben, die so das richtige Farbmuster von Licht und Schatten auf dem Bildschirm erscheinen lassen.

Maxwells triumphale Vorführung an der Royal Institution enthielt freilich mehr Magie, als er damals erkannte. Augenzeugenberichte lassen zwar keinen Zweifel daran aufkommen, daß ein authentisches Farbbild auf der Leinwand zu sehen war, doch Jahre später entdeckten Photographen, daß die bei der Photoplatte verwandten Chemikalien für Rotlicht überhaupt nicht empfindlich waren. In den frühen 1960er Jahren gelang es Mitarbeitern der Kodak-Laboratorien in den USA, das Rätsel zu lösen. Sie fanden heraus, daß die rote Farbe in Maxwells Schottenstoff auch ultraviolettes (für das menschliche Auge unsichtbares) Licht reflektierte und der von ihm benutzte Filter rein zufällig ebenfalls ultraviolettes Licht durchließ. Das Hell-Dunkel-Muster auf Maxwells »roter« Platte entsprach also in Wirklichkeit einem von ultraviolettem Licht hervorgerufenen Muster. Dank dieses doppelten Zufalls erhielt er exakt das Muster, das von rotem Licht erzeugt worden wäre, falls die Platte auf rotes Licht reagiert hätte.

Die originalen, von Maxwell benutzten und in Cambridge aufbewahrten Photoplatten wurden 1961, zum hundertsten Jahrestag ihrer ersten Vorführung an der Royal Institution, hervorgeholt und ließen Maxwells Demonstration aufs neue erscheinen. Die drei Platten zeigen noch immer ein farbiges Bild des Schottenstoffes, obwohl alle Zuschauer mittlerweile wissen, daß der »Rotanteil« des Bildes auf einen glücklichen Zufall zurückgeht. Maxwells Magie bestand, zumindest in diesem Fall, nicht allein darin, daß er farbige Bilder unter alleiniger Verwendung von Schwarzweißphotographien und rotem, grünem und blauem Licht erzeugte, sondern auch darin, daß er die richtige Erklärung aus (zum Teil) falschen Gründen anbot. Doch zweifellos lieferte sein nachhaltigster Beitrag zur Wissenschaft die richtige Antwort aus den richtigen Gründen. Dennoch sollte sie der nächsten Physikergeneration erhebliches Kopfzerbrechen bereiten.

Maxwells erstaunliche Gleichungen

Maxwell begann seine wichtigste Untersuchung über Elektrizität und Magnetismus kurz nach Beendigung seines Studiums im Jahre 1854. Ein Jahrzehnt zuvor hatte William Thomson, der spätere Lord Kelvin – er lebte von 1824 bis 1907 und wurde 1892 geadelt –, entdeckt, daß das Fließen von Wärme durch feste Körper und das lokale Muster elektrischer Kräfte mathematisch analog sind. Maxwell, den dergleichen Zusammenhänge faszinierten, suchte daraufhin ähnliche Analogien und ließ in einem angeregten Briefwechsel mit Thomson seine Gedanken mal in diese, mal in jene Richtung schweifen. In seiner ersten, Mitte der 1850er Jahre veröffentlichten Arbeit über Elektrizität und Magnetismus zog er eine Analogie zwischen Faradays Kraftlinien und den »Stromlinien« einer inkompressiblen Flüssigkeit.

Die Tatsache, daß Elektrizität und so verschiedenartige Dinge wie die Wärme in einem festen Körper oder das Strömen einer Flüssigkeit durch ähnliche Gleichungen beschreibbar waren, sollte jedoch seiner Meinung nach nicht dahingehend gedeutet werden, daß Elektrizität tatsächlich »wie« Wärme oder »wie« eine Strömung ist – die Analogien waren rein mathematisch. Es handelte sich bloß »um Ähnlichkeit zwischen Beziehungen, und nicht um eine Ähnlichkeit zwischen den miteinander verbundenen Dingen«.[16] Daß dieselbe Art Gleichungen die Bewegung von Wärme, Wasser und Elektrizität beschreibt, bedeutet natürlich nicht, daß Elektrizität Wasser »ist«, so wenig wie es bedeutet, daß Wasser Wärme »ist«.

In den nächsten zehn Jahren erweiterte Maxwell die Analogie

zwischen Elektrizität und dem Strömen einer Flüssigkeit. Seinem uns heute seltsam erscheinenden physikalischen Bild zufolge werden elektrische und magnetische Kräfte durch die Wechselwirkung strudelartiger Wirbel vermittelt, die in einer den Raum zwischen den materiellen Gegenständen ausfüllenden Substanz rotieren: dem Äther. In gewisser Hinsicht fällt Maxwell damit hinter die Einsicht Faradays zurück, daß die Annahme eines Äthers gänzlich überflüssig sei und alles allein von den Kräften – den Feldern – selbst abhinge. Doch wie dem auch sei, entscheidend ist nicht, welches physikalische Bild Maxwell in jenen Jahren favorisierte, sondern zu welchen Gleichungen er gelangte. Wie die Analogien zwischen Wasser und Wärme zeigen, sind verschiedenartige physikalische Systeme tatsächlich durch dasselbe mathematische Instrumentarium beschreibbar, und vorausgesetzt, die Eigenschaften des wirbelnden Mediums (des Äthers) werden richtig gewählt, beschreiben Maxwells Gleichungen unabhängig von der physikalischen Vorstellung, die sie heraufbeschwören, exakt, auf welche Weise die Kräfte zwischen elektrisch geladenen oder magnetisierten Gegenständen wirken.

Der nächste große Gedankensprung war nun, sich vorzustellen, was geschehen würde, wenn das wirbelnde Medium zusammenpreßbar und dehnbar – kurz: elastisch – wäre. Offensichtlich können sich Wellen in einem elastischen Medium fortbewegen. Mit welcher Geschwindigkeit sie es tun, hängt von den Eigenschaften des Mediums ab, und wenn – wie Maxwell 1862 entdeckte – die Eigenschaften so gewählt wurden, wie es eine Erklärung der elektrischen und magnetischen Kräfte verlangte, dann bewegten sich die Wellen in dem Medium mit Lichtgeschwindigkeit fort. In welche Erregung Maxwell durch diese Entdeckung versetzt wurde, scheint in den Worten des im selben Jahr veröffentlichten Aufsatzes auf. Maxwell selbst hob die folgenden Worte hervor: »Wir können den Schluß kaum vermeiden, daß *Licht in den transversalen Wellenbewegungen desselben Mediums besteht, welches die Ursache von elektrischen und magnetischen Erscheinungen ist.*«[17]

Es blieb Maxwell noch reichlich zu tun, bis er die mathematische Beschreibung des elektromagnetischen Phänomens und des Lichtes ausgefeilt hatte. Er erkannte, daß er das Konzept der Wirbeltheorie ersatzlos streichen und sämtliche bekannten elektrischen und magnetischen Erscheinungen im Sinne einer *Dynamical Theory of the Electromagnetic Field* erklären konnte, wie der Titel eines 1864 erschienenen Artikels lautete. Diese Theorie faßte alle Erkenntnisse über Elektrizität und Magnetismus in vier Gleichungen zusammen, die wir heute Maxwellsche Gleichungen nennen. Wenn Sie gerne wissen möchten, wie groß die Anziehungskraft zwischen zwei elektrischen Ladungen einer bestimmten Größe und mit einem bestimmten Abstand ist, brauchen Sie nur Maxwells Gleichungen zu lösen. Wenn Sie herausfinden wollen, wie stark der durch einen bestimmten, sich bewegenden Magneten hervorgerufene elektrische Strom ist, dann lösen Sie Maxwells Gleichungen. Für *alle* Probleme, die etwas mit Elektrizität und Magnetismus zu tun haben (mit Ausnahme einiger, im nächsten Kapitel erörterter Quanteneffekte), lassen sich mit Hilfe der Maxwellschen Gleichungen Lösungen finden. Seit Newton hatte die Wissenschaft keinen größeren Fortschritt erlebt.

Die Gleichungen enthalten eine bestimmte Zahl, eine durch c bezeichnete Konstante, die der Geschwindigkeit entspricht, mit der sich elektromagnetische Wellen fortbewegen. Der Wert von c ergibt sich aus Versuchen zur Messung der elektrischen und magnetischen Eigenschaften stationärer oder durch einen Draht fließender Ladungen. Die fragliche Zahl ist demnach allein das Resultat von Untersuchungen über Elektrizität und Magnetismus. Maxwell selbst meinte, »vom Licht wurde in dem Experiment nur insoweit Gebrauch gemacht, als wir die Instrumente sehen können mußten«. Doch die aus den Experimenten resultierende Zahl, der Wert c, entspricht exakt der Lichtgeschwindigkeit:

> Diese Geschwindigkeit stimmt so exakt mit derjenigen des Lichtes überein, daß alles darauf hindeutet, daß Licht selbst (Strahlungswärme und andere Strahlungen, so es sie gibt, eingeschlossen) nichts anderes ist als eine elektromagnetische Störung in Form von Wellen, die sich gemäß den elektromagnetischen Gesetzen durch das elektromagnetische Feld ausbreiten.[18]

Maxwell wurde klar, daß es noch andere Arten elektromagnetischer Wellen geben könne als jene, die wir als Licht sehen – etwa die heute als infrarote Strahlung bekannte Wärme und andere »Strahlungen«, zu denen unsere Radiowellen gehören. Seine Voraussage anderer Formen elektromagnetischer Strahlung bestätigte sich in den achtziger Jahren des 19. Jahrhunderts, als Heinrich Hertz mittels elektrischer, durch vertikale Drähte auf- und niederfließender Ströme elektromagnetische Strahlung im Langwellenbereich erzeugte und deren Geschwindigkeit maß. Diese Radiowellen bewegen sich, genau wie Maxwell voraussagte, mit Lichtgeschwindigkeit und lassen sich bei geeigneter Versuchsanordnung brechen, reflektieren und beugen.

Aus der modernen Deutung der Maxwellschen Gleichungen sind der Äther und die Wirbel verschwunden. An ihre Stelle sind die Faradayschen Kraftlinien, das elektromagnetische Feld, getreten. Selbstverständlich ist auch dies nur die vorläufig letzte geistige Vorstellung, die wir favorisieren, denn wir wissen ebensowenig wie Faraday, Maxwell oder wer auch immer, was hinsichtlich eines Elektrons »wirklich« ist. Der Vorzug der Feldtheorie liegt in ihrer Einfachheit und darin, daß sie uns verdeutlicht, was die Mathematik zu leisten vermag. Wir sollten uns jedoch davor hüten, in Modellen mehr als eine Krücke für die Vorstellungskraft zu sehen, mehr als ein Hilfsmittel, um uns das Geschehen bildhaft vorzuführen (oder zu berechnen). Die Wirklichkeit wohnt den mathematischen Gleichungen selbst inne, gleichgültig, ob wir mit ihnen nun elektromagnetische Wellen, die Wärme fester Körper oder das Strömen von Wasser beschreiben. Solange die Gleichungen exakt angeben, wie sich das System bei einer bestimmten Störung ändern wird, ist es im Grunde genommen belanglos, welches Bild wir uns vom Zusammenspiel der beteiligten Kräfte machen.

Gleichwohl benötigen die meisten Menschen Analogien und Modelle, um sich die Vorgänge bildhaft vor Augen zu führen. Die einfachste Vorstellung, die wir uns von der Bewegungsweise des Lichtes machen können, ist, an Wellen zu denken, die an einem Seil entlanglaufen. Vergegenwärtigen Sie sich, daß ein bewegtes magnetisches Feld ein elektrisches Feld und ein sich veränderndes elektrisches Feld ein magnetisches Feld erzeugt. Stellen Sie sich nun zwei phasengleich sich bewegende Wellen vor, ähnlich den Ausschlägen, die Sie an einem straffen Seil entlanglaufen lassen können, wenn Sie das eine Ende hin und her schaukeln. Angenommen, die elektrischen Wellen bewegen sich vertikal das Seil entlang, d. h. auf und ab, so bewegen sich die magnetischen Wellen seitwärts, von rechts nach links, mithin im rechten Winkel zu den elektrischen Wellen. An jedem Punkt längs des Seiles verändert sich die Stärke des elektrischen Feldes beständig, während die Störungen durchlaufen. Das sich verändernde elektrische Feld bringt ein magnetisches Feld hervor, das sich gleichfalls verändert, d. h., an jedem Punkt längs des Seiles verändert sich auch das magnetische Feld, während die Wellen durchlaufen. Das veränderte magnetische Feld erzeugt wiederum ein verändertes elektrisches Feld. Kurz gesagt, die beiden sich verändernden Felder marschieren Hand in Hand, jedes ist für das andere verantwortlich, gleich einem Lichtstrahl, der durch die aus seiner Quelle freigesetzte Energie gelenkt wird.

Dieses schlichte Bild war 1864 alles andere als ein Gemeinplatz. Noch 1878 setzte sich Maxwell in einem Artikel für die *Encyclopaedia Britannica* für die Idee des Äthers ein: »So schwer es uns auch fallen mag, eine schlüssige Vorstellung von der Beschaffenheit des Äthers zu gewinnen, so kann doch kein Zweifel daran bestehen, daß die interplanetaren und interstellaren Räume von einer materiellen Substanz oder einem solchen Körper erfüllt sind.«[19]

Zum Zeitpunkt von Maxwells Tod wurde seine Theorie bereits von großen Kreisen anerkannt, doch erst durch die zehn Jahre später erfolgte Erforschung der Radiowellen wurde sie zu »der« Theorie des Lichtes. Im gleichen Zeitraum entstand auch die Arbeit, die der Äthervorstellung den Todesstoß versetzte (und teilweise durch Maxwells 1878 in der *Encyclopaedia Britannica* erschienenen Artikel angeregt worden war). Ihre volle Bedeutung erkannte man indes erst zu Beginn des 20. Jahrhunderts. Als Maxwell im November 1879 starb, war der Mann, der der Welt klarmachte, was sich hinter der Konstante *c* in den Maxwellschen Gleichungen wirklich verbarg und der die entscheidenden Versuche ins rechte Licht rückte, noch keine acht Monate alt. Sein Name war Albert Einstein, und sein Auftritt bedeutete den Aufbruch in das moderne Zeitalter der Physik.

2 MODERNE ZEITEN

Isaac Newton wußte ebenso wie die Physiker des 19. Jahrhunderts, daß Bewegung relativ ist. Der Mond bewegt sich auf einer Umlaufbahn relativ zur Erde, und die Erde bewegt sich relativ zur Sonne. Wenn Sie in Ihrem Auto mit einer Geschwindigkeit von 50 km/h eine schnurgerade Straße entlangfahren und mich auf meinem Fahrrad überholen, während ich 15 km/h radle, dann bewegen Sie sich relativ zu mir mit einer Geschwindigkeit von 35 km/h. Als Maxwells Gleichungen nun einen exakten Wert für die Lichtgeschwindigkeit ergaben, was lag da für die damaligen Physiker näher, als zu meinen, dies bedeute die Lichtgeschwindigkeit relativ zum Äther, jenem Stoff, von dem man annahm, er würde das Licht übermitteln. Da die Umlaufbahn der Erde um die Sonne annähernd kreisförmig ist, kann sich die Erde nicht immer mit derselben Geschwindigkeit relativ zum Äther bewegen. Manchmal läuft sie in die eine Richtung; sechs Monate später, auf der gegenüberliegenden Seite ihrer Umlaufbahn, geht sie hingegen in die entgegensetzte Richtung. Verknüpft man Newtons Gedanken zur Relativität der Bewegung mit der Vorstellung, Licht sei eine durch den Äther übermittelte elektromagnetische Welle, so drängt sich der Schluß auf, daß die Lichtgeschwindigkeit *relativ zur Erde* zu verschiedenen Jahreszeiten eine andere sein muß.

Einige Astronomen versuchten ohne Erfolg, diesen Unterschied aufzuspüren, indem sie das von den Sternen und Planeten einfallende Licht zu verschiedenen Zeiten des Jahres untersuchten. Es gibt jedoch auch eine Möglichkeit, den Effekt experimentell auf der Erde zu messen. Bewegt sich ein Lichtstrahl in die gleiche Richtung wie die Erde, könnten wir versuchen, ihn zu überholen, so daß er sich relativ zu unseren Meßinstrumenten ein wenig langsamer bewegen muß. Bei einem Lichtstrahl, der im rechten Winkel zur Erdbewegung verläuft, sollten wir hingegen die volle, von Maxwells Gleichungen bestimmte Geschwindigkeit c messen.

Selbstverständlich ist die Auswirkung der Erdbewegung im Vergleich zur Lichtgeschwindigkeit gering. Licht bewegt sich mit rund 300000 Kilometern pro Sekunde, während die Umlaufgeschwindigkeit der Erde etwas weniger als 30 km pro Sekunde beträgt, also lediglich 0,01 Prozent der Lichtgeschwindigkeit. In seinem Artikel über den Äther für die *Encyclopaedia Britannica* schlug Maxwell ein Verfahren zur Messung der Erdgeschwindigkeit relativ zum Äther vor, wobei er die Messungen mit Hilfe des Lichtes selbst durchführen wollte. Im Prinzip ist es möglich, einen Lichtstrahl in zwei Hälften zu teilen und jeden Strahl auf eine »Reise« zu schicken, bei der er von einem Spiegel abprallt und auf einen anderen zurückgeworfen wird. Der eine Strahl müßte dieselbe Richtung einschlagen wie die Erde auf ihrer Umlaufbahn, während der andere zwischen zwei in rechten Winkeln zur Erdumlaufbahn stehenden Spiegeln hin- und herlaufen würde. Dann könnte man die beiden Strahlen wieder zusammenführen, und sie würden genauso wie das Licht in Youngs Doppelspaltexperiment miteinander interferieren. Laut Voraussage müßten sich die beiden Strahlen mit leicht unterschiedlicher Geschwindigkeit relativ zur Erde bewegen. Folglich sollten sie – vorausgesetzt, man achtet bei dem Versuch sorgfältig darauf, daß beide Teilstrahlen die gleiche Distanz zurücklegen – phasenverschoben sein und Interferenzstreifen erzeugen. Der Abstand zwischen den Interferenzstreifen würde exakt zeigen, wie schnell sich die Erde relativ zum Äther bewegt. Maxwell ging allerdings davon aus, daß der Effekt viel zu gering sei, als daß man ihn beobachten könnte. Doch ein junger amerikanischer Wissenschaftler nahm die Herausforderung wenig später an.

Das Ende des Äthers

Albert Michelson wurde 1852 in Deutschland geboren, seine Familie wanderte aber in die Vereinigten Staaten aus, als er noch ein Kind war. 1873 erwarb er das Diplom der US-Marineakademie in Annapolis und fuhr zwei Jahre zur See, bevor er zum Dozenten an der Akademie berufen wurde. Zu seinen Pflichten als Physik- und Chemielehrer gehörte es, den angehenden Offizieren der Akademie zu zeigen, wie man die Lichtgeschwindigkeit mißt. Da ihn die Ergebnisse des damals üblichen Versuches höchst unbefriedigt ließen, ging er daran, das Ärgernis zu beseitigen und ein exakteres Experiment zu entwickeln. Das Geschick und das Können, die er bei dieser Arbeit erwarb, prädestinierten ihn, die in Maxwells *Britannica*-Artikel formulierte Herausforderung anzunehmen. Um die Bewegung der Erde durch den Äther zu messen, benutzte er die Interferometrie. Das führte dazu, daß er zeit seines Lebens an der Entwicklung immer besserer Interferometer arbeitete, mit denen er dann zunehmend exaktere Messungen an Lichtstrahlen durchführte.

Michelsons Verfahren zur Messung der Lichtgeschwindigkeit beruhte darauf, daß er Lichtstrahlen von rotierenden Spiegeln abprallen ließ, eine Technik, mit der der Franzose Jean Foucault als erster experimentiert hatte. Foucault lebte von 1819 bis 1868 und erfand nicht nur das Gyroskop, sondern demonstrierte mittels seines berühmten Pendels auch die Erdrotation. Bei seinen Messungen der Lichtgeschwindigkeit verwandte er Lichtstrahlen, die von einem flachen, schnell rotierenden Spiegel abprallten. Der reflektierte Strahl traf dann auf einen zweiten Spiegel; dieser warf ihn zum ersten Spiegel zurück, der sich natürlich inzwischen ein wenig weiterbewegt hatte. Der Winkel, in dem der Lichtstrahl aufgrund der Drehbewegung des Spiegels abgelenkt wurde, zeigte an, wie lange der Strahl auf seiner Reise von Spiegel zu Spiegel unterwegs war.

Dank dieses Verfahrens konnte Foucault 1850 zum erstenmal nachweisen, daß Licht sich im Wasser langsamer als in der Luft fortbewegte, was wieder einmal bestätigte, daß Licht sich wellenförmig fortpflanzt. 1862 hatte er das Verfahren soweit verbessert, daß seine Messung eine Lichtgeschwindigkeit von 298000 km pro Sekunde ergab, eine Zahl, die knapp 1 Prozent vom besten heutigen Wert abweicht.

Unter Verwendung zusätzlicher Spiegel und durch eine Verlängerung des vom Lichtstrahl zurückgelegten Weges gelang es Michelson, das Verfahren noch weiter zu verfeinern. So benutzte er eine achteckige Spiegeltrommel (und später Trommeln mit mehr als acht Seiten), um den Lichtstrahl abzulenken. Die Drehgeschwindigkeit der Trommel war bekannt, und die acht Spiegel nahmen jeweils für einen Augenblick die entsprechende Position ein, um den Lichtstrahl in genau bestimmten Intervallen zu reflektieren. Indem er die Drehgeschwindigkeit der Trommel so veränderte, daß er die geeigneten Reflexionen erhielt – das Licht prallte bei seiner Hinreise von einer Seite der Trommel ab und traf bei seiner Rückkehr auf eine andere Seite auf –, konnte Michelson genau bestimmen, wie lange das Licht unterwegs gewesen war.

Die letzte Version dieses Experiments führte Michelson 1926 im Alter von 73 Jahren durch. Bei diesem Versuch legte das Licht eine 70 km lange Rundreise zwischen zwei kalifornischen Bergspitzen zurück, und der bei dieser Gelegenheit gemessene Wert betrug 299796 ± 4 Kilometer pro Sekunde. Stellt man die üblichen experimentellen Ungenauigkeiten in Rechnung, so entspricht die Zahl dem heute akzeptierten Wert von 299792,5 Kilometer pro Sekunde. Auf die Frage, warum er sich in seinem Alter noch die Mühe mache, *c* so genau zu messen, antwortete Michelson: »Weil es riesigen Spaß macht.«[1] 1931 starb Michelson in seinem 79. Lebensjahr, während er sich noch einmal den Spaß gönnte, eine noch exaktere Messung der Lichtgeschwindigkeit zu planen.

In den frühen 1890er Jahren maß Michelson gemeinsam mit seinem Kollegen Edward Morley die Länge des in Paris aufbewahrten Urmeters in bezug auf die Wellenlänge des reinen Lichtes aus dem Rotbereich des Spektrums. Damit waren die beiden ihrer Zeit weit voraus, denn erst 1960 wurde im wesentlichen dasselbe Verfahren offiziell zur Bestimmung der Länge des Meters in bezug auf die Eigenschaften des Lichts akzeptiert. Für seine Pionierleistungen auf diesem Gebiet, seine Messungen der Lichtgeschwindigkeit und die Herstellung exakter optischer Instrumente erhielt Michelson 1907 als erster Amerikaner den Nobelpreis für Physik. Fällt heute sein Name, dann vor allem im Zusammenhang mit einem Versuch, den er in der zweiten Hälfte der 1880er Jahre gemeinsam mit Morley anstellte.

1880 verließ Michelson Annapolis, angeblich wegen einer befristeten Forschungsreise nach Europa, wo er in Berlin, Heidelberg und Paris arbeiten wollte. Selbstredend kannte er Maxwells Artikel über den Äther in der *Britannica*, und 1881, während seiner Beschäftigung am Helmholtz-Laboratorium in Berlin, versuchte er zum erstenmal die Bewegung der Erde relativ zum Äther zu messen. Er stützte sich dabei auf das von Maxwell vorgeschlagene Verfahren und ein von ihm, Michelson, selbst entworfenes Interferometer, dessen Bau Alexander Graham Bell mitfinanziert hatte. Michelson vermochte den vorausgesagten Effekt jedoch nicht nachzuweisen. Damals sorgte das Ergebnis für keinerlei Aufregung, schließlich war der Versuch äußerst kompliziert und konnte deshalb zu falschen Resultaten führen. Außerdem vermutete man, die Erde führe den Äther möglicherweise mit sich, so daß Messungen auf der Erdoberfläche keine »Ätherdrift« aufspüren würden.

Michelson kehrte nicht mehr auf seine Stelle in Annapolis zurück. Statt dessen reichte er seinen Abschied bei der Marine ein und ging 1882 als Professor für Physik an die Case School of Applied Science in Cleveland, Ohio. Zu den ersten Dingen, die er dort in Angriff nahm, gehörte die Messung der Lichtgeschwindigkeit; dieses Mal kam er auf einen Wert von 299 845 km pro Sekunde und stellte damit einen Genauigkeitsrekord auf, den erst Michelson selbst zehn Jahre später verbessern sollte.

1885 hatte der holländische Physiker Hendrik Lorentz überzeugend argumentiert, daß der Mitführungseffekt des Äthers eine unsinnige Annahme sei und daß die astronomischen Messungen der Vorstellung widersprachen, das Licht reise mit gleichbleibender

Geschwindigkeit relativ zum Äther, während sich die Erde durch diesen bewegte. Dadurch ermutigt, tat Michelson sich mit Edward Morley zusammen, der damals Professor für Chemie an jenem College war, aus dem später (nach einem Zusammenschluß mit der Case School) die Western Reserve University in Cleveland hervorging.

Wie Michelson widmete Morley – er lebte von 1838 bis 1923 – seine ganze Laufbahn der Verbesserung von Messungen: Unter anderem maß er den Sauerstoffgehalt der Luft und das Atomgewicht des Sauerstoffs. Mit vereinten Kräften bauten die beiden eine verbesserte Version des Interferometerversuchs, um erneut die Bewegung der Erde durch den Äther zu messen. 1887 bestätigten sie Michelsons ursprüngliches Ergebnis, dieses Mal aber mit einer solchen Exaktheit, daß jedwede Hoffnung verfehlt gewesen wäre, es seien nur unsere Instrumente für einen Nachweis nicht fein genug. Es gab auch nicht die Spur eines Beweises dafür, daß sich die Erde relativ zum Äther bewegte. Mit anderen Worten: Gleichgültig, wie sich das Licht relativ zur Erde bewegt, seine Geschwindigkeit bleibt stets genau gleich.

Wie war das möglich?

Erste Schritte zu einer speziellen Relativitätstheorie

Auf den zweiten Blick sind die fehlenden Beweise für die Existenz des Äthers kein großer Verlust. Denn wenn wir die Sache näher betrachten, so zeigt sich, daß die Art von Äther, an welche die Viktorianer glaubten, eine äußerst seltsame Verbindung von Eigenschaften aufweisen mußte. Damit Lichtwellen mit einer so hohen Geschwindigkeit durch den Äther laufen konnten, mußte er außergewöhnlich starr sein, denn Schwingungen, die durch eine Substanz gehen, bewegen sich um so schneller, je starrer sie ist. Beispielsweise ist die Schallgeschwindigkeit in einem Stahlstab größer als in der Luft. Während der Schall in der Luft lediglich 344 Meter pro Sekunde zurücklegt, beträgt seine Geschwindigkeit in einem Stahlstab immerhin 5000 Meter pro Sekunde. Gewiß keine unerhebliche Steigerung – aber versuchen Sie sich einmal eine Substanz vorzustellen, die so starr ist, daß Schwingungen mit 300 000 *Kilometern* pro Sekunde durch sie hindurchgehen, und Sie erhalten einen Eindruck davon, wie eine der entscheidenden Eigenschaften des Äthers beschaffen sein müßte.

Andererseits sollte der Äther sehr dünn sein. Denn nach allem, was wir wissen, bewegt sich die Erde ungehindert durch ihn hindurch, und sie wird auch nicht in ihrem Umlauf durch das Mitführen des Äthers gebremst. Außerdem galt es als ausgemacht, daß sich der Äther, um das Licht weiterleiten zu können, überall befinden müsse, sogar zwischen den Atomen und Molekülen der Luft. Wann immer Sie einen Schritt machen, waten Sie demnach durch den Äther, und wenn Sie Luft holen, füllen Sie Ihre Lungen mit ihm, ohne daß es irgendwelche Wirkung bei Ihnen hervorrufen würde, außer daß der Äther Licht von einem Ort zu einem anderen übermittelt.

Vielleicht hätten die Wissenschaftler des 19. Jahrhunderts auch ohne die Arbeit von Michelson und Morley früher oder später die Äther-Vorstellung über Bord geworfen. Doch Faradays Gegenvorschlag, daß sich durch den leeren Raum elektrische und magnetische Kraftfelder erstrecken, wurde auch von der nächsten Generation noch nicht vorbehaltlos akzeptiert, obschon Maxwells Gleichungen gezeigt hatten, wie veränderliche elektrische und magnetische Felder sich durch ihr Zusammenspiel als eine elektromagnetische Welle fortpflanzen konnten. Indes wurde die Zeit allmählich dafür reif.

Die ersten Anzeichen dafür, wie dramatisch sich die Weltsicht der Physiker wandeln müsse, damit das Verhalten des Lichtes erklärt wurde, machten sich bald nach Michelsons und Morleys Bericht über ihre definitiven Versuchsergebnisse aus dem Jahre 1887 bemerkbar. Mit der korrekten Voraussage, daß ein oszillierender elektrischer Strom unter bestimmten Bedingungen das erzeugen sollte, was wir heute als Radiowellen kennen, hatte sich der 1851 in Dublin geborene irische Physiker George Fitzgerald in der wissenschaftlichen Welt bereits einen Namen gemacht und Heinrich Hertz auf die richtige Spur gebracht. 1889 bot er nun eine Erklärung für die Ergebnisse des Michelson-Morley-Experimentes an. Fitzgerald nahm an, in dem Experiment seien deshalb keine Veränderungen der Lichtgeschwindigkeit nachweisbar – gleichgültig, wie sich das Licht relativ zur Erde bewegt –, weil die gesamte Versuchsapparatur (sogar die Erde selbst) in Bewegungsrichtung zusammenschrumpfe. In der Tat eine Lösung des Problems: So gesehen würde die Geschwindigkeit des Lichtes relativ zur Erde »wirklich« von der Bewegung der Erde durch den Äther abhängen, nur wäre die Meßausrüstung genau um jenen Betrag geschrumpft, der die Illusion wecken mußte, die Geschwindigkeit sei immer noch *c*.

Der Gedanke war keineswegs ein absolutes Hirngespinst. Dank Maxwells Nachweis wußten die Physiker, daß die Kraft zwischen zwei elektrischen Ladungen von deren Bewegung abhing. Eine stärkere Kraft würde die Dinge stärker zusammenziehen. Fitzgeralds Vorschlag ging im wesentlichen davon aus, daß die Kräfte, von denen Atome und Moleküle zusammengehalten wurden, stärker würden, wenn sie sich bewegten (und natürlich wird in diesem Entwicklungsstadium immer noch stillschweigend vorausgesetzt, daß sie sich *relativ zum Äther* bewegten). Infolgedessen würden sich die Atome und Moleküle mehr zusammenziehen und alles, was aus ihnen bestand, schrumpfen.

Dieselbe Überlegung wurde in den 1890er Jahren auch von Hendrik Lorentz vorgebracht. Es schien mir stets ein wenig unfair, daß wir von ihr als Lorentz-Fitzgerald-Kontraktion und nicht Fitzgerald-Lorentz-Kontraktion sprechen. Allerdings trieb Lorentz, der von 1853 bis 1928 lebte und 1902 für seine Arbeit über den Elektromagnetismus den Nobelpreis für Physik erhielt, die Überlegung viel weiter als Fitzgerald. So stellte er im Jahr 1904 – drei Jahre nach Fitzgeralds Tod – eine Reihe von Gleichungen auf, die sogenannten Lorentz-Transformationen, die exakt angaben, wie neben der Länge eines sich bewegenden Objekts auch dessen übrige Eigenschaften »transformiert« werden, wenn es von unterschiedlich schnell sich bewegenden Beobachtern betrachtet wird.

Um es präziser zu sagen, Lorentz stellte seine Transformationsgleichungen auf, weil er mathematisch beschreiben wollte, wie elektromagnetische Felder verschiedenen Beobachtern erscheinen; die Transformationen bauten in Maxwells Gleichungen die relativen Geschwindigkeiten der Beobachter ein. Albert Einstein ging ein Jahr später noch einen Schritt weiter und verkündete, daß dieselben Transformationsgleichungen auch für mechanische Systeme gelten. Er legte dar, daß Beobachter mit unterschiedlicher Geschwindigkeit nicht nur die Länge, sondern auch die Zeit, die Geschwindigkeit und sogar die Masse sich bewegender Gegenstände verschieden wahrnehmen würden. Merkwürdigerweise benutzte Einstein zwar Lorentz' Arbeit über den Elektromagnetismus als Sprungbrett für die Entwicklung seiner Speziellen Relativitätstheorie, war aber vom Ergebnis des Michelson-Morley-Experimentes, das eine stets gleichbleibende Lichtgeschwindigkeit bewies, unbeeinflußt. 1954, ein Jahr vor seinem Tode, antwortete Einstein auf eine entsprechende Nachfrage, das Experiment habe ihn »nicht wesentlich beeinflußt«, und sagte weiter: »Ich kann mich nicht einmal erinnern, ob ich davon wußte, als ich [1905] meinen ersten Aufsatz zu dem Thema schrieb.«[2] Was aber brachte ihn *dann* auf die Ideen, welche die Physik im ersten Jahrzehnt des 20. Jahrhunderts revolutionieren sollten?

Einsteins Erkenntnis

1905 war Einstein 26 Jahre alt. 1900 hatte er an der Eidgenössischen Technischen Hochschule in Zürich seinen Abschluß gemacht, und seit 1902 war er als technischer Sachverständiger am Schweizerischen Patentamt in Bern tätig, wo er Gutachten über die technischen oder sonstigen Vorzüge neuer Erfindungen verfaßte. Seine Aussichten auf eine akademische Karriere schienen sich damals zerschlagen zu haben, da er die herkömmliche Ausbildung, die ihm die Technische Hochschule bot, nicht ernst nahm. Wohl hatte er bei den Abschlußprüfungen recht gut abgeschnitten, aber ihm haftete der Ruf an, ein fauler Student zu sein, und zudem hatte er sich die Gunst einiger Professoren verscherzt, die ihm möglicherweise eine Stelle hätten besorgen können. Glücklicherweise verlangte ihm seine Arbeit im Patentamt so wenig ab, daß ihm – in den Jahren vor seinem Durchbruch mit der Speziellen Relativitätstheorie – genügend Zeit blieb, seine physikalischen Ideen zu verfolgen, mehrere wissenschaftliche Artikel zu veröffentlichen und seine Doktorarbeit zu beenden.

Einsteins Leben und Leistungen würden Bände füllen (und so kam es dann auch).[3] In diesem Buch möchte ich mich jedoch ausschließlich mit der Speziellen Relativitätstheorie und ihren Einblicken in die Natur des Lichts beschäftigen. Einsteins großartige Begabung beruhte auf seiner genialen Fähigkeit, den Kern eines physikalischen Problems zu erkennen. Während die Mathematik nie zu seinen Stärken zählte, obgleich er fraglos ein besserer Mathematiker war als der Durchschnitt, war sein physikalisches Gespür einfach umwerfend. Die Erkenntnis, die den Anstoß zu seiner speziellen Theorie gab, bestand darin, daß er den eigentlichen Gehalt der Maxwellschen Gleichungen intuitiv richtig erfaßte. Er grübelte darüber nach, was wohl geschehe, wenn man mit Lichtgeschwindigkeit neben einem Lichtstrahl herlaufen würde.

Denken Sie an den springenden Punkt in Maxwells Gleichungen: Ein *sich veränderndes* elektrisches Feld erzeugt den (sich verändernden) magnetischen Teil der Welle, und das *sich verändernde* magnetische Feld erzeugt den (sich verändernden) elektrischen Teil der Welle. Bewegten Sie sich nun genauso schnell wie die Welle, so würde sich diese von ihrem Standpunkt aus gar nicht »wellen«. Sie wäre stationär, vergleichbar einer Meereswelle, die zu Eis erstarrt, bevor sie bricht. Aus Maxwells Gleichungen folgt eindeutig (und Experimente haben es natürlich bestätigt), daß ein stationäres Magnetfeld kein elektrisches Feld hervorbringt, so wenig wie ein stationäres elektrisches Feld ein Magnetfeld. Also gibt es überhaupt keine Welle – nicht einmal eine eingefrorene.

Hier schließt sich der Kreis, und wir sind wieder bei der Frage nach der Relativität der Bewegung angelangt. Newton erkannte zwar, daß Bewegung für alle Menschen, die auf der Erde herumlaufen, für alle Vögel, die durch die Luft fliegen, oder für sämtliche Schiffe, die die Meere durchkreuzen, relativ ist; gleichzeitig nahm er aber an, daß es irgendein letztes Bezugssystem, einen allgemeinen Ruhepunkt gibt, an dem alle Bewegung meßbar ist. Die Vorstellung vom Äther paßte gut in dieses Bild, denn jetzt ließ sich alle Bewegung relativ zum Äther messen. Darüber hinaus glaubte Newton, es existiere ein absolutes Zeitmaß, eine Art göttliche Uhr, die für alle unerbittlich die gleiche Zeit schlägt. Doch so vernünftig diese Ansichten auch sein mochten, sie waren mit Maxwells Gleichungen unvereinbar.

Einstein erkannte, daß es überflüssig ist, ein bevorzugtes Bezugssystem anzunehmen. Warum sollte es überhaupt einen Ruhepunkt im Universum geben, an dem sich alle Geschwindigkeiten messen ließen? Statt dessen schlug er vor, *jede* Bewegung für relativ zu halten, was bedeutet, daß alle berechtigt sind, sich als ruhend zu betrachten und jede Bewegung relativ zu sich selbst zu messen. Präziser gesagt, gilt diese Relativität der Bewegung nur für Beobachter, die sich mit gleichbleibender Geschwindigkeit relativ zueinander bewegen, d. h., sie müssen geradlinig und mit konstanter Geschwindigkeit reisen. Jeder, der sich in einem beschleunigten Bezugssystem befindet, weiß infolge der Kräfte, die er spürt, daß er sich bewegt, so wie sich etwa unser Gewicht beim Abfahren oder Anhalten eines schnellen Aufzuges zu verändern scheint, oder wie wir gegen die Tür eines Fahrzeugs geschleudert werden, das mit hoher Geschwindigkeit durch eine Kurve fährt. Aufgrund dieser Einschränkung sprechen wir von der »speziellen« Relativitätstheorie. Einsteins Allgemeine Relativitätstheorie berücksichtigt auch die Beschleunigung, die Bewegung entlang gekrümmter Bahnen sowie die Gravitation. Allerdings sind wir in der glücklichen Lage, auf die allgemeine Theorie in den folgenden Erörterungen verzichten zu können.

Was nun die elektromagnetischen Wellen betrifft, aus denen ein Lichtstrahl besteht, so wissen sie weder, noch kümmern sie sich darum, mit welcher Geschwindigkeit sich ihre Quelle bewegt; sobald sie losgeschickt sind, eilen sie mit der von Maxwells Gleichungen bestimmten Geschwindigkeit c durch den Raum.

Wenn alle mit konstanter Geschwindigkeit reisenden Beobachter (oder, im Jargon der Physiker, alle trägen Beobachter) berechtigt sind, sich als ruhend zu betrachten und jede Bewegung relativ zu sich zu messen, so folgt, daß die Gesetze der Physik für sie alle gleich sein müssen. Führe ich in meinem Raumschiff ein Experiment durch, während ich mich mit dreiviertel Lichtgeschwindigkeit relativ zur Erde bewege, so muß ich dieselben »Antworten« erhalten wie Sie in *Ihrem* Raumschiff, das sich vielleicht nur mit halber Lichtgeschwindigkeit relativ zur Erde bewegt. Erhielten wir verschiedene Antworten, so würden wir wissen, wer von uns sich »wirklich« bewegt und wer nicht.

Auf welche Weise müssen wir dann Newtons Beschreibung der Wirklichkeit modifizieren, um zu gewährleisten, daß alle trägen Beobachter bei ihren physikalischen Versuchen zu denselben Ergebnissen kommen? Einstein fand die Antwort, als er darüber nachdachte, wie ein Impuls elektromagnetischer Strahlung, die sich von einer Lichtquelle ausbreitet, Beobachtern mit verschiedenen Reisegeschwindigkeiten erscheinen muß. Im Bezugssystem der Lichtquelle breitet sich das Licht in Gestalt einer kugelförmigen Schale im Raum aus. Mithin muß es *allen* trägen Beobachtern als eine kugelförmige Schale erscheinen, denn anderenfalls wüßten sie, daß sie sich bewegen. Daß alle trägen Beobachter das gleiche sehen, ist nur unter einer Bedingung möglich: Ihre Meßstäbe müssen durch ihre Bewegung relativ zur Lichtquelle geschrumpft sein. Diese Schrumpfung entspricht exakt der mit Hilfe der Lorentz-Transformation berechneten Lorentz-Fitzgerald-Kontraktion.

Doch das ist noch nicht alles: Die Geschwindigkeiten selbst lassen sich nicht so addieren, wie es die Newtonschen Überlegungen des gesunden Menschenverstands nahelegen. Nach Newton müßte beispielsweise folgendes gelten: Wenn Sie ein Raumschiff mit dreiviertel Lichtgeschwindigkeit ($0{,}75\,c$) an sich vorüberfliegen sehen, während ein zweites Raumschiff mit der gleichen Geschwindigkeit ($0{,}75\,c$) in die entgegengesetzte Richtung fliegt, dann beträgt die Geschwindigkeit des einen Raumschiffs relativ zu dem anderen $1{,}5\,c$. Aus den Lorentz-Transformationen folgt jedoch, daß die Beobachter in beiden Raumschiffen die Geschwindigkeit des anderen als 0,96 *c* messen werden. Und mehr noch: Senden die Astronauten der beiden Raumschiffe Licht aus, dann wird die jeweils andere Besatzung die Geschwindigkeit der elektromagnetischen Wellen in jenem Lichtimpuls als *c* und nicht als 1,75 *c* bestimmen. Es ist völlig ausgeschlossen, daß die Summe zweier Geschwindigkeiten, die kleiner als *c* sind, unter Verwendung der Lorentz-Transformationen eine Zahl mit dem Wert *c* ergeben könnte, von einer höheren Zahl ganz zu schweigen. Das bedeutet unter anderem: Sie können, wenn Ihre Anfangsgeschwindigkeit kleiner als *c* ist, Ihre Geschwindigkeit unaufhörlich steigern, ohne jemals *c* zu erreichen. Relativ zu irgendeinem ausgewählten Bezugssystem können Sie immer schneller werden – Sie können von 0,9 *c* auf 0,99 *c* und weiter auf 0,999 *c* usw. beschleunigen, doch Sie werden nie mit der Lichtgeschwindigkeit gleichziehen. Und sollten Sie die Geschwindigkeit des Lichtes messen, werden Sie relativ zu sich selbst stets die Antwort *c* erhalten.

Es ist durchaus sinnvoll, sich das Gesagte noch einmal langsam zu vergegenwärtigen, denn es birgt ein wesentliches Merkmal der bestmöglichen Lösung der Quantengeheimnisse: *Nach der Speziellen Relativitätstheorie ist es* unmöglich, *mit derselben Geschwindigkeit neben einem Lichtstrahl herzulaufen, mit der sich das Licht selbst bewegt. Relativ zu einem vorgegebenen Inertialsystem können Sie im Prinzip Ihre Geschwindigkeit der Lichtgeschwindigkeit immer mehr annähern, ohne sie je zu erreichen – doch gleichgültig, wie nah Sie ihr kommen, stets werden Sie die Geschwindigkeit des Lichtstrahls als* c *messen.*

Die Spezielle Relativitätstheorie hat viele faszinierende Implikationen und Auswirkungen, die ich nicht im einzelnen ausführen kann. Beispielsweise sind in dieser Theorie Masse und Energie durch die berühmte Gleichung $E = mc^2$ miteinander verbunden, und Raum und Zeit sind zu einem Ganzen, zur Raumzeit, vereinigt. Für unsere gegenwärtige Diskussion ist eine Sache noch besonders relevant: Der Speziellen Relativitätstheorie zufolge vergeht die Zeit für sich bewegende Uhren langsamer, was nichts anderes bedeutet, als daß es keine göttlich verordnete, absolute Zeit gibt, die für alle Beobachter gilt.

Dieser Effekt der Zeitdilatation unterliegt denselben Lorentzschen Transformationsgleichungen wie die Lorentz-Fitzgerald-Kontraktion. Eine Möglichkeit, ein Bild der betreffenden Abläufe zu gewinnen, besteht darin, im Sinne der Raumzeit zu denken und nicht Raum und Zeit isoliert voneinander zu betrachten. 1908 schlug Hermann Minkowski – übrigens einer von Einsteins Lehrern an der Eidgenössischen Technischen Hochschule – vor, wir sollten in der Zeit buchstäblich eine vierte Dimension sehen und das Vorwärts/Rückwärts in der Zeit auf eine Stufe mit dem Vorwärts/Rückwärts, Oben/Unten und Rechts/Links im Raum stellen. Freilich gibt es einen entscheidenden Unterschied: Die Zeit ist in den entsprechenden Gleichungen mit einem anderen Vorzeichen als die Raumdimensionen versehen. Üblicherweise erhalten letztere ein »+« als Vorzeichen und die Zeit ein »–«, obwohl die Gleichungen auch dann funktionierten, wenn es sich umgekehrt verhielte. Infolgedessen läßt die Bewegung die Länge *schrumpfen*, während sie die Zeitintervalle *ausdehnt*. Beide Effekte zusammengenommen gleichen sich aus, mithin wird der Betrag, um den ein sich bewegender Gegenstand schrumpft, genau durch den Betrag aufgewogen, um den sich die Zeit für ihn ausdehnt.

Relativitätstheoriker sprechen den Gegenständen eine Art vierdimensionaler Länge zu, die sie Ausdehnung nennen und die unabhängig vom Bewegungszustand des Gegenstands stets gleich bleibt. Je nachdem, wie sich der Gegenstand bewegt (oder wie sich der Beobachter relativ zu ihm bewegt), scheint die Ausdehnung auf unterschiedliche Weise in Länge und Zeit aufgeteilt zu sein.

Etwas Ähnliches können Sie in drei Dimensionen beobachten: Sie brauchen nur einen Bleistift vor das Licht zu halten und sich seinen Schatten auf dem Fußboden anzusehen. Je nach Ausrichtung des Bleistiftes nimmt der Schatten jede beliebige Länge an, von null bis zur tatsächlichen Größe des Bleistifts, obgleich seine reale Länge unverändert bleibt. Mathematisch gesehen, besteht eine Äquivalenz zwischen einer mit konstanter Geschwindigkeit erfolgenden Bewegung durch drei Dimensionen und der Veränderung der Ausrichtung eines Gegenstandes in der vierdimensionalen Raumzeit. Ebenso ist die sich verändernde Länge des Schattens äquivalent zu dem sich verändernden Betrag der Längenkontraktion eines Gegenstandes, wobei die Zeitdilatation in dem Maße zunimmt, wie der Schatten schrumpft. Die dreidimensionale Welt um uns herum ist im wesentlichen ein Schatten der vierdimensionalen Raumzeit.

Keiner dieser Effekte wird sichtbar, solange die betreffenden Geschwindigkeiten nicht einen beträchtlichen Bruchteil der Lichtgeschwindigkeit betragen. Der Clou an der Sache ist jedoch, daß sie sich *zeigen*, und zwar genau so, wie Einsteins Theorie es voraussagt. Die Spezielle Relativitätstheorie ist in sehr vielen Experimenten überprüft worden und aus jedem Test hocherhobenen Hauptes hervorgegangen. Ich werde Ihnen nur *ein* klassisches Beispiel für die Zeitdilatation schildern.

Die Erdatmosphäre wird ständig mit Teilchen aus dem Weltraum bombardiert, der sogenannten kosmischen Strahlung. Wenn diese Teilchen mit den Atomen weit oben in der Atmosphäre wechselwirken, erzeugen sie oftmals einen Regen anderer Teilchen, die Myonen heißen. Die Lebenszeit der Myonen ist extrem kurz; sie überdauern nur wenige Mikrosekunden, bevor sie in andere Teilchen »zerfallen«. Obgleich Myonen mit einem beträchtlichen Teil der Lichtgeschwindigkeit reisen, ist ihre Lebensdauer nach unseren alltäglichen Zeitvorstellungen derartig kurz, daß ihnen nicht genug Zeit bleibt, um aus der Atmosphäre bis zur Erdoberfläche zu gelangen. Dennoch haben Teilchenphysiker entdeckt, daß die meisten Myonen auf der Erde auftreffen. Sie erklären diese Tatsache damit, daß Myonen sich relativ zur Erde so schnell bewegen, daß die Zeit für sie langsamer abläuft. Nach der Speziellen Relativitätstheorie müssen wir die Lebenszeit der Myonen mit dem Faktor 9 multiplizieren – denn gemessen an unseren Uhren leben sie 9mal länger, als wenn sie an einem Ort verharrten.

Doch sagt die Spezielle Relativitätstheorie nicht auch, die Myonen dürften sich als ruhend betrachten? Müßten sie dann nicht in ihrem eigenen Bezugssystem zerfallen, bevor sie den Boden erreichen? Keineswegs! Wenn die Myonen – wie die Theorie es erlaubt – als ruhend betrachtet werden, dann haben wir davon auszugehen, daß die Erde mit einem beträchtlichen Teil der Lichtgeschwindigkeit an ihnen vorbeisaust. Damit müßte die Erde vom Standpunkt der Myonen aus natürlich um den aus den Lorentz-Transformationen folgenden Betrag schrumpfen. Da nun die fragliche Geschwindigkeit dieselbe ist und Raum und Zeit in den Gleichungen symmetrisch sind, entspricht der Kontraktionsbetrag dem Betrag der Zeitdilatation, d. h. dem Faktor 9. Zudem gilt, daß die Dicke der Erdatmosphäre um den Faktor 9 *schrumpft*, weil die Zeit in den Gleichungen mit umgekehrten Vorzeichen auftaucht. Folglich müssen die Myonen von ihrem Standpunkt aus nur noch ein Neuntel des Weges zurücklegen, den wir als Dicke der Erdatmosphäre messen, und auf diese Weise bleibt ihnen genügend Zeit, die kurze Reise vor ihrem Zerfall zu vollenden.

Die Spezielle Relativitätstheorie ist keineswegs eine verrückte Hypothese, sondern hält Newtons Kriterium der experimentellen Überprüfbarkeit durchaus stand: Sie »erklärt die Eigenschaften der Dinge« *und* »führt zu Experimenten«, mittels deren die entsprechenden Erklärungen (erfolgreich) überprüfbar sind.

Was geschieht nun, wenn wir diese Zeitdilatationsgeschichte bis zum Äußersten treiben? Greifen wir Einsteins Ausgangsfrage noch einmal auf: Wie sieht das Universum für einen Lichtstrahl (für ein Photon) oder eine auf einem Lichtstrahl sitzende Person aus? Wie vergeht die Zeit für ein Photon?

Beantworten wir zunächst die zweite Frage: Sie vergeht überhaupt nicht. Aus den Lorentz-Transformationen geht klar hervor, daß die Zeit für einen mit Lichtgeschwindigkeit sich bewegenden Gegenstand stillsteht. Aus der Perspektive des Photons fliegen natürlich alle anderen Gegenstände mit Lichtgeschwindigkeit an ihm vorbei. Unter solchen Extrembedingungen verringert die Lorentz-Fitzgerald-Kontraktion die Abstände zwischen allen Gegenständen auf null. Wir können nun entweder sagen, für eine elektromagnetische Welle existiert die Zeit nicht und sie befindet sich zugleich überall entlang ihres Wegs (überall im Universum), oder aber, für eine elektromagnetische Welle existiert keine Entfernung, so daß sie alles im Universum zugleich »berührt«.

Diese Überlegung, die meines Erachtens noch nie die gebührende Aufmerksamkeit erhalten hat, ist von unschätzbarer Bedeutung. Aus der Perspektive des Photons benötigt es überhaupt keine Zeit, um die 150 Millionen Kilometer von der Sonne bis zur Erde (oder den Weg durch das gesamte Universum) zurückzulegen, aus dem einfachen Grund, weil dieses Raumintervall für das Photon nicht existiert. Für Physiker scheint dieser bemerkenswerte Sachverhalt keine Rolle zu spielen, da sie ja wissen, daß sich kein materieller Gegenstand je auf Lichtgeschwindigkeit beschleunigen läßt, weshalb auch kein menschlicher (oder mechanischer) Beobachter dieses seltsame Phänomen jemals erleben wird. Es mag auch sein, daß der Gehalt der Gleichungen sie derart verblüfft, daß sie deren Implikationen nicht zu Ende gedacht haben. Ich hoffe jedoch, Sie davon überzeugen zu können, daß gerade dieses merkwürdige Verhalten, das Raum und Zeit aus der Perspektive des Photons an den Tag legen, uns hilft, die ungelösten Geheimnisse der Quantenphysik aufzuklären.

Bevor ich jedoch darauf zu sprechen komme, wie Relativitätstheorie und Quantentheorie bereits miteinander verknüpft wurden, um zur heute akzeptierten Beschreibung elektromagnetischer Erscheinungen zu gelangen, lohnt es sich, kurz eine weitere Implikation der speziellen Theorie zu betrachten. Aus den Einsteinschen Gleichungen geht hervor, daß wir durch die Addition zweier (oder mehrerer!) Geschwindigkeiten, die kleiner als c sind, nie eine relative Geschwindigkeit erhalten, die größer als die Lichtgeschwindigkeit ist. Was sie hingegen *nicht* behaupten, ist, daß man nicht mit Überlichtgeschwindigkeit reisen könne.

Schneller als Licht – rückwärts in der Zeit

Bereits im Prolog habe ich angedeutet, daß die Spezielle Relativitätstheorie im Prinzip nicht ausschließt, etwas könne sich mit Überlichtgeschwindigkeit bewegen. Sie behauptet lediglich, es sei unmöglich, die Lichtgeschwindigkeits»schranke« zu durchbrechen. Bewegt sich ein Teilchen nicht mit Lichtgeschwindigkeit, so bedarf es einer unendlichen hohen Energie, um es auf Lichtgeschwindigkeit zu beschleunigen. Newtons Gleichungen sind hinsichtlich ihrer Beschreibung der Bewegung wunderschön symmetrisch, wobei die Lichtgeschwindigkeit die Mitte einnimmt. Aus ihnen folgt daher auch, daß, sollte ein Teilchen existieren, das sich mit Überlichtgeschwindigkeit bewegt, dieses Teilchen *stets* schneller als Licht reisen würde. Auf der anderen Seite der Lichtschranke bräuchte man eine unendlich hohe Energie, um das Teilchen auf Lichtgeschwindigkeit zu *verlangsamen.*

Weil die Gleichungen die mögliche Existenz solcher Schneller-als-Licht-Teilchen zulassen, haben diese sogar einen Namen erhalten: Tachyonen. Das Wort leitet sich aus der griechischen Bezeichnung für »schnell« her. (Nicht ohne einen Anflug von Ironie meinen einige Physiker, auch die gewöhnlichen Langsamer-als-Licht-Teilchen verdienten einen Namen, und weil sie verglichen mit den Tachyonen »tardy« – d.h. langsam, träge – sind, tauften sie diese Teilchen Tardonen.) Falls Tachyonen existieren, leben sie in einer sehr seltsamen Welt, die in gewissem Sinne das »Spiegelbild« der uns bekannten physikalischen Gesetze zeigt. Infolge der Symmetrie der Gleichungen relativ zur Lichtgeschwindigkeit ist zu erwarten, daß die Teilchen auf beiden Seiten von dieser kritischen Geschwindigkeit gleichsam abgestoßen werden. Wir könnten dies mit einem unendlich langen und unendlich hohen Bergkamm vergleichen. Auf unserer Seite des Kammes rollen die Teilchen, wenn sie sich selbst überlassen sind, den Abhang hinunter und verlieren dabei an Geschwindigkeit, während die auf der anderen Seite herunterpurzelnden Teilchen, solange ihnen keine Energie zugeführt wird, schneller werden. Da die Zeit zunehmend langsamer verläuft, wenn wir uns von unserer Seite her der Lichtgeschwindigkeit nähern (»den Bergkamm ersteigen«), und bei Lichtgeschwindigkeit stillsteht, ist es nicht weiter verwunderlich, daß die Zeit auf der anderen Seite der Schranke zunächst langsam und dann immer schneller *rückwärts* läuft, da die Tachyonen, während sie auf der anderen Seite »den Bergkamm hinabsteigen« – und sich damit mehr und mehr von der Lichtgeschwindigkeit entfernen –, zunehmend schneller werden.

Verliert ein Tachyon Energie, eilt es schneller durch den Raum und (rückwärts) durch die Zeit. Jedes Tachyon, das durch eine Wechselwirkung von Teilchen erzeugt wird (vielleicht wenn ein kosmischer Strahl mit der Erdatmosphäre wechselwirkt), wird seine gesamte Energie in einem kurzen Ausbruch abstrahlen, seine Geschwindigkeit phantastisch beschleunigen und zur anderen Seite des Universums rasen.

Daß solche Teilchen wirklich existieren, ist äußerst unwahrscheinlich. Doch lohnt nicht schon die winzigste Möglichkeit, etwas derartig Aufregendes zu entdecken, ein wenig Aufmerksamkeit? Schließlich meinen genug Leute, es lohne sich, ein Lotterielos zu kaufen, auch wenn die Chance, den großen Preis zu gewinnen, verschwindend gering ist. Einige Physiker haben daher tatsächlich nach Spuren von Tachyonen im kosmischen Strahlungsregen gesucht (wobei ihr »Wetteinsatz« recht bescheiden war, da die nötigen Detektoren bereits gebaut sind und für konventionellere Zwecke genutzt werden). Logischerweise müßte die »Unterschrift« eines Tachyons in einem Ereignis bestehen, das ein kosmischer Strahlungsdetektor auf der Oberfläche der Erde verzeichnet, kurz *bevor* ein Regen von Teilchen wie etwa Myonen durch die Einwirkung eines Teilchens aus dem Raum in der äußersten Hülle der Erdatmosphäre erzeugt wurde. Jedes bei einem solchen Ereignis erzeugte Tachyon würde auf seinem Weg zum Detektor rückwärts durch die Zeit reisen.

Leider haben uns diese Experimente keine überzeugenden Belege für die Existenz von Tachyonen geliefert, was Science-fiction-Liebhaber und Physiker, die für die Entdeckung eines Tachyons sicherlich den Nobelpreis erhielten, gewiß bedauern. Von Bedeutung ist diese Tachyonen-Spekulation lediglich, weil sie zeigt, daß die Gleichungen der Relativitätstheorie die Möglichkeit von Teilchen, die in der Zeit rückwärts reisen, nicht ausschließen. Kein Mensch glaubt ernsthaft, materielle Teilchen – Tachyonen – würden genau in dem Moment erzeugt, wo intelligente Außerirdische das Raumschiff öffnen und feststellen, ob eines der Kätzchen tot oder lebendig ist, und daß diese Teilchen dann in der Zeit zurückeilten, um die »ursprüngliche« Elektronenwellenfunktion zusammenbrechen zu lassen (von allem anderen abgesehen, benötigen wir für die Erzeugung von Teilchen, auch von Tachyonen, Energie in der Form von mc^2). Doch wenn die Gesetze der Physik eine in der Zeit rückwärtsgehende Kommunikation nicht verbieten, dann müssen wir bereit sein, unsere Vorstellungen darüber, was den raumfahrenden Kätzchen zustößt, in diese Richtung zu erweitern und ebenso die Möglichkeit der Fernwirkung in Betracht ziehen.

Wie ich schon in meinen Buch *In Search of the Edge of Time* deutlich machte, enthalten die Gesetze der Physik kein Verbot von Zeitreisen (auch nicht die Gesetze der Allgemeinen und der Speziellen Relativitätstheorie). Sie mag außerordentlich schwer zu verwirklichen sein und verstößt überdies gegen den gesunden Menschenverstand; dennoch läuft sie den Gesetzen der Physik nicht zuwider. Außerdem sollten wir nicht vergessen, daß die Vorstellungen unseres gesunden Menschenverstandes schon einmal seitens der Relativitäts- und Quantentheorie Schläge einstecken mußten, und beide Theorien wurden in Versuchen bestätigt, an denen auch Newton nichts hätte aussetzen können.

Ich möchte auf diesem Punkt nicht weiter herumreiten. Aber behalten Sie ihn für später im Hinterkopf, dann werden einige der Dinge, die ich Ihnen am Ende dieses Buches mitteilen werde, Sie nicht mehr so sehr schockieren. Fürs erste sollten wir uns wieder dem Licht zuwenden, vor allem der Verbindung von Elektromagnetismus und Quantenphysik.

Auftritt des Photons

Als das 19. Jahrhundert zur Neige ging, war alle Welt so sehr vom Wellencharakter des Lichtes überzeugt, daß jede Andeutung, es könne sich wie ein Teilchen verhalten, geradezu an Ketzerei grenzte. Indes stellte sich heraus, daß man genau das annehmen mußte, um das Verhalten von Licht zu erklären. Erst in den zwanziger Jahren unseres Jahrhunderts begannen sich die Physiker mit der Vorstellung von Photonen und dem Welle-Teilchen-Dualismus auszusöhnen (falls es ihnen je gelang).

Den ersten Schritt dazu machte Max Planck, ein deutscher Physiker der alten Schule. Im Jahre 1858 geboren, wurde er 1892 zum Professor für theoretische Physik an der Berliner Universität ernannt. In der zweiten Hälfte der neunziger Jahre unternahm er den heldenhaften Versuch zu erklären, wie elektromagnetische Strahlung, Licht eingeschlossen, von heißen Körpern abgestrahlt wird. Wie andere Physiker seiner Zeit stand er vor einem großen Rätsel. Nach den klassischen Gesetzen des Wellenverhaltens, nach Gesetzen, die sich bei den Schwingungen einer Gitarrensaite oder den Wellen auf der Oberfläche eines Teiches hervorragend bewährten, sollte es für geladene Teilchen leichter sein, Energie bei höheren Frequenzen (denen kürzere Wellenlängen entsprechen) abzustrahlen. Im Innern eines heißen Objektes (etwa im Faden einer Glühbirne) befinden sich geladene Teilchen (Elektronen), die mit einer von ihrer Temperatur abhängigen Geschwindigkeit umherschwirren. Nach der klassischen Auffassung gilt daher, daß jeder heiße Körper im Kurzwellenbereich des Spektrums (ultraviolettes Licht, Röntgenstrahlen usw.) intensiv abstrahlt, während seine Strahlung bei größeren Wellenlängen (d.h. im sichtbaren, infraroten und im Radiowellenbereich) geringer ist. Ihre Glühbirne strahlt aber mit Sicherheit keine größeren Mengen von Röntgenstrahlen aus, sonst wären Sie nicht mehr am Leben und würden nicht diese Zeilen lesen. In Wirklichkeit ist die Strahlung eines heißen Gegenstandes in einem Wellenlängenbereich am stärksten, der um eine charakteristische, von seiner Temperatur abhängige Wellenlänge zentriert ist. Die Sonne ist gelb, weil ihre Oberflächentemperatur ungefähr 6000 °C beträgt, und Gelb ist genau die Farbe, die bei einer solchen Temperatur überwiegend ausgestrahlt wird. Ein rotglühender Schürhaken ist ein wenig kälter als die Sonne, so daß seine Strahlung leicht kürzere Wellenlängen aufweist, die im Rotbereich des Spektrums liegen. Der Zusammenhang von Temperatur und charakteristischer Wellenlänge der

Strahlung wird als Gesetz der schwarzen Körper bezeichnet, und die charakteristische Wellenlänge der Strahlung heißt die Strahlung schwarzer Körper (von einem »schwarzen« Körper spricht man deshalb, weil dieselben Regeln auf die Absorption von Strahlung durch eine schwarze Oberfläche zutreffen; beachten Sie, daß die Gleichungen auch hier wieder symmetrisch sind).

Nachdem er sich lange mit dem Problem herumgeschlagen hatte und in mehr als einer Sackgasse gelandet war, entdeckte Planck im Jahr 1900 eine Lösung für das Dilemma. Ihm wurde klar, daß die Strahlung schwarzer Körper erklärbar wäre, wenn heiße Gegenstände nicht jedes beliebige Quantum elektromagnetischer Energie abstrahlen könnten. Statt dessen müssen wir annehmen, daß die elektromagnetische Energie in Paketen diskreter Größe emittiert wird (oder auch absorbiert, je nachdem in welcher Richtung man die Gleichungen liest). Diesen Paketen gab Planck den Namen »Quanten«. Jedes Wellenpaket besitzt eine von seiner Frequenz abhängige Energie (die gleich dem Produkt der Frequenz und einer bestimmten, Plancksche Konstante genannten Zahl ist). Damit ergibt sich für die Natur der Strahlung schwarzer Körper folgende Erklärung.

Obgleich es von der Temperatur abhängt, wie schnell ein Elektron in einem heißen Gegenstand schwingt, ist die Geschwindigkeit nicht für alle Elektronen genau die gleiche. Die Oszillationen der meisten Elektronen bewegen sich um einen Mittelwert, einige besitzen jedoch eine leicht höhere Energie und schwingen daher schneller, während die Energie anderer ein wenig kleiner ist, so daß sie langsamer oszillieren.

Die Energieverteilung bewegt sich stets um einen mittleren Wert, vergleichbar der Größenverteilung in einer Schulklasse – die meisten Schüler gruppieren sich auch hier um die Durchschnittsgröße. Bei sehr hohen Frequenzen ist die Energie, die für ein Quantum benötigt wird, entsprechend hoch, und nur sehr wenige der geladenen Teilchen in einem heißen Gegenstand (die oszillierenden Elektronen) besitzen genügend Energie, um ein Quantum zu bilden. Aus diesem Grund werden nur wenige kurzwellige

Quanten emittiert. Für das andere Extrem, d.h. für Quanten mit niedriger Energie, stehen demgegenüber viele Elektronen zur Verfügung, um das entsprechende Strahlungsvermögen aufzubringen, doch ist die betreffende Energie so schwach, daß auch die Summe aller langwelligen Quanten kaum ins Gewicht fällt. Im mittleren Bereich, bei Frequenzen, die der Temperatur des Körpers entsprechen, finden wir jedoch massenhaft oszillierende Elektronen, die in der Lage sind, Quanten zu bilden, und in jedem Quant steckt genügend Energie, um in der Summe ein beeindruckendes Glühen hervorzubringen.

Plancks Bekanntgabe dieser Entdeckung im Dezember 1900 gilt als Beginn der Quantenrevolution. Planck selbst behauptete freilich *nicht*, Licht könne allein in der Form von Quanten, als kleine Lichtteilchen, existieren. Für ihn war der entscheidende Punkt, daß irgendeine Eigenschaft der geladenen Teilchen, die die elektromagnetische Energie abstrahlen (oder absorbieren), ihre Hand im Spiel hatte und daß Licht (wie auch jede andere Form elektromagnetischer Strahlung) zwar wellenförmig war, aber die geladenen Teilchen durch eine ihrer Eigenschaften daran gehindert wurden, Strahlung anders als in diskreten Beträgen zu emittieren oder zu absorbieren.

Trotz der Tatsache, daß Plancks Berechnungen stets zu den richtigen Antworten führten, wenn sie zur Beschreibung der elektromagnetischen Strahlung heißer Gegenstände herangezogen wurden, waren viele (darunter auch Planck) nicht sehr glücklich mit ihnen und hatten keine Ahnung, wie sie mit ihrer Hilfe das »wirkliche« Geschehen deuten sollten. Planck mußte bis 1918 warten, bevor er für diese Arbeit den Nobelpreis erhielt, und ironischerweise konnte er sich nie mit der Quantentheorie anfreunden, obwohl er erst 1947 starb. Das »Timing« hatte wohl viel mit der theoretischen Arbeit Albert Einsteins (er erhielt 1921 den Nobelpreis) und den Experimenten Robert Millikans zu tun, der 1923 seinen Nobelpreis entgegennehmen konnte.

Zu Beginn des 20. Jahrhunderts besaß nur Einstein die Kühnheit, die physikalische Wirklichkeit der Planckschen Quanten zu akzeptieren. In einem 1905 erschienenen Aufsatz erklärte er, Licht würde deshalb Elektronen aus einer Metallfolie herausschlagen (gemeint ist der photoelektrische Effekt), weil Lichtteilchen (Quanten) auf die Elektronen in dem Metall einwirkten. Jedes Quant verfügt über eine bestimmte Menge an Energie, die allein von seiner Frequenz (seiner Farbe) abhängt. Für das reine Licht einer bestimmten Farbe gilt daher, daß alle aus dem Metall herausgeschlagenen Elektronen dieselbe Energie tragen.

Die Experimentalphysiker hatten sich über diese Entdeckung schon seit 1899 das Hirn zermartert, und nun gab es eine Erklärung dafür. Einstein war sich sehr wohl bewußt, wie revolutionär seine Entdeckung war. Doch zunächst nahm kaum einer den Gedanken ernst. Noch im Jahr 1911 teilte Einstein seinen Kollegen auf dem ersten Solvay-Kongreß mit: »Ich möchte den vorläufigen Charakter dieses Konzepts betonen, das mit den experimentell bestätigten Folgen der Wellentheorie offenbar unvereinbar ist.«[4] Das Problem war, daß selbst Einstein sich nicht von dem Entweder-Oder-Denken lösen konnte. *Entweder* war Licht eine Welle, *oder* es war ein Teilchen. Sprachen die Belege für den Wellencharakter, dann war die Teilchenalternative vom Tisch; gab es Beweise für den Teilchencharakter, dann war die Wellenmöglichkeit passé. *Beides* konnte unmöglich richtig sein. Oder doch?

Robert Millikan, der von 1868 bis 1953 lebte und zur Zeit des ersten Solvay-Kongresses an der Chicagoer Universität arbeitete, teilte diese Einstellung. Er hielt die Vorstellung, daß Licht aus Teilchen bestehen könnte, für baren Unsinn. Deshalb ging er daran, Einstein in einer hervorragend geplanten und durchgeführten Reihe von Experimenten zum photoelektrischen Effekt zu widerlegen. 1915 jedoch sah er sich – wie er meinte, gegen sein besseres Urteil – zu dem Eingeständnis genötigt, daß alles für Einsteins Annahme spreche und die Lichtquanten eine physikalische Realität seien. Im Laufe seiner Arbeit gelang es ihm erstmalig, die Größe der Planckschen Konstante exakt zu messen; daneben bestimmte er auch die Ladung eines Elektrons mit großer Genauigkeit. Doch noch immer erkannte kein Mensch, was die physikalische Wirklichkeit der Lichtquanten eigentlich bedeutete. Freilich waren die experimentellen Belege nicht von der Hand zu weisen, und so hagelte es kurz darauf, angefangen mit Planck, Nobelpreise auf diesem Forschungsgebiet. 1923, als Millikan den seinen erhielt, war das Konzept der Lichtquanten bereits Allgemeingut geworden. Auf den Namen »Photonen« (eine Ableitung von *photos*, dem griechischen Wort für Licht) wurden sie erst 1926 von Gilbert Lewis getauft, einem in Berkeley, Kalifornien, arbeitenden Physiker. Die Namensgebung folgte einer Entdeckung dicht auf den Fersen, die das Verhalten von Lichtteilchen auf neuartige Weise beschrieb, und dieser neuen Beschreibung verdankte die Quantenmechanik ihre Entstehung.

Der Mann, der Einstein lehrte, Photonen zu zählen

Indem er Physikern bewies, daß eins und eins nicht notwendigerweise zwei ist, ebnete der indische, an der Universität von Dacca im damaligen Ostbengalen arbeitende Physiker Satyendra Nath Bose den Weg für die Quantenmechanik sowie eine Theorie des Lichts und der Materie. 1994 hätten wir gleich drei Gedenktage aus Satyendra Boses Leben und Zeit begehen können. Bose wurde hundert Jahre zuvor am 1. Januar 1894 in Kalkutta geboren und starb 80 Jahre später am 4. Februar 1974. Seine größte Leistung zu Beginn der zwanziger Jahre war, daß er das bunte Sammelsurium von Ideen, aus denen damals die Quantentheorie der Strahlung bestand, dank seiner mathematischen Beschreibung der Lichtquanten zu einem kohärenten Ganzen vereinigte.

Als Planck gegen Ende des 19. Jahrhunderts den Gedanken der Quantelung in die Erörterung der Wechselwirkung von Strahlung und Materie einführte, sah er darin eine *Ad-hoc*-Idee, die das Strahlungsverhalten schwarzer Körper erklären sollte. Und obgleich Albert Einstein 1905 behauptet hatte, man müsse das Licht selbst quanteln (und Millikans Experimente ihm recht gegeben hatten), meinten noch in den zwanziger Jahren viele Physiker – wenn nicht gar die meisten –, daß Licht nicht »wirklich« in Form von Teilchen existierte. Es ist kein Zufall, daß das Lichtteilchen erst 1926 den Namen »Photon« erhielt, nachdem Bose die Quantentheorie des Lichtes auf eine sichere mathematische Grundlage gestellt hatte.

Planck hatte eine Lösung für das Problem der schwarzen Körper gefunden, indem er die elektromagnetische Energie auf mathematischem Wege in kleine Stücke zerteilte. Um es noch einmal zu betonen: Er schrieb diesen Strahlungspaketen keine tiefere physikalische Bedeutung zu, sondern meinte, es ginge auf das für die Emission in einem heißen Körper verantwortliche Geschehen zurück, daß Energie nur in Paketen einer bestimmten Größe abgestrahlt wird. Man kann dies in etwa mit Wasser vergleichen, das aus einem Hahn in ein allmählich vollaufendes Becken tropft. Im Rohr, hinter dem Wasserhahn, bildet das Wasser ein Kontinuum, eine amorphe Flüssigkeit, und im Becken sehen wir ebenfalls eine amorphe Wasserpfütze; es hängt allein mit den physikalischen Eigenschaften des undichten Hahnes zusammen, daß das Wasser nur in Form von Tropfen einer bestimmten Größe austritt.

Entsprechend beinhaltete Plancks Beschreibung der Strahlung schwarzer Körper, daß bloß durch den Emissions- oder Absorptionsmechanismus »Tropfen« einer bestimmten Größe zustande kämen. Es wurde nicht angenommen – auch Planck selbst scheute davor zurück –, daß Licht oder eine andere Form elektromagnetischer Strahlung wirklich nur in Form kleiner Bröckchen oder Quanten existiert. In einem Brief an R.V. Wood erinnerte sich Planck 1931, daß »die Quantelung eine rein formale Annahme war und ich mir nicht weiter den Kopf darüber zerbrach, oder nur insofern als ich, koste es, was es wolle, ein positives Ergebnis erzielen mußte«.[5] In den frühen zwanziger Jahren wußte nahezu jeder, daß das »Lichtquant« rätselhafte Merkmale der Wechselwirkung von Licht und Materie zu erklären vermochte; dennoch sah kaum jemand mehr darin als einen mathematischen Kunstgriff. Statt dessen war alle Welt noch davon überzeugt, daß Licht »in Wirklichkeit« eine von Maxwells Gleichungen beschriebene Welle sei.

Allerdings gab es eine Ausnahme. In Indien nahmen Physiker das Lichtquant ernst. In einem 1919 im *Astrophysical Journal* veröffentlichten Artikel stützte sich der Astrophysiker Meghnad Saha bei seiner Beschreibung des Strahlungsdrucks auf das Lichtquant und betrat damit wissenschaftliches Neuland. Außerdem arbeitete er zusammen mit Bose an einer der ersten englischen Übersetzungen von Einsteins Arbeiten zur Allgemeinen Relativitätstheorie. In den daraus entspringenden Diskussionen erkannte Bose die dringende Notwendigkeit, zu einer richtigen Herleitung des Planckschen »Gesetzes« der Strahlung schwarzer Körper zu gelangen – zu einer von all den Inkonsistenzen gereinigten Herleitung, die sich unvermeidlich daraus ergaben, daß Planck den wesentlichen Bestandteil der Quantendiskretheit einem klassischen System kontinuierlicher Wellen aufgepfropft hatte. Bose fand heraus, daß eine solche Herleitung *unter der Voraussetzung*, daß die Lichtteilchen einer anderen Art von Statistik als der gewöhnlichen folgten, auf keine großen Hindernisse stoßen sollte.

Das Seltsame an Boses Arbeit war, daß er darin nicht einmal andeutungsweise von elektromagnetischen Strahlen als Wellen oder überhaupt als Elektromagnetismus sprach. Er gelangte zur Planckschen Gleichung, indem er Photonen, die einen Hohlraum ausfüllten, wie ein aus Teilchen bestehendes Gas behandelte, das anderen statistischen Gesetzen unterlag als den Gesetzen der uns aus dem Alltag vertrauten Wahrscheinlichkeiten.

Worauf das Ganze hinausläuft, können wir uns sehr einfach klarmachen, indem wir uns ein Paar frisch geprägter Münzen desselben Wertes vorstellen. Wenn Sie beide Münzen werfen, können Sie drei verschiedene Ergebnisse erhalten: entweder zweimal Kopf, zweimal Zahl, oder Kopf und Zahl. Auf den ersten Blick könnte man meinen, jedes Ergebnis sei gleich wahrscheinlich, so daß die Chance, etwa eine Kopf/Zahl-Kombination zu bekommen, ein Drittel beträgt. Doch bei genauerem Nachdenken zeigt sich, daß dem nicht so ist.

Angenommen, wir markierten eine der beiden Münzen, damit die beiden Münzen für uns unterscheidbar werden (oder wir verwenden einfach zwei Münzen mit verschiedenem Wert). Jetzt wird ohne weiteres erkennbar, daß es jeweils nur eine Möglichkeit gibt, die Kombination Kopf/Kopf oder die Kombination Zahl/Zahl zu bekommen, aber *zwei* Möglichkeiten, die Kombination Kopf/Zahl zu werfen (nennen wir sie um der größeren Klarheit willen »Kopf/Zahl« und »Zahl/Kopf«). *Beide* Münzen können »Kopf« sein, vorausgesetzt die jeweils andere zeigt »Zahl«. Richtig gezählt, erhalten wir nun *vier* mögliche Ergebnisse, wenn wir zwei Münzen werfen: Kopf/Kopf, Zahl/Zahl, Kopf/Zahl und Zahl/Kopf. Die Wahrscheinlichkeit, daß eines der vier Ergebnisse eintrifft, beträgt ein Viertel, nicht ein Drittel. Da es zwei Möglichkeiten gibt, einen Kopf und eine Zahl zu werfen, beträgt die Wahrscheinlichkeit für dieses Ergebnis 50 Prozent (ein Viertel plus ein Viertel).

Der Witz an der Sache ist natürlich, daß die Kombination Kopf/Zahl von der Kombination Zahl/Kopf so lange ununterscheidbar ist, wie sich die Münzen vollkommen gleichen. Wenn wir die Teilchen aber tatsächlich auseinanderhalten können (nicht etwa, weil wir die Münzen markiert haben, sondern aufgrund ihrer inneren Eigenschaften), sieht die Statistik anders aus. Wir erhalten bei unserem Münz-Experiment nun vier verschiedene Ergebnisse, die alle gleich wahrscheinlich sind. Verbeißen Sie sich nicht zu sehr in die Einzelheiten, entscheidend ist, daß dieses einfache Beispiel eines verdeutlicht: Die Statistik fällt tatsächlich, je nachdem ob die Teilchen ununterscheidbar oder unverwechselbar sind, anders aus. Mit anderen Worten, welche statistischen Aussagen sie zur Beschreibung des Verhaltens einer großen Anzahl miteinander wechselwirkender Teilchen heranziehen müssen, hängt von der Art der betreffenden Teilchen ab.

Bose gelang eine Herleitung der Planckschen Formel, indem er die Photonen als Teilchen betrachtete, die auf eine bestimmte Weise zu zählen sind. Photonen sind voneinander ununterscheidbar (das ist zwar nicht die ganze Wahrheit, doch ich möchte Ihnen die komplexen Einzelheiten ersparen), und ihr statistisches Verhalten wirkt sich in der Photonen-Welt auf die Energieverteilung aus, d.h. darauf, wie die verschiedenen Energiezustände auf die Photonen verteilt sind.

Photonen weisen noch andere faszinierende Eigenschaften auf: Sie bleiben nicht *erhalten*. Jedesmal, wenn Sie den Lichtschalter betätigen, um das Licht einzuschalten, erzeugen Sie zum Beispiel neue Photonen, außerdem treten sie in großer Anzahl aus der Sonne und anderen Sternen aus. Andererseits werden Photonen ununterbrochen von den Wänden Ihres Zimmers, Ihren Augen, der Erdoberfläche usw. absorbiert. Die beiden Vorgänge bilden kein Gleichgewicht, so daß die Anzahl der Photonen im All sich beständig verändert.

Dieses Verhalten steht in krassem Gegensatz zum Verhalten derjenigen Teilchen, die uns normalerweise vorschweben, wenn wir von »Teilchen« sprechen, etwa Elektronen. Elektronen lassen sich weder erzeugen noch zerstören – von besonderen Umständen, unter denen ein Elektron gemeinsam mit seinem Pendant, dem »Anti-Teilchen« Positron, geschaffen (und zerstört) wird, einmal abgesehen. Die Gesamtzahl der Elektronen im All ist daher konstant (wobei ein Positron als »minus ein« Elektron gezählt wird).

Man kann nun zeigen, daß etwa Elektronen einer anderen Art von Statistik folgen als Photonen. Quantenphysiker sprechen in diesem Fall von der Fermi-Dirac-Statistik, in Anerkennung der Arbeiten des Italieners Enrico Fermi und des Engländers Paul Dirac. Teilchen, die der sogenannten Bose-Einstein-Statistik unterliegen, etwa Photonen, laufen allesamt unter der Bezeichnung »Bosonen«, während Teilchen, für die die Fermi-Dirac-Statistik gilt, wie etwa Elektronen, kollektiv »Fermionen« genannt werden.

Warum spricht man aber von der »Bose-Einstein«- und nicht einfach von der »Bose«-Statistik? 1924 schickte Bose einen Aufsatz an das *Philosophical Magazine*, in dem er seine Entdeckungen darlegte, erhielt aber keine Antwort. Daraufhin sandte er im Juni desselben Jahres eine Abschrift des Artikels an Einstein. Er bat ihn, das (auf englisch geschriebene) Manuskript zu lesen und, sofern er es stichhaltig fand, zur Veröffentlichung an die *Zeitschrift für Physik* weiterzuleiten. Einstein zeigte sich von der

Arbeit dermaßen beeindruckt, daß er sie selbst ins Deutsche übersetzte und mit seiner Empfehlung an die Zeitschrift weiterreichte. Alles, was Einsteins Unterstützung fand, wurde bei der *Zeitschrift* mit offenen Armen empfangen, und so erschien der Artikel unverzüglich im Sommer 1924 im Druck.

Die Implikationen waren haarsträubend. Bose hatte die Gleichung für die elektromagnetische Strahlung schwarzer Körper doch tatsächlich dadurch herleiten können, daß er Photonen wie wirkliche Teilchen behandelte, die bestimmten statistischen Gesetzen folgten und sich wie eine Art Quantengas verhielten. In Boses Herleitung des Gesetzes schwarzer Körper findet sich nicht die leiseste Andeutung einer elektromagnetischen Welle! Einstein machte sich die neue Statistik zu eigen und wandte sie in drei Aufsätzen (übrigens seinen letzten bedeutenden Beiträgen zur Quantentheorie) auf andere Probleme an. Als er mit ihrer Hilfe darlegte, wie Gase sich unter verschiedenen Bedingungen verhalten (in einigen Fällen gilt die Statistik auch für Objekte, die erhalten bleiben), gelang ihm unter anderem der Nachweis, daß sich nach der Teilchenhypothese nicht nur das Verhalten von Licht deuten ließ (das üblicherweise als Welle betrachtet wurde), sondern daß auch das Umgekehrte zutraf, daß Moleküle (also Teilchen) sich unter geeigneten Bedingungen wie Wellen verhielten.

Während er noch über die Bedeutung dieser Entdeckung nachgrübelte, erhielt er Ende 1924 eine Abschrift der Doktorarbeit von Louis de Broglie. Der Absender war Paul Langevin, Broglies Doktorvater. Broglie hatte die unerhörte These aufgestellt, daß Teilchen wie beispielsweise Elektronen sich manchmal wie Wellen verhalten. Langevin schwankte, ob er darin einen Geniestreich oder eine vollkommen verrückte Behauptung sehen sollte. »Meiner Ansicht nach«, schrieb Einstein, »handelt es sich um mehr als eine bloße Analogie.« Nachdem Einstein ihr den Stempel seiner Billigung aufgedrückt hatte, wurde de Broglies Arbeit ernst genommen und von Erwin Schrödinger zu einer vollständigen Beschreibung der Quantenwelt, der Wellenmechanik, weiterentwickelt. Später bemerkte Schrödinger, »die Statistik war die Geburtshelferin der Wellenmechanik«, und im April 1926 schrieb er an Einstein: »Die ganze Sache wäre weder jetzt noch später zustande gekommen (natürlich spreche ich nur von mir), wenn Ihr zweiter Artikel über das Bose-Gas meine Aufmerksamkeit nicht auf die Bedeutung von de Broglies Ideen gelenkt hätte.«[6]

Bose selbst nahm an den aufregenden Entwicklungen, die die Quantentheorie in den nächsten Jahren erlebte, nicht mehr teil. Statt dessen kehrte er zu seiner früheren Beschäftigung mit der Allgemeinen Relativitätstheorie zurück und folgte Einstein bei dessen Suche nach einer einheitlichen Feldtheorie, die, wie sich zeigte, verfrüht war und in einer Sackgasse endete. Nach Einsteins Tod im Jahr 1955 schwand die Begeisterung für diesen Forschungszweig, und Boses Beiträge gerieten weitgehend in Vergessenheit. In den letzten zwanzig Jahren seines Lebens bemühte sich Bose, die Naturwissenschaften einem breiteren Publikum näherzubringen. Er widmete sich hauptsächlich der Lehre und einem besseren öffentlichen Verständnis für die Wissenschaft. Später sagte er über diese Lebensphase: »Eigentlich war ich nicht mehr als Wissenschaftler tätig. Ich war wie ein Komet, der nur einmal am Himmel erscheint und nie wieder zurückkehrt.« Doch das funkelnde Licht des Kometen veränderte in den zwanziger Jahren die Gedankenwelt der Physiker und lenkte die Entwicklung der Physik in neue Bahnen.

Mehr als zwanzig Jahre nach der Taufe der Photonen gelang es den Physikern endlich, mit einer befriedigenden Theorie des gequantelten elektromagnetischen Feldes aufzuwarten. Die lange Wartezeit hatte sich indes gelohnt, denn die Theorie, die sie schließlich ausarbeiteten, die sogenannte Quantenelektrodynamik – kurz QED –, ist die erfolgreichste und exakteste wissenschaftliche Theorie, die es je gab. Sie gibt Aufschluß darüber, wie Elektronen und elektromagnetische Strahlung miteinander wechselwirken. Mit Ausnahme der Gravitation und des Verhaltens von Atomkernen gibt es nichts in der physikalischen Welt, was sie nicht zu erklären vermag, und zudem ist sie mit außergewöhnlicher Exaktheit experimentell überprüft worden.

Eine seltsame Theorie des Lichts und der Materie

Die Überschrift dieses Abschnitts ist dem Untertitel von Richard Feynmans wunderbarem Buch *QED* entlehnt. Der 1918 geborene und 1988 verstorbene Feynman lieferte zahllose Beiträge zur Naturwissenschaft und war der bedeutendste theoretische Physiker seiner Generation. Ein von ihm geschriebenes Lehrbuch und seine autobiographischen Erinnerungen wurden zu Bestsellern; er war ein hochgeschätzter und beliebter Lehrer und gegen Ende seines Lebens einer der berühmtesten Wissenschaftler der Welt (zweifellos aber *der* berühmteste wissenschaftliche »Charakter«). Von seinen vielen Leistungen war die QED – er nannte sie »die seltsame Theorie des Lichts und der Materie« – fraglos die größte.[7]

Die unschätzbare Bedeutung der QED resultiert daraus, daß die Wechselwirkung der Elektronen untereinander und ihre Wechselwirkung mit der elektromagnetischen Strahlung nahezu alle Ereignisse in der uns umgebenden Welt bestimmen. Die Welt, wir selbst nicht ausgenommen, besteht aus Atomen, die sich wiederum aus einem kompakten Kern und einer ihn umgebenden Elektronenwolke zusammensetzen. Die Elektronen sind gewissermaßen die sichtbare Seite der Atome, und Wechselwirkungen zwischen Atomen und Molekülen gehen in Wirklichkeit darauf zurück, daß Elektronenwolken miteinander wechselwirken. Elektronen treten durch den Austausch von Photonen in Wechselwirkung. Ein Elektron emittiert ein Photon und erleidet dadurch eine Art »Rückstoß«, oder aber ein Elektron absorbiert ein Photon und erhält einen »Stoß«. Sämtliche bei der Wechselwirkung von Atomen ablaufenden Prozesse lassen sich auf diese Weise erklären.

Der gesamte Bereich der Chemie wird durch die Quantenphysik und insbesondere die QED erklärt; das biologische Leben hängt vom Verhalten komplexer Moleküle wie den Proteinen und der DNS ab, die ihrerseits chemischer Natur sind und somit ebenfalls auf die Quanteneigenschaften der Elektronen zurückgehen. Auf welche Weise Elektronen in einer den Kern umgebenden Wolke festgehalten werden, wird durch die Wechselwirkung zwischen negativ geladenen Elektronen und positiv geladenen Photonen im Kern bestimmt, und folglich werden auch diese Vorgänge von der QED erfaßt. Nur Prozesse wie der radioaktive Zerfall, der auf Veränderungen in den Atomkernen selbst beruht, entziehen sich einer Deutung durch die QED und erfordern eine andere Theorie. Allerdings entspringen unsere besten Erkenntnisse über die Vorgänge in Atomkernen solchen Theorien, die bewußt der erfolgreichen QED nachgebildet und ihrerseits ausgesprochen erfolgreich sind, wenn auch nicht in dem Maße wie die QED.

Man könnte auf unterschiedliche Weise darlegen, worum es in der QED geht, aber mir gefällt, wie Feynman die Sache erklärt. Er stellt Teilchen – Photonen und Elektronen – sowie Wahrscheinlichkeitswellen in den Mittelpunkt. Den Wahrscheinlichkeiten können Sie entnehmen, wo Sie die Teilchen voraussichtlich entdecken werden, und sollten Sie sie aufspüren (wie in der Elektronenversion des Doppelspaltexperimentes), so zeigen sie sich tatsächlich als Teilchen. Um herauszufinden, wie Licht und Materie wechselwirken, müssen wir uns nach Feynman nur um drei Dinge kümmern. Erstens um die Wahrscheinlichkeit, mit der sich ein Photon von einem Ort zu einem anderen bewegt; zweitens um die Wahrscheinlichkeit, mit der ein Elektron den Ort wechselt; und drittens um die Wahrscheinlichkeit, mit der ein Photon von einem Elektron entweder absorbiert oder emittiert wird. Sobald Sie in der Lage sind, die Wahrscheinlichkeiten für das Verhalten sämtlicher beteiligter Elektronen und Photonen zu berechnen, hindert Sie nichts mehr daran, herauszufinden, was bei der Wechselwirkung von Elektronen und Photonen geschieht.

Zwar sind die einzelnen Berechnungen verhältnismäßig simpel, aber die Anzahl der Berechnungen, die wir für komplexe Systeme vornehmen müssen, ist enorm hoch. Daher sind exakte Berechnungen nur für vergleichsweise einfache Systeme angestellt worden, bei denen lediglich ein paar Elektronen ein paar Photonen austauschen. Dennoch gelangen wir über diese exakten Beispiele zu allgemeineren, auch auf komplizierte Situationen zutreffende Näherungen (die immer noch ziemlich genau ausfallen).

Als ich so leichthin von der »Wahrscheinlichkeit« sprach, »mit der sich ein Photon (oder Elektron) von einem Ort zum anderen bewegt«, hat sich in Ihrem Kopf sicherlich die Vorstellung gebildet, daß ein Teilchen auf einer glatten Flugbahn von A nach B läuft. Das ist jedoch falsch, und dadurch werden die Berechnungen so verwickelt. Ein ganz entscheidender Beitrag Feynmans zur Entwicklung der QED war seine Erkenntnis, daß wir jeden möglichen Weg von A nach B berücksichtigen müssen. Das Doppelspaltexperiment hat uns bereits Aufschluß darüber gegeben, daß ein einzelnes Photon sich beider Spalten »bewußt« zu sein scheint, als hätte es gleichsam beide Wege in dem Versuch eingeschlagen. Feynman geht jedoch weiter. Er meint, ein Teilchen ziehe bei einem Ortswechsel *alle* möglichen Routen in Betracht; nicht nur die geradlinigen oder die stetig gekrümmten, sondern auch die kompliziertesten und verwickeltsten »Bahnen«, die Sie sich vorstellen können.

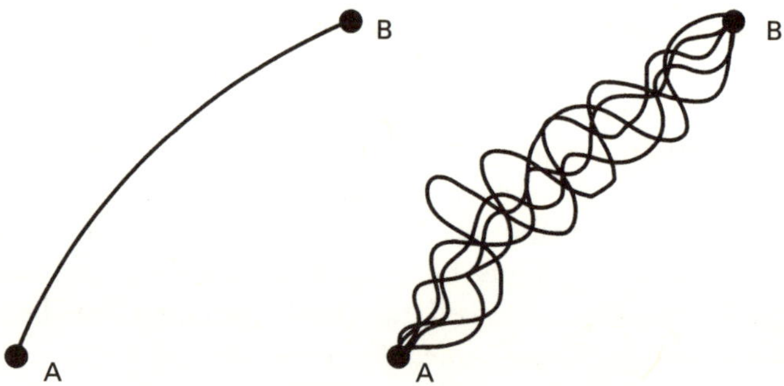

Abb. 7: Nach der klassischen Physik – der Physik Isaac Newtons – folgt ein Teilchen einer einzigen Flugbahn von A nach B. Richard Feynmans Version der Quantenphysik besagt jedoch, daß wir die Effekte aller möglichen Wege von A nach B berechnen und addieren müssen, nicht nur die paar hier eingezeichneten Wege, sondern buchstäblich jede denkbare Bahn. Diese »Summierung der Möglichkeiten« (auch »Pfadintegral-Methode« genannt) ist *ein* Ansatz, um zu verstehen, wie ein einzelnes Elektron in dem Doppelspaltexperiment durch beide Löcher gehen und mit sich selbst interferieren kann.

Dies klingt zunächst lächerlich; sehen wir uns aber an, wie Feynman auf den Gedanken verfiel, so scheint die Idee (fast!) dem gesunden Menschenverstand zu folgen. Im Doppelspaltexperiment berechneten wir die Wahrscheinlichkeit, mit der ein Lichtfleck an einem bestimmten Punkt auf dem Schirm jenseits der Spalten erscheint, durch Addition der Wahrscheinlichkeiten, mit denen das Licht jede der beiden Spalten passierte. Für den gesunden Menschenverstand ist das so lange einsichtig, wie wir den Teilchenaspekt des Lichtes außer acht lassen. Angenommen wir hätten statt zwei vier Spalten in den dazwischengestellten Schirm gemacht. Jetzt müßten wir natürlich vier Wahrscheinlichkeiten addieren, und bei acht Spalten müssen wir acht Wahrscheinlichkeiten zusammenzählen usw. Selbst wenn wir eine Million Schlitze in den Schirm machten, ist es prinzipiell immer noch möglich, die Helligkeit des Lichtes auf jedem Teil des entfernten Bildschirmes herauszufinden. Wir brauchen lediglich die Wahrscheinlichkeiten der eine Million Wege in dem Experiment zu berechnen und sie zu addieren (bzw. zu »integrieren«). Mittlerweile gibt es mehr Löcher als geschlossene Flächen in dem Schirm. Doch warum sollten wir hier Schluß machen? Warum nicht mehr und mehr Schlitze in den Schirm schneiden, bis es schließlich gar kein Hindernis mehr gibt, da sich nun sämtliche »Schlitze« überlappen. Feynman erkannte, daß wir nun, da der Schirm verschwunden ist, die Wahrscheinlichkeiten aller möglichen Wege von der Lichtquelle bis zum Lichtfleck auf dem weiter entfernten Schirm addieren müssen, und wenn es keinen hinderlichen Schirm mehr gibt, so bedeutet dies, wir haben die Wahrscheinlichkeiten für buchstäblich jeden vorstellbaren Weg durch das Experiment zu integrieren. Für die komplizierteren Wege sind die Wahrscheinlichkeiten sehr klein, und sie heben sich in der Berechnung normalerweise gegenseitig auf. Daß sich ihr Einfluß dennoch bemerkbar macht, zeigt Feynman daran, wie Licht von einem Spiegel reflektiert wird.

Zu den Dingen, die wir alle in der Schule lernen, gehört, daß Licht so von einem Spiegel abprallt, daß der Winkel, in dem es auf

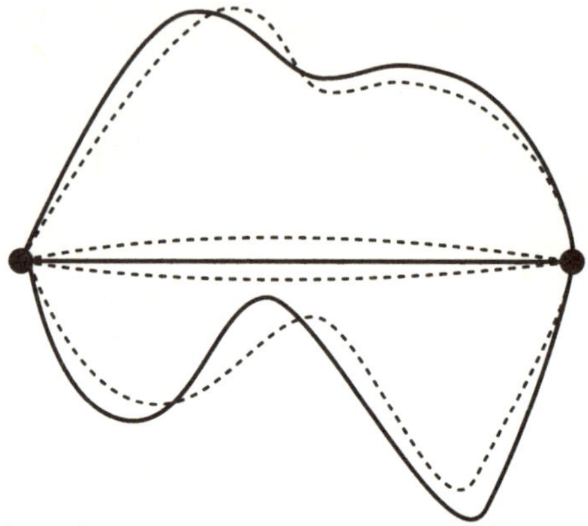

Abb. 8: Feynmans Ansatz in der Quantenmechanik gilt auch für das Licht. Licht breitet sich in Wirklichkeit nicht nur geradlinig aus, sondern nimmt jeden möglichen Weg von der Lichtquelle zum Beobachter. Bei der »Addition der Möglichkeiten« heben sich die Wege allerdings gegenseitig auf, mit Ausnahme derjenigen, die sich in der Nachbarschaft einer geraden Linie befinden.

die Oberfläche fällt, gleich dem Winkel ist, in dem es austritt. Diese Behauptung läßt sich leicht überprüfen: Sie müssen dazu nur in irgendeinem Winkel in den Spiegel sehen und beobachten, welche Gegenstände in Ihrer Blicklinie reflektiert werden. Dies ist ein weiteres Beispiel für das, was wir in der Schule lernen, nämlich daß Licht den zeitsparendsten Weg wählt. Berücksichtigen wir den Umstand, daß das Licht reflektiert wird und nicht direkt von der Lichtquelle in Ihr Auge fällt, dann wird durch die gleichwinklige Reflexion die ganze Distanz von der Lichtquelle bis zu Ihrem Auge so klein wie möglich gehalten und dadurch die Zeit verringert, die das Licht braucht, um zu Ihnen zu gelangen. Wahrscheinlich wären Sie sehr erstaunt zu erfahren, daß das Licht von einem Gegenstand auf dem Weg zu Ihrem Auge in Wahrheit zu *jedem* Punkt auf dem Spiegel reist und die Reflexionen von sämtlichen Teilen des Spiegels in allen möglichen verrückten Winkeln ankommen, während sie sich zu dem von Ihnen wahrgenommenen Bild verbinden. Bereiten Sie sich auf eine Überraschung vor –

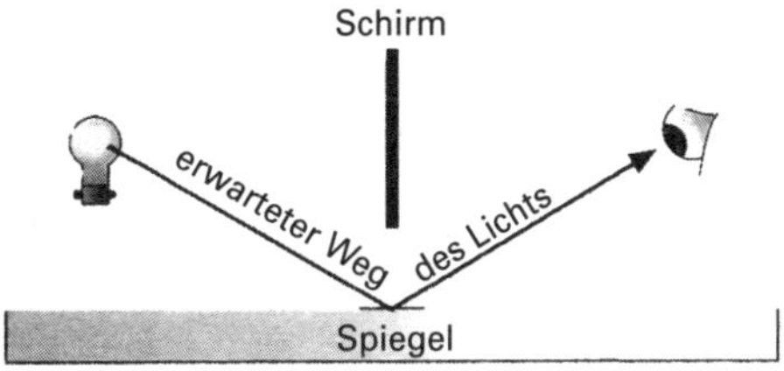

Abb. 9: Nach der klassischen Physik reflektiert ein Spiegel das Licht geradlinig, so daß der Einfallswinkel stets gleich dem Ausfallswinkel ist.

denn nach den Gesetzen der Quantenphysik geschieht genau das. Stellen Sie sich vor, das Licht des Gegenstandes fällt in rechten Winkeln auf den Spiegel und prallt dann in einem stumpfen Winkel ab, um Ihr Auge zu erreichen; oder nehmen Sie an, das Licht reist in einem sehr flachen Winkel, trifft direkt vor Ihrem Auge auf den Spiegel und prallt dann in rechten Winkeln ab, so daß Sie es sehen können. Ja, stellen Sie sich vor, es läuft in die entgegengesetzte Richtung, *weg* von Ihnen, zu der entlegensten Ecke des Spiegels, und prallt dann in einem spitzen Winkel zu Ihrem Auge zurück. Das alles, nebst sämtlichen ungenannten Möglichkeiten, geschieht tatsächlich. Daß wir es nicht beobachten, liegt allein daran, daß die Wege in der Nachbarschaft des kürzesten Weges einerseits wahrscheinlicher sind und sich andererseits wechselseitig verstärken, so daß die Wahrscheinlichkeit für den kürzesten Weg überwältigend hoch wird. Der Grund dafür ist, daß sich nur in der Nähe dieser »klassischen« Bahn die Wahrscheinlichkeiten addieren und einander verstärken. Oder wie Feynman es formuliert, »die zeitsparendsten Wege finden sich just an der Stelle, an der fast kein zeitlicher Unterschied zwischen den benachbarten Wegen besteht«[8], und das ist dort, wo sich die Wahrscheinlichkeiten addieren. An den Ecken des Spiegels, wo die Photonen in verrückten Winkeln abprallen, um zu Ihrem Auge zu gelangen, ist der Zeitunterschied für die Wege »benachbarter« Photonen von der Lichtquelle zum Spiegel und zu Ihrem Auge viel größer. So wie die Wahrscheinlichkeiten sich auswirken, bedeutet das, die Wahr-

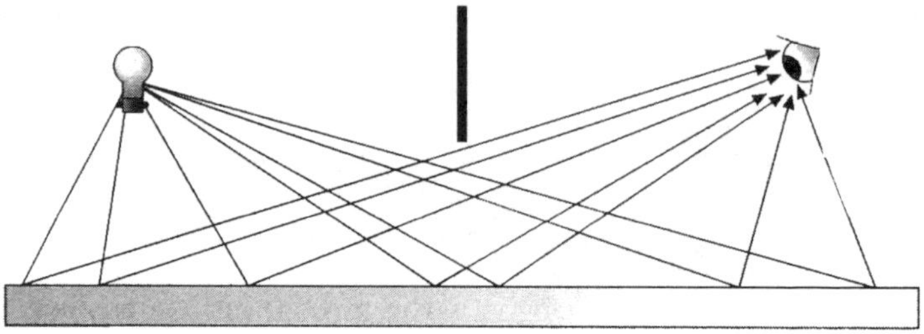

Abb. 10: Feynman fand heraus, daß *alle* geradlinigen Wege wichtig sind, ungeachtet der Tatsache, daß einige geradlinige Pfade von der »Summe der Möglichkeiten« begünstigt werden. Licht wird von allen Teilen des Spiegels, in allen möglichen verrückten Winkeln reflektiert. Dieses Mal aber heben sich die Wege von angrenzenden Streifen des Spiegels wechselseitig auf, ausgenommen jene, die in der Nähe des klassischen Pfades verlaufen.

scheinlichkeiten für angrenzende Pfade heben sich nahezu auf. Folglich ist jener Teil des Spiegels, von dem Ihr gesunder Menschenverstand instinktiv weiß, daß er allein wichtig ist, auch derjenige, der für die Reflexion ausschlaggebend ist.

Doch halt! Damit ist die Geschichte noch nicht zu Ende. Ein einfaches Experiment zeigt, daß reflektierte Photonen tatsächlich von der weit entfernten Ecke des Spiegels eintreffen, obwohl sie sich aufheben. Stellen Sie sich vor, Sie verhüllen mit Ausnahme eines Randstreifens den ganzen Spiegel mit einem schwarzen Tuch, so daß er nicht reflektieren kann. Nun ist es natürlich sinnlos, an der Stelle nach einem Bild zu suchen, wo sich die Lichtstrahlen befänden, falls sie in gleichen Winkeln auf das schwarze Tuch fielen und zurückgeworfen würden, da das Licht von dem schwarzen Tuch absorbiert wird. Sie würden überhaupt kein Bild sehen. Es gibt jedoch einen Trick, um ein Bild allein mit Hilfe einer Ecke des Spiegels zu erzeugen und eine Reflexion im »falschen« Winkel zu erzielen.

Obwohl sich die Wahrscheinlichkeiten für *benachbarte* Teile der Spiegelecke aufheben, lassen sich immer noch Spiegelstreifen finden, an denen sich die Wahrscheinlichkeiten addieren. Das Problem ist nur, daß sie von Spiegelstreifen getrennt werden, an denen sich die Wahrscheinlichkeiten genau umgekehrt verhalten. Insgesamt heben sich die Wahrscheinlichkeiten zwar auf, aber dennoch gibt es Streifen, an denen sich Wahrscheinlichkeiten verstärken, durchsetzt von solchen, an denen das Gegenteilige der Fall ist. Deshalb sollten wir jetzt folgendes tun: Wir decken mit schwarzen Stoffstreifen sorgfältig jene Bereiche ab, in denen die Wahrscheinlichkeit »falsch« ist, und behalten so nur die Hälfte des sichtbaren Spiegels übrig. Doch dabei handelt es sich um jene Teile, an denen sich die Wahrscheinlichkeiten gegenseitig verstärken.

Wie groß der Abstand zwischen den Streifen sein muß, damit die Verstärkung wirksam wird, hängt von der Wellenlänge des verwandten Lichtes ab (übrigens ein wunderbares Beispiel für den Welle-Teilchen-Dualismus, da wir den Lichtstrahl aus Photonen bestehend auffassen). Daher sollte man das Experiment am besten mit einfarbigem Licht (monochromatischem Licht) durchführen, um ein gestochenes Bild zu erhalten. Hält man sich an diese Vorgabe, so funktioniert das Experiment. Suchen Sie sich eine Stelle des Spiegels aus, die für eine Reflexion ungeeignet ist, dann erhalten Sie natürlich auch keine. Bedecken Sie jedoch die Hälfte des Spiegels in der richtigen Weise (für den gesunden Menschenverstand ist damit die Wahrscheinlichkeit, daß Sie Erfolg haben, noch geringer), und Sie erhalten eine Reflexion.

Ein derartiges System reflektierender Streifen heißt Beugungsgitter (weil sich der Reflexionseffekt auch als Beugung von Lichtquellen deuten läßt), und vermutlich haben Sie genau diesen Effekt schon viele Male beobachtet. Ein »Gitter«, dessen reflektierende Streifen sich in einem bestimmten Abstand zueinander befinden, reflektiert die verschiedenen Farben des Lichtes in leicht unterschiedlichen Winkeln und zerlegt weißes Licht so, daß Sie dasselbe Spektrum von Regenbogenfarben sehen wie Newton, nachdem er Sonnenlicht durch ein Prisma geschickt hatte. Und auf diese Weise beobachten Sie das Regenbogenmuster, wenn Sie

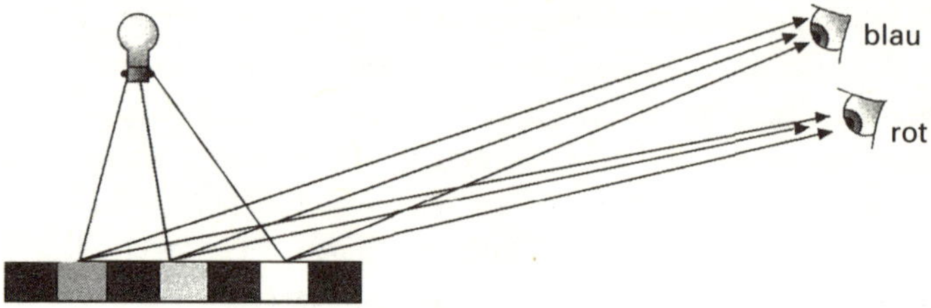

Abb. 11: Wenn Sie parallele Streifen des Spiegels schwärzen, sehen Sie tatsächlich, wie das Licht in allen möglichen verrückten Winkeln reflektiert wird. Das bedeutet, die »sich aufhebenden« Lichtpfade wurden entfernt. Indem Sie die Hälfte des Spiegels verhüllen, erzielen Sie tatsächlich *mehr* Reflexion! Von einem solchen Beugungsgitter werden die verschiedenen Farben des Lichts in etwas unterschiedlichen Winkeln reflektiert, wodurch ein Regenbogeneffekt auftritt. Dieser Trick funktioniert nur, wenn die geschwärzten und die frei bleibenden Spiegelstreifen sehr schmal sind. Wenn Sie den Effekt beobachten wollen, müssen Sie eine Compact Disk in einem bestimmten Winkel unter helles Licht halten.

Licht auf eine Compact Disk fallen lassen: Halten Sie die Scheibe im richtigen, d.h. in dem Winkel, den der gesunde Menschenverstand Ihnen diktiert, und Sie werden eine gewöhnliche Reflexion der Glühbirne auf ihrer glänzenden Spiegeloberfläche sehen. Kippen Sie nun die Scheibe so, daß Sie die üblicherweise erwartete Reflexion nicht mehr sehen, dann erscheint immer noch das Regenbogenmuster, hervorgerufen von den Photonen, die von den parallelen Rillen in der Spiegeloberfläche der CD in verrückten Winkeln zurückgeworfen werden. Normalerweise sehen Sie sogar neben dem »normalen« Bild farbige, von dem Licht stammende Streifen, das vom »falschen« Teil der CD reflektiert wird. Sie können ganz allein zu Hause *sehen*, wie die QED am Werk ist.

In diesem Beispiel war nur von geradlinig verlaufendem reflektierten Licht die Rede. Die vollständige Fassung der Theorie berücksichtigt zudem alle nur denkbaren Wege, auf denen das Licht von einem Ort zu einem anderen gelangen kann, einschließlich völlig verrückter gewundener Bahnen. Weil die Berechnungen aus der Addition (der Integration) aller möglichen Wege bestehen, wird dieser Ansatz in der Quantenphysik oft »Pfadintegral«-Methode genannt. Glücklicherweise addieren sich die Wahrscheinlichkeiten stets so, daß es den Anschein hat, als breite sich Licht geradlinig aus. Doch eine vollständige Aufhebung findet nur abseits der »klassischen« geraden Linie statt. »Das bedeutet, daß sich das Licht in Wirklichkeit nicht nur geradlinig ausbreitet«, sagt Feynman. »Es ›schmeckt‹ in die Nachbarpfade ringsum ›hinein‹ und macht sich einen kleinen Kernbereich in seiner unmittelbaren Umgebung zunutze.«[9]

Auf ähnliche Weise lassen sich durch Addition der Wahrscheinlichkeiten sämtliche optischen Phänomene deuten, unter anderem die Funktionsweise von Linsen, die Beugung und Verlangsamung des Lichts beim Eintritt von der Luft in Wasser, das Doppelspaltexperiment und Poissons Fleck. In ihrem höchsten Glanz erscheint uns die QED jedoch dann, wenn wir betrachten, wie exakt sie die Wechselwirkung von Elektronen und Photonen beschreibt.

Der Triumph der QED

Die einfachste Wechselwirkung besteht darin, daß ein Elektron auf seinem Weg von einem Ort zum anderen ein Photon emittiert oder absorbiert und infolgedessen an einem dritten Ort landet. Das Photon selbst kann von einem zweiten, sich auf einer anderen Bahn bewegenden Elektron emittiert oder absorbiert worden sein. Auch könnte es sich um ein Photon im Magnetfeld eines Stabmagneten handeln. Bereits 1929 hatte Paul Dirac, einer der Pioniere der Quantenphysik, die Wechselwirkung von Photonen und Elektronen so dargelegt, daß er zwar die Spezielle Relativitätstheorie voll und ganz berücksichtigte, die Forderungen der Quantentheorie hingegen ein wenig außer acht ließ. In seiner Beschreibung arbeitete Dirac im Grunde genommen die Wahrscheinlichkeiten für eine Wechselwirkung zwischen einem Elektron und einem Photon heraus und berechnete mit ihrer Hilfe eine Zahl, die ein Maß für die Wechselwirkung eines Elektrons mit einem magnetischen Feld darstellt (die betreffende Eigenschaft heißt das magnetische Moment eines Elektrons). Dirac entdeckte, daß die Zahl, legt man bestimmte Einheiten zugrunde, den Wert 1 haben müßte. Versuche ergaben demgegenüber, daß die Zahl ungefähr 1,00116 ist.

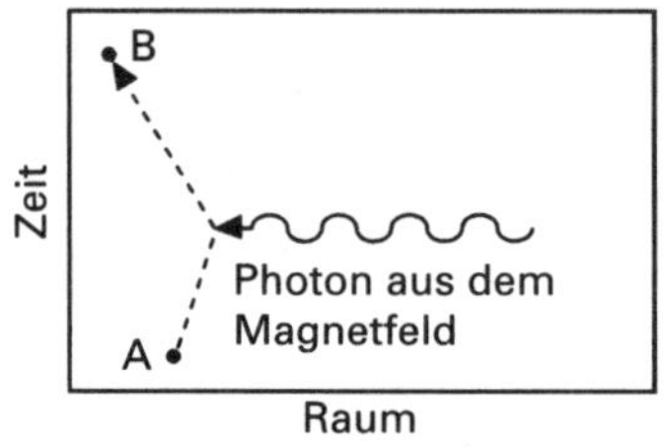

Abb. 12: Paul Dirac berechnete das magnetische Moment eines Elektrons ursprünglich anhand einer dreifachen, nur ein Photon einschließenden Wechselwirkung.

Wohl war der Unterschied winzig, aber er reichte dennoch hin, um die Unvollständigkeit der Theorie zu erweisen. 1948 stieß Julian Schwinger von der Harvard-Universität auf eine Möglichkeit, Diracs Berechnung zu verbessern. Schwinger (der zufällig im gleichen Jahr und in derselben Stadt wie Feynman geboren wurde, nämlich 1918 in New York) erkannte, daß ein Elektron auf seinem Weg von einem Ort zu einem anderen durch nichts daran gehindert werden kann, selbst ein Photon zu emittieren und wieder zu absorbieren. Das verkompliziert natürlich die Wahrscheinlichkeitsberechnungen, und daher ist das errechnete magnetische Moment des Elektrons eine Spur größer. Zwar entspricht es immer noch nicht exakt den experimentellen Messungen, aber es ist immerhin ein Schritt in die richtige Richtung.

Nachdem den Physikern dämmerte, was da eigentlich vor sich geht, war klar, welche Schritte man für eine immer genauere Bestimmung des magnetischen Momentes unternehmen mußte. Al-

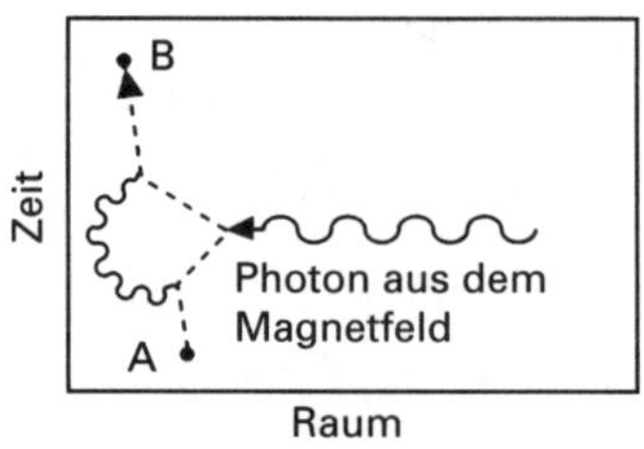

Abb. 13: Eine genauere Berechnung des magnetischen Momentes eines Elektrons berücksichtigt die Möglichkeit, daß auch das Elektron ein Photon emittieren und wieder absorbieren könnte. Sukzessive Verbesserungen in den Berechnungen nehmen immer mehr Photonen in die Schleife hinein.

lerdings waren dafür viele mühselige Berechnungen vonnöten. Betrachten wir zunächst nur die Möglichkeit, daß das isolierte Elektron, das mit genau einem Photon des magnetischen Feldes wechselwirkt, nacheinander selbst zwei Photonen emittiert und wieder absorbiert hat. Wir müssen nun sämtliche Möglichkeiten, wie das geschehen könnte, in Betracht ziehen und die entsprechenden Wahrscheinlichkeiten addieren. Schon jetzt ist die Situation derartig kompliziert, daß die Wissenschaftler zwei Jahre brauchten, um alle Wahrscheinlichkeiten herauszufinden und zusammenzurechnen. Doch wurden sie damit belohnt, daß Theorie und Experiment nun noch besser übereinstimmten.

Mitte der achtziger Jahre schlossen die Berechnungen die Auswirkungen dreier »Extra«-Photonen ein. Jede zusätzliche Komplikation ist weniger wahrscheinlich als die vorangegangene und korrigiert das Ergebnis der Berechnung in geringerem Maße (jede Komplikation ist freilich auch sehr viel *schwieriger* als die vorausgegangene zu berechnen). Nach der Theorie beträgt das magnetische Moment auf dieser Stufe 1,00115965246 mit einer Unsicherheit von rund 20 in den letzten beiden Dezimalstellen. Da die Experimentatoren im selben Zeitraum ihrerseits die Messungen des magnetischen Momentes ständig verbesserten, warten sie heute mit der Zahl 1,00115965221 auf, mit einer Unsicherheit von rund 4 in der letzten Ziffer. Stellen Sie sich vor, Sie würden die Entfernung von Los Angeles bis New York (sie beträgt etwa 5000 km) bis auf Haaresbreite genau messen, dann bekommen Sie einen Eindruck von der Exaktheit dieser Zahlen. Die Übereinstimmung zwischen den beiden Zahlen ist ein Maß für die Exaktheit der QED – sie ist, hinsichtlich experimentell überprüfter Voraussagen, die exakteste und genaueste Theorie, die wir je besaßen. Das Ganze mag ihnen verrückt erscheinen und völlig gegen den Strich gehen. Dennoch können Sie nicht bestreiten, daß es funktioniert und die Welt sich tatsächlich so und nicht anders verhält. Wie Feynman es einmal formulierte: »Die gewaltige Vielfalt der Natur [ist] aus der monotonen Wiederholung der Kombination von nur drei Grundvorgängen ableitbar«: der Bewegung eines

Photons von einem Ort zu einem anderen, der Bewegung eines Elektrons von einem Ort zu einem anderen und der Wechselwirkung eines Elektrons mit einem Photon.[10]

Obwohl die Theorie auf eine stattliche Reihe experimenteller Bestätigungen zurückblicken kann, weist sie einige äußerst bizarre Züge auf, die noch sehr viel seltsamer sind, als ich bislang verraten habe. Wenn wir sagen, zwei Elektronen treten durch den Austausch eines Photons miteinander in Wechselwirkung, so liefern wir damit genau die richtige Beschreibung des Geschehens. Vom Blickwinkel des gesunden Menschenverstandes mag man dies so deuten, daß ein Photon von einem Elektron emittiert wird und das zweite Elektron es früher oder später absorbiert. Doch dürfen wir gleichermaßen behaupten, das zweite Elektron emittiere das Photon »in der Zukunft« und dieses gehe in der Zeit rückwärts, so daß es vom ersten Elektron »in der Vergangenheit« absorbiert wird. Denken Sie nur daran, daß, wie ich schon sagte, die Zeit für ein Photon bedeutungslos ist, und der Gedanke wird Ihnen nicht mehr gänzlich wirr und unverständlich erscheinen. Dasselbe trifft jedoch auch auf die Elektronen selbst zu!

Ein Photon, das über genügend Energie verfügt, vermag sich in ein elektronenartiges Teilchen*paar* zu verwandeln (für diesen Trick muß E in dem Photon größer als mc^2 in zwei Elektronen sein). Eines der Teilchen ist ein ganz gewöhnliches Elektron; das andere gleicht in allen Stücken einem Elektron, nur daß es nicht negativ, sondern positiv geladen ist und deshalb Positron heißt. Wie sonst auch sind die Gleichungen, die diesen Vorgang beschreiben, symmetrisch. Treffen ein Elektron und ein Positron aufeinander, so kehren sie den Vorgang um, zerstören sich wechselseitig und bilden ein energiereiches Photon. Nach dem üblichen, viele Male im Versuch beobachteten Szenarium kann sich ein energiereiches, von einem Ort zu einem anderen bewegendes Photon auf diese Weise in ein Positron-Elektron-Paar verwandeln. Die beiden Teilchen fliegen in verschiedene Richtungen auseinander, bald darauf stößt das Positron auf ein anderes Elektron und wird zerstört, wodurch ein neues energiereiches Photon entsteht.

Feynman erkannte nun, daß sich diese ganze Wechselwirkung mit Bezug auf ein einzelnes Elektron beschreiben läßt. Während es seinen Ort verändert, wechselwirkt das Elektron mit einem energiereichen Photon. Durch diese Wechselwirkung wird das Elektron rückwärts in die Zeit geschickt, bis es mit einem anderen energiereichen Photon wechselwirkt, dabei »umgedreht« wird und wieder in die Zukunft reist. An beiden Wechselwirkungen scheinen drei Dinge beteiligt zu sein: ein Positron, ein Elektron und ein Photon. Ähnlich scheinen drei Dinge im Spiel zu sein, wenn ein Lichtstrahl von einem Spiegel abprallt: zwei Lichtstrahlen, die an ihrem Begegnungsort auf dem Spiegel den passenden Winkel bilden und der Spiegel selbst. Doch wie es in Wirklichkeit nur einen in den Raum zurückgeworfenen Lichtstrahl gibt, so existiert auch nur ein Elektron, das in die Zeit zurückgeworfen wird. Photonen können für Elektronen als »Zeitspiegel« fungieren.

Während das Elektron in der Zeit rückwärts reist, nimmt es sich für uns, die wir in der Zeit vorwärts gehen, wie ein Positron aus. (Das »Wegnehmen negativer Ladung«, hervorgerufen durch ein Zurückschicken in die Zeit, kommt einer klassischen doppelten Negation gleich und ist somit äquivalent zum Hinzufügen einer positiven, in der Zeit vorwärts gehenden Ladung.) Und da die Berechnungen des magnetischen Momentes eines Elektrons sich auf zunehmend kompliziertere Stufen begeben, sind selbst solche Wechselwirkungen zu berücksichtigen, die sich unter den mit dem Elektron verbundenen »Extra«-Photonen abspielen.

Das ist ungefähr alles, was ich Ihnen über die QED mitzuteilen habe, und möglicherweise meinen Sie, dies sei mehr als genug. Ich möchte indes betonen, daß es sich bei diesen merkwürdigen Implikationen nicht um beliebige Zusätze handelt, die sich jemand hat einfallen lassen, um Leute zu erschrecken. Sie sind ein grundlegendes Merkmal der besten Theorie, welche die Physik aufzuweisen hat. Diese Theorie sorgte dafür, daß 1965 gleich *drei* Leute den Nobelpreis erhielten (Feynman, Schwinger und der japanische Forscher Sinitiro Tomonaga), und sie ist der Edelstein in der Krone der Wissenschaft. Sie können sich solcher Eigentümlichkeiten wie Photonen und sogar Elektronen, die in der Zeit rückwärts reisen, nicht entledigen, ohne die QED selbst über Bord zu werfen.

Nach diesen Worten ist es an der Zeit, etwas zu beichten. Es gibt doch ein Problem mit der QED. Sie ist keine *völlig* makellose Theorie. Die Schwierigkeit erwächst vor allem daraus, was einem einzelnen Elektron zustößt, das sich von einem Ort zu einem anderen bewegt. Auch ein einsames Elektron kann Photonen emittieren und wieder absorbieren, und selbst diese kurzlebigen Photonen können sich in Elektron-Positron-Paare aufspalten, die sich gegenseitig zerstören, um ein Photon zu erzeugen, das wiederum absorbiert wird. Sogar diese zeitweiligen Elektronen und Positronen können weitere Photonen emittieren, vorausgesetzt, sie absorbieren sie wieder usw. usw. Nach der QED bauen sich um ein einzelnes Elektron Schicht um Schicht komplexe Wechselwirkungen dieser Art auf. Der Pferdefuß ist nur, daß all diese möglichen Wechselwirkungen eines Elektrons mit sich selbst eine endlose Addition von Wahrscheinlichkeiten nach sich ziehen, wodurch uns die Berechnung solch simpler Eigenschaften wie Ladung oder Masse des Elektrons über den Kopf wächst. Die Ergebnisse gehen ins Unendliche, was offenbar Unsinn ist.

Feynman, Schwinger und Tomonaga entdeckten eine Möglichkeit, sich der Unendlichkeiten zu entledigen. Der Kunstgriff wird Renormierung genannt und besteht darin, beide Seiten einer Gleichung durch Unendlich zu teilen, um das gewünschte Ergebnis zu erhalten – eine Operation, von der Sie sicherlich in der Schule gelernt haben, daß sie verboten ist. Der Trick funktioniert auch nur deshalb so gut, weil wir aus den Experimenten bereits die Antworten *kennen*, die wir für die Eigenschaften des Elektrons erhalten möchten. Die Physiker finden sich mit der Renormierung ab, weil sie keine andere Wahl haben: Mit ihrer Hilfe bekommen sie die richtigen Ergebnisse, was wir keiner anderen Theorie nachsagen können, auch nicht einer solchen, die ihrerseits mit der Renormierung schummelt. Dafür, daß die drei Forscher vor versammeltem Publikum den Trick demonstrierten, erhielten sie den Nobelpreis. Ein paar Jahre vor seinem Tode sagte Feynman allerdings: »Und ein solcher Hokuspokus hat uns daran gehindert, die mathematische Folgerichtigkeit der Quantenelektrodynamik zu beweisen! ... [die Renormierung] ist ein verrücktes Verfahren.«[11]

Mithin ist die QED in ihrer gegenwärtigen Form gewiß nicht das letzte Wort, und für die theoretischen Physiker der nächsten Generation bleibt noch eine Menge zu tun. Dennoch wird jede Verbesserung der QED all die Dinge zu erklären haben, die die QED verständlich macht, und sie wird dies in einem noch exakteren Maße tun müssen, wenn von einer Verbesserung die Rede sein soll. Das heißt freilich, daß wir uns mit Pfadintegralen, mit Teilchen, die bei ihrer Reise durch den Raum in benachbarte Wege »hineinschmecken«, und mit Teilchen, von denen wir in völliger Übereinstimmung mit den Gesetzen der Physik sagen können, sie bewegen sich in der Zeit rückwärts, abfinden müssen. Damit komme ich zu einer weniger bekannten Entdeckung Feynmans, die möglicherweise den Schlüssel für die Geheimnisse der Quantenwelt birgt.

Das Licht der Zukunft

Die Entdeckung, über die ich nun sprechen möchte, war Feynmans erste von vielen bemerkenswert originellen Beiträgen zur Physik. Als er sie 1940 machte, war er noch Student bei John Wheeler in Princeton. Damals waren die Unendlichkeiten, mit denen sich die Quantentheorie herumschlug, hinreichend bekannt – daß der Renormierungstrick einen Ausweg bot, wurde erst acht Jahre später deutlich –, und Feynman fragte sich, ob sie sich nicht aus der Welt schaffen ließen, wenn Wechselwirkungen des Elektrons mit sich selbst verboten wurden. Leider funktionierte dieser Kniff nicht.

Werden Elektronen beschleunigt – erhalten sie einen Stoß –, so leisten sie Widerstand, und zwar stärker als ein ungeladenes Teilchen. Sobald Elektronen, die in einem elektrischen Strom durch ein Kabel fließen, eine Beschleunigung erfahren, strahlen sie Energie (in Form von Radiowellen) ab. Doch die abgestrahlte Energie entspricht nicht der Menge, die nötig ist, um die Elektronen durch das Kabel zu schicken. Hier handelt es sich um eine besondere Form des Widerstandes (da sie mit strahlungserzeugender Beschleunigung verbunden ist, spricht man vom Strahlungswiderstand), die über den gewöhnlichen elektrischen Widerstand eines Kabels gegenüber einem stetig durch es hindurchfließenden elektrischen Strom hinausgeht. Strahlungswiderstand tritt nur deshalb auf, weil das Elektron mit etwas wechselwirkt. Da es offenbar nicht mit dem leeren Raum wechselwirken kann, wußte man das Phänomen in den dreißiger Jahren nur so zu deuten, daß das Elektron mehr oder weniger in der von mir geschilderten Weise mit sich selbst wechselwirkte.

Nun verfiel Feynman auf eine glänzende Idee. Niemand hat jemals ein echt isoliertes Elektron gesehen, denn im Universum treiben sich riesige Mengen aller möglichen Teilchenarten herum (sollte es dort überhaupt jemanden geben, der ein Elektron »sieht«, dann gewiß kein isoliertes). Feynman dachte sich ein Universum, das abgesehen von einem einzigen Elektron ganz und gar leer ist, und fragte sich, ob es überhaupt elektromagnetische Energie abzustrahlen vermochte. Vielleicht, so äußerte er gegenüber Wheeler, bräuchte man mindestens zwei Elektronen, eines, um die Strahlung zu emittieren, und ein zweites, um sie zu absorbieren, bevor es die Strahlung selbst geben könne. In einem Universum, das bis auf zwei Elektronen leer ist, könnte das erste hin und her schwingen und Photonen abstrahlen, während das zweite die Photonen absorbiert, dadurch seinerseits in Schwingung versetzt wird und weitere Photonen erzeugt, die wieder zum ersten Elektron reisen und auf es zurückgeworfen den Widerstand gegen dessen ursprüngliche Schwingung hervorrufen.

In dieser einfachen Fassung war der Gedanke nicht schlüssig. Vor allem gab es das Problem der zeitlichen Verzögerung – Photonen müßten vom ersten Elektron zum zweiten und wieder zurückfliegen, bevor das erste einen Widerstand gegen seine Schwingungen »bemerkte«. Doch wie wir sahen, spielt die Richtung der Zeit beim Austausch von Photonen keine Rolle. Dem Stand dieser Geschichte vorausgreifend, möchte ich noch einmal erwähnen, daß die QED (die sich 1940 noch nicht abzeichnete) keinen Unterschied zwischen vorwärts und rückwärts in der Zeit macht, jedenfalls nicht im Hinblick auf Photonen. Da die QED eine relativistische Theorie ist, in der die Spezielle Relativitätstheorie und mithin deren Behauptung, für ein Photon sei Zeit nicht existent, vollständig berücksichtigt wird, ist das nur folgerichtig. Wenn es zum Austausch eines Photons keiner Zeit bedarf, ist es ganz und gar unwichtig, ob die »Uhr« des Photons + 0 oder – 0 anzeigt; und wie der Erfolg beider Theorien bestätigt, unterscheidet die Natur selbst nicht zwischen einem Photon, das sich (aus unserer Perspektive) in der Zeit vorwärts, und einem Photon, das sich in der Zeit rückwärts bewegt. Die Natur »weiß« nur, daß ein Photon ausgetauscht wird.

Obgleich die QED 1940 noch nicht aus der Taufe gehoben war, wußten Wheeler und Feynman, daß Maxwells Gleichungen, was die Zeit betraf, vollkommen symmetrisch waren. Lösen Sie die Gleichungen, um die Ausbreitung einer Welle zu beschreiben, so erhalten Sie stets zwei Antworten: eine für die in der Zeit vorwärts laufende Welle und eine zweite für die in der Zeit rückwärts gehende Welle. Auch das ergibt, um noch einmal von unserem jetzigen Wissen zu profitieren, nur dann einen Sinn, wenn das Licht selbst für seine Ausbreitung keine Zeit benötigt. Bevor Feynman seine neue Theorie über die Energieabstrahlung durch Elektronen vortrug, hatten sämtliche Wissenschaftler die zweite Lösungsreihe für Maxwells Gleichungen einfach ignoriert – schließlich war es doch »offensichtlich«, daß Wellen nicht wirklich in der Zeit rückwärts gehen können.

Doch gerade diese Annahme brauchten Feynman und Wheeler als Rettungsanker für Feynmans Idee. Auf den letzten Seiten dieses Kapitels wollen wir allein die Wellenbeschreibung des Lichtes im Auge behalten. Wellen, die von einem Elektron oder einer Radioantenne ausgehen, werden »retardierte« Wellen genannt, da sie erst nach ihrem Abschicken irgendwo eintreffen. In der Zeit rückwärts laufende Wellen heißen demgegenüber »avanciert«, weil sie irgendwo ankommen, *bevor* sie an irgendeinem Ort emittiert wurden. Retardierte Wellen können Sie sich als Kräuselungen denken, die von einer Radioantenne gleichmäßig in alle Richtungen ausgehen, vergleichbar den Wellen, die sich von dem Punkt im Teich entfernen, wo ein Stein hineingeworfen wurde. Folglich verhalten sich aus unserem menschlichen Blickwinkel avancierte Wellen wie Kräuselungen, die gleichmäßig aus allen Richtungen auf die Antenne zulaufen, oder wie Wellen, die von den Rändern eines Teiches gleichmäßig auf dessen Mittelpunkt zulaufen. Weiter läßt sich die Analogie nicht treiben, denn die Energie der avancierten Welle geht ins Leere, wenn sie im Mittelpunkt des Teiches ankommt. Demgegenüber entpuppen sich avancierte Wellen, die aus dem ganzen Universum bei einem Elektron eintreffen, genau als das, was wir brauchen, um jene Hemmung zu erzeugen, die wir Strahlungswiderstand nennen. Die Energie der eintreffenden Wellen wird absorbiert und stellt sich der Bewegung des Elektrons entgegen.

Woher sollen die avancierten Wellen eigentlich wissen, wo sie ein Elektron vorfinden? Nun, das Elektron selbst hat ihnen gesagt, wo sie suchen sollen. In der revidierten Version der sogenannten »Wheeler-Feynman-Absorber-Theorie« (Doktorvätern gelingt es doch immer, bei Gemeinschaftsarbeiten mit ihren Studenten zuerst genannt zu werden) schickt ein umherhüpfendes Elektron sowohl eine retardierte Welle in die Zukunft als auch eine avancierte Welle in die Vergangenheit. Begegnet diese Welle im Universum (in Raum und Zeit) einem anderen Elektron (präziser gesagt, wann immer es auf ein geladenes Teilchen stößt), läßt sie dieses ebenfalls »hüpfen«. Dieses Hüpfen bedeutet, daß auch das andere Elektron Strahlung in die Zukunft und in die Vergangenheit abgibt. Infolgedessen erhalten wir ein Meer von sich überlagernden, wechselwirkenden elektromagnetischen Wellen, das – durch ein einziges umherhüpfendes Elektron verursacht – das gesamte Universum ausfüllt. Wie die Wahrscheinlichkeiten in der Quantenbeschreibung der Reflexion heben sich auch diese Wellen größtenteils auf. Einige der Wellen aus der Vergangenheit und aus der Zukunft kehren jedoch zum ursprünglichen Elektron zurück und rufen den Widerstand hervor, den wir zur Erklärung unserer Beobachtungen über das Verhalten beschleunigter Elektronen benötigen.

Anfang 1941 forderte Wheeler Feynman auf, einen Vortrag über diese Theorie am Physikalischen Institut in Princeton zu halten. Das war der erste offizielle Auftritt des jungen Physikers vor derartigem Publikum, und da man in Princeton das Jahr 1941 schrieb, gehörten zum »Hauspublikum« Albert Einstein, Wolfgang Pauli und einige andere, nur im Vergleich mit diesen beiden genialen Physikern zweitrangige Wissenschaftler. Der hochintelligente Pauli, ebenfalls ein Pionier auf dem Gebiet der Quantenphysik, hatte schon 1919 – damals war er noch Student und erst 19 Jahre alt – eine Monographie über die Spezielle *und* Allgemeine Relativitätstheorie geschrieben, die als ein Muster an Klarheit gerühmt wird. Nach dem Vortrag wandte Pauli freundlich ein, daß die Beschreibung doch wohl mathematisch tautologisch sei, und fragte Einstein, ob er nicht auch dieser Meinung sei. »Nein«, erwiderte Einstein, »mir scheint die Theorie möglich zu sein...«[12]

Zu sagen, daß Feynman niemals zurückschaute, wäre leicht übertrieben, doch kein anderer Student dürfte für seine erste Forschungsleistung eine derart berufene Anerkennung erhalten haben. Warum aber war Einstein so beeindruckt?

Nach allem, was wir mittlerweile über Pfadintegrale wissen, sollte es uns nicht mehr erstaunen, daß sich die Komplexität des Netzes wechselwirkender Wellen in den Berechnungen aufhebt und nur eine recht deutliche »Reaktion« auf das ursprüngliche Elektron übrigbleibt. Keine der avancierten Wellen überlebt in einer Form, die auf anderem Wege als über diese Reaktion nachweisbar wäre, so daß alles, was wir »sehen« können, die uns vertrauten retardierten Wellen sind.

Das Schöne daran ist freilich, daß die Reaktion, soweit das ursprüngliche Elektron betroffen ist, augenblicklich eintritt. Das hat zwei Gründe: Zum einen liegt es daran, daß die in die Zukunft reisenden Wellen des Elektrons neue Wellen erzeugen, die in die Gegenwart zurückgehen und gerade zur rechten Zeit eintreffen;

und zum anderen daran, daß die in die Vergangenheit reisenden Wellen wiederum Wellen erzeugen, die ebenfalls in die Gegenwart zurücklaufen. Da eine mit dem Elektron verbundene (oder auch jede andere) Uhr in beiden Fällen die gleiche Zeit anzeigt, gleichgültig ob die Reise in die Zukunft oder in die Vergangenheit ging, spielt die von den Wellen zurückgelegte Entfernung keine Rolle. Die Reaktion tritt in dem Augenblick ein, da das Elektron beschleunigt wird. Die Wheeler-Feynman-Theorie *vermag* also den Strahlungswiderstand zu erklären, obgleich sie nicht das leistet, was Feynman ursprünglich beabsichtigte: die Unendlichkeiten aus der Quantentheorie zu beseitigen. So geht es nun einmal oft in der Wissenschaft zu: Die Forschung wird durch ein bestimmtes Problem angeregt, findet dann aber die Lösung für eine ganz andere Schwierigkeit oder stößt auf bislang nicht wahrgenommene Fragen.

Eine letzte Wendung dieses Problems, die sich vor einem halben Jahrhundert wie ein fataler theoretischer Fehler ausnahm, bleibt noch nachzutragen. Die ganze Geschichte funktioniert nur dann, wenn die von einem Elektron abgestrahlte elektromagnetische Energie restlos auf die geschilderte Art und Weise in der Zeit »reflektiert« wird. Sollte auch nur ein klein wenig Strahlung in den leeren Raum entweichen und niemals auf ein anderes geladenes Teilchen stoßen, gehen die Gleichungen nicht auf. Lange Zeit galt unser Universum gemeinhin als unendlich und »offen«. Unter dieser Bedingung käme der Versuch, die gesamte Strahlung rechtzeitig auf ihren Ursprung zurückzuwerfen, dem Unterfangen gleich, die Strahlung in einer Kiste ohne Deckel einzusperren. Die Wheeler-Feynman-Theorie liefert nur dann ein richtiges Ergebnis, wenn das Universum eine geschlossene Kiste ist (oder sich wie das Innere eines schwarzen Loches verhält), aus der keine Energie entkommen kann. Und ob Sie es glauben oder nicht, während der achtziger und neunziger Jahre unseres Jahrhunderts fanden Astronomen aus Gründen, die nichts mit der Wheeler-Feynman-Theorie zu tun hatten, überzeugende Belege dafür, daß das Universum in der Tat »geschlossen« ist.[13]

Heutzutage gibt es keinen Widerspruch mehr zwischen der Absorber-Theorie und der Kosmologie. Einige Theoretiker meinen sogar, es gäbe eine innige Verbindung zwischen der Tatsache, daß das Universum expandiert, und dem Umstand, daß wir nur die retardierte, in die Zukunft gehende Welle beobachten, während die avancierte, auf alle geladenen Teilchen zulaufende Welle für uns unsichtbar bleibt. Auch wenn Sie es nach allem, was man Ihnen in den Schulen und Universitäten über die Physik beibringt, nie vermuten würden, ist die Wheeler-Feynman-Auffassung unangefochten die beste Erklärung für den Strahlungswiderstand und den Austausch von Photonen zwischen geladenen Teilchen. Seltsamerweise bedeutet das auch, daß die Alten in gewissem Sinne recht hatten – infolge eines Austausches mit den von der Lichtquelle abgestrahlten Photonen emittieren unsere Augen *tatsächlich* Photonen. Nur weil sich die Wahrscheinlichkeiten aufheben, zeigen sie sich in der Alltagswelt nicht, so wenig wie die Wege, die von den Photonen eingeschlagen werden, wenn sie in verrückten Winkeln vom Spiegel abprallen. Um es noch einmal zu sagen: Die Pointe liegt darin, daß die alte Vorstellung, nach der sich ein Photon von einer Lichtquelle zu unserem Auge bewegt (oder irgendwo anders hin), unvollständig ist. Für Photonen ist die Zeit ohne Bedeutung, so daß wir lediglich sagen können, daß ein Photonenaustausch zwischen der Lichtquelle und unserem Auge (oder was auch immer) stattgefunden hat.

Sie meinen, das sei doch alles höchst seltsam? Seltsam oder nicht, alles, was ich in diesem Kapitel geschildert habe, ist nicht nur wahr, sondern auch schon seit längerem eine gut bestätigte physikalische Theorie. In ein paar Jahren wird die Spezielle Relativitätstheorie einhundert Jahre alt, und auch die QED kann bald ihren fünfzigsten Geburtstag feiern. Was Sie hier kennengelernt haben, ist knallharte, vitale und (zumindest was die Berechnungen betrifft) sorgfältig durchdachte Wissenschaft, die mehr als einmal experimentell bestätigt wurde. Doch wenn wir tatsächlich zu einer Interpretation der Quantenphysik gelangen wollen, die uns einen Einblick verschafft, was in der Welt wirklich vorgeht – was

Wirklichkeit eigentlich ist –, müssen wir noch weitaus mehr seltsame Dinge erklären. Bei einigen handelt es sich um alte Ideen, die erst in letzter Zeit experimentell überprüft wurden. Andere hingegen sind neu und harren noch einer experimentellen Bestätigung. Alle aber sind äußerst seltsam und dennoch wahr.

3 SELTSAM, ABER WAHR

Jenes Phänomen, das wir unter dem Namen Polarisation kennen, illustriert eine der merkwürdigsten Eigenschaften der Quantenwelt im allgemeinen und des Verhaltens von Licht im besonderen. Auf den ersten Blick scheint es sich bei der Polarisation um eine einfache Eigenschaft sich bewegender Wellen zu handeln, und zu den frühen Triumphen der Maxwellschen Theorie zählte es, Polarisation in diesem Sinne deuten zu können. Stellen Sie sich noch einmal vor, Sie hielten ein gespanntes Seil in Händen, dessen anderes Ende an einen Baum geknüpft ist. Wie zuvor können Sie, indem Sie Ihre Hand auf- und abbewegen, Wellen das Seil entlang schicken, die durch dessen Auf- und Abbewegung verursacht werden. Diese Art Wellen wollen wir »vertikal polarisiert« nennen. Schlagen sie nun mit Ihrer Hand hin und her, so können Sie ähnliche Wellen das Seil entlang schicken. Allerdings werden diese Wellen durch die Hin- und Herbewegung des Seiles verursacht, weshalb wir nun von »horizontal polarisierten« Wellen sprechen.

Es ist recht schwierig, sich vorzustellen, wie man ein System aus zwei im rechten Winkel zueinander stehenden Wellenkomponenten (der elektrische und der magnetische Teil der Welle) auf diese Weise polarisieren könnte, und die Seil-Analogie versagt leider vollends, wenn wir an Photonen denken. Wichtig ist jedoch, daß selbst einzelne Photonen eine bevorzugte Ausrichtung haben. In Ermangelung eines besseren Bildes sollten Sie sich vorstellen, daß an jedem Photon ein Zeiger oder ein Pfeil haftet. Der Zeiger kann vertikal sein (für vertikal polarisiertes Licht), horizontal (für horizontal polarisiertes Licht) oder eine mittlere Position einnehmen (für Licht, das in einem anderen Winkel polarisiert ist).

Gewöhnliches Licht von der Sonne oder einer normalen Glühbirne ist nicht polarisiert. Denken Sie sich, daß die Pfeile an den Myriaden von Photonen, die der Lichtquelle entströmen, willkürlich ausgerichtet sind, die einen auf diese, die anderen auf jene Weise, so daß keine bevorzugte Richtung erkennbar ist. Licht läßt sich jedoch ganz leicht polarisieren. Wir müssen es lediglich durch ein Material schicken, das allein Photonen mit einer bestimmten Ausrichtung durchläßt. Wenn wir unsere Metapher um eine neue Komponente erweitern – und was sollte uns daran hindern, da die Natur selbst die Dinge zu vermischen scheint –, dann können wir uns folgendes vorstellen: Das Seil läuft durch die Lücke eines hohen Lattenzaunes von unserer Hand zu einem Baum, so daß wir durch das Auf- und Abbewegen des Seiles immer noch vertikal polarisierte Wellen durch die Zaunlücke das Seil entlang zum Baum schicken können. Alle horizontal polarisierten Wellen werden hingegen aufgehalten, sobald sie den Zaun erreichen, denn das Seil kann sich nicht hin und her bewegen, ohne gegen die Zaunlatten zu schlagen.

Es gibt natürlich vorkommende Polarisatoren, vor allem Kalkspatkristalle, und Sie können sich unschwer ausmalen, daß etwas Ähnliches wie in der Seil-Zaun-Geschichte geschieht, sobald Lichtwellen auf die geordneten Atomreihen eines solchen Kristalls treffen. Künstliche Polarisatoren wie Polaroid-Sonnenbrillen sind heute weit verbreitet, was sich zwei Gründen verdankt. Zum einen dämpfen sie die Helligkeit des in die Augen fallenden Lichtes, indem sie nur Photonen mit einer bestimmten Ausrichtung durchlassen, während sie alle anderen stoppen; und zum anderen sorgen sie dafür – falls sie für die Übermittlung ausschließlich vertikal polarisierten Lichtes hergestellt wurden (was der Fall ist) –, daß reflektierte Strahlen uns nicht blenden, denn von horizontalen Oberflächen reflektiertes Licht hat die Tendenz, horizontal polarisiert zu sein. Aus diesem Grund sind Polaroid-Gläser bei nächtlichen Autofahrten – sie verdunkeln das blendende, von der Straße reflektierte Licht entgegenkommender Fahrzeuge – ebenso von Nutzen wie in der mittäglichen Sonne.

Unmögliches Licht wird sichtbar

Übermittelt eine Polaroid-Sonnenbrille unter normalen Umständen nur vertikal polarisiertes Licht, so werden die Linsen, falls Sie die Brille abnehmen und um 90 Grad drehen, so daß die beiden Bügel oben und unten statt an den Seiten sind, allein horizontal polarisiertes Licht durchlassen – damit hätten Sie im Grunde nichts anderes gemacht, als den »Lattenzaun« auf die Seite gelegt. Horizontal polarisiertes Licht kann unmöglich durch einen vertikal ausgerichteten Polarisator gehen. Daher liegt es auf der Hand, daß Sie durch zwei Paar hintereinander gehaltene Polaroid-Brillen gar nichts sehen werden, vorausgesetzt, die eine sitzt auf Ihrer Nase, während Sie die andere so vor Ihre Augen halten, daß die Linsen auf die beschriebene Weise um 90 Grad gedreht sind. Endlich einmal verhalten sich die Photonen so, wie es der gesunde Menschenverstand vorhersagt. Versuchen Sie es nur, und Sie werden es sehen (oder vielmehr, versuchen Sie es, und Sie werden nichts sehen). Dies ist ein Beispiel für ein Paar »gekreuzter« Polarisatoren.

Leider kann sich der gesunde Menschenverstand nicht lange in seinem Sieg sonnen. In der Alltagswelt scheint es ebenso offensichtlich zu sein, daß, wenn wir zwei Linsen so anordnen, daß überhaupt kein Licht durchdringt, auch dann kein Licht durchgeht, wenn man eine dritte Linse zwischen die beiden ersten Linsen schiebt. Dieses Mal aber irrt sich der gesunde Menschenverstand. Nehmen Sie eine dritte Sonnenbrille und halten Sie sie so, daß sie im Verhältnis zu den ersten beiden Brillen in einem Winkel von 45 Grad ausgerichtet ist, so daß sich nun eine Linse zwischen dem Paar gekreuzter Linsen befindet. *Ohne* die zusätzliche Linse wird kein Licht durchgelassen, und das Gesichtsfeld ist schwarz, *mit* der zusätzlichen Linse dringt ein Teil des Lichtes durch. Zweifellos nicht soviel, wie durchgelangen würde, falls Sie nur eine Linse hätten, doch ein wenig Licht geht eindeutig durch drei hintereinander gehaltene Linsen durch, was bei zweien nicht der Fall ist (genauer gesagt, dringt etwa ein Viertel des Lichtes durch). Aber warum?

Abb. 14: Ist Licht eine Welle, so ist ohne weiteres begreiflich, wie »vertikal polarisiertes« Licht durch ein polarisierendes Material schlüpfen kann, das hier als Lattenzaun dargestellt ist (oben).
Offenbar geht horizontal polarisiertes Licht nicht durch die Latten (Mitte).
Zwei Stücke eines polarisierenden Materials, die im rechten Winkel »gekreuzt« sind, werden sowohl vertikal als auch horizontal polarisiertes Licht aufhalten (unten).

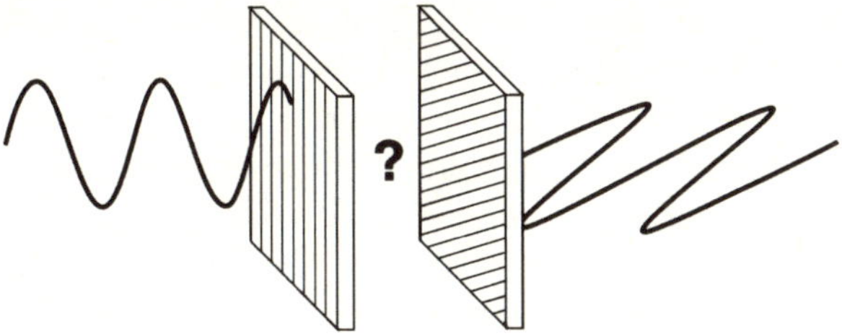

Abb. 15: Wird der zweite Polarisator jedoch um 45 Grad im Verhältnis zum ersten gedreht, blockiert er seltsamerweise nicht das vertikal polarisierte Licht. Genau die Hälfte des Lichtes geht durch, ist allerdings nun im Winkel von 45 Grad polarisiert.

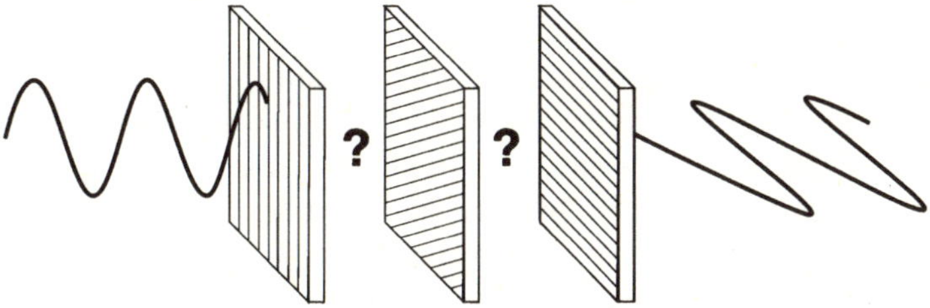

Abb. 16: Und was noch merkwürdiger ist: Drei hintereinander angeordnete, jeweils um 45 Grad gedrehte Polarisatoren lassen ein Viertel des Lichtes durch, und das Licht ist am Ende *horizontal* polarisiert – während überhaupt kein Licht durchgeht, sobald wir den mittleren Polarisator entfernen.

Eine erste Ahnung dessen, was geschieht, erhalten wir, wenn wir uns ansehen, auf welche Weise das Licht durch zwei Polarisatoren geht, die nicht im rechten Winkel, sondern bloß um 45 Grad gekreuzt sind. Denken Sie jetzt nicht mehr an die Sonnenbrillen; die folgenden Ergebnisse resultieren aus sorgfältig durchgeführten Laborversuchen, bei denen genaue Ausrichtungen verwendet und Stärke wie Ausrichtung des eingesetzten Lichtstrahles exakt gemessen werden. Wir dürfen davon ausgehen, daß das Licht, das durch den ersten Polarisator geht, vertikal polarisiert austritt. Was geschieht nun, wenn es auf den zweiten Polarisator trifft, in dem die »Lücken« in einem Winkel von 45 Grad zu dem vertikal ausgerichteten Polarisator stehen? Nach der Lattenzaun-Analogie zu urteilen, sollte kein Licht durchdringen. Tatsächlich passiert jedoch die Hälfte des vertikal polarisierten Lichtes den zweiten Polarisator, nur ist das austretende Licht entsprechend den Lücken des zweiten Polarisators nun um 45 Grad polarisiert. Trifft dieses restliche Licht am dritten Polarisator ein, der im Verhältnis zum ersten gekreuzt und daher horizontal ist, so beträgt die relative Ausrichtung zwischen Licht und Polarisator wiederum 45 Grad. Noch einmal geht die Hälfte des Lichtes durch, doch nun tritt der Strahl horizontal polarisiert aus! Indem wir also einen vertikal polarisierten Lichtstrahl durch zwei in geeigneter Weise ausgerichtete Polarisatoren geschickt haben, wurde die Stärke des Lichtes auf ein Viertel – auf die Hälfte der Hälfte – reduziert und das Licht so gedreht, daß es nun horizontal polarisiert ist.

Das Experiment läßt sich auch mit einem so schwachen Lichtstrahl durchführen, daß nur einzelne Photonen durch die gekreuzten Polarisatoren gehen. Wie im Doppelspaltexperiment können wir dafür sorgen, daß die Photonen nacheinander durch den Apparat geschickt werden. Geschieht das, beobachten wir folgendes: Ein Photon, von dem wir annehmen, es sei vertikal polarisiert (da es durch einen vertikal ausgerichteten Polarisator gegangen ist), geht mit fünfzigprozentiger Wahrscheinlichkeit durch einen um 45 Grad geneigten Polarisator. Werden 100 vertikal polarisierte Photonen durch den zweiten Teil des Experimentes geschickt, so werden 50 blockiert, während 50 passieren dürfen, und die anschließenden Messungen ergeben, daß diese 50 nun um 45 Grad polarisiert sind. Beim nächsten, im Verhältnis zur ursprünglichen Polarisation der Photonen horizontal ausgerichteten Polarisator werden 25 der übriggebliebenen 50 Photonen abgeblockt, während 25 anschließend horizontal polarisierte Photonen durchgehen.

Selbstverständlich läßt sich das Experiment mit zwei Polarisatoren durchführen, die relativ zueinander verschiedene Ausrichtung haben. Sind beide vertikal, werden alle vertikal polarisierten Photonen durchgehen. Kreuzen sich die beiden Polarisatoren im rechten Winkel, so geht kein Photon durch. Und für jede Ausrichtung, die zwischen diesen beiden Extremen liegt, existiert eine bestimmte – von 100 Prozent bis 0 rangierende – Zahl von Photonen, die den Polarisator passieren. Es sieht so aus, als besitze jedes einzelne »vertikal polarisierte« Photon eine genau bestimmte Wahrscheinlichkeit, eine andere Polarisationsrichtung aufzuweisen: Die Wahrscheinlichkeit, horizontal polarisiert zu sein, ist gleich null, die Wahrscheinlichkeit, um 45 Grad polarisiert zu sein, beträgt hingegen 50 Prozent, geringer ist seine Chance, sagen wir, um 30 Grad, und größer seine Chance, um 60 Grad ausgerichtet zu sein. Das Photon selbst befindet sich vor der Messung seiner Polarisation in einem unbestimmten Zustand, in einer »Überlagerung von Zuständen«. Erst dann »entscheidet« es, ob es die richtige Polarisation aufweist und passiert nach strikten Wahrscheinlichkeitsregeln den Polarisator. Paul Davies hat diesen Sachverhalt so formuliert:

> Es liegt also nicht an unserer Unfähigkeit, wenn wir nichts über den Polarisationszustand eines Photons vor der Messung aussagen können: es gibt vielmehr gar keine eindeutig definierte Polarisationsrichtung eines Photons. Die Unbestimmtheit liegt im Photon selbst, in seiner *Identität* begründet, nicht in unserem Unwissen.[1]

Doch damit ist die Geschichte noch lange nicht zu Ende.

Ein Kalkspatkristall unterscheidet sich in einer wichtigen Hinsicht von Polaroid-Sonnenbrillen. Wechselwirkt ein Lichtstrahl mit dem Kristall, so tritt er nicht einfach als ein polarisierter Strahl wieder aus. Der Kristall spaltet das Licht vielmehr in zwei zueinander in einem rechten Winkel polarisierte Strahlen, die auf der anderen Seite des Kristalls an verschiedenen Stellen austreten. Vertikal polarisiertes Licht scheint auf einem anderen Wege durch den Kristall zu gehen als horizontal polarisiertes Licht. Sorgen wir dafür, daß das auf den Kristall treffende Licht genau zwischen diesen beiden Ausrichtungen polarisiert ist (indem wir das einfallende Licht durch einen auf 45 Grad ausgerichteten Polarisator schicken), so erhalten wir zwei gleich starke, parallellaufende

Lichtstrahlen mit der Hälfte der Stärke des ursprünglichen Strahls, von denen einer vertikal und der andere horizontal polarisiert ist.

Geht ein einzelnes Photon durch den Kristall, so muß es sich natürlich für einen Weg »entscheiden« und wird, wie Experimente bestätigt haben, mit der passenden Polarisation aus dem einen oder anderen Kanal auftauchen.

Wenn wir diesen Versuch durchführen, können wir zusätzlich ein Kalkspatkristall in den Weg der beiden austretenden Strahlen legen, und zwar so, daß die vertikal und horizontal polarisierten Lichtstrahlen im Inneren des Kristalls wieder zu einem um 45 Grad polarisierten Strahl verschmolzen werden – d. h., die beiden Kristalle müssen, was ihre Kristallstruktur und ihre Auswirkung auf das Licht betrifft, »andersherum gepolt« sein.

Was aber geschieht mit einem einzelnen, die Kristalle passierenden Photon? Sobald es auf den ersten Kristall stößt, muß es sich »offensichtlich« noch immer entscheiden, ob es vertikal oder horizontal polarisiert ist und welchem Kanal es folgen wird.

Dieser Sachverhalt wird in einer letzten Verfeinerung des Experimentes bestätigt. Angenommen, wir blockierten einen der beiden Wege, indem wir ein Stück schwarzen Materials zwischen die beiden Kalkspatkristalle stellen, so daß das Licht daran gehindert wird, aus einem der beiden Kanäle auszutreten. Und nehmen wir weiterhin an, wir arrangierten das Ganze so, daß alle aus dem ersten Kristall mit horizontaler Polarisation austretenden Photonen gestoppt werden. Ich unterbreite Ihnen hier kein reines Gedankenexperiment, sondern dieser Versuch wurde tatsächlich durchgeführt. Jetzt passiert lediglich die Hälfte der Photonen den ersten Kristall und tritt, ausnahmslos vertikal polarisiert, auf der Rückseite des zweiten Kristalls wieder aus. Ein genau entsprechendes Ergebnis stellt sich ein, falls wir den vertikalen Tunnel versperren und nur horizontal polarisierte Photonen durchlassen. Wieder darf sich der gesunde Menschenverstand eines Sieges erfreuen.

Doch was geschieht, wenn wir das Hindernis im horizontalen Tunnel wegnehmen und sämtliche Photonen nacheinander durch den Versuch jagen? Der gesunde Menschenverstand sagt uns, daß keines zurückgehalten wird und alle mit einer Wahrscheinlichkeit von 1 : 1 entweder horizontal oder vertikal polarisiert auftauchen. Hat sich ein einzelnes Photon erst einmal für einen Zustand entschieden, wird man kaum erwarten dürfen, daß es sich beim Eintritt in den zweiten Kristall wieder in ein um 45 Grad polarisiertes Photon verwandelt. Dennoch passiert genau das! Ist der Lichtstrahl so schwach, daß nur einzelne Photonen den Versuch durchlaufen, verhält sich das Licht so, als hätte jedes einzelne Photon sich gespalten, beide Wege im Experiment genommen und sich anschließend wieder so vereinigt, daß die ursprüngliche Polarisation erneut hergestellt wurde. Sämtliche beim ersten Kristall ankommenden Photonen tauchen auf der anderen Seite mit ihrer wiederhergestellten, ursprünglichen Polarisation auf. Die Wahrscheinlichkeitswellen spüren jede mögliche Route von der einen bis zur anderen Seite des Experimentes auf, wobei sie die gesamte Versuchsanordnung berücksichtigen, bevor sie sich für ein Verhalten »entscheiden«, wie sie ja auch jeden Teil des Spiegels abtasten, um sich für eine bestimmte Reflexion zu »entscheiden«. Allem Anschein nach weiß jedes Photon, das einem der beiden Wege durch das Experiment folgt, ob der andere Durchgang blockiert wurde oder nicht, und paßt sein Verhalten dementsprechend an. Für die Quantentheorie ist das ein alter, seit Jahrzehnten bekannter Hut. In den neunziger Jahren unseres Jahrhunderts sind die Experimentalphysiker allerdings auf noch raffiniertere Versuche verfallen, aus denen klar hervorgeht, daß einzelne Photonen sich zugleich teilchen- und wellenförmig verhalten.

Es fällt mehr Licht auf das Licht

Die von Niels Bohr formulierte Komplementaritätsthese ist für die übliche Interpretation der Quantenmechanik – die »Kopenhagener Deutung« – entscheidend. Ihr zufolge ist es unmöglich, beide Facetten der Doppelnatur einer Quantenentität, etwa den Teilchen-Welle-Dualismus eines Photons, *gleichzeitig* in einem Experiment zu beobachten. Bohr läßt uns nur die Wahl, durch einen bestimmten Versuchsaufbau entweder die Welleneigenschaften des Lichtes messen zu wollen – und dann werden wir unweigerlich Welleneigenschaften messen – oder Experimente zur Entdeckung der Teilchennatur des Photons zu ersinnen, in denen wir dann selbstredend Teilchen entdecken. Er hielt es jedoch für *ausgeschlossen*, daß Beobachtungen zugleich die Wellen- und Teilcheneigenschaften des Lichtes enthüllen.

Damit befand er sich im Irrtum. 1992 gelang japanischen Forschern, während sie ein von einer indischen Physikergruppe ausgetüfteltes Experiment durchführten, genau das. Sie beobachteten einzelne Photonen, die gleichzeitig wellenartige und teilchenartige Eigenschaften an den Tag legten.

Welche Folgen daraus unserem Verständnis der Quantenwelt erwachsen, ist noch keineswegs klar, eines aber steht außer Frage: Für die übliche Fassung der Kopenhagener Deutung sind das schlechte Neuigkeiten. Da ich die Kopenhagener Deutung ohnehin nicht für die bestmögliche Erklärung der Quantenwirklichkeit halte, vermag mich diese Entdeckung kaum zu erschüttern. Dennoch lohnt es sich, den Versuch im Detail zu betrachten, und sei es nur, weil er die Eigenartigkeit der Quantenwirklichkeit so wunderschön illustriert.

Zu den pikantesten Aspekten der Geschichte gehört, daß die Physiker, bevor sie überhaupt das Wellenverhalten der Photonen demonstrieren konnten, in den achtziger Jahren zunächst einmal die Existenz der Photonen beweisen mußten. Wie ich schon erwähnte, nahm Albert Einstein 1905 anläßlich seiner Deutung des photoelektrischen Effektes die Existenz der Teilchen an, die wir heute Photonen nennen, und erhielt für diese Leistung prompt den Nobelpreis. Seit den frühen fünfziger Jahren erkannten jedoch mehrere Forscher, angefangen mit David Blohm (von dem später noch die Rede sein wird), daß der photoelektrische Effekt auch ohne jeden Rückgriff auf Photonen begreiflich zu machen ist. Dazu müssen wir uns Licht lediglich als ein veränderliches elektromagnetisches Feld denken, das mit den einzelnen Atomen einer Metalloberfläche wechselwirkt, die nur bestimmte Energiemengen aufnehmen können. Planck wäre über diese Nachricht sehr erfreut gewesen, und strenggenommen heißt das, Einstein hat den Nobelpreis unverdienterweise erhalten (jedenfalls was diese Arbeit betrifft). Aber das ist nur eine der vielen Kuriositäten in der Wissenschaftsgeschichte, und zudem hatten diese Ideen die positive Wirkung, daß sie den Physikern ein Ansporn waren, die Existenz von Photonen experimentell zu beweisen.

Einzelne Photonen lassen sich für Untersuchungszwecke nicht einfach dadurch gewinnen, daß Licht mit einem Dimmer so weit gedämpft wird, daß nur einzelne Photonen nacheinander emittiert werden. Die Sache gestaltet sich aus zwei Gründen schwieriger: Zum einen wird Licht von vielen verschiedenen Atomen ausgestrahlt, und zum anderen eignet den einzelnen Atomen ein gewisser »Entscheidungsspielraum« hinsichtlich des genauen Betrags der Energieveränderungen (Energieübergänge), die bei der Emission von Licht wirksam werden. Schließlich muß die Energie des Lichtes einen Ursprung haben; sie stammt von Elektronen, die im Innern des Atoms von einem Energieniveau auf ein anderes springen und dabei Energie verlieren. In den meisten Fällen wird Licht durch die Verbindung vieler solcher Übergänge erzeugt, unter Einschluß einer ganzen Bandbreite von Energieniveaus. So kommt ein Wahrscheinlichkeitsdurchschnitt zustande, der in etwa dem Durchschnitt in Feynmans Pfadintegralen vergleichbar ist. Ein sehr schwacher Lichtimpuls kann demnach, da er den Durchschnitt vieler, teilweise leerer und kein einziges Photon enthaltender Quantenzustände darstellt (eine Überlagerung wie die lebendig-tote Katze), energieärmer als ein einzelnes Photon sein. Diese seltsamen niederstufigen Lichtimpulse verhalten sich wie Wellen und lassen sich in geeigneten und hochempfindlichen Versuchen zum Interferieren bringen.

Zur Erzeugung eines echten einzelnen Photons muß ein einzelnes Atom veranlaßt werden, genau einen Energieimpuls bei nur einem Übergang von einem genau bestimmten Energieniveau zu einem anderen genau bestimmten Energieniveau zu emittieren. Unter diesen Umständen bleibt kein Raum für eine Überlagerung, und das Photon tritt in einem reinen, eindeutigen Quantenzustand aus. Experimentatoren erreichen dies, indem sie Kalziumatome präparieren, die zuvor durch Licht aus einem Laser mit Energie angereichert (oder »angeregt«) wurden. Wenn Sie sich vorstellen, daß die Elektronen in einem Atom gleichsam auf den Stufen einer Energietreppe sitzen, dann läuft das Ganze darauf hinaus, eines der Elektronen herauszugreifen und zwei Stufen höher zu plazieren. Das Elektron wird nun einen Augenblick zitternd auf der Kante der höheren Stufe verharren, bevor es zurückrollt, zunächst auf die unter seiner jetzigen Position liegende Stufe und dann (nach einer Pause, die bloß 4,7 Milliardstel einer Sekunde beträgt) wieder auf seinen angestammten Platz. Bei jedem Hinunterpurzeln wird Energie in Form eines Photons freigesetzt.

Um ein einzelnes Photon einzufangen, wird das angeregte Kalzium von einem Detektor überwacht, der auf das Photon der ersten Stufe reagiert und ein »Tor« öffnet, durch das für kurze Zeit Licht einfallen kann. Das Tor bleibt genauso lange geöffnet, wie sich das Atom in dem angeregten Zwischenzustand befindet, so daß das zweite emittierte Photon durch das Tor schießt und in das eigentliche Experiment gelangt.

Die beiden in Paris arbeitenden Physiker Alain Aspect und Philippe Grangier gehörten zu den ersten, die in den achtziger Jahren diese Art Forschung vorantrieben. Nachdem sie ihre Photonen erhalten hatten, leiteten sie diese zu einer Art Spiegel, der Strahlenteiler genannt wird. Ein derartiges Instrument läßt die Hälfte des auf ihn treffenden Lichtes durch und reflektiert die andere Hälfte in einem rechten Winkel. Das ist in etwa der Art und Weise vergleichbar, in der ein Kalkspatkristall einen Lichtstrahl in zwei Teile spaltet, nur daß in diesem Fall keine Polarisationseffekte auftreten. Es leuchtet ein, daß sich eine Welle auf diese Weise in zwei Wellen teilen läßt, und stammt das geteilte Licht aus herkömmlichen Quellen, so lassen sich die Strahlen wieder zusammenführen und zum Interferieren bringen, wodurch sie ihre Wellennatur bestätigen (das ist sogar mit schwachen gewöhnlichen Lichtquellen durchgeführt worden, deren Intensität bloß Bruchteilen eines Photons entsprach). Fällt hingegen ein *Teilchen* auf den Spiegel, so muß es entweder reflektiert oder durchgelassen werden; beides zugleich ist unmöglich.

Stellt man Detektoren an die Wege der beiden Strahlen des Strahlenteilers und führt das Experiment mit den einzelnen Photonen des angeregten Kalziumatoms durch, so beobachtet man, daß die Photonen entweder den einen oder den anderen Weg nehmen, doch niemals »klicken« die Detektoren an den beiden Pfaden gleichzeitig, was ja hieße, daß jeweils die Hälfte des Lichts den einen bzw. den anderen Weg genommen hätte. Bohr hätte vorausgesagt, daß Aspect und Grangier Teilchen finden würden, wenn sie danach Ausschau halten. Was aber würde geschehen, wenn sie nach einer Welle suchten, obwohl sie »wußten«, daß die Kalziumatome Photonen emittierten?

Um das herauszufinden, entfernten sie die Detektoren an den Strahlenhälften und ersetzten sie durch Spiegel, die das vom

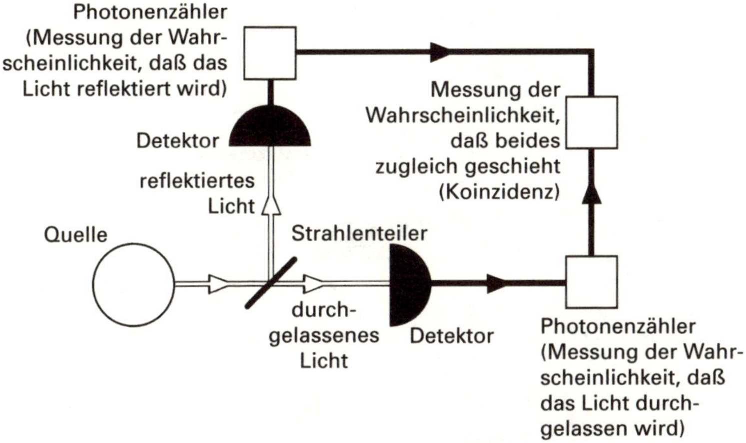

Abb. 17: Läßt sich ein einzelnes Photon in zwei Hälften spalten? Tritt Licht tatsächlich teilchenförmig auf, so ist zu erwarten, daß jedes am Strahlenteiler ankommende Photon entweder reflektiert oder durchgelassen wird. Nach der Quantentheorie sollten die Detektoren eine vollkommene Gegen-Korrelation verzeichnen.

Strahlenteiler zuvor aufgespaltene Licht wieder vereinigten. Der Versuch ähnelte stark einer Neuauflage des Doppelspaltexperimentes, und die beiden Wissenschaftler entdeckten in der Tat, daß, wenn mehr und mehr Photonen durch das Experiment geschickt wurden, ein für das Wellenverhalten charakteristisches Interferenzmuster entstand. Unter Verwendung derselben Lichtquelle konnte die Pariser Forschungsgruppe entweder Teilchen oder Wellen ausmachen und schien damit einen unanfechtbaren und endgültigen Beleg für Bohrs Komplementaritätspostulat zu liefern. Doch die Tinte auf dem Papier der wissenschaftlichen Artikel, die diese Ergebnisse verkündeten, war noch nicht trocken, als drei indische Wissenschaftler meinten, man könne mit einem Experiment zeigen, wie *einzelne* Photonen sich *gleichzeitig* als Teilchen *und* Wellen verhalten.

Der führende Kopf der indischen Forschungsgruppe war Dipankar Home vom Bose-Institut in Kalkutta. Seine Mitarbeiter waren Partha Gose, ebenfalls vom Bose-Institut, und Girish Agarwal von der Universität in Haiderabad. Die drei Wissenschaftler brachten

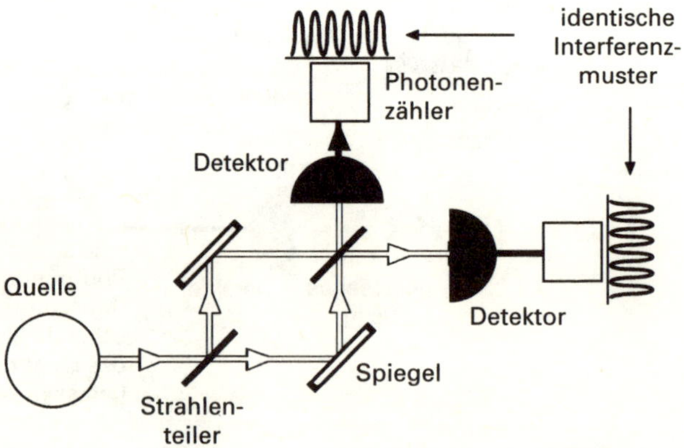

Abb. 18: Werden die Strahlen aus dem in Abb. 17 gezeigten Experiment durch einen zweiten Strahlenteiler wieder verbunden, erzeugen sie identische Interferenzmuster, die zeigen, daß auch »einzelne Photonen« ein Wellenverhalten an den Tag legen.

ein neues Verfahren ins Spiel: Der Spiegel sollte durch einen andersartigen Strahlenteiler ersetzt werden, der aus zwei dreieckigrechtwinkligen, einander fast berührenden Prismen bestand.

Bei den Prismen handelte es sich um einfache dreieckige Klötze aus einem transparenten Material, deren eine Ecke einen rechten Winkel bildete. Für ein Prisma dieser Art gilt: Fällt Licht senkrecht auf eine der »quadratischen« Seiten, so daß es innen an der »Hypotenusen«-Seite in einem Winkel von 45 Grad auftrifft, dann wird es vollständig reflektiert und tritt an der anderen »quadratischen« Seite rechtwinklig wieder aus. Berühren sich die Hypotenusen der beiden Prismen und bilden einen quadratischen Klotz, so geht Licht, das senkrecht auf eine der Seiten fällt, direkt durch den Klotz und tritt, ohne reflektiert worden zu sein, auf der anderen Seite aus. Gibt es jedoch eine winzige Lücke zwischen den beiden Hypotenusenseiten, so wird ein Teil des Lichtes reflektiert, während ein anderer Teil über die Lücke hinweg »tunnelt« und geradlinig weiterläuft.

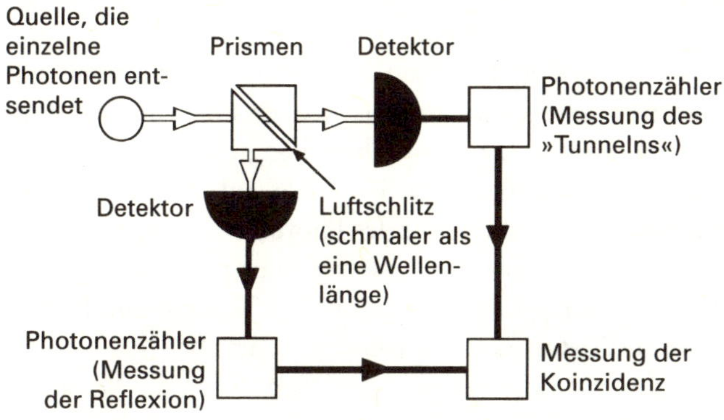

Abb. 19: In einer Variation zu diesem Thema wurden Experimente angestellt, in denen zwei durch eine winzige Lücke getrennte Prismen an die Stelle des Strahlenteilers traten. Das Licht vermag die Lücke nur zu überbrücken, wenn es »tunnelt«, d. h. sich wie eine Welle verhält. Doch der Koinzidenzzähler registriert noch stets eine vollkommene Nichtkoinzidenz, mithin eine Teilcheneigenschaft. *Dieselben* Photonen werden gleichzeitig bei einem Teilchen- und Wellenverhalten ertappt.

Damit der Trick funktioniert, muß die Lücke freilich sehr winzig sein, d.h. schmaler als die Wellenlänge des betreffenden Lichtes. Ist dem so, gelingt es einem Teil des Lichtes, die Lücke zu überbrücken, ohne sie zur Kenntnis zu nehmen, und seinen Weg fortzusetzen. Wie immer spielen auch hier Wahrscheinlichkeit und Statistik eine Rolle. Je winziger die Lücke, desto größer der Anteil des tunnelnden Lichtes. Bei Licht einer bestimmten Wellenlänge und exaktem Arrangieren der Lücke wird genau eine Hälfte des Lichtes weitergeleitet und die andere reflektiert. Entscheidend ist jedoch, daß nur *Wellen* auf diese Weise tunneln können, während Teilchen diese Fähigkeit nicht besitzen.

Diese Variante zum Strahlenteilungsexperiment wurde unter Verwendung reiner, einzelner Photonen von Yutaka Mizobuchi und Yoshiyuki Ohtake durchgeführt, die beide bei den Hamamatsu Photonics in Hamakita arbeiteten. Eine Ahnung von der Feinheit ihres Experiments können Sie gewinnen, wenn Sie sich klarmachen, daß die Lücke nur ein paar Zehntel eines milliardstel Meters betragen darf, ungefähr ein Zehntel der Wellenlänge des verwandten Lichtes. Wiederum wurden Detektoren dort installiert, wo die beiden Lichtstrahlen, je nachdem ob sie reflektiert oder weitergeleitet wurden, aus den Prismen austreten mußten. Da einzelne Photonen nicht teilbar sind, gibt es wie üblich eine exakte Wahrscheinlichkeit von je 50 Prozent dafür, daß ein einzelnes, an der Lücke ankommendes Photon reflektiert oder weitergeleitet wird. »Klicken« die beiden Zähler niemals zur selben Zeit (Nichtkoinzidenz), so wissen wir mit Sicherheit, daß Licht das Experiment in Gestalt von Photonen durchläuft.

Photonen, die dem geradlinigen Weg durch die Versuchsanordnung gefolgt sind, können dies nur durch Tunneln geschafft haben, d.h. in Gestalt von Wellen. Bei der Reâlisation des Versuchs entdeckten die Forscher tatsächlich jeweils die Hälfte der Photonen in jedem Durchgang, womit bewiesen war, daß sie sich an der Lücke wie Wellen verhalten und getunnelt hatten. Zudem stellten sie fest, daß die Detektoren stets zeitverschoben klickten, ein sinnfälliger Beweis dafür, daß sich die Photonen an der Lücke wie

Teilchen verhalten und sich nicht gespalten hatten. In dem Experiment wurde also beobachtet, daß sich dieselben Photonen angesichts der Lücke *zugleich* als Welle und als Teilchen gaben. Home meinte dazu: »Drei Jahrhunderte nach Newton bleibt uns nichts anderes, als zuzugeben, daß wir immer noch keine Antwort auf die Frage ›Was ist Licht?‹ parat haben«, und zitierte schmunzelnd eine Bemerkung Einsteins aus dem Jahr 1951. Damals schrieb Einstein an seinen alten Freund Michelangelo Besso: »Fünfzig Jahre angestrengten Nachdenkens haben mich der Antwort auf die Frage ›Was sind Lichtquanten?‹ nicht nähergebracht. Heute bilden sich Hinz und Kunz ein, es zu wissen. Aber da täuschen sie sich.«[2] Schützenhilfe erhielt der Befund von neuseeländischen Physikern, die sich einen – 1994 noch nicht verwirklichten – Versuch ausdachten, der, sollte die Quantentheorie richtig sein, ein einzelnes Photon an zwei verschiedenen Orten zugleich zeigen müßte.

Wir sehen doppelt

Selbstverständlich hält sich ein Photon nicht wirklich *an* zwei Orten zugleich auf. Es hat nur den Anschein – und das ist ein weiteres Beispiel für die Nichtlokalität in der Quantentheorie, für jene »geisterhafte Fernwirkung«, die Einstein so viel Kopfzerbrechen bereitete.

Das vorgeschlagene Experiment soll statt des einen strahlenteilenden Spiegels gleich drei aufbieten. Nachdem der ursprüngliche Lichtstrahl geteilt wurde, sollen die Strahlen in den beiden neuen Kanälen auf zwei strahlenteilende Spiegel gelenkt werden, so daß ein einzelnes Photon auf insgesamt vier Wegen durch das Experiment gehen kann. Empfindliche Detektoren an jedem der vier Kanäle werden die Ankunft jedes Photons verzeichnen, das sich durch die Apparatur einen Weg zu dieser Stelle gebahnt hat.

Verwenden wir einen Strahl elektromagnetischer Wellen, können wir ohne weiteres vorhersagen und verstehen, was geschehen wird. Der Strahl wird am ersten Spiegel geteilt, und beide Strahlhälften werden bei den Spiegeln, auf die sie später fallen, noch einmal gespalten. Am Ende des Versuchs erhalten wir vier Strahlen mit jeweils nur einem Viertel der Stärke des ursprünglichen Strahls, die alle phasengleich laufen.

So weit, so gut, nur geht es in dem Experiment um etwas anderes. Bislang haben wir nicht mehr getan, als ein Bezugssystem von Strahlen zu errichten, mit dessen Hilfe das Verhalten einzelner, aus einer anderen Quelle in den Versuch geschleuster Photonen überprüfbar wird. Der Vorschlag von Daniel Wallis und seiner Kollegen an der Universität in Auckland sieht vor, in die skizzierte Anordnung zusätzlich einzelne Photonen auf den ersten strahlenspaltenden Spiegel abzuschießen. Diese Photonen sollen in rechten Winkeln zu dem Bezugslichtstrahl in das Experiment geschleudert werden. Am Verhalten des Spiegels ändert dies nichts, wie zuvor wird er die Photonen mit gleicher Wahrscheinlichkeit durch den einen oder anderen Kanal zu den am Ende wartenden Spiegeln schicken.

Jetzt wird es interessant. Angenommen, es werden *keine* Photonen in das Experiment geschleust, dann sollte man (nachdem der Bezugsstrahl berücksichtigt wurde) erwarten, daß von keinem der Detektoren auf der anderen Seite der Versuchsanordnung ein Photon registriert wird. Aber das ist ein Irrtum. So wie die Möglichkeit besteht, daß ein Elektron ein Photon erzeugt, das sofort wieder absorbiert wird, ist es möglich, daß das Nichts (das Vakuum), spontan Photonen hervorbringt, vorausgesetzt, sie verschwinden ebenso schnell wieder im Vakuum. Daß dem so ist, folgt aus dem Unbestimmtheitsprinzip der Quantentheorie. Die Behauptung, die Wahrscheinlichkeit dafür, daß sich ein Photon in einem bestimmten Teil des Raumes aufhält, sei gleich null, verstößt gegen die Quantenregeln, denn damit brächten wir eine absolute Bestimmtheit zum Ausdruck. Demnach müssen wir zumindest eine kleine Wahrscheinlichkeit dafür einräumen, daß ein Photon *überall* auftauchen kann. Alles, was nach den Quantenregeln nicht verboten ist, scheint verbindlich zu sein, und tatsächlich sind die sogenannten Quantenfluktuationen im Vakuum ein gut belegtes Merkmal der Quantenwelt.

Aus diesem Grund wird der Detektor gelegentlich klicken, selbst dann, wenn kein Photon in das Experiment geschickt wurde. Und noch seltener werden die beiden Detektoren Gelegenheit haben, zur selben Zeit zu klicken, weil beide eines dieser »virtuellen«, plötzlich auftauchenden Photonen aufgespürt haben. Wird ein einzelnes »reales« Photon in die Versuchsanordnung geschossen, so kann es nur *einem* Weg durch das Labyrinth folgen und nur bei einem Detektor ankommend ein Klicken auslösen, immer vorausgesetzt natürlich, es verhält sich wie ein Teilchen. Schicken wir einzelne Photonen nacheinander in den Versuch, so müßte die Zahl der Registrierungen steigen, wobei es aufgrund der Vakuumfluktationen gelegentlich zu einer Koinzidenz kommt, die zum Zeitpunkt des Eintreffens eines »realen« Elektrons einen anderen Detektor beeinflußt.

Doch ganz so einfach ist die Sache nicht. Nach der Quantentheorie sind die »realen« Photonen und die Photonen des Vakuums miteinander verstrickt, was im Klartext heißt, es gibt Interferenz. Und wie im Doppelspaltexperiment bedeutet das, die beiden Komponenten werden sich manchmal verstärken, manchmal aufheben. In Abhängigkeit von den Eigenschaften der hereinkommenden Photonen sollte es in dem von der neuseeländischen Forschungsgruppe vorgeschlagenen Experiment manchmal eine größere, manchmal eine kleinere und manchmal eine gleichbleibende Anzahl von Koinzidenzen geben. Nach der Installation der vorgesehenen vier Detektoren und der nacheinander erfolgenden Einleitung von Photonen in den Versuch erwartet das Wissenschaftlerteam, bei einem Paar Detektoren eine hohe Anzahl von Koinzidenzen zu beobachten, während gleichzeitig die Zahl der Koinzidenzen beim zweiten Paar Detektoren auf einem den einfachen Vakuumfluktuationen entsprechenden Niveau bleibt.

Das wäre ein klarer Hinweis auf das Wirksamwerden von Quanteneffekten, die sich weder im Sinne rein klassischer Wellen noch im Sinne rein klassischer Teilchen deuten lassen. Die Tatsache, daß ein einzelnes, bei einem Detektor ankommendes Photon *gleichzeitig* die Wahrscheinlichkeit verändert, daß ein virtuelles, aus dem Nichts auftauchendes Photon vom zweiten Detektor auf der anderen Seite des Versuchs registriert wird, erweckt die Illusion, daß das einzelne Photon, wenn beide Detektoren gemeinsam klicken, zur gleichen Zeit an zwei Orten angekommen ist. Das ursprüngliche Photon wird zwar nur an einem Ort aufgespürt, aber es beeinflußt gleichzeitig das Geschehen an einem anderen Ort.

Es wird faszinierend sein, zu sehen, was bei diesem Versuch herauskommt. Sollten die Ergebnisse von den Voraussagen der Quantentheorie abweichen, so wäre das allerdings mehr als erstaunlich. Wird das Resultat jedoch den Erwartungen von Wallis entsprechen, so wären damit unter anderem die Belege für das faktische Auftreten von Vakuumfluktationen erhärtet. Die Vorstellung eines aktiven Vakuum ist keineswegs neu, aber es lohnt noch immer, sich näher damit zu befassen.

Etwas für Nichts

Nicht nur Photonen können als Vakuumfluktuationen aus dem Nichts auftauchen. Die Quantengesetze sorgen für einen Ausgleich zwischen der Unbestimmtheit in der Energie und der Unbestimmtheit in der Zeit. Es bedarf wenig Energie, um ein sehr leichtes Teilchen (wie ein Photon, dessen Ruhemasse, obwohl es Energie trägt, gleich null ist) für einen verhältnismäßig langen Zeitraum aus dem Nichts hervortreten zu lassen (nur »verhältnismäßig« lang, denn es geht um Bruchteile einer Sekunde). Die für die Erzeugung massiverer Teilchen benötigte Energie kann demgegenüber nur für einen entsprechend kürzeren Zeitraum vom Vakuum »geliehen« werden. (Ein Elektron-Positron-Paar zerstört sich sehr schnell und gibt seine geborgte Energie an das Vakuum zurück.) Wir sollten uns das »völlige Nichts« am besten als einen brodelnden Malstrom von Aktivität vorstellen, in dem alle Arten von Teilchen aufflackern und wieder erlöschen.

Einige Kosmologen haben sich sogar zu dem ernstgemeinten Vorschlag verstiegen, das gesamte Universum könne eine Quantenfluktuation sein. Da das Universum ungefähr 15 Milliarden Jahre alt ist und eine beträchtliche Menge von Teilchen enthält, mag dies auf den ersten Blick schwer zu schlucken sein. Doch zufällig ist die Energie eines Gravitationsfeldes in demselben Sinne negativ, wie die Massenenergie positiv ist. Würde eine kleine Blase von Energie, die der Masse des Universums entspricht, plötzlich auf der Quantenebene auftauchen, so könnten sich der Theorie zufolge ihre Massen- und Gravitationsenergie exakt entsprechen, wodurch das Quantenuniversum im Grunde eine Gesamtenergie von Null und damit eine sehr lange Lebenszeit hätte. Der entscheidende Schritt zur Erschaffung eines Universums aus dem Nichts besteht dann in einem »Inflation« genannten Vorgang, bei dem dieses subatomare Samenkorn im Bruchteil einer Sekunde zur Größe eines Basketballs aufgeblasen wird und sich danach in gesetzterer Manier weiter ausdehnt.

Aber wir sollten im Moment nicht darüber nachgrübeln, wie Universen aus dem Nichts entstehen können. Statt dessen möchte ich Ihnen ein Experiment schildern, das die Aktivität des Vakuums durch dessen Einfluß auf Natriumatome nachweist.

Es empfiehlt sich, das Vakuum nicht als »völliges Nichts« zu denken, sondern als eine Überlagerung vieler verschiedener Zustände des elektromagnetischen Feldes. (Es steht Ihnen natürlich frei, noch andere Felder hinzuzunehmen, aber wir sollten die Dinge fürs erste so einfach wie möglich halten.) Die verschiedenen Zustände des Feldes gleichen in etwa den unterschiedlichen Tönen, die wir durch das Anreißen einer Gitarrensaite erschallen lassen, und wie die Energieniveaus des Elektrons in einem Atom bilden sie eine »Energietreppe«, deren Stufenhöhe von der Energie eines einzelnen Photons diktiert wird. Emittiert ein Atom ein Photon, so geschieht folgendes: Die Energie der entsprechenden Frequenz des Vakuumfeldes nimmt um eine Einheit zu, wodurch der Energieverlust des Elektrons im Atom ausgeglichen wird. Das kurzzeitige Auftauchen eines virtuellen Photons läßt sich damit vergleichen, daß die Feldenergie sich aus eigener Kraft eine Stufe höher schwingt und dann wieder zurückpurzelt – wie eine Gitarre, die sich selbst sehr leise willkürliche Töne vorspielt.

In der Nähe einer stromleitenden Oberfläche werden jedoch

das Vakuumfeld und seine Fluktuationen modifiziert, da der elektrische Teil des Feldes an der Oberfläche eines Leiters Null sein muß. Damit wird die potentielle Aktivität des Vakuumfeldes teilweise zerstört, so daß es für ein an dem Leiter vorbeifliegendes Atom mehr Vakuumenergie auf seiner dem Leiter abgewandten Seite gibt. Infolgedessen sollte das Atom in Richtung Leiter gestoßen (oder, je nach Blickwinkel, gezogen) werden – es gibt also eine Kraft, die das Atom zur Platte zieht.

Diese Überlegung wurde bereits in den vierziger Jahren unseres Jahrhunderts angestellt, aber erst 1993 wurde der Effekt von Ed Hinds und seinen Kollegen an der Yale-Universität gemessen. Ein ähnlicher Effekt tritt auf, wenn zwei leitende Platten sehr dicht nebeneinander in ein Vakuum gestellt werden. In diesem Fall erzeugt die Modifikation des Vakuumfeldes eine Anziehungskraft zwischen den Platten. Nach dem niederländischen Physiker Hendrik Casimir spricht man vom Casimir-Effekt, und er ist viele Male unter Verwendung mannigfacher Sorten leitender Platten gemessen worden. Der Versuch an der Yale-Universität zeichnete sich jedoch durch eine außerordentliche Feinheit und Empfindlichkeit aus.

In diesem Experiment verwendeten die Forscher zwei kleine, mit Gold als leitender Substanz überzogene Glasplatten. Die beiden Platten bildeten einen V-förmigen Keil, dessen größter Abstand nur ein paar millionstel Meter maß. Durch den Spalt des »V« wurden in unterschiedlichen Höhen Natriumatome geschickt. Der Abstand zwischen den Platten wurde mit Hilfe von Interferenzstreifen, die durch reines monochromatisches Licht erzeugt wurden, an jedem Punkt mit einer Exaktheit von 5 milliardstel Meter gemessen. So wußten die Versuchsleiter genau, wie dicht die Atome an den Platten vorbeiflogen, und konnten berechnen, wie stark die Atome von der Vakuumkraft beeinflußt werden sollten. Bei ihrem Auftauchen auf der anderen Seite des »V« wurden die Atome mittels Laserstrahlen, die man von den Atomen abprallen ließ, unter die Lupe genommen. Unter Berücksichtigung der zusätzlichen Kraft entsprach das beobachtete Verhalten der Atome genau den Voraussagen der Quantentheorie, während es von dem vorausgesagten Verhalten von Atomen abwich, die durch einen klassischen Kanal derselben Breite gingen. Es wurde *gemessen*, daß das »völlige Nichts« eine Auswirkung auf einzelne Natriumatome hat.

Neben der Einfachheit des hinter dem Versuch stehenden Gedankens gefällt mir die minuziöse Feinheit, mit der er umgesetzt wurde (und nicht zu vergessen die Tatsache, daß die Quantentheorie wieder einmal triumphierte). Vierzig Jahre sollten ins Land gehen, bevor Experimentalphysiker diese theoretische Überlegung überprüfen konnten, doch das Warten hat sich gelohnt. Möglicherweise wird noch mehr Zeit verstreichen, bis die Erträge *heutiger* Theorien überprüfbar sind. Sollten derartige Experimente je durchgeführt werden, besteht die begründete Hoffnung, daß sie noch aufsehenerregender sein werden. Würden Sie etwa glauben, daß nach der Quantentheorie die Teleportation – ganz recht, die Teleportation im Stil von »Beam mich rauf, Scotty« in der Serie *Star Trek* – durchaus möglich sein könnte?

»Beam mich an Bord, Scotty«

Erinnern Sie sich noch an das EPR-»Gedankenexperiment«, das Alain Aspect und seine Kollegen in die Tat umsetzten? Sie zeigten, wie ein Paar Photonen, die aufgrund ihrer Erzeugung konträr polarisiert sein mußten – ohne daß jemand die Polarisationen kannte –, bei ihrem Flug in entgegengesetzte Richtungen miteinander verbunden bleiben. Sobald wir die Polarisation des einen Photons messen, bricht jene des anderen Photons augenblicklich in den entgegengesetzten Zustand zusammen. Diese Verknüpfung und die Fernwirkung bilden das Kernstück der von Charles Bennett, einem Mitarbeiter des IBM-Forschungszentrums in Yorktown Heights, New York, vorgeschlagenen Technik der Quantenteleportation, die er 1993 in der angesehenen Zeitschrift *Physical Review Letters* publik machte. Sehen wir einmal von den Sciencefiction-Untertönen ab, so bleibt als wichtige Tatsache bestehen, daß es der Gruppe gelang, ein anscheinend unüberwindliches Quantenproblem mit Hilfe von Quantentechniken zu lösen.

In der uns vertrauten Welt der klassischen Physik werden routinemäßig Kopien von Dingen zu entfernten Orten geschickt. Die augenscheinlichste Analogie zur Teleportation ist das Faxgerät, das über den zusätzlichen Vorteil verfügt, das Original unbeschädigt in den Händen des Absenders zu lassen, während am Bestimmungsort ein Duplikat erstellt wird. Zeitungen und Bücher werden in Auflagen von Hunderttausenden von Kopien hergestellt,[3] die, was ihren Informationsgehalt betrifft, im wesentlichen identisch sind. Auf der Quantenebene hingegen stößt das Kopiergeschäft auf allerlei Probleme.

Die erste Schwierigkeit ist eine Frage des Details. Aufgrund des Unbestimmtheitsprinzips ist es unmöglich, jede Einzelheit über sämtliche Atome, sagen wir, in einem Blatt Papier zu kennen, und das gleiche gilt natürlich auch von der genauen Lage jedes Tintenmoleküls im Aufdruck. Eine gefaxte »Kopie« wird daher stets nur eine Annäherung sein. Außerdem ändert sich der Quantenstatus eines Objektes, wenn wir es auf der Quantenebene abtasten – nach der Quantentheorie reicht schon der bloße Akt des Hinsehens aus, um das Objekt zu ändern. Und gesetzt den Fall, wir wären im Besitz der zum Kopieren eines Quantenstatus nötigen Informationen, so würden wir dennoch das Original zerstören. In gewissem Sinne gleicht dies eher einer Science-fiction-Version der Teleportation als der Funktionsweise eines Faxgerätes. Denn in Science-fiction-Erzählungen gehört es gewöhnlich zu den Charakteristika der Teleportation, daß das »Original« vernichtet wird – obgleich ein paar Geschichten auch die unangenehmen Folgen schildern, die aus dem Einsatz von Teleportationsapparaten für die Erschaffung mehrerer Kopien menschlicher Wesen resultieren.

Im Rahmen der klassischen Physik sind Informationen kopierbar, doch nur mit Lichtgeschwindigkeit (oder langsamer) übermittelbar. Eine Quanteninformation ist demgegenüber unkopierbar (Physiker witzeln gern, daß »sich ein einzelnes Quant nicht klonen läßt«), scheint sich aber mitunter, wie im EPR-Experiment, augenblicklich von einem Ort zu einem anderen zu begeben. Bennett und seine Kollegen stützten sich bei ihrem Vorschlag für ein Teleportationsgerät auf eine Mischung von klassischen Eigenschaften und Quantenmerkmalen eines Systems.

Sie stellen uns zu diesem Zweck zwei Leute vor, Alice und Bob, die ein Objekt teleportieren möchten. Bei dieser Teleportation für Anfänger ist das betreffende Objekt ein einzelnes Teilchen – vielleicht ein Elektron –, das sich in einem bestimmten Quantenzustand befindet. Zu Beginn des Versuches wird beiden, Alice und Bob, eine Kiste mit je einem Partner eines miteinander verbundenen Paares von Objekten überreicht, was darauf hinausläuft, daß sie – in Unkenntnis der Polarisation – je eines der Photonen aus dem EPR-Experiment bei sich führen. Danach treten beide eine Reise durch das Universum an. Einige Zeit später – möglicherweise sind ein paar Jährchen verstrichen – möchte Alice Bob ein weiteres Teilchen schicken. Dazu muß sie lediglich das »neue« Teilchen mit ihrem verbundenen Teilchen wechselwirken lassen und das Ergebnis messen. Durch diesen Schritt wird der Status ihres ersten Teilchens zugleich festgelegt und geändert, und das gleiche geschieht im selben Augenblick mit Bobs Teilchen.

Bob hat nicht die geringste Ahnung von Alices Tun, denn er treibt sich irgendwo auf der anderen Seite des Universums herum. Deshalb muß Alice ihm nun eine Botschaft zukommen lassen, etwa durchs Radio oder indem sie eine Annonce in Bobs Tageszeitung setzt, und ihm das Ergebnis ihrer Messung mitteilen. Die Botschaft selbst enthält nur klassische Informationen, so daß sie beliebig viele Kopien durch beliebig viele Zeitungen verschicken oder in beliebig vielen Radiosendungen in den Äther gehen lassen kann. Irgendwann wird Bob die Nachricht erhalten. Im Besitz einer Information, die ihm über das Ergebnis der Wechselwirkung zwischen Alices beiden Teilchen Auskunft gibt, kann Bob sich nun sein eigenes verbundenes Teilchen ansehen und gestützt auf diese Information den Einfluß seines ursprünglichen Teilchens aus seinem gegenwärtigen Zustand »heraussubtrahieren«. Was er dann erhält, ist eine exakte Kopie des *anderen* Teilchens, desjenigen, das Alice ihm schicken wollte. Dieses Vorhaben ist ihr geglückt, ohne daß sie wußte, wo Bob sich aufhält, und ohne direkt mit ihm gesprochen zu haben. Die ursprüngliche Version des dritten Teilchens wurde, als Alice ihre Messung vornahm, zerstört (d.h. in einen anderen Quantenzustand versetzt), so daß Bobs Exemplar, anders als eine Zeitung, einzigartig ist und ihn vollauf berechtigt, es als das ursprüngliche, ihm durch eine Verbindung von klassischer Botschaft und Fernwirkung übermittelte Teilchen zu betrachten.

Wie Bennett betont, wird hierbei kein physikalisches Gesetz verletzt, schließlich findet die Teleportation mit Unterlichtgeschwindigkeit statt – Bob ist auf Alices »klassische« Botschaft angewiesen, um sein Teilchen richtig entwirren zu können: Sollte er verfrüht einen Blick darauf werfen, verändert er dessen Quantenzustand und macht damit jede Aussicht zunichte, es auf die richtige Weise zu entwirren. »Alices Messung zwingt das andere EPR-Teilchen, sich so zu verändern, daß die ihrer Messung entspringende klassische Information eine andere Person befähigt, eine perfekte Kopie des Originals herzustellen«, allerdings mit der Einschränkung, daß »dies nicht augenblicklich geschehen kann«.[4] Wie ein Witzbold bemerkte, handelt es sich um »Teleportation, Jim, doch nicht so, wie wir sie kennen«.

Angesichts der Findigkeit der Experimentatoren stehen die Chancen nicht schlecht, daß sie noch vor Ablauf der nächsten vierzig Jahre auf diese Weise Elektronen von einem Ende des Laboratoriums zum andern oder auch um die ganze Welt (wenn nicht gar durch das Universum) schicken werden. Ein hübscher Trick, auch wenn er keine praktischen Folgen zeitigt. Und wer weiß, ob sich nicht doch welche einstellen werden – wenn nicht in bezug auf diese bestimmte Arbeit, so doch hinsichtlich anderer verwandter Untersuchungen über die Rätsel der Quantenwelt. Bennetts fruchtbare Phantasie blieb jedenfalls nicht bei der Teleportation stehen, und eine seiner anderen Leistungen, die offenbar mehr mit den Interessen von IBM zu tun hat, betrifft die Möglichkeit, mit Hilfe der Quantenmechanik einen unknackbaren Kode zu entwickeln.

Quantenkryptographie

Selbstverständlich besteht eine Verbindung zwischen diesem Problem und der Teleportation, denn das so übersandte Teilchen enthält eine Information, und im Prinzip könnte es sich dabei um eine Botschaft handeln. Ein Spion, der mit einem verbundenen Teilchen ausgerüstet ist, könnte es benutzen, um per Teleportation seinen Auftraggebern ein anderes Teilchen zu schicken. Zu diesem Zweck müßte er ihnen nur mit klaren Worten das Ergebnis der Messung mitteilen, die er durchführte, nachdem das neue Teilchen (die »Botschaft«) mit dem verbundenen Teilchen wechselwirkte. Wer auch immer diese unverschlüsselte Nachricht abfängt, wird keinerlei Nutzen daraus ziehen können, da er nicht im Besitz des zweiten verbundenen Teilchens ist.

Untersuchungen über die Möglichkeit, via Quantenkanäle nicht zu entschlüsselnde Botschaften zu übersenden, gediehen bereits in den achtziger Jahren, lange bevor noch irgend jemand an Teleportation dachte. Es gibt verschiedene Lösungsansätze für das Problem, alle beruhen jedoch auf einem Kodesystem, das einen »Schlüssel« beliebiger Zahlen verwendet.

Diese Art von Kode ist uns aus Spionagegeschichten bestens vertraut. Seine beiden Benutzer verfügen über eine identische Liste beliebiger Zahlen, den sogenannten »Kodeblock«, der den Umfang eines Telefonbuches haben kann. Der Absender der Botschaft übersetzt diese in Zahlen (vielleicht wählt er den einfachsten Weg und weist dem Buchstaben A die Ziffer 1, dem Buchstaben B die Ziffer 2 usw. zu) und wählt danach eine Seite mit beliebigen Zahlen aus seinem Block aus. Nachdem er die Zahlen des Blocks unter die den Buchstaben des Alphabets entsprechenden Zahlen geschrieben hat, addiert er die Zahlenpaare. Anschließend wird die verschlüsselte Botschaft zusammen mit der Information, welche Seite des Blocks verwandt wurde, abgeschickt, und der Empfänger muß nun lediglich die beliebig gewählten Zahlen aus der verschlüsselten Botschaft subtrahieren, um die ursprüngliche Mitteilung wiederherzustellen. Dieser Kode wird nach dem Amerikaner Gilbert Vernam, der ihn während des

Ersten Weltkrieges entwickelte, Vernam-Chiffre genannt. Manchmal spricht man auch vom »Einmal«-Verfahren, da die Spione ein Zahlenbuch in Form eines Abreißblocks bekamen, so daß jedes Blatt nach der einmaligen Benutzung vernichtet wurde. (Wird dieselbe Menge beliebiger Zahlen aus derselben Seite des Blocks zum Verschlüsseln mehrerer Botschaften verwandt, bilden sich Muster heraus, anhand deren sich der Kode knacken läßt.)

Diese Art von Kode ist nicht zu entschlüsseln, es sei denn die Person, die ihn abfängt, besitzt eine Kopie des »Einmal-Blocks«. Der Haken an der Sache ist natürlich, daß die Rührigkeit des gegnerischen Spionagedienstes es sehr wahrscheinlich macht, daß die interessierte dritte Partei den Block in die Hände bekommt, und schlimmer noch, sie kann ohne Wissen der beiden Benutzer in den Besitz einer Kopie gelangen und den Kode entschlüsseln.

Dank der Quantenphysik ist gegen beide Schwierigkeiten ein Kraut gewachsen. Die verschlüsselten Botschaften müssen gar nicht geheimgehalten werden, denn wie bei der klassischen Botschaft, die Alice an Bob sandte, sind sie ohne die Information, d.h. den Schlüssel, der durch einen Quantenkanal übermittelt wurde, nutzlos. Gesucht ist ein Weg, den Schlüssel selbst – eine Kette willkürlicher Zahlen – so von Alice zu Bob zu schicken, daß er nicht knackbar ist. Um die Dinge so einfach wie möglich zu halten, kann die Zahlenreihe im Binärsystem stehen, also eine Kette von Nullen und Einsen wie bei Computern bilden. Durch diesen Kniff läßt sich der Schlüssel durch irgendein System von aus/an-, entweder/oder-Signalen übermitteln.

Bennett und seine Kollegen haben demonstriert, wie sich das mit Hilfe von polarisiertem Licht bewerkstelligen läßt. Bei diesem Verfahren schickt Alice Bob einen Strom von Photonen, die mit Bezug auf zwei vereinbarte (einen Winkel von 45 Grad bildende) Ausrichtungen entweder senkrecht oder quer polarisiert sind, wobei die Polarisation jedes Photons zufällig ist. Bob mißt die Polarisation der eingehenden Photonen, kann aber bei jeder einzelnen Messung seinen Detektor nur auf eine der vereinbarten Polarisationsrichtungen einstellen – die wiederum beliebig gewählt ist. In jedem Fall erhält er eine Antwort, die relativ zu seinem Detektor entweder der vertikalen Polarisation (der Binärzahl 1) oder der horizontalen Polarisation (der Binärzahl 0) entspricht. Er sagt Alice dann, welche Ausrichtungen er bei seinen jeweiligen Messungen zugrunde gelegt hat, und sie sagt ihm, welche davon mit dem Zustand, in dem die Photonen abgeschickt wurden, übereinstimmen. (Sie können dafür das öffentliche Telefon benutzen.)

Bob und Alice eliminieren daraufhin alle Messungen, für die Bob die »falsche« Ausrichtung gewählt hat, und erhalten so eine Kette von Einsen und Nullen, ihren sicheren Schlüssel im Binärsystem. Nach dieser Schilderung scheint es sich um ein äußerst ermüdendes Geschäft zu handeln, in der Praxis würde natürlich jeder, der sich eines solchen Systems bedient, die langweilige Plackerei von einem Computer erledigen lassen.

Das Wunderbare an diesem Verfahren ist, daß eine dritte Partei den von Alice und Bob benutzten Kode nur dann in Erfahrung brächte, wenn sie den Quantenkommunikationskanal »belauschen« und die Polarisation der Photonen messen würde, während sie ihn passieren. Durch diesen Eingriff ändert sich allerdings, wie wir wissen, die Polarisation eines Photons! Selbst wenn der Lauscher das gemessene Photon kopiert und an Bob weiterleitet, wird es einer Zufallsverteilung unterworfen sein. Bob und Alice können sich gegen diesen Eingriff mit Hilfe von Standardverfahren schützen, die einfach darin bestehen, jeden fünften, jeden siebten oder irgendeinen anderen Buchstaben des Schlüssels zu vergleichen, ohne den ganzen Schlüssel aufzudecken.

Das alles mag weit hergeholt und unwahrscheinlich klingen, doch Bennett und seine Kollegen haben tatsächlich ein auf diese Weise funktionierendes System ausgetüftelt. Zugegeben, bei diesem Prototyp werden die verschlüsselten Botschaften nur über eine Entfernung von 30 cm geschickt. Der Grund dafür ist freilich sehr simpel: Sie haben das System auf einem Schreibtisch aufgebaut. Im Prinzip spricht nichts dagegen, polarisierte Photonen unverändert durch mehrere Kilometer Glasfasern zu schicken. Außerdem sollten wir nicht vergessen, daß der erste von John

Logie Baird gebaute Fernsehsender ein Bild auch nur über eine Distanz von einigen Metern ausstrahlte.

Die Quantenkryptographen sind bereits dabei, bessere Wege für die Übermittlung ihrer Kodeschlüssel zu erfinden. Artur Ekert von der Universität Oxford – er hat übrigens auch mit Bennett zusammengearbeitet – führte vor, wie sich die benötigte beliebige Zahlenreihe aus einer Spielart des EPR-Experimentes gewinnen läßt. Die auf eine geeignete Weise verbundenen, aber ungemessenen EPR-Photonen werden in entgegengesetzte Richtungen geschossen, ein Strahl zu Alice und ein Strahl zu Bob. Mit Hilfe von Detektoren, die entsprechend einer Reihe zuvor vereinbarter Polarisationsrichtungen beliebig eingestellt sind, können *beide* – Bob und Alice – die Polarisation ihrer Photonen messen. Sie teilen sich dann über einen herkömmlichen öffentlichen Kommunikationsweg mit, welche Messungen sie angestellt haben, *verschweigen* aber deren Ergebnisse. Am Ende werfen sie alle Messungen raus, bei denen sie verschiedene Ausrichtungen gewählt haben und erstellen ihren Sicherheitsschlüssel aus den Ergebnissen jener Messungen, die sie mit einem identisch eingestellten Polarisationsdetektor durchgeführt haben. Selbstverständlich berücksichtigen sie dabei den Umstand, daß die Photonen eines EPR-Paares nach der Messung die entgegengesetzte Polarisation aufweisen: d. h., Bob wird immer dort eine 1 erhalten, wo Alice eine 0 erhält und umgekehrt. Wiederum wird jeder Versuch, den Quantenkommunikationskanal »anzuzapfen« und einen Blick auf die Photonen zu werfen, bevor sie bei Bob und Alice eintreffen, deren Polarisation auf eine erkennbare Weise stören.

Wie diese Beispiele verdeutlichen, werden die Quanteneigenschaften von Photonen mittlerweile für praktische Zwecke genutzt, allerdings noch nicht so, daß sie kommerziell ausbeutbar wären und Quantenkodegeräte oder Teleportationsapparate über den Ladentisch gingen. Aber immerhin erleben wir die Anfänge mit buchstäblich schreibtischgroßen Prototypen. Damit steht die Existenz von Photonen wie auch die Tatsache, daß sie sich sowohl wellen- als auch teilchenförmig verhalten, außer Frage. Während die Experimentalphysiker diese seltsamen Quanteneigenschaften in die alltägliche Welt der Ingenieurstätigkeit hineinzutragen scheinen, haben andere Experimente das einfache Bild von der Teilchennatur der Photonen umgestoßen, indem sie »in« das Photon eindrangen. Dank der Quantenunschärfe müssen wir uns heute offensichtlich auch das Innere eines Photons als eine brodelnde Masse von Teilchen denken. Schließlich verfügt ein Photon über mehr Energie als das Vakuum, und wenn im Vakuum eine Menge virtueller Teilchen herumschwirren, warum nicht auch in einem Photon?

Im Inneren des Photons

Nach meiner bisherigen Schilderung könnte man meinen, Photonen seien einfache Größen, die mit anderen Teilchen nur über die Effekte der elektromagnetischen Kraft wechselwirken können. Wie könnte es auch anders sein, da Photonen aus Elektromagnetismus »bestehen«? Neben der Schwerkraft (die eine sehr schwache Kraft ist und für subatomare Teilchen weitgehend vernachlässigt werden kann) und dem Elektromagnetismus selbst gibt es zwei weitere, auf der subatomaren Ebene wirksam werdende Kräfte. Die schwache Kernkraft bestimmt dasjenige Verhalten der Atomkerne, das für Radioaktivität und den Atomzerfall verantwortlich ist, während die starke Kernkraft die Teilchen (Protonen und Neutronen) zusammenhält, aus denen Atomkerne bestehen. Die Wissenschaftler gehen sogar davon aus, daß Protonen und Neutronen ihrerseits aus fundamentaleren Größen, den sogenannten Quarks, zusammengesetzt sind und daß die starke Kraft zwischen diesen wirkt. Das Ganze sieht wie eine sehr saubere und ordentliche Angelegenheit aus. Dennoch scheinen einige Experimente zur Wechselwirkung energiereicher Photonen mit Protonen den Schluß nahezulegen, daß die Photonen selbst durch die starke Kraft beeinflußt werden – gleichsam als »spürten« sie die Quarks im Inneren des Protons und nicht nur dessen elektrische Ladung.

Diese beunruhigenden Hinweise auf eine zusätzliche Aktivitätsschicht bei Photonen veranlaßte Wissenschaftler vom Desy Laboratorium bei Hamburg zu Beginn der neunziger Jahre, Versuche mit hochenergetischen Photonen anzustellen. Tatsächlich erbrachten die Experimente den Nachweis, daß sich Photonen wie komplexe Entitäten verhalten, deren Inneres aus einem Wirrwarr von Quarks, Elektronen und anderer Teilchen besteht. Wir können diesen Sachverhalt auf die gleiche Weise erklären wie die Quantennatur des Vakuums. Die Unschärfe hinsichtlich der Energiemenge, die ein Photon trägt, ermöglicht es ihm, sich für eine kurze Zeit in ein Quark-Antiquark-Paar (und andere Dinge mehr) zu verwandeln, ebenso wie aufgrund der Unschärfe der Nullpunktenergie im Vakuum Elektron-Positron-Paare und dergleichen entstehen und vergehen. Stößt das Photon, während es sich in einem solchen Zustand befindet, mit einem Proton zusammen, dann werden die Quarks im »Inneren« des Photons direkt mit den Quarks im Proton wechselwirken und einen Schauer anderer Teilchen auslösen, die sich mit gängigen Verfahren aufspüren lassen.

Die Folgen dieser neuen Entdeckungen zeichnen sich noch keineswegs klar ab, und sicherlich werden sie die Experimentalphysiker noch auf Jahre hinaus beschäftigen. Allerdings herrscht über den entscheidenden Punkt der Entdeckung kein Zweifel mehr. Nachdem wir uns mühsam mit der Vorstellung vertraut gemacht haben, daß Licht als Welle-Teilchen-Dualismus zu beschreiben ist, müssen wir uns nun mit dem Gedanken anfreunden, daß das Licht selbst sich in Materie und dann wieder in Licht verwandeln kann, und das alles auf einer Ebene, auf der Bruchteile einer Sekunde mit der Planck-Zeit als Maßeinheit gemessen werden – also 10^{-43} Sekunden.

Dieses Verhalten mag merkwürdig sein, aber immerhin trägt es zu der erfreulichen Symmetrie zwischen Licht und Materie, Wellen und Teilchen bei, die ein so ausgeprägtes Kennzeichen der Quantenwelt ist. Außerdem haben wir schon in einem Äquivalent zum Doppelspaltexperiment Bekanntschaft mit Atomen gemacht, die unter geeigneten Umständen »zwei Wege auf einmal« einschlagen und auf eine Weise interferieren, wie wir sie für gewöhnlich von Lichtwellen erwarten. Warum sollten wir dann nicht auch den Gedanken zulassen, daß Licht»wellen« sich nicht nur wie eine spezielle Art von Teilchen (Photonen) verhalten, sondern unter geeigneten Umständen sogar wie jene Teilchen, aus denen die Atome letztlich zusammengesetzt sind?

Wie aber *verhalten* sich Materieteilchen, Atome eingeschlossen? Wir haben erfahren, daß sie in einem gewissen Sinne gar nicht wirklich als Teilchen existieren, nämlich dann, wenn niemand sie beobachtet und kein Experiment ihre Position oder eine andere ihrer Eigenschaften mißt. Quantenobjekte existieren so lange als eine Überlagerung von Zuständen, bis ein von außen hinzutretendes Ereignis den Zusammenbruch der Wahrscheinlichkeitswellenfunktion auslöst. Was aber geschieht, wenn wir das Teilchen *ununterbrochen* beobachten? In dieser modernen Variante eines Paradoxons, das der griechischen, im 5. vorchristlichen Jahrhundert lebende Philosoph Zenon von Elea berühmt gemacht hat, wird ein beobachtendes Atom, solange wir es beobachten, seinen Quantenzustand niemals ändern. Sogar wenn wir das Atom in einen instabilen, angeregten, hochenergetischen Zustand versetzen (wie jene Atome, die zur Erzeugung einzelner Photonen für die früher beschriebenen paradoxen Versuche genutzt wurden), wird es, solange wir es beobachten, für immer in diesem Zustand verharren, stets auf der Kippe liegend, doch nur dann fähig, in einen stabilen, niederenergetischen Zustand zu springen, wenn keiner hinsieht. Dieser Gedanke – eine natürliche Konsequenz der Vorstellung, daß eine unbeobachtete Quantenentität *nicht* als Teilchen existiert – schwirrt seit den späten siebziger Jahren in den Köpfen der Physiker herum. Nach dieser Theorie wird der Quantenkochtopf niemals kochen, solange wir hineinschauen. Und Versuche zu Beginn der neunziger Jahre haben das bestätigt.

Ein Blick in den Quantentopf

In der Absicht, das Irrige an unseren gewöhnlichen Auffassungen vom Wesen der Zeit und der Bewegung zu demonstrieren, formulierte Zenon eine Reihe von Paradoxien, die das Unmögliche »beweisen«. In einem seiner Beispiele wird ein Pfeil auf einen rennenden Hirsch abgeschossen. Da der Pfeil jedoch nicht zugleich an zwei Orten sein kann, muß er sich, wie Zenon sagt, zu jedem Zeitpunkt an *einem* bestimmten Ort in der Luft zwischen dem Schützen und dem Hirsch befinden. Ist der Pfeil aber an einem bestimmten Ort, so bewegt er sich nicht, und wenn er sich nicht bewegt, wird er den Hirsch niemals treffen.

Zweifelsohne ist Zenons Schlußfolgerung falsch, solange wir es mit Pfeilen und Hirschen zu tun haben, und selbstverständlich war er sich darüber im klaren. Mit Hilfe seines »Paradoxons« wollte er lediglich die Frage beleuchten, *warum* es falsch ist. Mit Hilfe der Infinitesimalrechnung, die nicht nur die Position des Pfeiles zu jedem Zeitpunkt beschreibt, sondern auch dessen stetige Ortsveränderung, ist das Rätsel ohne weiteres lösbar. Aus dem Blickwinkel der Quantenideen ist es ohnehin ein leichtes, Zenons Argument den Wind aus den Segeln zu nehmen, da wir ihnen zufolge nicht wissen, welche Position der Pfeil in jedem Augenblick hat und mit welcher Geschwindigkeit er sich exakt bewegt, so daß er ruhig weiterfliegen kann (ja, nach dieser Auffassung existiert nicht einmal ein genauer Zeitpunkt, da die Zeit selbst der Unbestimmtheit unterworfen ist). Das Äquivalent zu Zenons Pfeil-Argument trifft jedoch auf einen »Kochtopf« mit ein paar tausend Beryllium-Ionen tatsächlich zu.

Ein Ion ist ein Atom, dem ein Elektron oder mehrere Elektronen entrissen wurden. Daher ist das Ion insgesamt positiv geladen, weshalb Ionen in einem elektrischen Feld eingefangen und mittels einer Art elektrischer Falle an einem Ort festgehalten werden können: dem »Kochtopf«. Wissenschaftler des amerikanischen National Institute of Standards and Technology in Boulder, Colorado, haben einen Weg entdeckt, den Topf mit Beryllium-Ionen zum Kochen zu bringen und ihn während des Kochens zu beobachten – und prompt hörte er auf zu kochen.

Zu Beginn des Versuchs wiesen sämtliche Ionen denselben Quantenenergiezustand auf, den die Forschergruppe Stufe 1 nannte. Indem sie Radiowellen einer bestimmten Frequenz für genau 256 Millisekunden auf die Ionen niederprasseln ließen, gelang es ihnen, die Ionen in einen höheren, Stufe 2 genannten Energiezustand übergehen und so gleichsam »kochen« zu lassen. Wie und wann vollziehen nun die Ionen den Übergang von einem Quantenzustand zu einem anderen? Denken Sie daran, daß die Ionen sich erst dann für einen Zustand entscheiden, wenn dieser gemessen wird – d. h., wenn jemand einen Blick auf die Ionen wirft.

Die Quantentheorie besagt, daß es bei einem solchen Übergang nicht um alles oder nichts geht. Das Zeitintervall von 256 Millisekunden wurde in diesem Versuch nicht grundlos gewählt, denn es entspricht dem für dieses bestimmte System charakteristischen Zeitraum, nach dessen Ablauf ein einzelnes Ion mit nahezu hundertprozentiger Wahrscheinlichkeit auf Stufe 2 übergegangen ist. Für andere Quantensysteme gelten andere charakteristische Zeiten (vergleichbar der individuellen Halbwertszeit radioaktiver Atome), doch im großen und ganzen ist das Verhalten gleich. In unserem Fall ist es nach 128 Millisekunden (der »Halbwertszeit« des Überganges [5]) gleich wahrscheinlich, daß ein einzelnes Ion den Übergang vollzogen hat oder sich noch auf Stufe 1 befindet. Wir haben also eine Überlagerung von Zuständen vor uns. Während der 256 Millisekunden verändert sich die Wahrscheinlichkeit kontinuierlich von 100 Prozent für Stufe 1 bis zu 100 Prozent für Stufe 2, und in allen dazwischenliegenden Zeitpunkten befindet sich das Ion in einer entsprechenden Überlagerung von Zuständen mit einer entsprechenden Mischung der Wahrscheinlichkeiten. Bei der Beobachtung muß sich ein Quantensystem jedoch stets in einem *bestimmten* Zustand befinden; wir können nie eine Mischung von Zuständen »wahrnehmen«.

Beobachten wir die Ionen, nachdem die 256 Millisekunden zur Hälfte verstrichen sind, so sollten sie nach der Theorie gezwungen sein, zwischen den beiden möglichen Zuständen zu wählen, so wie sich Schrödingers Katze, wenn wir in die Kiste schauen, »entscheiden« muß, ob sie nun lebt oder tot ist. Die Hälfte der Ionen müßte sich nun mit gleicher Wahrscheinlichkeit für die eine oder die andere Möglichkeit entschieden haben. Anders als beim Katzen-Experiment ist diese theoretische Voraussage, wie Newton es sich gewünscht hätte, tatsächlich im praktischen Versuch überprüft worden.

Die NIST-Mitarbeiter entwickelten eine schlaue Technik, um die Ionen bei ihrer Entschlußfassung, welchen Zustand sie nun annehmen sollen, zu beobachten. Zu diesem Zweck schossen sie einen kurz aufblitzenden Laserstrahl in den Quantenkochtopf, dessen Energie auf diejenige der Ionen im Topf abgestimmt war, und zwar so, daß er die Ionen auf der Stufe 2 nicht beeinträchtigen würde, während er die Ionen der Stufe 1 auf einen höheren Energiezustand, d. h. Stufe 3, beförderte, von dem sie unmittelbar darauf (in weniger als einer Millisekunde) wieder auf Stufe 1 zurückfallen mußten. Bei diesem Vorgang emittierten diese angeregten Ionen charakteristische Photonen, die sich aufspüren und messen ließen. Aus der Zahl der Photonen konnten die Forscher schließen, wie viele Ionen sich auf Stufe 1 befanden, als der Laserimpuls sie traf.

Natürlich befanden sich, als der Laserimpuls nach 128 Millisekunden »einen Blick auf sie warf«, die Hälfte der Ionen noch auf Stufe 1. Warfen die Versuchsleiter in den 256 Millisekunden jedoch viermal in gleichen Zeitabständen einen flüchtigen Blick in den Topf, so waren am Ende des Versuchs zwei Drittel der Ionen *noch immer* auf Stufe 1. Taten sie es sogar 64mal (d. h. alle 4 Millisekunden), so hatte nahezu keines der Ionen die Stufe 1 verlassen. Obwohl die Radiowellen ihr Bestes taten, um die Ionen zu erhitzen, dachte der Quantentopf gar nicht daran zu kochen.

Der Grund dafür ist, daß nach Ablauf der ersten 4 Millisekunden die Wahrscheinlichkeit für den Übergang eines Ions auf Stufe 2 lediglich 0,01 Prozent beträgt. Zwar hat sich die Wahrscheinlichkeitswelle des Ions schon ausgebreitet, aber sie ist größtenteils noch immer auf den der Stufe 1 entsprechenden Zustand konzentriert. Daher wird der Laser, der einen flüchtigen Blick auf die Ionen wirft, natürlich sehen, daß sich 99,99 Prozent noch auf Stufe 1 aufhalten. Er hat indes mehr als das getan. Durch seine Beobachtung war das Ion genötigt, sich für einen Quantenzustand zu entscheiden, so daß es sich jetzt wieder rein auf der Stufe 1 befindet. Wiederum beginnt sich die Wahrscheinlichkeitswelle auszubreiten, um nach 4 Millisekunden durch einen weiteren Blick erneut in den der Stufe 1 gemäßen Zustand zusammenzubrechen. Noch bevor die Welle die Möglichkeit erhält, sich weiter auszubreiten, zwingt der nächste Blick sie wieder auf die Stufe 1 zurück, und am Ende des Versuchs hatten die Ionen keine Gelegenheit, sich unbeobachtet auf Stufe 2 zu begeben.

Es gibt in diesem Experiment eine winzige Wahrscheinlichkeit dafür, daß ein Ion den Übergang während des 4 Millisekunden langen Intervalls vollzieht, in dem es unbeobachtet ist. Das schafft allerdings nur ein Ion aus 10 000. Daß die Ergebnisse des NIST-Experiments so nah an die Voraussagen der Quantentheorie heranreichen, beweist, daß die Ionen, würden sie die ganze Zeit beobachtet, sich *niemals* veränderten. Sollte die Welt, wie die Quantentheorie annimmt, nur als beobachtete existieren, dann trifft auch zu, daß sie sich bloß wandelt, weil sie nicht ständig beobachtet wird.

Diese Überlegung wirft ein interessantes Licht auf die alte philosophische Frage, ob der Baum wirklich da ist, wenn ihn niemand wahrnimmt. Eines der traditionellen Argumente für die ununterbrochene Wirklichkeit des Baumes lautete, auch wenn kein menschliches Wesen hinschaue, so ruhe doch immerhin Gottes Blick unaufhörlich auf den Dingen. Nach den jüngsten Belegen sollte man meinen, daß selbst Gott blinzeln muß, und zwar recht schnell, wenn der Baum wachsen und sich verändern soll.

Wir »sehen« also, daß Ionen, wenn wir sie nicht aus den Augen lassen, in einen bestimmten Quantenzustand eingefroren werden. Und dank der Forscher am IBM-Forschungszentrum in San Jose, Kalifornien, »sehen« wir außerdem die Wahrscheinlichkeitswellen, die über das Verhalten der Elektronen entscheiden.

Das große elektronische Kesseltreiben

In den neunziger Jahren entwickelten Franz Hasselbach und seine Kollegen an der Tübinger Universität eines der raffiniertesten Beispiele für das Wirksamwerden der Elektronenwelle. Sie benutzten dazu die verfeinerte Version eines Mitte der fünfziger Jahre ebenfalls in Tübingen erfundenen Instrumentes: ein Elektroneninterferometer.

Das Elektroneninterferometer ist eine Variante des Experimentes mit den zwei Löchern. Zu einem negativ geladenen Draht wird ein Strahl Elektronen geschickt. Die negative Ladung des Drahtes stößt die negative Ladung der Elektronen ab. Da das Gerät ganz und gar symmetrisch entworfen ist, laufen die Elektronen des Strahls mit einer je 50prozentigen Wahrscheinlichkeit an der einen oder der anderen Seite des Drahtes vorbei. Etwas weiter befindet sich ein positiv geladener Draht, der so ausgelegt ist, daß er die auf beiden Seiten vorbeilaufenden Elektronen anzieht und wieder zusammenführt. Schließlich verzeichnet ein Detektor – wie in der bekannteren Version des Doppelspaltexperimentes – die Ankunft der Elektronen auf einem Bildschirm.

Schickt man die Elektronen nacheinander durch das Interferometer, so bilden sie auf dem am Ende befindlichen Bildschirm ein Interferenzmuster, gleichsam als hätten sich die einzelnen Elektronen, während sie den ersten Draht passierten, geteilt, um sich am zweiten Draht wieder zu vereinigen und miteinander zu interferieren. (Ich bin sicher, daß Sie das Ergebnis nicht mehr schockieren kann. Nach allem, was Sie bereits erfahren haben, sollte es Sie höchstens erstaunen, wenn sich die Elektronen *nicht* so verhielten.) Bis jetzt wohnen wir lediglich einer weiteren, wenn auch besonders feinsinnigen Variante des Doppelspaltexperimentes bei. Die Tübinger Forschergruppe hat sich aber 1992 noch eine zusätzliche Finesse einfallen lassen.

Bei dieser Versuchsreihe verbanden sie das Elektroneninterferometer mit einem sogenannten Wienschen Filter. Ein Wiensches Filter besteht aus einem Paar elektrisch geladener Platten mit einem Zwischenraum (im Grunde genommen handelt es sich um einen Kondensator), der von einem rechtwinklig verlaufenden Magnetfeld überbrückt wird. Geladene, das Filter passierende Teilchen, wie beispielsweise Elektronen, »spüren« sowohl die Einwirkung des elektrischen wie des magnetischen Feldes. Die beiden

Felder sind so ausbalanciert, daß jedes durch das Filter gehende Teilchen leicht abgelenkt wird, es sei denn, es bewegt sich mit einer bestimmten, der Anordnung des Filters entsprechenden Geschwindigkeit. Die Tübinger Forscher hoben nun die Symmetrie des ursprünglichen Versuchs auf, indem sie das Wiensche Filter so zwischen die beiden geladenen Drähte des Elektroneninterferometers stellten, daß die eine Hälfte des »gespaltenen« Elektronenstrahls bei ihrem Durchgang einen Zug spüren mußte, während die andere unbehelligt blieb. Infolgedessen ging die eine Hälfte der Elektronenwelle schneller durch das Interferometer und geriet zu ihrem Gegenstück außer Phase. Dadurch änderte sich das Interferenzmuster auf dem Bildschirm genau so, wie es die Quantentheorie vorhersagte, und der Effekt trat selbst dann auf, wenn die Elektronen nacheinander durch das Interferometer geschickt wurden. Somit haben wir einen neuen Beweis für das Wellenverhalten der Elektronen, aber das ist nicht genau das gleiche, wie die Wellen selbst zu »sehen«. Dieses Kunststück gelang erst 1993, als die IBM-Forscher das erste große Treiben im Quantenpferch veranstalteten.

Die dabei eingesetzte Technik gibt uns nicht allein Aufschluß über die Realität der Quantenwelle, sie hat zudem praktische Auswirkungen, da wir mit ihrer Hilfe einzelne Atome manipulieren und auf einer Oberfläche anordnen können. Die sogenannte »Nanotechnologie« mag sehr bald zum Bau kleinerer, schnellerer und effizienterer Computer wie auch anderer submikroskopischer Gegenstände beitragen, die nach Meinung einiger Wissenschaftler eine neue industrielle Revolution auslösen werden. Mittels eines sogenannten Raster-Tunnel-Elektronenmikroskops (RTM) ordneten die IBM-Wissenschaftler auf einer Kupferfläche 48 Eisenatome zu einem vollkommen kreisförmigen Ring mit einem Durchmesser von 14 milliardstel Meter[6] an. Das war ihr »Quantenpferch«. Für ein Elektron innerhalb des Ringes aus Eisenatomen stellen diese eine undurchdringliche kreisförmige Wand dar, und nach der Quantentheorie werden die von der Wand reflektierten Elektronenwellen im Ring eine stehende Welle bilden, ein in der Zeit eingefrorenes Wellenmuster, gleich einer Gitarrensaite, die ewig denselben Ton spielt.

So verhält es sich wenigstens, wenn wir der Quantentheorie Glauben schenken. Die Dichte der Elektronen an jedem Ort innerhalb des Quantenpferches ist mit Hilfe des Raster-Tunnel-Mikroskops meßbar, und die Messungen werden in ein Bild des Elektronenmusters umgesetzt, wie es uns erscheinen würde, falls wir es unmittelbar mit eigenen Augen sehen könnten. Das Bild gleicht haargenau einer Photographie von Wellen, die sich um jenen Punkt im Teich ausbreiten, wo ein Stein hineingefallen ist. Kurz gesagt, was wir sehen, ist die stehende Elektronenwelle selbst.

Wir beobachten also, daß Elektronen sich wie Wellen verhalten. Wie ich im Vorwort bereits sagte, verhalten sich sogar Atome in Varianten des Doppelspaltexperiments wie Wellen. Dennoch ist bemerkenswert, daß Hans Dehmelt von der Universität in Washington, Seattle, 1989 den Nobelpreis für seine schließlich erfolgreichen Pionierarbeiten erhielt: Es gelang ihm, sowohl einzelne Elektronen als auch einzelne Atome in magnetische »Kisten« einzusperren (vergleichbar dem Quantentopf, der im Experiment des Zenonschen Paradoxes verwandt wurde) und ihr Verhalten als *Teilchen* zu beobachten. Es ist unmöglich, ein einzelnes so eingefangenes Elektron unmittelbar zu »sehen«. Doch in den achtziger Jahren machten Dehmelt und seine Mitarbeiter nicht nur ein einzelnes Bariumatom auf diese Weise in einer modifizierten »Penning-Falle« dingfest, sie photographierten tatsächlich das Atom dank des von ihm emittierten natürlichen blauen Lichtes. Auf der Photographie erschien es als winziger blauer Fleck inmitten eines riesigen schwarzen Meeres. Wenn Sie bereit sind zu akzeptieren, daß eine Photographie keinen schlechteren Beweis liefert als das, was Sie mit eigenen Augen gesehen haben (schließlich verdanken wir unser Wissen über entfernte Galaxien und andere Objekte im Universum auch nur Photographien), dann sind wir nun in der Lage, ein einzelnes Atom zu sehen.

Gleichwohl hindert das Philosophen und Quantentheoretiker

nicht daran, sich weiterhin die Köpfe darüber heiß zu reden, ob das Atom, wenn niemand es photographiert, vorhanden ist oder nicht. Wahrscheinlich habe ich Ihnen nun genug Beispiele für die seltsame Wirklichkeit der Quantenwelt unterbreitet, so daß ich nun zur Sache kommen und Ihnen wie versprochen erklären sollte, worum es in der Quantenrealität letztlich geht. Bevor ich mich in die verschiedenen, marktgängigen Deutungen der Quantentheorie verstricke – die meisten von ihnen werden Außenstehenden wie tollkühne Heilmittel oder wie der sprichwörtlich letzte Strohhalm vorkommen –, sollte ich vielleicht anhand zweier abschließender Beispiele für das merkwürdige Verhalten des Lichtes deutlich machen, was wir eigentlich zu erklären versuchen.

Wann existiert ein Photon?

Was die Entwicklung der Quantentheorie in den letzten paar Jahren so interessant macht, ist die Art und Weise, in der Ideen, die lediglich als »Gedankenexperimente« ersonnen wurden und die ursprünglich gar nicht für eine praktische Umsetzung vorgesehen waren, tatsächlich in praktische Experimente mündeten, die uns eindringlich die Merkwürdigkeit der Quantenwelt demonstrierten. Das von John Bell gedanklich aufbereitete und von Alain Aspects Forschungsgruppe praktisch umgesetzte EPR-Experiment ist dafür ein typisches Beispiel. In diesem Fall mußte ein halbes Jahrhundert vergehen, bevor das Gedankenexperiment realisiert wurde; in anderen Fällen war der experimentelle Fortschritt sehr viel rasanter.

John Wheeler, Richard Feynmans Doktorvater, unterbreitete während seiner Arbeit an der Universität von Austin in Texas einen besonders raffinierten Vorschlag. Ich habe dieses Gedankenexperiment der »verzögerten Entscheidung« in *Auf der Suche nach Schrödingers Katze* en passant besprochen, ohne damit zu rechnen, daß das Experiment bereits ein paar Jahre nach Erscheinen meines Buches tatsächlich durchgeführt werden würde. Auch erwähnte ich in diesem Zusammenhang eine buchstäblich kosmische Version des Gedankenexperiments, in der das Licht entfernter Quasare eine Rolle spielt. Mitte der achtziger Jahre glaubte *niemand*, daß diese Version des Experimentes durchführbar sei. Doch heute, zehn Jahre später, stehen die Aussichten sehr gut, daß die Messungen des Quasarlichtes, die Wheeler vor weniger als zwanzig Jahren in einem Gedankenexperiment erwog, in Kürze realisierbar sind.

Das Experiment der verzögerten Entscheidung ist im Grunde genommen eine Variante des Doppelspaltexperimentes. Wir wissen mittlerweile, daß auch Photonen, die nacheinander durch das Experiment gejagt werden, auf dem Bildschirm am Ende der Versuchsanordnung ein Interferenzmuster hervorrufen. Anscheinend durchläuft jedes Photon auf beiden Wegen das Experiment und interferiert mit sich selbst. Außerdem haben wir erfahren, daß wir stets einzelne, nur *einen* Spalt passierende Photonen beobachten, wenn wir den Versuch so gestalten, daß ein Monitor die Photonen bei ihrem Durchgang durch die Spalten überwacht: In diesem Fall erhalten wir keine Interferenzmuster auf dem entfernten Bildschirm. Durch unsere Entscheidung, wie wir die Photonen beobachten wollen, verändern wir ihr Verhalten an den Spalten.

Wheeler zeigte, daß es im Prinzip möglich ist, die Detektoren, welche die Elektronen überwachen sollen, mittwegs zwischen die beiden Spalten und den entfernten Bildschirm zu plazieren. Das ermöglicht uns zu sehen, ob sich die Photonen *nach* ihrem Durchgang durch die Spalten, aber noch *vor* ihrer Ankunft auf dem Bildschirm wie Teilchen oder wie Wellen verhalten. Nach der Quantentheorie müßten wir, sobald das Elektron in dem einen oder anderen Kanal aufgespürt wird, die Wellenfunktion des ganzen Experimentes zusammenbrechen lassen und dürften folglich kein Interferenzmuster erhalten. Schalten wir aber den Detektor aus und lassen die Photonen unbeobachtet vorbeifliegen, so sollte sich das Interferenzmuster erneut abzeichnen. Das Verhalten des Lichts an den Spalten wird demnach erst nach seinem Durchgang bestimmt. Damit nicht genug: Wie Wheeler deutlich machte, müssen wir uns erst nach dem Durchgang des Lichtes durch die beiden Spalten entscheiden, ob wir den Detektor anschalten oder nicht – daher der Begriff der »verzögerten Entscheidung«.

Wie schon die Geschichte von Schrödingers Katze beleuchtet auch dieses Gedankenexperiment die Absurdität der Quantenmechanik. Doch anders als das Experiment mit Schrödingers Katze wurde dieses Experiment von zwei unabhängig voneinander arbeitenden Gruppen an der Universität von Maryland und an der Münchner Universität durchgeführt. Sie entschieden sich für die Variante, in der ein einzelner Laserstrahl durch einen halbdurchlässigen Spiegel geteilt wird. Eine Strahlenhälfte läuft durch einen sogenannten Phasenverschieber, so daß er sich im Verhältnis zum anderen Halbstrahl leicht außer Phase befindet (um einen bekannten Betrag). Sodann werden die beiden Halbstrahlen wieder vereinigt, um ein Interferenzmuster zu erzeugen (dieses Verfahren entspricht genau der Art und Weise, in der im Tübinger Experiment Elektronen »gespalten« und phasenverschoben wurden). Sogenannte Pockels-Zellen lassen sich als Detektoren in beide Teilstrahlen stellen, um das Durchlaufen der Photonen zu registrieren, während Detektoren am Ende der Versuchsanordnung feststellen, ob der wiedervereinigte Strahl ein Interferenzmuster erzeugt oder nicht.

Die Pockels-Zellen waren blitzschnell, innerhalb von 9 milliardstel Sekunden, an- oder abstellbar. Die Länge des Weges, den jeder Strahl vom Spiegel bis zum Detektor zurücklegte, betrug etwa 4,30 Meter. Ein mit Lichtgeschwindigkeit reisendes Photon benötigt für diese Strecke 14,5 milliardstel Sekunden. Die Pockels-Zellen konnten mithin ein- oder ausgeschaltet werden, *nachdem* das Licht den Strahlenteiler passiert hatte (natürlich sollte ein Computer nach dem Zufallsprinzip entscheiden, ob die Zellen an- oder abgeschaltet wurden; ein menschliches Eingreifen war ganz überflüssig). Die Ergebnisse beider Forschungsgruppen entsprachen der Quantentheorie. Waren die Detektoren angeschaltet, verhielt sich das Licht wie Photonen, wobei jedes Photon den einen oder anderen Weg nahm und keine Interferenz erkennen ließ (selbstredend gibt es in einem 4,30 Meter langen Lichtblitz eine Unmenge von Photonen, die allesamt »entscheiden« müssen, wie sie sich vor ihrer Ankunft an den Detektoren verhalten sollen). Waren die Detektoren ausgeschaltet, verhielt sich das Licht auch dann, wenn ein Strom einzelner Photonen auf den strahlenteilenden Spiegel abgeschossen wurde, wie Wellen, wobei das Licht augenscheinlich beiden Wegen folgte und anschließend Interferenz erzeugte. Das Verhalten der Photonen am Strahlenteiler hängt also davon ab, wie wir es beobachten *werden*, selbst wenn wir uns noch nicht darüber im klaren sind, für welche Beobachtung wir uns letztlich entscheiden!

Ein wahrhaft eindrückliches Beispiel für die Realisierung eines Gedankenexperimentes. Die offenbare Fähigkeit der Photonen, im voraus zu wissen, ob die Detektoren bei ihrer Ankunft an- oder ausgeschaltet sein werden, erstreckt sich jedoch nur über einen Zeitraum von ein paar milliardstel Sekunden. Solange sich die »Voraussicht« in einem derartig bescheidenen Rahmen bewegt, mögen Sie keinen großen Anlaß zur Besorgnis sehen. Aber genau an dieser Stelle kommt die kosmologische Version des Gedankenexperimentes ins Spiel, die sich Wheeler Anfang der achtziger Jahre ausgedacht hat.

Wheeler machte darauf aufmerksam, daß der Gravitationslinsen-Effekt eine kosmologische Version des Doppelspaltexperimentes ermöglichen könnte, präziser gesagt ein Zwei-Wege-Experiment. Damals wußte niemand so recht, ob sich der Gravitationslinsen-Effekt entfernter Quasare mit erdgestützten Teleskopen ausmachen läßt. Doch seitdem sind mehrere Beispiele des Phänomens entdeckt worden. Dabei geschieht folgendes: Das Licht eines Tausende von Millionen von Lichtjahren entfernten Quasars passiert eine Galaxie, die irgendwo auf dieser langen Sichtlinie liegt. (Ein Lichtjahr ist die Entfernung, die das Licht in einem Jahr zurücklegt. Wenn Sie sich daran erinnern, daß das Licht von der 150 Millionen km entfernten Sonne uns in weniger als 500 Sekunden erreicht, können Sie ermessen, um welche Dimensionen es hier geht.) Bei geeigneter Konstellation von Galaxie und Quasar wird die Gravitationskraft der Galaxie das vorbeifliegende Licht so beugen, daß die Photonen auf zwei Wegen um die Galaxie laufen (gleich einem einzelnen Photon, das auf zwei Wegen den geladenen Draht in einem Elektroneninterferometer umgeht) und dabei zwei Bilder des Quasars entstehen lassen, eines auf jeder Seite der von der Erde aus betrachteten Galaxie.

Im Prinzip spricht nichts dagegen, das Licht der beiden Bilder so zu verbinden, daß hier auf Erden ein Interferenzmuster sichtbar wird. Damit hätten wir den »Beweis«, daß sich das Licht wie eine Welle verhält und die hinderliche Galaxie auf beiden Wegen umgeht. Andererseits könnten wir mit Pockels-Zellen (oder etwas Ähnlichem) die Ankunft der beiden Bilder des Quasars auf der Erde überwachen. Laut Voraussage der Quantentheorie sollten die Photonen der beiden Bilder unter diesen Umständen, d. h. nach ihrer Überwachung durch die Pockels-Zellen, bei ihrem Eintreffen auf dem Bildschirm kein Interferenzmuster hervorrufen. Damit wäre »bewiesen«, daß sich das Licht wie Teilchen verhält, wobei jedes Photon auf dem einen oder dem anderen Weg die dazwischenliegende Galaxie umrundet haben muß.

Es gibt allerdings einen Haken an der praktischen Umsetzung dieses Gedankenexperimentes (und deshalb glaubte 1980 auch niemand, daß es jemals etwas anderes als ein Gedankenexperiment sein werde): Es ist zwar möglich, die Photonen von den beiden Bildern des Quasars aufzufangen, aber leider ist die Galaxie, die das Licht beugt, so riesenhaft, daß dadurch die Information in den beiden Strahlen ausgelöscht wird. Jeder Lichtquelle eignet eine charakteristische »Kohärenz-Zeit«, innerhalb deren die von ihr emittierten Lichtwellen phasengleich sind. Wird diese Zeitspanne überschritten, geraten die Wellen willkürlich und unvorhersagbar außer Phase. Der Längenunterschied der beiden um eine Galaxie herumführenden Lichtwege beträgt mehrere Lichtwochen, und dieser Betrag liegt viel höher als die Kohärenz-Zeit des von einem Quasar ausgehenden Lichtes. Aus diesem Grund gerät die Information, die wir dem Licht entnehmen könnten, durcheinander und ist für die Erzeugung eines Interferenzmusters auf der Erde unbrauchbar.

1993 erregte die Nachricht, man habe eine andere Form des Gravitiationslinsen-Effekts entdeckt, großes Aufsehen unter den Astronomen. Dabei ging es um ein unsichtbares und massives Objekt in unserer Galaxie, das an einem Stern einer anderen Galaxie vorbeizieht und den entfernten Stern dadurch »funkeln« läßt, daß verschiedene auf dem Gravitationslinsen-Effekt beruhende Bilder des Sterns durch das Gesichtsfeld ziehen. Vermutlich sind diese massiven Objekte nicht größer als der Planet Jupiter, weshalb die Unterschiede in den Weglängen entsprechend kleiner als beim galaktischen Gravitationslinsen-Effekt ausfallen. In dem Maße, wie unsere Beobachtungen und die Technik unserer Teleskope besser werden, sollte es durchaus möglich sein, auf diese Weise Interferenzmuster im Licht ferner Sterne oder sogar von Quasaren zu entdecken. Dann ist es nur noch ein kleiner Schritt bis zum experimentellen Einsatz von Pockels-Zellen und zur Unterbrechung der Interferenz.

Um Ihnen die Ungeheuerlichkeit des Gesagten vor Augen zu führen, lassen Sie mich noch hinzufügen, daß die Photonen, die bei unseren mit den Teleskopen verbundenen Detektoren eintreffen, vor einer Milliarde Jahren von einem 10^{22} km entfernten Quasar aufgebrochen sind. Diese Photonen haben die »Wahl«, sich auf zwei Wegen zur Erde zu begeben. Sie können entweder den einen oder den anderen Weg einschlagen, oder sich gar auf geheimnisvolle Weise aufspalten und beide Wege gleichzeitig nehmen. Welcher Route sie folgen, nachdem sie vor einer Milliarde Jahren in einer Entfernung von 10^{22} km ihre Reise angetreten haben, scheint davon abzuhängen, ob sich ein Astronom auf der Erde – vielleicht Ende der neunziger Jahre oder zu Beginn des nächsten Jahrhunderts – entscheidet, eine mit dem Teleskop zur Beobachtung der Photonen verbundene Pockels-Zelle einzuschalten oder nicht.

Das Irreführende an dieser Vorstellung des Geschehens liegt für Wheeler in der Annahme,

> daß ein Photon vor der Beobachtung durch einen Astronomen eine bestimmte physikalische Gestalt hat. Man hält es entweder für eine Welle

> oder für ein Teilchen, entweder muß es die Galaxie auf zwei Wegen oder nur auf einem Weg umgangen haben. Doch in Wirklichkeit sind Quantenphänomene weder Wellen noch Teilchen, sondern ihrem Wesen nach erst im Augenblick der Messung definierbar. In gewissem Sinne ist der These des englischen Philosophen Bischof Berkeley zuzustimmen, der vor zwei Jahrhunderten erklärte, ›Sein heißt, wahrgenommen zu werden‹.[7]

Ich weiß nicht, ob ich das für hilfreich halten soll. Wie immer wir das Geschehen beschreiben, es ist nicht daran zu rütteln, daß etwas *sehr* Seltsames in dieser kosmologischen Version des Experimentes der verzögerten Entscheidung abläuft. Das ganze Universum scheint im voraus zu »wissen«, welches Experiment irgend jemand irgendwann in den nächsten paar Jahren möglicherweise auf einer chilenischen Bergspitze durchführen wird. Wheeler ist nicht einmal vor der Behauptung zurückgeschreckt, das gesamte Universum existiere allein deswegen, weil jemand es beobachte; und alles bis zum Urknall vor etwa 15 Milliarden Jahren wäre so lange unbestimmt, wie es nicht wahrgenommen wird. Damit stehen wir – wie schon bei dem Gedankenexperiment mit der Katze – vor der schwierigen Frage, welches Geschöpf klug genug ist, sich seiner eigenen Existenz (und der des Universums) gewahrzuwerden und so die kosmische Wellenfunktion zusammenbrechen zu lassen. Auf dieses Problem werde ich unter anderem im nächsten Kapitel zu sprechen kommen. Zunächst möchte ich noch einen kleinen Abstecher unternehmen und aus einer anderen Perspektive die Frage des Zusammenbruchs der Wellenfunktion beleuchten. Dabei geht es um ein Gedankenexperiment, dem zufolge das *Fehlen* einer Beobachtung den Zusammenbruch der Wellenfunktion eines Systems auslösen kann.

Dieses wunderschöne Beispiel für die Merkwürdigkeit der Quantenwelt stammt aus den frühen fünfziger Jahren und heißt nach dem deutschen Physiker Mauritius Renninger, der zuerst auf diese Idee verfiel, »Renningers Experiment des negativen Ergebnisses«. Es gehört zu den Beispielen der Quantenmerkwürdigkeiten, die sehr leicht zu verstehen, aber schwer zu erklären sind.

Bei meiner geringfügig veränderten Version des Gedankenexperimentes müssen Sie sich folgendes vorstellen: Wir haben eine Quelle, die ein einzelnes Quantenteilchen in eine beliebige Richtung emittiert (was nichts Besonderes ist, da gewöhnliche radioaktive Kerne dies ständig tun). Sie befindet sich im Zentrum einer großen Hohlkugel, deren Innenfläche mit einem Material beschichtet ist, das an der Aufschlagstelle eines Teilchens aufblitzt. Nach der allgemein akzeptierten Quantenbeschreibung des Vorgangs breitet sich nach der Emission des Teilchens eine Quantenwahrscheinlichkeitswelle gleichmäßig in alle Richtungen um die Quelle herum aus, da für sämtliche Emissionsrichtungen dieselbe Wahrscheinlichkeit besteht. Erreicht die Wahrscheinlichkeitswelle die Innenfläche der kugelförmigen Hülle, so beobachten wir genau an dem Punkt, an dem die Wellenfunktion zusammenbricht, ein Aufblitzen. Das Teilchen ist nur »wirklich«, wenn es beobachtet wird – also einen Funken schlägt –, nicht jedoch während seiner Reise von der Quelle zur Kugel.

Bis hierhin ist alles ganz einfach. Doch nun schiebt sich zwischen Quelle und Kugel ein hemisphärischer Schild, der genau die Hälfte der äußeren Kugel vom Gesichtsfeld der Quelle abschirmt. Wie die äußere Kugel, besteht diese innere hemisphärische Schale aus einem funkenschlagenden Material, das aufleuchtet, sobald es von einem Teilchen aus der Quelle getroffen wird. Was geschieht nun, wenn die Quelle ein Teilchen emittiert?

Wir können ohne Probleme eine sehr einfache, nur zwei Endzustände berücksichtigende Quantenbeschreibung der möglichen Versuchsergebnisse liefern. Wo genau das Teilchen einen Funken auf der äußeren oder inneren Kugel auslöst, ist gleichgültig, von Interesse ist lediglich, auf welcher der beiden Kugeln es aufschlägt. Entweder erzeugt das Teilchen einen Funken auf der inneren Kugel, oder es läßt eine Stelle auf der äußeren Kugel aufblitzen, und nach meiner Situationsbeschreibung sind beide Versuchsergebnisse gleich wahrscheinlich. Nun veranlassen wir die Quelle erneut, ein Teilchen zu emittieren, und wiederum spricht die Quantentheorie von einer sich in sämtliche Richtungen gleichmäßig ausbreitenden kugelförmigen Wahrscheinlichkeitshülle. Wir warten ab, was geschieht, und zwar werden wir ein wenig länger warten, als das Teilchen bräuchte, um gegen die innere Kugel zu prallen, doch nicht so lange, daß es die äußere Kugel erreichen könnte. Da wir keinen Blitz auf der inneren Kugel sehen, *wissen* wir jetzt, daß das Experiment mit einem Blitz auf der äußeren Kugel enden wird – das Teilchen muß in die falsche Richtung emittiert worden sein, weg von der inneren Kugel. Die fünfzigprozentige Wahrscheinlichkeit der Quantenwelle, daß der Funke entweder auf der Hemisphäre oder auf der äußeren Kugel erscheint, ist in die hundertprozentige Gewißheit zusammengebrochen, daß der Blitz auf der äußeren Kugel zu registrieren sein wird. Allerdings hat der Beobachter in Wirklichkeit überhaupt nichts »beobachtet«! Das Ergebnis resultiert allein aus dem veränderten *Wissen* des Beobachters über den Versuchsvorgang. Der Beobachter muß also so intelligent sein, daß er seine Schlüsse daraus zu ziehen weiß, was geschieht, und daraus, was geschehen wäre, falls sich das Teilchen auf die innere Hemisphäre zubewegt hätte. (Zweifellos wäre eine Katze nicht intelligent genug, um den Zusammenbruch dieser bestimmten Wahrscheinlichkeitswelle zu bewirken.) Folgen wir der Kopenhagener Deutung, dann läßt unter diesen Umständen das *Fehlen* einer Beobachtung die Quantenwelle ebenso wirkungsvoll zusammenbrechen wie eine durchgeführte Beobachtung.

Die Annahme, daß der Beobachter – und nicht nur irgendein Beobachter, sondern ein intelligenter – die entscheidende Rolle spielt, ist das Herzstück der Kopenhagener Deutung der Quantenmechanik. Nur ist sie sehr schwer zu begründen, es sei denn, wir sehen darin einen tollkühnen Kunstgriff, die Theorie so zusammenzuflicken, daß sie den pragmatischen Zweck erfüllt, ein brauchbares »Kochbuch« für die Quantenmechanik zu liefern. Der Quantenkoch hält sich um bestimmter Ziele willen an die Rezepte, ohne auch nur im geringsten zu verstehen, was vor sich geht, während der Quantenkuchen in der Backröhre ist.

Obwohl sich die meisten Physiker mehr als ein halbes Jahrhundert damit zufriedengaben, den Rezepten zu folgen, und sich nicht weiter den Kopf über die Quantenkocherei zerbrachen, fehlte es nie an alternativen Erklärungsansätzen für die Merkwürdigkeiten der Quantenwelt. Leider hatten alle angebotenen Alternativen, trotz hitziger Debatten, bis vor kurzem nicht weniger Schönheitsfehler als die Kopenhagener Deutung selbst. Dennoch lohnt es sich, diese verzweifelten Versuche Revue passieren zu lassen, und sei es nur, um einen Eindruck davon zu vermitteln, was eine angemessene Interpretation der Quantentheorie alles erklären muß. Außerdem hoffe ich, Sie damit auf meine am Ende des Buches stattfindende Enthüllung einer überlegenen Theorie so vorzubereiten, daß Sie dann auch nachhaltig beeindruckt sind.

4 VERZWEIFELTE MASSNAHMEN

Immer wieder nimmt man mit Erstaunen wahr, daß in der Quantentheorie ganz verschiedene Deutungen darüber im Umlauf sind, was diese Theorie »wirklich bedeutet«. Und obgleich sich die meisten von ihnen hinsichtlich ihrer philosophischen Grundlagen wechselseitig ausschließen, erklären sie allesamt exakt das Verhalten bekannter Experimente und sagen richtige Ergebnisse für neue Versuche voraus. Nach Newtons Kriterien dürfen sie alle als gute Theorien gelten! Kein anderer Zweig der Wissenschaft kann mit einem solchen Phänomen aufwarten; beispielsweise gibt es nicht ein halbes Dutzend oder mehr Deutungen der Einsteinschen Allgemeinen Relativitätstheorie oder irgendeiner anderen großen physikalischen Theorie des 20. Jahrhunderts.

Die Wahl zwischen den uns angebotenen quantentheoretischen Deutungen erinnert stark an die Wege, zwischen denen sich ein Photon im Doppelspaltexperiment entscheiden kann. Offenbar bleibt es ihm unbenommen, beide Wege zugleich einzuschlagen, obwohl sie sich in der Alltagswelt ausschließen. Für die Quantentheorie scheinen sich viele verschiedene, einander widersprechende Deutungen anzubieten, die nichtsdestoweniger wie das Photon, das beide Löcher zugleich passiert, in gewissem Sinne alle richtig sind. Statt zu versuchen, die »richtige« Interpretation herauszupicken, sollten wir nach Ansicht einiger Physiker (in erster Linie wäre hier Heinz Pagels, der Autor des *Kosmischen Codes*, zu nennen) aus jeder Theorie ein paar neue Erkenntnisse über die Quantenwelt schöpfen und sie gewissermaßen in einer Art Überlagerung der Möglichkeiten gemeinsam in den Blick nehmen. Doch nur wenige Fachleute sind liberal genug, sich dieser Auffassung anzuschließen. Man wird im Gegenteil (unter denen, die sich überhaupt mit dieser Materie befassen) mehr Physiker finden, die verbissen daran festhalten, daß ihre eigene Deutung die richtige ist, während alle übrigen Interpretationen »offensichtlich« falsch sein müssen.

Mitte der achtziger Jahre vereinigten Paul Davies (damals Physikprofessor an der Universität Newcastle upon Tyne) und Julian Brown (Redakteur bei der BBC) ihre Talente und produzierten für die BBC eine Radiosendung zur Quantentheorie, in der sie auf köstliche Weise den Charakter dieser Debatte verdeutlichten – falls »Debatte« nicht ein zu zahmer Ausdruck für eine derartige wissenschaftliche Schlammschlacht ist. In Gesprächen mit acht der derzeitig führenden Quantenphysiker baten sie diese um ihre Ansichten zu den Quantenrätseln und deren mögliche Erklärungen. Nach Ausstrahlung der Sendung erschienen die ungekürzten Aufzeichnungen der Interviews zusammen mit einleitenden Bemerkungen als Buch unter dem Titel *Der Geist im Atom*. Hier können wir sehr schön sehen, wie jeder Fachmann feierlich behauptet, nur eine bestimmte Deutung sei die richtige und alle anderen seien zu verwerfen. Die Krux an der Sache ist nur, daß sie sich nicht darüber einig sind, *welche* Deutung nun die richtige ist. Ohne groß von Zweifeln geplagt zu sein, machen sie sich, mit wenigen Ausnahmen, für ihre Version der Wirklichkeit stark und ziehen die Meinungen anderer ins Lächerliche. Klarer und verständlicher als jeder andere mir bekannte Text demonstriert das Buch, daß nicht nur zwischen den verschiedenen Interpretationen, sondern auch zwischen ihren Interpreten Welten liegen. Deshalb werde ich zur Erhellung der Unterschiede gelegentlich daraus zitieren.

Allerdings beabsichtige ich keineswegs, einen erschöpfenden Überblick über alle Deutungen der Quantenrealität zu geben. Statt dessen begnüge ich mich mit einem kurzen Abriß einer Handvoll der wichtigsten Anwärter. Meiner Ansicht nach vermag keine befriedigend zu klären, was die Welt zusammenhält, obgleich ich Pagels zustimmen würde, daß sie alle nützliche Einsichten enthalten. Wie ich eingehender im nächsten Kapitel erörtern möchte, ist ein theoretisches »Modell« nicht nur dann brauchbar, wenn es vollkommen ist. Nirgendwo wird das deutlicher als am Beispiel der Kopenhagener Deutung, einem fraglos fehlerhaften Modell, das dennoch ein gutes halbes Jahrhundert die praktische Grundlage für die Quantenkocherei lieferte.

Der Kopenhagener Zusammenbruch

Daß die Kopenhagener Deutung zur »offiziellen« Erklärung der Quantenrealität aufsteigen konnte, verdankt sich einerseits einem historischen Zufall und andererseits dem dummen Fehler eines Mathematikers, der zu den ganz Großen unseres Jahrhunderts zählt. Der historische Zufall wollte es, daß die Kopenhagener Deutung die erste war, die sich in dem Sinne praktisch umsetzen ließ, daß sie Rezepte bereitstellte, mit deren Hilfe alle Quantenköche, die sich nicht für die dunkleren Rätsel und die philosophischen Fragen interessierten, ihren Quantenkuchen backen konnten. (Von Vorteil war sicherlich auch, daß sie von Niels Bohr, einer sehr eindrucksvollen Persönlichkeit, verfochten wurde, der nur selten in einem Streitgespräch unterlag.) Solange die Kopenhagener Deutung auf der praktischen Ebene griff, vermochten ihre tieferen Implikationen nur wenigen Quantenmechanikern den Schlaf zu rauben.

Noch Mitte der achtziger Jahre behauptete sich die Kopenhagener Deutung nicht nur unter den philosophisch desinteressierten Quantenköchen als anerkannte Position. Sir Rudolf Peierls, ein 1907 in Berlin geborener Physiker, der, bevor er sich in England niederließ, mit vielen Pionieren der Quantenmechanik zusammenarbeitete, stellte in seinem Beitrag zu *Der Geist im Atom* unmißverständlich fest: »Also, zuerst einmal möchte ich der Bezeichnung ›Kopenhagener Interpretation‹ widersprechen. Weil sich das so anhört, als gebe es verschiedene Interpretationen der Quantenmechanik. Es gibt nur eine einzige. Es gibt nur eine Möglichkeit, die Quantenmechanik zu verstehen.«[1] Hier spricht ein Physiker der alten Schule, jemand, der in der Tradition von Niels Bohr, Werner Heisenberg und Max Born steht.

Mittlerweile sollten Sie eine recht gute Vorstellung von der Pointe der Kopenhagener Deutung gewonnen haben – von ihrer Verbindung aus Komplementaritätsprinzip, Wahrscheinlichkeitswellen und Zusammenbruch der Wellenfunktion –, so daß ich mir eine Wiederholung der Einzelheiten ersparen kann. Vergessen Sie aber nicht, daß *ein* Bein des Dreifußes, nämlich Bohrs Komplementaritätstheorem, heute von Versuchen angesägt worden ist, in denen ein einzelnes Photon in ein und demselben Experiment als Teilchen und als Welle beobachtet wird. Und behalten Sie auch im Auge, daß nach der Kopenhagener Schule eine Quantenentität, z. B. ein Elektron oder ein Photon, *keine* Eigenschaften wie etwa Ort und Impuls *hat*, es sei denn, sie werden gemessen. Behauptet wird nicht nur, daß wir die Werte der Eigenschaften nicht kennen; nach der Theorie existieren diese Eigenschaften erst, wenn sie beobachtet werden.

Damit gerät das große Problem der Kopenhagener Deutung ins Blickfeld. Wann (oder wo) findet der Zusammenbruch der Wellenfunktion statt? Vermag ein Geigerzähler die Emission eines radioaktiven Atomteilchens zu registrieren und die Wellenfunktion des ganzen Systems zusammenbrechen zu lassen, das in Schrödingers Experiment mit der Katze involviert ist? Angesichts solcher Versuche, wie Renninger sie ersann, in denen das *Fehlen* einer Messung für den Zusammenbruch der Wellenfunktion verantwortlich ist, muß diese Frage wohl verneint werden! Müssen wir daraus schließen, daß Bewußtsein, ja Intelligenz, ein wesentlicher Bestandteil des Zusammenbruchs der Wellenfunktion ist?

Seit den Kindertagen der Kopenhagener Deutung haben philosophisch ambitionierte Physiker darüber gestritten, wo genau die Schnittstelle zwischen Alltags- und Quantenwelt verläuft. Reinblütige Kopenhagener meinen, die physikalischen Eigenschaften, die wir etwa einem Elektron zusprechen, stellten nicht mehr (und nicht weniger) als die Beziehungen dar, die zwischen Elektronen und Meßgeräten herrschen, und deshalb »eignen« diese Eigenschaften dem ganzen System und nicht den Elektronen. In einem August 1993 vor der Britischen Vereinigung zur Förderung der Wissenschaften an der Keele-Universität gehaltenen Vortrag prägte David Mermin eine besonders treffende Analogie für diese Deutung des Geschehens.

Psychologen und Biologen debattieren heftig über das Wesen der Intelligenz, über ihren Vererbungsanteil und die Einflüsse von Umwelt und Erziehung. Sie haben einen sogenannten »IQ-Test« entwickelt, der den menschlichen »Intelligenz-Quotienten« mißt. Jahrzehntelang waren viele Wissenschaftler davon überzeugt, daß IQ-Tests ein zuverlässiges Maß für die Intelligenz liefern; doch mittlerweile nimmt man allgemein an, daß IQ-Tests die Fähigkeit der Leute messen, IQ-Tests zu absolvieren. Möglicherweise ist die angeborene Intelligenz ein Faktor, der diese Fähigkeit beeinflußt, gewiß aber ist sie nicht der einzige. Das Ergebnis des »Experimentes«, in dem wir jemanden einem IQ-Test unterziehen, hängt von der Art des Experimentes selbst ab. (Dazu ein triviales Beispiel: Ist der Test auf russisch formuliert und Sie beherrschen diese Sprache nicht, dann haben Sie nicht die geringste Chance, gut abzuschneiden.)

Ähnlich liegen die Dinge, wenn wir etwa den Impuls eines Elektrons messen wollen. Was wir dabei in Wirklichkeit messen, ist die Fähigkeit eines Elektrons, Fragen über den Impuls zu beantworten. Möglicherweise besitzt das Elektron keine solche Eigenschaft wie einen Impuls, jedenfalls nicht in der Weise, in der wir in der Alltagswelt darüber sprechen; wohl aber verfügt es über andere Fähigkeiten, etwa die, Fragen über den Impuls in einer bestimmten Weise zu beantworten. So erhalten wir Versuchsergebnisse – »Antworten« –, die wir zwar als Größe des Impulses interpretieren, die uns jedoch bei Lichte besehen nur Auskunft über die Fähigkeit der Elektronen geben, auf Impuls-Tests zu reagieren, und die nichts über ihren wirklichen Impuls aussagen, so wie uns die Ergebnisse von IQ-Messungen nur die Fähigkeit von Leuten anzeigen, in IQ-Tests zu antworten, ohne daß wir anschließend ihre wirkliche Intelligenz kennen.

Nick Herbert, ein amerikanischer Physiker, schlug eine andere Analogie vor. Bohr erklärte, es gebe keine isolierten Materieteilchen, da es sich in Wahrheit bloß um Abstraktionen handle, die wir anhand ihrer Wechselwirkungen mit anderen Systemen identifizieren, beispielsweise wenn wir den »Impuls« eines Elektrons »messen«. Herbert meint, dies sei einem Regenbogen vergleichbar.[2] Ein Regenbogen existiert nicht als ein materielles Objekt, und er erscheint jedem Beobachter an einem anderen Ort. Zwei Menschen sehen niemals denselben Regenbogen (selbst unser rechtes Auge »sieht« nicht genau denselben Regenbogen wie unser linkes Auge). Gleichwohl ist er »real« – schließlich können wir ihn photographieren. Es gilt aber auch, daß er erst dann real ist, *wenn* er beobachtet oder photographiert wird. Auf dieselbe Weise sind, wie Bohr meint, die Eigenschaften einer Quantenentität wie etwa eines Elektrons eine Art Täuschung, hervorgerufen von der Wechselwirkung der Quantenentität mit der Versuchsanordnung.

Nach dieser Grundversion der Kopenhagener Deutung ist eine »Tatsache« nichts anderes als das Aufzeichnen eines Meßergebnisses: das Ticken eines Geigerzählers oder ein Lichtblitz, der das Auftreffen eines Elektrons auf dem Detektorbildschirm anzeigt. Nun bestehen aber auch die Meßgeräte aus Elektronen, aus Atomen und anderen Quantenentitäten. Wie läßt es sich da vermeiden, sie nicht ebenso wie die anderen Quantenentitäten aufzufassen? Im Prinzip wird auch der Geigerzähler von einer Quantenwahrscheinlichkeitswelle beschrieben; ehe er gemessen wird, befindet er sich ebenfalls in einer Überlagerung von Zuständen (»ticken« und »nicht ticken«). Wir können uns vorstellen, daß ein Detektor erst anhand der Überwachung durch einen zweiten Detektor »wirklich« wird, doch nun befindet sich dieser Detektor seinerseits (wie Schrödingers Katze) in einer Überlagerung von Zuständen, bis er von einem dritten Detektor überwacht wird usw. Das Ganze mündet in einen unendlichen Regreß. Aus diesem Grund sehen sich einige Quanteninterpreten zu dem Schluß genötigt, daß sich das besondere, den Zusammenbruch der Wellenfunktion auslösende Etwas im Gehirn intelligenter Beobachter abspielt.

Ich denke, also ...

Noch immer bewegen wir uns im Rahmen der Kopenhagener Deutung oder jedenfalls einer ihrer althergebrachten Varianten. Nach Peierls (der, wie wir sahen, als Urkopenhagener auftritt) ist »der Augenblick, wo Sie die eine Möglichkeit fallenlassen können und nur die andere im Auge behalten« dann gekommen, wenn Sie sich »der Tatsache bewußt werden, daß das Experiment ein eindeutiges Ergebnis erbracht hat«.[3]

Dieser Gedankengang veranlaßte John Wheeler zu der Schlußfolgerung, das Universum existiere nur als beobachtetes. So gesehen ist *Erkenntnis* ein Kernbegriff der Quantenmechanik und die Existenz des Bewußtseins von entscheidender Bedeutung. Mit der Annahme, die Unterscheidung zwischen Quanten- und Alltagswelt hinge irgendwie von der Größe ab, hat das wenig zu tun, obgleich auch dieser Gedanke den Segen der Kopenhagener Deutung genießt. Und wiederum stoßen wir auf ein altes Problem: Wo sollen wir die Trennlinie ziehen? In seinem Buch *The Emperor's New Mind* hat Roger Penrose von der Universität Oxford argumentiert (ohne zu überzeugen, wie ich finde), daß die Gravitation den Schlüssel zur Lösung liefere. Da die Gravitation eine sehr schwache Kraft ist, dürfen wir sie bei solchen Größen wie Elektronen getrost vernachlässigen. Wäre es nicht denkbar, daß in dem Augenblick, da genügend Materie versammelt ist, um die Gravitation spürbar werden zu lassen, die »Quantenhaftigkeit« eines Objektes zerstört und es in ein alltägliches »klassisches« Objekt verwandelt wird? Penrose bringt etliche raffinierte Argumente vor, bei denen das Verlorengehen von Informationen in schwarzen Löchern eine Rolle spielt sowie die Frage, wie Quantenaktivitäten an anderen Orten im Universum den Verlust ausgleichen können. Doch im großen und ganzen klingt das alles wenig überzeugend. Etwas einsichtiger ist demgegenüber David Bohms Idee, daß es möglicherweise die Wärme ist, welche die Grenzen der Quantenwelt unscharf macht. Nach seiner Überlegung wird jedes Atom und jedes Elektron durch zufällige Wärmebewegungen ununterbrochen herumgestoßen, und vielleicht wird die Quantenhaftigkeit der Entitäten dann aufgehoben, wenn sie eine bestimmte Größe erreicht haben und genügend gegeneinander stoßende Teilchen enthalten.

Doch davon wollen jene Quanteninterpreten, die meinen, alles spiele sich nur »im Kopf« ab, nichts wissen. Sie behaupten, auch ein Objekt von der Größe des Mondes, das aus unzähligen Atomen besteht, die von der Gravitation zusammengehalten und von einer der Temperatur des Mondes entsprechenden zufälligen Wärmebewegung herumgestoßen werden, existiere nicht, wenn niemand es betrachtet. David Mermin von der Cornell-Universität gehört zu den Physikern, die dergleichen vertreten. Allerdings sollten wir uns ihrer Meinung nach nicht vorstellen, daß der unbeobachtete Mond einfach verschwindet. Vielmehr müßten wir davon sprechen, daß alle Atome, Elektronen und andere Quantenbestandteile des Mondes – vergleichbar den im 3. Kapitel beschriebenen Beryllium-Ionen im Quantenkochtopf – hinsichtlich ihres Quantenzustandes ungewiß werden. Von den Zuständen, in denen sie sich bei unserem letzten auf sie geworfenen Blick befanden, breiten sich sehr langsam Wahrscheinlichkeitswellen aus, und der ganze Mond beginnt sich in einen Quantengeist aufzulösen. Wegen seiner Größe läuft dieser Prozeß jedoch sehr langsam ab. Es müssen nicht nur ein paar Nanosekunden, sondern Millionen (wenn nicht Milliarden) von Jahren vergehen, bis der Mond in der Quantenunbestimmtheit verschwindet. Aber bevor es dazu kommt, schaut jemand zum Mond hinauf und läßt ihn wieder in einen genau bestimmten Zustand mit einem exakt festgelegten Massezentrum in einer bestimmten Umlaufbahn um die Erde zusammenbrechen. Die scheinbare Existenz des Mondes (und aller anderen Dinge) als eines wirklichen Objekts ist nach dieser Interpretation bloß ein weiteres Beispiel für das Phänomen, daß ein beobachteter Quantentopf nicht kocht.

John Bell faßte die Lage prägnant zusammen, als er schilderte, was beim Abschießen von Elektronen auf einen Szintillationsschirm geschieht. Der Schirm wird photographiert und jemand betrachtet die Photographie, um das Versuchsergebnis festzustellen:

> Nun gibt es eine romantische Alternative [zu der Idee, daß die Trennung zwischen der Quanten- und der Alltagswelt eine Frage der Größe ist]. Sie akzeptiert die Existenz einer derartigen – sei es nun scharfen oder unscharfen – Trennung zwischen ›Quantenwelt‹ und ›klassischer‹ Welt. Doch statt die Trennlinie irgendwo zwischen dem Großen und dem Kleinen zu ziehen, verortet sie diese sozusagen zwischen ›Materie‹ und ›Geist‹. Wenn wir versuchen, die quantentheoretische Erklärung der Elektronenkanone soweit wie möglich zu vervollständigen, so berücksichtigen wir zuerst den Szintillationsschirm, dann den Film, dann die Entwicklungschemikalien, danach das Auge des Versuchsleiters... und sodann (warum nicht) sein Gehirn. Schließlich besteht das Gehirn ebenfalls aus Atomen, Elektronen und Kernen, und was sollte uns davon abhalten, auch darauf die Wellenmechanik anzuwenden... vorausgesetzt natürlich, wir sind klug genug, eine so komplizierte Ansammlung von Atomen zu berechnen. Hinter dem Gehirn aber liegt... der Geist. Und wer würde behaupten, daß er materiell sei? Zweifellos stoßen wir endlich auf etwas, das sich klar von dem gläsernen Bildschirm und dem Film unterscheidet.[4]

Quanteninterpreten, die solche Gedanken weiterentwickeln möchten, sehen im Gehirn selbst eine Art von Quantensystem, das auf eine ganzheitliche oder nichtlineare Weise funktioniert und sich hervorragend dafür eignet, Wellenfunktionen zusammenbrechen zu lassen. Wie Henry Stapp von der Universität von Berkeley dargelegt hat, laufen im Denken und im Bewußtsein ohne Zweifel Quantenprozesse ab. Menschliche Nerven, einschließlich jener des Gehirns, arbeiten durch die Übermittlung elektrischer Impulse und durch die chemische Transmission von Impulsen über Synapsen (die wir uns als Knotenpunkte zwischen den Nerven vorstellen können). Ein durch die Nerven fließender Impuls löst die Freisetzung von Kalziumionen aus, welche die Lücke überwinden und den nächsten Impuls auslösen. Ein typisches Kalziumion legt dabei in 200 millionstel Sekunden 500 milliardstel Meter zurück. Wie Stapp meint, »zeigen einfache Schätzungen des Unbestimmtheitsprinzips, daß das Wellenpaket des Kalziumions zu einer Größe anwachsen müßte, welche diejenige des Kalziumions um ein Vielfaches übersteigt. Infolgedessen wird die Vorstellung von einer einzelnen klassischen Bahn ungeeignet: Im Prinzip müssen wir auf Quantenbegriffe zurückgreifen.«[5]

Dies ist wahr und, einmal ausgesprochen, geradezu selbstverständlich. Nur unterscheidet sich diese Feststellung nicht qualitativ von Bells Bemerkung, daß das Gehirn aus Atomen bestehe und deshalb den Gesetzen der Wellenmechanik unterliege. Damit wird freilich nicht behauptet, daß aufgrund dieser Quanteneigenschaften des menschlichen Gehirns kein künstliches Computergehirn jemals Bewußtsein haben könne, obgleich einige Leute diesen Schluß ziehen wollten. Schließlich bestehen elektronische Computer ebenfalls aus Atomen und gehorchen deshalb den Gesetzen der Quantenmechanik. Sollte sich beispielsweise herausstellen, daß die besonderen Eigenschaften von Kalziumionen, die sich an den Synapsen in die Bereiche der Quantenunbestimmtheit ausbreiten, ein wesentlicher Bestandteil des Bewußtseins sind, so wäre es (im Prinzip) einfach, ein künstliches Computer-Gehirn zu bauen, das dieses Verhalten einschließt.

Doch genug davon. Zwar sind einige noch weiter auf diesen mystischen Pfaden gewandert, aber das können wir uns ersparen. Ich habe Ihnen gezeigt, wohin die Kopenhagener Deutung Sie führt, wenn Sie ihr folgen. Und hoffentlich konnte ich Sie davon überzeugen, daß sie keine vollkommen befriedigende Erklärung der Quantenrealität anzubieten hat. Wie ich schon sagte, verdankt sie ihren Erfolg weitgehend dem historischen Zufall, daß sie die erste vollständig ausgearbeitete Interpretation war und von einer starken Persönlichkeit verfochten wurde. Bereits 1976 bemerkte der Nobelpreisträger für Physik Murray Gell-Mann: »Niels Bohr unterzog eine ganze Generation von Physikern einer Gehirnwäsche und machte sie glauben, das Problem sei bereits gelöst.«[6] Daß Bohr als Gehirnwäscher so erfolgreich war, gründete zum Teil darauf, daß die einzige, damals existierende alternative Deutung durch eine Berechnung des Mathematikers John von Neumann aus dem Rennen geworfen wurde. In Wahrheit hatte sich von Neumann geirrt.

Von Neumanns dummer Fehler

Von Neumanns Fehler war deshalb besonders fatal, weil die von ihm verworfene Deutung der Quantenmechanik sehr viel stärker als die Kopenhagener Deutung unserer naiven Wirklichkeitsauffassung entspricht.

Wie die meisten Naturwissenschaftler sind Physiker ausgesprochen konservativ. Solange sie nicht durch unwiderlegbare Versuchsergebnisse zum Umdenken gezwungen werden, halten sie an den alten Ideen fest. Angesichts dieses Verhaltensmusters spricht manches dafür, daß die alternative »Leitwellen«-Version der sogenannten Theorien der »verborgenen Variablen« spielend gewonnen hätte, falls es zu einer offenen Auseinandersetzung mit der Kopenhagener Deutung gekommen wäre. Eine ganze Generation von Physikern wäre dann in der Gewißheit aufgewachsen, daß die Theorien der verborgenen Variablen die allgemein akzeptierte Erklärung für die Quantenrealität bieten, während die Kopenhagener Interpretation bloß noch als eine kuriose Alternative Erwähnung fände, die Niels Bohr, wenn nicht im ersten Stadium der Senilität, so doch gewiß lange *nach* seinen besten Arbeiten vertreten hat.

Das Entscheidende an den Theorien der verborgenen Variablen ist, daß ein Objekt wie etwa ein Elektron immer als ein (im allgemeinen Sinne) wirkliches Teilchen, mit einem wirklichen Impuls und einer wirklichen Position existieren kann, wir aber nicht in der Lage sind, seine Eigenschaften unbegrenzt exakt zu messen. Nach dieser Vorstellung wird das Verhalten solcher Teilchen durch ein zusätzliches – gewöhnlich als ein weiteres Feld aufgefaßtes – Phänomen bestimmt, das nicht direkt beobachtbar ist. Die verborgenen Schwankungen des neuen Feldes beeinflussen das Verhalten von Teilchen auf der Quantenebene, und würden die Physiker die verborgenen Variablen kennen, so könnten sie mit ihrer Hilfe die tatsächlichen Meßergebnisse und nicht nur die Wahrscheinlichkeiten der verschiedenen Resultate voraussagen. Beispielsweise wären sie in der Lage zu berechnen, ob Schrödingers Katze lebt oder tot ist, ohne in die Kiste zu schauen.

In ihrer ursprünglichen Form wurde die gewöhnliche Theorie der verborgenen Variablen 1925 von Louis de Broglie entworfen. De Broglie wurde 1892 geboren und lebte bis 1987, schlug aber erst spät die wissenschaftliche Laufbahn ein, woran zum Teil der Erste Weltkrieg und die dadurch erzwungene Unterbrechung seiner Ausbildung schuld war. Er erkannte als erster, daß Elektronen als Wellen beschreibbar sind, und Mitte der zwanziger Jahre versuchte er diese Entdeckung mit der Tatsache zu versöhnen, daß sich Elektronen auch als Teilchen interpretieren lassen. De Broglie war nahe daran, einen fruchtbaren Fortschritt für die Quanteninterpretation zu erzielen. Obgleich er dem französischen Adel angehörte (1960 nach dem Tod seines älteren Bruders erbte er sowohl den französischen Titel *Duc* wie den deutschen Titel *Prinz*) war de Broglie leider keine so starke Persönlichkeit wie Bohr, so daß er seine Ideen, als sie in den dreißiger Jahren angegriffen wurden, nicht sehr vehement verteidigte. Sein Grundgedanke war, daß ein Elektron ein (nach dem alltäglichen Sprachgebrauch) »wirkliches« Teilchen ist, sein Verhalten jedoch daraus resultiert, daß es durch die sogenannte Leitwelle umhergestoßen wird, die wiederum den Regeln der Quantenwahrscheinlichkeit unterliegt.

Als von Neumann 1932 ein grundlegendes Werk über die Quantentheorie veröffentlichte, geriet dieser Gedanke, der in der Kopenhagener Schule nie Ansehen genossen hatte, in eine scheinbar ausweglose Sackgasse. Unter anderem enthält das Buch scheinbar den mathematischen Beweis dafür, daß keine Theorie der verborgenen Variablen je in der Lage ist, das Verhalten von Objekten in der Quantenwelt richtig darzustellen.

Die Physiker akzeptierten den Beweis unhinterfragt, denn schließlich stand von Neumann im Ruf, zu den hervorragendsten Mathematikern seiner Zeit zu gehören. Er wurde 1903 in Budapest geboren (ursprünglich auf den Namen Johann getauft, nannte er sich in späteren Jahren »John«). 1928 entwickelte er einen Zweig der Mathematik, den wir unter der Bezeichnung »Spieltheorie« kennen. Ziel dieser Theorie ist es, mathematische

Modelle (Reihen von Gleichungen) zur Bestimmung der Spielstrategie aufzustellen, die uns den größten Gewinn beschert oder zumindest Verluste vermeidet. Dank der vielfältigen Anwendungsmöglichkeiten bei Kriegs»spielen« und ökonomischen Modellen entwickelte sich daraus ein bedeutender Bereich der Mathematik. Von Neumann war es auch, der als erster behauptete, ein bewußter Beobachter sei möglicherweise notwendig, um »die Wellenfunktion zusammenbrechen zu lassen« und aus der Überlagerung von Zuständen eine der Quantenalternativen herauszugreifen.

1930 ging von Neumann in die Vereinigten Staaten, und 1933 wurde er jüngstes Mitglied des soeben gegründeten Institute for Advanced Studies in Princeton. (Die Institutsgründung diente teilweise dem Zweck, Albert Einstein eine Arbeitsbasis zu verschaffen.) Von Neumann gehörte zu den Pionieren des elektronischen Computerbaus (in einigen Kreisen spricht man noch immer von »Von-Neumann-Maschinen«) und wirkte an der Entwicklung der Atom- und der Wasserstoffbombe mit. Obgleich er 1957 in recht jungen Jahren starb, hat er die Wissenschaft des 20. Jahrhunderts enorm beeinflußt. Von Neumann war alles andere als ein Dummkopf, aber Fehler können selbst einem Genie unterlaufen.

Sein Schnitzer bezog sich buchstäblich auf die Addition von Dingen. Ist es gleichgültig, in welcher Reihenfolge wir eine Rechenoperation durchführen, so sagt man in der Mathematik, die entsprechenden Gleichungen seien kommutierbar. Beispielsweise ergibt $3 + 2$ dasselbe wie $2 + 3$. Kommutativität ist eine Eigenschaft der Addition. Ist es hingegen entscheidend, in welcher Reihenfolge die Operation durchgeführt wird, dann ist sie nicht kommutierbar. $3 - 2$ ist *nicht* das gleiche wie $2 - 3$. Die Subtraktion unterliegt also nicht dem Kommutativgesetz. In der Quantenwelt kommt es vor, daß selbst die Addition nicht unter allen Umständen kommutierbar ist. Im allgemeinen beeinflußt die Reihenfolge der Geschehnisse das Endresultat einer Reihe von Wechselwirkungen. Das ist wie beim Kochen. Wollen Sie etwa einen Kuchen backen, dann wird das Ergebnis ganz verschieden ausfallen, je nachdem ob Sie der Anweisung folgen »fügen Sie ein Glas Wasser hinzu, und schieben Sie den Kuchen für eine halbe Stunde in den Ofen« oder der Anweisung »backen Sie den Kuchen eine halbe Stunde, und fügen Sie dann ein Glas Wasser hinzu«.

Ich habe nicht vor, in sämtliche Einzelheiten zu gehen, soviel sei aber gesagt: Von Neumanns »Beweis« für die Unmöglichkeit von Theorien der verborgenen Variablen berief sich auf die Tatsache, daß eine bestimmte Eigenschaft eines Quantensystems *im Durchschnitt* der Kommutationsregel folgt, und wandte die Regel auf einzelne Bestandteile des Quantensystems an. Mit demselben Recht könnte man sagen, wenn die Durchschnittsgröße aller Kinder einer Schulklasse 1,20 Meter beträgt, dann ist jedes Kind in der Klasse 1,20 Meter groß. Ohne Zweifel gelangen wir auf diesem Wege zu der angegebenen Durchschnittsgröße, nur ist das nicht die einzige (und sicherlich nicht die wahrscheinlichste) Möglichkeit, dieses Resultat zu erzielen. Es wäre geradezu töricht anzunehmen, daß jedes Kind genau die Durchschnittsgröße hat.

Um den Fehler in von Neumanns Argument zu entdecken, benötigt man freilich tiefere mathematische Kenntnisse; es reicht nicht, Durchschnitte berechnen zu können. Doch einem fähigen Mathematiker sollte der Fehler ins Auge springen. Dies geschah auch, nur nahm es niemand zur Kenntnis, als die Mathematikerin Grete Hermann 1935 den Fehler aufdeckte. Man hielt weiterhin von Neumanns Beweis für gültig, bis John Bell 1966 zeigte, auf welch irriger Voraussetzung er beruhte. Zwei Jahrzehnte später schilderte Bell, wie sehr ihn seine Entdeckung bestürzt hatte:

> Sieht man sich von Neumanns Beweis genauer an, so zerfällt er einem unter den Händen. Es ist schlicht nichts dran! Er ist nicht einfach fehlerhaft, er ist *idiotisch*... [Seine Annahmen] ergeben auf physikalische Verhältnisse angewandt puren Unsinn. Sie dürfen mich ruhig wörtlich zitieren: Von Neumanns Beweis ist nicht bloß falsch, er ist *schwachsinnig*![7]

1993 schrieb David Mermin über die Generationen von Doktoranden, die möglicherweise versucht gewesen wären, Theorien der verborgenen Variablen zu formulieren, sie seien mit Berufung auf von Neumanns gegenteiligen Beweis »zum Schweigen gebracht worden«. Er meinte, von Neumanns »Beweis der Nichtexistenz verborgener Variablen« basiere auf einer derart dummen Voraussetzung, »daß man sich fragen muß, ob der Beweis jemals von den Studenten oder den Herrschaften studiert worden ist, die mit einem Verweis auf ihn glaubten, ihre Studenten vor spekulativen Abenteuern« auf dem Felde der Quantendeutung bewahren zu müssen.[8]

Aus zwei Gründen habe ich länger bei dieser Sache verweilt. Erstens offenbart sie, daß Physiker eine Idee, von der doch »jedermann weiß«, daß sie wahr ist, und die in einem berühmten Buch steht, ebenso leichtgläubig schlucken wie gewöhnliche Sterbliche, ohne sich die Mühe zu machen, die Tatsachen eigenständig zu überprüfen. Und zweitens behaupten viele populäre und halbpopuläre Darstellungen, ja sogar einige Lehrbücher der Quantentheorie noch immer, daß Theorien der verborgenen Variablen scheitern müssen, obwohl Bell bereits 1966 nachwies, wie irrig der Beweis dafür ist. So sehr beeinflußte von Neumanns »Beweis« die wissenschaftliche Welt. Schenken Sie diesen Büchern keinen Glauben. Theorien (oder Interpretationen) der verborgenen Variablen *können* unter einer wichtigen Bedingung, die ich sogleich nennen werden, funktionieren. Überraschenderweise gab es zumindest einen Menschen, der zu Beginn der fünfziger Jahre nicht davor zurückschreckte, eine solche Theorie aufzustellen, und der sich nicht dadurch zum Schweigen bringen ließ, daß man ihm (metaphorisch gesprochen) von Neumanns »Beweis« um die Ohren schlug. Sein Name war David Bohm. Jahrelang arbeitete er mit Hilfe anderer an einer Deutung der Quantenmechanik, die sich auf verborgene Variablen stützt und nicht weniger Erfolge zu verzeichnen hat als die Kopenhagener Deutung. Allerdings präsentiert sie uns eine ganz und gar andere Ansicht von der Quantenrealität.

Das ungeteilte Ganze

Bohm faßte in *Der Geist im Atom* seine Auffassung der Wirklichkeit zusammen, die von Peierls Ansicht meilenweit entfernt ist. Auf die Frage, ob er glaube, daß die äußere Welt unabhängig von anderen Beobachtungen existiere, antwortete er: »Das glaubt in Wirklichkeit jeder Physiker«, und fügte hinzu: »Das Universum als Ganzes hängt nicht von uns ab. ... Ich glaube nicht, daß es [das Bewußtsein] eine große Wirkung auf Atome hat.«[9]

Vermutlich machte sich hier bemerkbar, daß Bohm nicht mehr der Generation der Quantenpioniere angehörte. 1917 geboren, begann er in den frühen fünfziger Jahren, also zwanzig Jahre nachdem die Kopenhagener Deutung die Bühne für sich reklamiert hatte, mit der systematischen Entwicklung einer alternativen Quantendeutung. Auch mag eine Rolle gespielt haben, daß er in Amerika aufwuchs und ihn buchstäblich ein Ozean von Niels Bohrs mächtigem Einfluß trennte.

Seit ich herausfand, daß er im Alter von acht Jahren durch die Lektüre von Science-fiction-Büchern für die Wissenschaft entbrannte und dann auf Astronomiebücher verfiel, habe ich eine Schwäche für Bohm. Denn auf dieselbe Weise wurde, allerdings dreißig Jahre später, auch mein Interesse für die Wissenschaft ungefähr im gleichen Alter wach. Während des Zweiten Weltkrieges war Bohm Doktorand bei Robert Oppenheimer in Kalifornien und steuerte sein bescheidenes Scherflein zum Manhattan-Projekt bei. Danach wechselte er zur Universität Princeton und ging daran, ein Buch über die Quantentheorie zu schreiben, wie sie sich aus Niels Bohrs Perspektive darstellte – oder dem, was er dafür hielt. Bei seinem Unterfangen, die Standarddeutung zu erklären, wurde ihm klar, daß er überhaupt nicht begriff, worauf Bohr hinaus wollte, und so begann er, eine eigene Interpretation zu entwickeln.

Etwa zur selben Zeit, als er seine ketzerischen Ansichten erstmals niederlegte, brach über Bohms persönliches Leben ein Sturm herein. Er wurde vor den Ausschuß für unamerikanische Umtriebe geladen, wo er über die politischen Anschauungen einiger der Wissenschaftler aussagen sollte, die er während seiner Arbeit am Manhattan-Projekt in Berkeley kennengelernt hatte. Es war zu Beginn des kalten Krieges Ende der vierziger Jahre, als die amerikanische Regierung der Wahnvorstellung verfallen war, kommunistische Unterwanderer könnten Atomgeheimnisse an die Sowjetunion verraten. Unter Berufung auf den 5. Verfassungszusatz, der jedem Bürger das Recht auf Aussageverweigerung einräumt, falls ein Dritter dadurch belastet wird, weigerte Bohm sich grundsätzlich, Fragen über das Privatleben seiner Kollegen zu beantworten.

Die Geschichte sorgte damals für einigen Wirbel, geriet jedoch bald in Vergessenheit. Zu Ende war sie damit aber nicht, denn die Hexenjagd auf Kommunisten geriet nun erst richtig in Schwung, und zwei Jahr später wurde Bohm wegen Mißachtung des Kongresses vor Gericht gestellt. Zwar erwirkte er einen Freispruch, doch der Schmutz, mit dem man ihn bei diesem Prozeß beworfen hatte – es war der Beginn der McCarthy-Ära –, blieb an ihm haften. Als er merkte, daß er in den Vereinigten Staaten keine Arbeit mehr finden würde, ging er nach Europa ans Londoner Birkbeck College, wo er sich die nächsten vierzig Jahre mit der Entwicklung einer eigenen Quantendeutung beschäftigte.

Wie sein Auftreten vor dem Ausschuß für unamerikanische Umtriebe zeigt, war Bohm nicht der Mann, sich von Autoritäten einschüchtern zu lassen oder sich einer Parteilinie zu unterwerfen (was angesichts der unausgesprochen gegen ihn vorgebrachten Beschuldigung nicht der Ironie entbehrt). Von Neumanns Behauptung, er habe die Unmöglichkeit von Theorien der verborgenen Variablen bewiesen, konnte ihn nicht davon abhalten, diesen Ansatz genauer zu untersuchen. Wohl entging ihm der Fehler in von Neumanns Begründung; indem er jedoch eine funktionierende Theorie der verborgenen Variablen entwarf, bewies er, daß an der Widerlegung irgend etwas faul sein mußte. Es sei denn, Bohms eigene Theorie war falsch. Bohm starb 1992, gerade als Alternativen zur Kopenhagener Deutung allmählich von mehr als einer Handvoll Physikern ernst genommen wurden. Allerdings wurde ihm noch die Genugtuung zuteil, daß Bell zeigte, wer von den beiden sich geirrt hatte. (Selbstverständlich beweist Bells Auffinden des Fehlers in von Neumanns Berechnung nicht die Richtigkeit der Bohmschen Theorie. Doch immerhin räumte Bell ein großes Hindernis aus dem Weg.)

Bohms Deutung der Quantenunbestimmtheit geht davon aus, daß Teilchen stets einen bestimmten Ort und eine bestimmte Geschwindigkeit haben. Das Mißliche sei nur, daß jeder Versuch, diese Eigenschaften zu messen, die mit den Teilchen verbundene Leitwelle verändert und so die Informationen über die Eigenschaften zerstört. Wenn wir irgendwo in die Leitwelle hineinstechen (etwa indem wir den Ort eines Elektrons messen), ändert sich sogleich und überall ihre Gestalt, wovon sämtliche unter ihrer Einwirkung stehenden Teilchen mitbetroffen sind.

Diese Theorie enthält zwei entscheidende Gedanken. Erstens ist es belanglos, wie stark (oder wie schwach) die Welle an jedem Ort ist, da die Gestalt der Leitwelle deren Einwirkung auf die Teilchen bestimmt. Solange die Welle besteht, wird sich jede Veränderung in ihrer Gestalt auf die Teilchen auswirken. Zweitens reagiert die Leitwelle sofort und überall auf eine Störung an irgendeinem Ort. Die Welle selbst ist nichtlokal.

Hier haben wir nun die Bedingung, von der ich oben sprach. 1966 bewies Bell, daß Theorien der verborgenen Variablen durchaus möglich sind, *vorausgesetzt, man akzeptiert die Nichtlokalität.* Aspects Experiment ist ein gutes Beispiel für das Wirken der Nichtlokalität. Messen wir den Polarisationszustand eines Photons, so bestimmen wir unmittelbar den Polarisationszustand des anderen Photons, auch wenn es sich am entgegengesetzten Ende des Universums befindet.

Nun werden Sie vielleicht einwenden, ich hätte Aspects Experiment doch damals mit dem Begriffsinstrumentarium der Kopenhagener Deutung geschildert. Sie haben ganz recht. Hätte Bell herausgefunden, daß *allein* Theorien der verborgenen Variablen uns zwingen, die Nichtlokalität zu akzeptieren, wäre dies sicherlich ein starker Grund dafür gewesen, diese Art der Quantendeutung zu verwerfen. Doch Bell entdeckte nichts dergleichen. Vielmehr erkannte er, daß *jede* Interpretation der Quantenrealität die Nichtlokalität in Rechnung stellen muß!

Genaugenommen ist dies eine etwas vereinfachte Darstellung. Bell meinte, eine Verletzung seiner berühmten Ungleichung müsse die Preisgabe des Begriffs einer »lokalen Realität« nach sich ziehen. In diesem Zusammenhang bedeutet »lokal«, daß jede Kommunikation mit Überlichtgeschwindigkeit ausgeschlossen ist, während »Realität« soviel besagt wie: Es gibt eine beobachterunabhängige Welt. Der von Aspect (und mittlerweile auch von anderen) erbrachte experimentelle Nachweis, daß die Natur gegen die Bellsche Ungleichung verstößt, läßt nur einen Schluß zu: Wir müssen uns entweder von der Lokalität oder der Realität verabschieden. Diese Folgerung ist weitaus dramatischer, als sie Ihnen auf den ersten Blick erscheinen mag, denn die Bellsche Ungleichung hängt überhaupt nicht von der Quantenmechanik ab. Sollte sie verletzt werden (was der Fall ist), dann müssen wir uns *selbst dann, wenn die Quantenmechanik völlig falsch ist*, von der Vorstellung einer lokalen Wirklichkeit trennen. Das Ergebnis des Experimentes von Aspect beweist, daß das Universum nicht »lokal und wirklich« ist, *gleichgültig* welche wissenschaftliche Beschreibung seines Wirkens Sie sich einfallen lassen. Wollen Sie an Ihrem Glauben an eine reale, äußere Welt festhalten, *müssen* Sie die Nichtlokalität unterschreiben. Sind Sie dagegen auch weiterhin der Meinung, keine Kommunikation könne mit Überlichtgeschwindigkeit stattfinden, dann *müssen* Sie sich von einer realen, beobachterunabhängigen Welt verabschieden.

Für den 1928 geborenen und 1990 verstorbenen Bell gehörten die großen Tage der Quantenpioniere noch mehr als für Bohm der Vergangenheit an. Deshalb verstand er nie so recht, warum die Kopenhagener Deutung so bereitwillig als Evangelium aufgenommen wurde. De Broglies und Bohms Vorstellung eines Zusammenwirkens von Teilchen *und* Welle »scheint mir so natürlich und einfach zu sein und auf eine so klare und schlichte Weise das Welle-Teilchen-Dilemma zu lösen, daß mir völlig schleierhaft ist, warum sie allgemein unbeachtet blieb«, schrieb er.[10] Bell schreckte keineswegs vor der Vorstellung zurück, daß gewisse Einwirkungen sich schneller als Licht fortpflanzen könnten, selbst wenn das (wie es ja der Fall ist) bedeutete, in der Zeit rückwärts zu reisen. Er erklärte, eher würde er Einsteins Spezielle Relativitätstheorie fallenlassen und wenn nötig auch die Idee des Äthers (oder eines anderen bevorzugten Bezugssystems) rehabilitieren, als seine Auffassung der Realität zu verabschieden:

> Man möchte sich ein wirklichkeitsnahes Bild von der Welt machen können, man möchte sagen können, daß die Welt da ist, auch wenn sie nicht beobachtet wird. Ich bin mir ganz gewiß, daß die Welt vor mir da war und auch nach mir da sein wird, und ich glaube, daß Sie ein Teil davon sind! Und ich glaube auch, daß die meisten Physiker diese Position vertreten, wenn sie von Philosophen in die Ecke gedrängt werden.[11]

Bohm entwickelte den Gedanken weiter, daß durch die Leitwelle alles mit allem verbunden sei und augenblicklich von allem betroffen würde, was irgendwo geschieht. Scheinbar voneinander unabhängige Objekte, die sich ohne sichtbaren Zusammenhang herumtreiben, reagieren nach seiner These in Wahrheit auf einen zugrundeliegenden Prozeß. Eine wenn auch stark vereinfachende Analogie mag uns diese Idee verdeutlichen: Der Schatten eines Tänzers wird von Scheinwerfern auf zwei an den beiden Enden der Bühne aufgestellte Bildschirme geworfen. Während der Tänzer über die Bühne gleitet, verändern sich die beiden Schatten. Sähen Sie lediglich die Schatten, so hätten Sie den Eindruck, diese würden auf eine geheimnisvolle, nur durch eine Fernwirkung zu erklärende Weise miteinander wechselwirken, obgleich sie in Wahrheit von einer zugrundeliegenden Realität beeinflußt werden. In einer späteren Fassung seiner Theorie wollte Bohm in der zugrundeliegenden Ordnung der Welt ein Feld sehen, das aus einer unendlichen Menge sich überschneidender Wellen besteht. Das, was wir als Teilchen wahrnehmen, sollte Ausfluß lokaler Wirkungen der sich überschneidenden Wellen sein.

All diese Vorstellungen, insbesondere der Begriff einer Leitwelle, die sämtliche Bedingungen überall im Weltall kennt und dementsprechend ihr(e) Teilchen lenkt, erinnern stark an Feynmans Ansatz in der Quantenmechanik, d. h. an seine Summierung der Möglichkeiten. Statt zu sagen, das Photon geht auf allen möglichen Pfaden zum Spiegel und dann zu unserem Auge, um dort ein reflektiertes Bild zu erzeugen, könnten wir auch behaupten, die Leitwelle reist auf allen denkbaren Wegen und »informiert« das Photon darüber, welchen es zu nehmen hat.

Feynman, ein Jahr jünger als Bohm, war ebenso wie dieser räumlich und zeitlich von den Anhängern der Kopenhagener Schule entfernt, und deren Deutung war seit Jahrzehnten etabliert, als er seine neuen Gedanken vortrug. Aus irgendeinem Grund scheinen Feynmans Ideen bis vor kurzem größeres Ansehen genossen zu haben als diejenigen Bohms (wohlgemerkt größeres, aber nicht unbedingtes Ansehen, denn noch heute wird sein Vorschlag, wir sollten bei der Lösung von Quantenproblemen die Summe aller Möglichkeiten in Betracht ziehen, trotz seiner Erfolge von vielen Physikern für etwas sonderbar gehalten). Von ihrer Konzeption her sind beide Theorien mit einer weiteren äußerst seltsamen Interpretation der Quantenrealität verbunden, die nicht nur von Nichtlokalität oder von Photonen redet, die alle möglichen Bahnen nehmen, sondern von einem unendlichen Schwarm von *Universen*, in denen jedes mögliche Ergebnis aller denkbaren Quantenentscheidungen verwirklicht ist, und zwar auf eine eindeutig nichtlokale Art und Weise (auch wenn die Verfechter dieser Interpretation es mitunter bestreiten).

Wuchernde Universen

Aus Gründen, die ins Auge springen, läuft die Theorie unter dem Namen »Vielwelten«-Interpretation der Quantenmechanik. Lange Zeit war sie meine Lieblingstheorie, teils weil mich die Kopenhagener Deutung nie beeindruckte, teils weil sie sich so herrlich zu Science-fiction-Erzählungen ausspinnen läßt. Doch mit wachsender Popularität wurde auch ihre Geschichte verwickelter, und schließlich hat sie sich wie eine Amöbe in drei verschiedene Vielwelten-Theorien aufgespalten. Zur gleichen Zeit ist eine noch bessere Interpretation aufgetaucht, die ich im Epilog vorstellen werde. Sie schlägt jeden in ihren Bann, den keine der in den vergangenen vierzig Jahren feilgebotenen Theorien befriedigen konnte. Die Vielwelten-Interpretation vermag mich heute nicht mehr *so sehr* zu begeistern wie ehedem. Dennoch ist sie mindestens ebensogut wie die Kopenhagener Deutung und gibt noch immer einen fruchtbaren Boden für Science-fiction-Erzählungen ab. Und daher stelle ich sie Ihnen in ihrem ganzen Glanz vor.

Der grundlegende Gedanke der Vielwelten-Theorie besagt, daß sich das ganze Universum, jedesmal wenn es auf der Quantenebene vor einer Entscheidung steht, in ebenso viele Kopien seiner selbst aufteilt, wie nötig sind, um jede mögliche Wahl zu realisieren. Mit Hilfe von Schrödingers ehrwürdigem Katzen-Paradoxon läßt sich diese Vorstellung leicht veranschaulichen. In diesem Gedankenexperiment gibt es nur zwei Möglichkeiten. Entweder zerfällt das radioaktive Atom und tötet die Katze, oder es zerfällt nicht, und die Katze bleibt am Leben. Nach der üblichen Deutung, d. h. der Kopenhagener, ist *keine* der beiden Möglichkeiten »wirklich«, solange niemand in die geöffnete Kiste geschaut hat. Bis zu diesem Zeitpunkt befindet sich das gesamte Interieur der Kiste in einer Überlagerung von Zuständen, so daß die unbeobachtete Katze in gewisser Weise weder tot noch lebendig ist. Nach der Vielwelten-Interpretation werden *beide* Möglichkeiten genau in dem Augenblick, in dem das System mit der Wahl konfrontiert ist, wirklich, allerdings so, daß sich das Universum verdoppelt. In einer seiner Kopien bricht der Versuchsleiter die Kiste auf und entdeckt eine lebende Katze, während in der anderen Version der Wirklichkeit der Experimentator eine tote Katze vorfindet. Der Witz dieser Interpretation liegt darin, daß die Katze vor dem Öffnen der Kiste *realiter* entweder tot oder lebendig war. Es gab keine geheimnisvolle Überlagerung von Zuständen, keinen Zusammenbruch einer Wellenfunktion im Augenblick der Beobachtung. Jeder Beobachter glaubt, er oder sie lebe in einem einmaligen Universum, und die Bewohner der beiden Universen können unmöglich miteinander kommunizieren.

Die Vielwelten-Theorie wurde 1957 von Hugh Everett während seiner Studienjahre bei John Wheeler entwickelt. Damals begrüßte Wheeler die Idee – daß sich seine Begeisterung jedoch in Grenzen hielt (verglichen mit derjenigen, die etwa die Wheeler-Feynman-Absorber-Theorie in ihm auslöste), mag man im nachhinein daran ablesen, daß die Vielwelten-Interpretation manchmal als »Everett-Wheeler«-Theorie, nie aber als »Wheeler-Everett«-Theorie bezeichnet wird. Einige Jahre später änderte Wheeler seine Meinung über die Vielwelten-Interpretation und kam zu dem Schluß, sie führe zwar in allen denkbaren experimentellen Überprüfungen zu denselben Voraussetzungen wie die Kopenhagener Deutung, schleppe aber zuviel »metaphysisches Gepäck« mit sich herum, als daß man sie ernst nehmen könnte. Nun, das scheint mir eine Geschmacksfrage zu sein, denn diese ganze Sache mit Überlagerungen von Zuständen und zusammenbrechenden Wellenfunktionen trägt ihr eigenes metaphysisches Gepäck mit sich herum, das einige Leute (darunter auch ich) sehr viel unverdaulicher finden als den Gedanken der vielen Welten. Dennoch hat Wheeler auf eine Schwachstelle hingewiesen.

Die Schwierigkeit besteht darin, daß in der ursprünglichen Fassung der Vielwelten-Interpretation die Anzahl der Universen ins Kraut schoß. In jedem Augenblick stehen alle Atome und Teilchen im Universum bzw. in den Universen vor Quantenentscheidungen und folgen jedem möglichen Weg in die Zukunft, so daß sich die Wirklichkeit in unendlich viele Versionen verzweigt. Es liegt nahe, sich diese Verzweigung der Universen am Beispiel der Menschheitsgeschichte zu veranschaulichen: So mag es eine »parallele Welt« geben, in der die Südstaaten den amerikanischen Bürgerkrieg gewonnen haben, oder eine, in der die kommunistische Machteroberung in Rußland fehlschlug. Wie ich schon sagte, ein gefundenes Fressen für Science-fiction-Autoren, und auf dieser menschlichen Ebene ziemlich plausibel. Jeder spekuliert gerne darüber, »was wäre, wenn« entscheidende historische Ereignisse anders verlaufen wären. Ist es aber genauso vernünftig, daß wir für jede winzige Quantenentscheidung alle denkbaren Möglichkeiten zulassen? Gesetzt, wir halten das für wenig plausibel und lassen nur die großen, die menschliche Geschichte betreffenden Entscheidungen als Ursache für die Wucherung der Universen gelten, stehen wir dann nicht wieder vor der Schwierigkeit, entscheiden zu müssen, wo die Trennlinie zwischen Quanten- und Alltagswelt verläuft? Und müssen wir dann nicht erneut darüber grübeln, ob die Folgen einer Quantenentscheidung allein dann eine Wirkung zeitigen, wenn sie groß genug sind, um von einem intelligenten Beobachter bemerkt zu werden?

Trotz dieser Schwierigkeiten haben einige Kosmologen die Vielwelten-Interpretation aufgegriffen und aus der Rumpelkammer hervorgeholt, in der sie fast dreißig Jahre nach Everetts Vorschlag vor sich hindämmerte. Der Grund für ihre Begeisterung war, daß die Vielwelten-Theorie einen großen Vorteil hat: Sie muß weder einen intelligenten Beobachter noch eine Meßeinrichtung »außerhalb des Systems« annehmen, um die Wellenfunktionen zusammenbrechen zu lassen und die Realität »real« zu machen. Damit sind wir wieder beim Paradoxon von »Wigners Freund« gelandet. Sieht Wigners Freund nach, ob die Katze in der Kiste tot oder lebendig ist, läßt aber nichts darüber verlauten, dann befindet auch er sich in einer Überlagerung von Zuständen, bis Wigner ihn nach dem Geschehen fragt. Danach geht die Überlagerung der Zustände auf Wigner über, bis ein weiterer Beobachter das Versuchsergebnis von ihm erfragt, und so geht es buchstäblich ewig fort. Wodurch wird nun das *Universum* wirklich und hört auf, eine Überlagerung von Zuständen zu sein?

Wheeler nahm zu dem Argument Zuflucht, unsere *jetzigen* Beobachtungen (oder die irgendeines intelligenten Beobachters) wirkten auf irgendeine Weise in die Vergangenheit zurück und ließen die Wellenfunktion des Universums bis hin zum Urknall zusammenbrechen. (Und das aus dem Munde des Mannes, der die Vielwelten-Theorie wegen ihres beträchtlichen metaphysischen Gepäcks nicht ernst nehmen konnte!) Da wir aber Teil des Systems (in diesem Fall des ganzen Universums) sind, ist das Argument recht zweifelhaft. Nach der strengen Fassung der Kopenhagener

Deutung ist das Universum erst dann real und nicht länger eine Überlagerung von Zuständen, wenn ein Beobachter *außerhalb* des Universums existiert und die Wellenfunktionen zusammenbrechen läßt. Einige Kosmologen haben sich deshalb der Vielwelten-Interpretation zugewandt, weil sie die Annahme bevorzugten, daß tatsächlich viele Universen existieren, die alle einen eigenen Ort in Raum und Zeit einnehmen und ihren Ursprung auf den Urknall zurückführen. Die daraus folgende mathematische Beschreibung des Universums/der Universen ist verwickelt, aber der Ansatz verbuchte in einigen Fällen durchaus Erfolge für sich. So meinten Wissenschaftler wie beispielsweise Stephen Hawking, in gewissem Sinne könnten durchaus eine unendliche Menge von Universen »nebeneinander« bestehen, aber die gewöhnlichste Art des Universums und folglich jene, in der wir uns mit großer Wahrscheinlichkeit vorfinden werden, sei dem Universum sehr ähnlich, in dem wir tatsächlich leben.

Vermutlich ist David Deutsch von der Universität in Oxford gegenwärtig der vehementeste Verfechter der Vielwelten-Idee. Er sieht in ihr die »einfachste Interpretation der Quantentheorie«[12] und schlägt mit Hilfe einer ihrer Versionen eine alternative Erklärung für das Doppelspaltexperiment vor.

Führen wir das Experiment mit einzelnen Photonen in der bekannten Weise durch und erhalten wir dann ein Interferenzmuster, so scheint die Deutung nahezuliegen, *etwas* sei durch beide Löcher des Experimentes gegangen. Je nach der gewählten Interpretation ist dieses Etwas eine Wahrscheinlichkeitswelle, eine Leitwelle oder das Photon selbst, das auf geheimnisvolle Weise an zwei (oder mehr) Orten zugleich existiert, ungeachtet der Tatsache, daß unsere Beobachtungen an den Spalten immer nur das ganze Photon an je einem Spalt dingfest machen (woraufhin natürlich das Interferenzmuster verschwindet). Nach Deutsch kommt es zu einer Interferenz gerade so, als ob Geister-Photonen den »anderen« Spalt passierten (immer vorausgesetzt, wir schauen nicht hin) und mit unseren wirklichen Photonen ein Interferenzmuster erzeugten. Diese zusätzlichen Photonen, so

Deutsch weiter, seien jedoch keineswegs »Geister«, sondern reale Photonen, die dem alternativen Quantenweg in benachbarten Welten folgten.

Glauben wir Deutsch, dann spaltet sich die Welt in dem Augenblick, da das Photon die Wahl zwischen zwei Spalten hat, in zwei Welten auf, wobei das Photon in einer Version der Realität den einen Weg nimmt, während das Photon in der anderen Version den zweiten Weg einschlägt. Danach führen wir die beiden möglichen Wege, denen das Photon gefolgt sein könnte, wieder zusammen, so daß sie interferieren und das entsprechende Muster erzeugen. Mit diesem über Everetts ursprüngliche Idee eindeutig hinausgehenden Schritt gestatten wir den beiden Versionen der Realität, sich wieder zu verbinden. Nach Deutsch existieren sie als getrennte Wirklichkeiten nur so lange, wie das Photon das Experiment durchläuft. Die Tatsache, daß wir auch dann eine Interferenz beobachten, wenn einzelne Photonen nacheinander durch das Doppelspaltexperiment geschossen werden, beweist für Deutsch, daß alle möglichen Quantenvariationen in gewisser Weise tatsächlich »Seite an Seite« existieren. So gesehen erscheint die Vielwelten-Theorie ebenfalls als eine Spielart von Feynmans Hypothese, wir müßten die »Summe aller Möglichkeiten« berücksichtigen. Doch wie »wirklich« sind die alternativen Ereignisse?

Deutsch hat sich ein Experiment ausgedacht, das seiner Ansicht nach klärt, ob andere Universen tatsächlich existieren oder nicht. Noch ist dieses Experiment undurchführbar; sollte sich jedoch die Computertechnologie im derzeitigen Tempo weiterentwickeln, dürfen wir in einigen Jahrzehnten – gewiß innerhalb der Spanne eines Menschenlebens – auf seine Realisierung hoffen.

Deutsch schlägt den Bau eines Computer-»Gehirns« vor, das über einen direkten Zugang zu den Ereignissen auf der Quantenebene verfügt. Dieses Supergehirn bekommt die Aufgabe, ein Quantensystem zu beobachten, in dem nur zwei gleich wahrscheinliche Meßergebnisse möglich sind. Dabei könnte es sich um die Messung der Polarisation eines Photons handeln, die entsprechend der Versuchsanordnung auf eine von zwei möglichen Weisen ausgerichtet sein muß. Sollte Deutschs Version der Vielwelten-Theorie richtig sein, müßte sich das Supergehirn in zwei Kopien seiner selbst aufteilen, und jede Kopie würde nur eines der beiden möglichen Meßergebnisse aufzeichnen. Statt jedoch seine Beobachtung genau zu notieren, wird das Supergehirn lediglich die Tatsache festhalten, daß es eines und nur eines der beiden möglichen Ergebnisse beobachtet hat.

Das Gehirn schreibt also in beiden parallelen Wirklichkeiten genau das gleiche auf und bezeugt so, daß es nur eine Wirklichkeit beobachtet. Anschließend werden die beiden Wirklichkeiten in irgendeinem Interferenzvorgang zusammengeführt (möglicherweise dadurch, daß die Polarisationszustände des Photons wieder vermischt werden). »Wenn aber die konventionelle Interpretation zutrifft«, so Deutsch, »werden irgendwann während seiner [des Supergehirns] Überlegungen alle Welten verschwinden, bis auf eine«, da ja die Wellenfunktionen während der Quantenmessung zusammenbricht und eine Interferenz unterbleibt. Ist hingegen die Vielwelten-Interpretation richtig, so wird es immer noch ein Interferenzphänomen geben, auch wenn sich das Gehirn bloß an die Beobachtung *einer* zwischenzeitlichen Realität erinnert. Das Gehirn erinnert sich freilich nicht an *jede* der beiden zwischenzeitlichen Möglichkeiten als solche; es weiß einfach nur, daß es *einen* Quantenzustand beobachtet hat! Hätte es niedergeschrieben, *welchen* Zustand es wahrnahm (was einer Überprüfung gleichkäme, durch welches Loch das Photon gegangen ist), so wäre jene Wirklichkeit fixiert worden und hätte nicht wieder mit ihrem Gegenstück zur Erzeugung der Interferenz verschmolzen werden können. Oder wie Deutsch es formulierte: »Als notwendige Folge der anderen Dinge, die es [das Superhirn] tut, muß es die Erinnerung daran auslöschen, welche der beiden Möglichkeiten es beobachtet hat.«[13] Das Versuchsergebnis – d. h. die Interferenz – fordert die Koexistenz beider Zwischenzustände, in der Erinnerung ist aber nur das Wissen enthalten, überhaupt in einem Zustand gewesen zu sein. Folglich muß sich das Universum geteilt haben.

Trotz ihrer ansprechenden Einfachheit (was die Voraussetzungen, nicht die Anzahl der Universen betrifft) müssen alle Versionen der Vielwelten-Theorie noch manche Hürde überwinden. Deren auffälligste ist, daß die Nichtlokalität in dieser Theorie auf die Spitze getrieben wird. Führen wir das Doppelspaltexperiment so durch, daß ein Interferenzmuster entsteht, dann mag man in Deutschs Variation zu dem Thema das Aufteilen und Wiedervereinigen als ein recht lokales Phänomen betrachten, das sich in einer Ecke unseres Labors ereignet und die übrige Welt nicht tangiert. Beobachten wir aber, durch welches Loch das Photon geht, so unterbinden wir die Entstehung eines Interferenzmusters, und das heißt, das Universum hat sich in zwei Kopien geteilt, eine für jeden möglichen Weg des Photons. Möglicherweise wirkt sich die Entscheidung, durch welches Loch das Photon geht, nicht sehr nachhaltig auf das ganze Universum aus, gleichwohl ändert sich im Augenblick der Teilung prinzipiell der Quantenzustand des gesamten Universums (aller Universen).

Anscheinend ist das für Deutsch kein Grund zur Beunruhigung, was sich teilweise daraus erklärt, daß er unsere alltägliche Zeitvorstellung ablehnt, nach der etwas von der Vergangenheit in die Gegenwart und weiter in die Zukunft fließt. In seinem Buch *The Fabric of Reality* hat er bestritten, daß in einem anderen als subjektiven Sinne vom »Fließen« der Zeit und einem gegenwärtigen Augenblick die Rede sein könne. In Wiederaufnahme einer von J. W. Dunne in den dreißiger Jahren vertretenen These argumentiert Deutsch, daß, falls die Zeit wirklich »fließe«, wir eine zweite Art von Zeit bräuchten, die mißt, wie »das Jetzt« von einem Augenblick zum nächsten übergeht, und eine dritte, um wiederum diese Zeit zu messen, und so fort. Vergangenheit und Zukunft mögen sich durchaus voneinander unterscheiden – schließlich lassen sich Schnappschüsse von einem Menschen als Säugling, Kind und Erwachsener ohne weiteres richtig ordnen –, doch daraus folgt nicht notwendig, daß sich irgend etwas wirklich von der Vergangenheit in die Zukunft bewegt. Deutsch sieht keinen grundlegenden Unterschied zwischen Schnappschüssen aus verschiedenen

Zeiten und verschiedenen Welten – eine starke Zumutung an die Vorstellungskraft –, so daß »Vergangenheit« und »Zukunft« zu Spezialfällen von Everetts vielen Welten werden.

Damit geraten wir in tiefe Wasser, die ich möglichst schnell wieder verlassen möchte. Da ich nicht glaube, daß Deutschs Version der Vielwelten-Theorie uns den besten Zugang zur Quantenrealität eröffnet, erübrigt es sich, genauer auf die Folgen dieser Ideen für unser Verständnis von der Zeit einzugehen.

Deutschs Argumente überzeugen mich unter anderem deshalb nicht, weil auch in seiner Theorie Messungen und Beobachtungen (sowie die Intelligenz) ausschlaggebend dafür sind, was in der Wirklichkeit abläuft. Erzeugt das »Superhirn«-Experiment unter der Bedingung eine Interferenz, daß das Gehirn lediglich notiert, eine Wirklichkeit gesehen zu haben, ohne diese näher zu spezifizieren, und kommt keine Interferenz zustande, falls das Gehirn niederlegt, *welche* Realität es beobachtet hat, dann stehen wir erneut vor dem Rätsel, daß die Photonen im Experiment »beide Wege« einschlagen, wenn wir nicht hinschauen, und nur einen, wenn wir keine Beobachtung anstellen. Ich persönlich bin sehr viel mehr von der naiven Version der Everettschen Theorie angetan, nach der sich das Universum unaufhörlich in mannigfache Versionen der Wirklichkeit verzweigt, die niemals miteinander kommunizieren können. Doch bevor ich mich anderen Dingen zuwende, muß ich noch ein Wort zu weiteren Versionen dieses Grundthemas sagen.

Variationen zu einem Quantenthema

Nicht zuletzt wegen der bereits erwähnten kosmologischen Probleme konnten Vielwelten-Theorien seit der Niederschrift meines Buches *Auf der Suche nach Schrödingers Katze* auf dem Felde der Quanteninterpretation erhebliche Wachstumsraten verzeichnen. Mitte der neunziger Jahre sind vor allem zwei miteinander verwandte Variationen in aller Munde: die sogenannten Interpretationen der »vielen Bewußtseine« und der »vielen Geschichten«.

Einen Eindruck davon, auf welches Interesse die von der Vielwelten-Interpretation eröffneten Möglichkeiten gestoßen sind, läßt sich gewinnen, wenn wir einen kurzen Blick auf die Liste der damit beschäftigten Wissenschaftler werfen. Von David Deutsch in Oxford war bereits die Rede, zu den übrigen gehören Dieter Zeh und Ernst Joos (Universität Heidelberg), Claus Keifer (Zürcher Institut für theoretische Physik), Jonathan Halliwell (MIT), Wojciech Zurek (Los Alamos National Laboratory), Thanu Padmanabhan (Tata Institut in Bombay), Murray Gell-Mann (CalTech), James Hartle (Universität von Kalifornien in Santa Barbara), David Albert (Columbia-Universität) und Barry Loewer (Rutgers-Universität). Als die Zeitschrift *Physics Today* im Oktober 1991 einen Artikel von Zurek über einen Aspekt dieser Theorie veröffentlichte, löste sie eine derartige Flut von Leserbriefen aus, daß allein die von *Physics Today* ausgewählten, zusammen mit Zureks Antwort, acht Seiten füllten. Kein Zweifel: Die Physiker der neunziger Jahre sind an diesen Ideen *sehr* interessiert.

Der erwähnte Artikel von Zurek behandelte noch einen anderen Aspekt dieser theoretischen Ansätze zur Quantenrealität, nämlich ein als »Dekohärenz« bezeichnetes Phänomen. Dabei geht es um die Frage, wie viele Informationen wir tatsächlich über ein Quantensystem haben und wie viele Informationen wir bräuchten, um den Quantenzustand eines Systems vollständig anzugeben.

Nehmen wir beispielsweise ein Elektron. Der Zustand eines Elektrons in einem Wasserstoffatom läßt sich mit Hilfe nur dreier Zahlen – sie entsprechen drei »Freiheitsgraden« – vollständig bestimmen. (Der Einfachheit halber unterschlage ich den Spin des Elektrons.) Auf ähnliche Weise legen wir die Position eines im Raum schwebenden Luftballons durch genau drei Zahlen fest: seine lotrechten Entfernungen von zwei zusammenlaufenden Wänden und vom Boden. Zur Bestimmung komplizierterer Systeme benötigt man mehr Parameter, da sie mehr Freiheitsgrade aufweisen. Ganz allgemein gesagt, benötigt man dreimal so viele Zahlen wie die Anzahl der Teilchen in dem System, dessen Quantenzustand spezifiziert werden soll.

Padmanabhan hat das beliebte Beispiel der Katze gewählt, um diesen Punkt klarzumachen.[14] Eine 2 Pfund schwere Katze enthält ungefähr 10^{26} Atome. Wollen wir den Quantenzustand der Katze spezifizieren, kommen wir nicht unter dreimal so vielen Zahlen weg, selbst wenn wir die Frage außer acht lassen, was die einzelnen Elektronen treiben. Unsere gewöhnliche Beschreibung der Katze bewegt sich einfach nicht auf dieser Ebene, und wenn wir sagen, »in der Ecke des Zimmers sitzt eine Katze«, so erfüllen viele Quantenzustände diese Beschreibung.

Indem viele Freiheitsgrade ignoriert werden – so die Verfechter dieser Idee –, erreicht man, daß sich das Objekt – in diesem Fall die Katze – wie ein »klassisches« Objekt und nicht wie ein Quantenobjekt verhält. Durch das Unterschlagen einer großen Anzahl von Freiheitsgraden »veranlassen« wir Objekte, sich klassisch zu verhalten, und das trifft nach Meinung der Befürworter dieser Interpretation auch auf das Doppelspaltexperiment zu. Beobachten wir, wie das Photon durch ein Loch geht, so lassen wir die Existenz des anderen Loches außer acht und veranlassen das System, sich klassisch zu verhalten. Gestatten wir dem Photon, beide Löcher zu »sehen«, verwenden wir alle zur Beschreibung des Experimentes verfügbaren Informationen, so daß es sich quantenmechanisch verhält.

> Je größer die Anzahl der von uns ignorierten internen Parameter eines Systems ist, um so klassischer scheint es sich zu verhalten. Vorausgesetzt, wir verfügten über die experimentellen Mittel zur Messung aller die Katze bestimmenden Parameter, so sollten wir nach dieser Theorie entdecken, daß sich die Katze ebenso quantenmechanisch verhält wie ein Elektron und tatsächlich in einem Zustand existieren könnte, in dem sie sowohl lebendig als auch tot ist.[15]

Daß sich die Dinge klassisch verhalten, geht auf unsere Unwissenheit zurück, und diese ist um so größer, je größer die Gegenstände sind, da größere Gegenstände mehr Quantenobjekte enthalten. Es liegt daher nahe, daß einige Wissenschaftler in der »Dekohärenz« eine gute Erklärung für die Tatsache sehen, daß sich die Welt im Großen wie ein klassisches System verhält.

Das ist das Stichwort für den Auftritt der »vielen Geschichten«. Zurek konstruiert eine Analogie zwischen der Weise, in der das Universum zu dem wurde, was es ist, und dem, was mit einer Anhäufung stabiler Atome und instabiler radioaktiver Atome geschieht. Im Laufe der Zeit zerfallen die instabilen Atome und werden durch Kernprozesse in langlebigere Atome verwandelt. Wie auch immer die Mischung zu Anfang beschaffen gewesen sein mag, am Ende erhalten wir so eine Ansammlung stabiler Atome. Die Quantenmechanik gestattet uns, die Möglichkeit vieler verschiedener Quantenzustände des aus dem Urknall hervorgehenden Universums in Betracht zu ziehen. Doch wie Zurek meint, »werden sich allein bestimmte stabile Zustände auf dem Schauplatz behaupten«. Welche Varianten überleben, hängt im Grunde genommen von der Qualität ihres inneren Zusammenhangs ab: Geschichten mit einer stimmigen Erzählung haben größere Überlebenschancen als Geschichten, die in sich unvorhersagbar sind. Und diese langlebigen Geschichten sind just jene, die einer klassischen Beschreibung am nächsten kommen. Zurek spricht in diesem Zusammenhang von einem »Voraussagbarkeitssieb« und bemerkt, daß »sich die vom Voraussagbarkeitssieb selektierten reinen Zustände als die uns bekannten kohärenten Zustände herausstellen«.[16]

In Padmanabhans Terminologie läßt sich der Sachverhalt auch so ausdrücken: Das Universum verhält sich auf klassische Weise, weil es eine Menge anderer Universen – also »viele Geschichten« – gibt, von denen wir nichts wissen. Wieder einmal fühlt man sich stark an Feynmans Summe der Möglichkeiten erinnert. Neu hinzugekommen ist jedoch die Forderung, die von uns *wahrgenommene* Geschichte müsse konsistent sein. Die Korrelation zwischen unseren Erinnerungen und den Aufzeichnungen vergangener Ereignisse spielt in Zureks Interpretation eine zentrale Rolle, und was wir nach dieser Vorstellung wahrnehmen, ist nicht die Wellenfunktion des ganzen Universums, sondern nur ein paar charakteristische Eigenschaften eines Zweiges – oder auch eines Bündels von Zweigen –, die sich mit sämtlichen Ereignissen decken, die der Beobachter in seine Beschreibung der Welt aufgenommen hat. Ungeachtet der Tatsache, daß mehrere Geschichten ablaufen, mögen sich Beobachter an Dinge erinnern und sich mit anderen Beobachtern über »die« Geschichte des Universums einig sein, da diese bestimmte Beobachtergruppe von den übrigen Geschichten nichts weiß.

Gegen Ende des Jahres 1993 schlugen Quantenphysiker ein geeignetes Experiment vor, um herauszufinden, ob die Geschichte wirklich existiert oder lediglich ein stimmiges Ensemble gegenwärtiger Erinnerungen ist. Der Versuch ist gewissermaßen das zeitliche Gegenstück zu Bells Ungleichung. Einige Physiker haben behauptet, Bells Beschreibung räumlich getrennter Ereignisse, die in ein und demselben Augenblick ablaufen, ließe sich zur Beschreibung von Ereignissen umdrehen, die zeitlich aufeinanderfolgen, aber am selben Ort – im selben Quantensystem – geschehen. Juan Paz vom Los Alamos National Laboratory und Günther Mahler vom Santa Fe Institut (beide in Neu-Mexiko) demonstrierten, wie sich daraus ein durchführbarer Versuch zimmern läßt, der entscheidet, ob die Geschichte wirklich in der Form existiert, wie uns der gesunde Menschenverstand glauben macht.

Das vorgeschlagene Experiment sieht eine Reihe kontrollierter Messungen an identisch aufbereiteten Systemen vor. Ideale Kandidaten dafür sind Beryllium-Ionen, deren Elektronen eine genau bestimmte Menge von Energiestufen haben und die bereits in ähnlichen Quantenexperimenten verwandt wurden, so auch in dem »Zenonschen Quanten-Effekt«, von dem im 3. Kapitel die Rede war. Dieses Mal sollen die Elektronen der Beryllium-Ionen allerdings dazu gebracht werden, zwischen *vier* verschiedenen Energiestufen umherzuhüpfen.

Mittels Laserlicht sollen die Ionen so präpariert werden, daß Elektronen in ununterbrochene Oszillationen zwischen zwei ausgewählten Energiestufen versetzt und dann zu Sprüngen von jeder dieser Stufen zu einer von zwei höheren Energiestufen stimuliert werden. Die »zeitliche Bellsche Ungleichung« sagt voraus, daß sich die Anzahl der Elektronen, die auf verschiedenen Energiestufen landen werden, auf eine bestimmte Weise aus der Reihenfolge ergebe, in der zu den jeweils möglichen Übergängen angeregt wird.

Das Experiment bewegt sich durchaus im Rahmen unserer Möglichkeiten. Paz und Mahler haben gezeigt, auf welche Weise Messungen des Endzustands uns darüber aufklären, wie das System in diesen Zustand versetzt wurde. Der gesunde Menschenverstand würde annehmen, es müsse eine kontinuierliche Geschichte gegeben haben, in der die Elektronen in einer genau definierten Sequenz mehrere Zustände durchliefen, bis sie von ihrem Anfangszustand zu ihrem Endzustand gelangten. Wie Bell seine Gleichungen im Einklang mit dem gesunden Menschenverstand aufstellte (so daß die *Verletzung* der Bellschen Ungleichung das Vorliegen einer »geisterhaften Fernwirkung« beweist), sind auch die entsprechenden Gleichungen dieses Experiments mit dem Ziel formuliert, dem gesunden Menschenverstand zu genügen. Sollte das Versuchsergebnis mit der »zeitlichen Bellschen Ungleichung« übereinstimmen, herrscht in der Quantenwelt der gesunde Menschenverstand. Stellt sich hingegen heraus, daß die zeitliche Bellsche Ungleichung verletzt wird, so haben wir den Beweis dafür, daß es keine exakt definierten »Zwischen«zustände gibt, oder, wie Paz und Mahler es formulierten, »daß zwischen vorliegenden Meßereignissen (die beliebig bei der anfänglichen Aufbereitung und der abschließenden Überprüfung des Zustands vorgenommen wurden) Geschichten nicht Teil der Realität sind«.[17]

In Analogie zur räumlichen Version des Bellschen Tests gilt: Wird die Ungleichung verletzt, dann sind Quantenereignisse zeitlich (d. h. vom Anfangs- bis zum Endzustand) miteinander korreliert, ohne irgendwelche Zwischenstadien zu durchlaufen (also ohne einer »Bahn« durch die Zeit zu folgen). Aus Aspects Experiment wissen wir, daß sich Quantenobjekte so verhalten, als existiere der Raum zwischen ihnen nicht. Das neue Experiment wird (sofern nicht alles, was wir über die Quantenwelt gelernt haben, falsch ist) demonstrieren, daß Quantenobjekte sich so verhalten, als existiere die Zeit zwischen ihnen nicht.

Mittlerweile sollte es nicht mehr überraschen, daß Quantenphysiker *erwarten*, die Ungleichung bei der Durchführung des Experimentes verletzt zu sehen. Da das Experiment hinsichtlich seiner praktischen Umsetzung große Ähnlichkeit mit dem Versuch aufweist, den kochenden Quantentopf zu beobachten, könnte es heute, da Sie diese Worte lesen, sehr wohl schon durchgeführt worden sein. Ich bin mir jedenfalls sicher, daß das Ergebnis den Annahmen der Quantenphysik und nicht dem gesunden Menschenverstand entsprechen wird.

Das ist nicht ganz so beunruhigend, wie es auf den ersten Blick scheint, handelt es sich doch im wesentlichen um eine Eigenschaft eines reinen Quantensystems. Umfaßt ein System sehr viele Quantenteilchen (wie ein Mensch oder eine Katze), dann mag sich die »Quantenhaftigkeit«, sofern der Gedanke der »Dekohärenz« richtig ist, auflösen. Nach Paz und Mahler können daher »Verletzungen der zeitlichen Bellschen Ungleichungen durch eine verstärkte Wechselwirkung mit der Umgebung zum Verschwinden gebracht werden«.[18] Mithin kann die Geschichte für Historiker etwas durchaus Reales sein, auch wenn das nicht auf ein Elektron zutrifft.

Allerdings gibt es – wie anscheinend immer in der Quantenphysik – auch gegenläufige Deutungen, und eine Schule meint, daß sich Historiker (und wir alle) sehr wohl an eine zusammenhängende Geschichte »erinnern« können, ohne daß es deshalb notwendigerweise eine einzigartige Geschichte *gab*. Der alternative Gedanke der »vielen Bewußtseine« kommt vor allem durch die Arbeiten David Alberts ins Spiel. Ihr zufolge nimmt das Gehirn eines intelligenten, mit einem Quantensystem wechselwirkenden Wesens, bedingt durch die Komplexität des Quantensystems, seinerseits eine hohe Komplexität an. Wie Deutschs hypothetisches Supergehirn teilt es sich in eben so viele Zustände, wie nötig sind, um jede mögliche Quantenalternative zu »sehen«, wobei jedes geteilte Bewußtsein nur weiß, daß es ein Ergebnis des Experimentes beobachtet. Führten wir das Experiment mit der Katze in der Kiste wirklich aus, so würden wir nach Albert beim Öffnen des

Deckels tatsächlich beide Ergebnisse sehen, und beide würden von unserem Gehirn als »real« verzeichnet. Allerdings ist es den beiden Teilen Ihres Bewußtseins verwehrt, ihre Gefühle und Meinungen über das Ergebnis des Experimentes auszutauschen.

Mir fällt es außerordentlich schwer, diese Ansätze ernst zu nehmen, insbesondere weil sie das Wesen des Bewußtseins und der Intelligenz wieder in den Mittelpunkt der Quantendebatte rücken. Darüber hinaus scheinen sie auch einer der zentralen Eigenschaften der Quantenwelt, nämlich der probabilistischen Natur der Versuchsergebnisse, den Boden zu entziehen. Wird *jede* Möglichkeit von einem meiner Bewußtseine als wirklich erfahren, was bedeutet dann noch die Rede davon, daß die Wahrscheinlichkeit eines Ergebnisses größer sei als die eines anderen? Wenn wir diese Ideen ernst nehmen, greifen wir fraglos zu verzweifelten Maßnahmen. Aber noch haben wir nicht alle angebotenen Quanteninterpretationen untersucht. Bevor wir uns fragen, ob *irgendeines* unserer Modelle der Wirklichkeit für bare Münze genommen werden kann, bleiben mir noch eine oder zwei andere Theorien zu erwähnen.

Letzte Strohhalme

Wenn wir nach unorthodoxen Auffassungen Ausschau halten, sind wir bei Roger Penrose an der richtigen Adresse. In seinem Buch *The Emperor's New Mind* stellt er die vernünftige Frage: »Ist die Anwesenheit eines bewußten Wesens nötig, damit eine ›Messung‹ *wirklich* stattfinden kann?« (S. 227) und gibt darauf die nicht weniger vernünftige Antwort: »Ich glaube, dieser Ansicht würde nur eine kleine Minderheit unter den Quantenphysikern zustimmen.« Penrose entwickelt sodann seine eigene Variation zum Quantenthema, in der er annimmt, ein Teilchen von der Art eines Elektrons sei tatsächlich im Raum ausgebreitet, statt sich an einem Punkt zu konzentrieren. Einige mögen es vorziehen, von der Ausbreitung der »Wahrscheinlichkeit« statt der des Elektrons selbst zu sprechen, aber im Blick auf das Doppelspaltexperiment sagt Penrose: »[Wir] müssen akzeptieren, daß das Teilchen in der Tat an *zwei* Orten zugleich ›ist‹! Nach dieser Interpretation hat das Teilchen *tatsächlich beide Schlitze zugleich passiert*« (S. 252). Er kommt jedoch zu dem Schluß, daß »die Lösung der Rätsel der Quantenwelt darin bestehen muß, eine bessere Theorie zu finden« (S. 298), wobei er nachdrücklich auf das Rätsel der Nichtlokalität verweist.[19]

Die Nichtlokalität ist das Schreckgespenst der meisten anderen »vernünftigen« Interpretationen der Quantentheorie. Ein Vorschlag lautet, wir sollten uns endgültig von der Vorstellung verabschieden, das Geschehen in einem einzelnen Quantenprozeß beschreiben zu können – beispielsweise in jenem, wo ein einzelnes Photon das Doppelspaltexperiment durchläuft –, und statt dessen die Quantenmechanik als eine rein statistische Theorie betrachten, die lediglich angibt, was bei einer großen Anzahl solcher Messungen (bei einem Ensemble) geschieht. Nach der Ensemble-Interpretation dürfen wir zwar fragen, was geschieht, wenn tausend radioaktive Atome nach einer Halbwertszeit beobachtet werden, und auf diese Frage werden wir die richtige Antwort erhalten, daß die Hälfte von ihnen zerfallen ist. Nicht statthaft hingegen ist die Frage, was mit einem einzelnen radioaktiven Atom geschieht, das nach einer Halbwertszeit beobachtet wird.

Dieser Ansatz mag vor einigen Jahrzehnten ganz plausibel erschienen sein, denn damals konnten Quantenphysiker nur mit großen Mengen von Quantenobjekten umgehen. Doch heute, wo wir einzelne Photonen durch ein Experiment schießen und feststellen können, daß sie mit sich selbst interferieren, sieht der Vorschlag ein wenig unbedarft aus. Gleichwohl wird er (unter anderem) von John Taylor vom Kings College in London vertreten. Taylor meint, alle anderen Interpretationen seien unbefriedigend. »Ich muß wirklich zugeben, daß ich die Mehrfachwelten-Interpretation sehr verschroben finde. Nein, tut mir leid, ich bin ein nüchterner Wissenschaftler. Wenn man keine Ahnung davon hat, was in den anderen Universen vor sich geht, sollte man erst gar nicht davon reden.«[20]

In den dreißiger Jahren unternahm John von Neumann einen

(meiner Ansicht nach) noch verzweifelteren Vorstoß, um die Quantengeheimnisse zu lösen. Er meinte, die Alltagslogik sei nicht auf die Quantenwelt anwendbar. Wenn wir von der Alltagslogik reden, so ist die Boolesche Logik gemeint. Ihr Namensgeber, George Boole, war ein irischer Mathematiker, der von 1815 bis 1864 lebte und als erster eine symbolische Schreibweise für die Darstellung logischer Sachverhalte benutzte. In der daraus entspringenden mathematischen Logik werden Ausdrücke wie »und« und »entweder–oder« durch mathematische Symbole dargestellt. Auf diese Weise lassen sich logische Argumente in Form mathematischer Gleichungen niederschreiben. Nach dem »quantenlogischen« Ansatz zur Lösung der Quantengeheimnisse bedeuten Ausdrücke wie »und« und »entweder–oder« in der Quantenwelt nicht dasselbe wie in der Alltagswelt, wodurch auch die einem Photon offerierte Wahl, durch einen von zwei Spalten zu gehen, eine andere logische Bedeutung gewinnt. Heinz Pagels Kommentar zur Reaktion von Leuten, deren Gehirn darauf abgestellt ist, quantenlogisch an die Geheimnisse der Quantenwelt heranzugehen, ist so treffend, das ich es nicht besser sagen könnte:

> Wenn wir ihnen etwas von dem Zwei-Löcher-Experiment erzählen, lachen sie nur; vom Problem selbst haben sie keine Vorstellung mehr. Jetzt sehen wir, wo bei der Quantenlogik der Haken liegt: Sie ist restriktiver als die normale Boolesche Logik. Man kann mit der Quantenlogik nicht soviel beweisen, und deshalb verspürt man auch in der physikalischen Welt keinerlei Eigenart. Die allgemeine Einführung der Quantenlogik wäre gleichbedeutend mit der Erfindung einer neuen Logik, mit der behauptet werden soll, daß die Erde flach ist, obwohl gleichzeitig alle Beweise dafür sprechen, daß sie rund ist.[22]

Sehr viel verlockender ist Bells Auffassung, es gebe keinen Unterschied zwischen der Leitwellentheorie und der Everettschen Theorie.[22] Der Angelpunkt von Everetts ursprünglicher Theorie war, daß sich jeder Beobachter durch einen Quanten»gedächtniszustand« auszeichnet und eine mehr oder weniger kohärente »Geschichte« erinnert. Die Idee sich verzweigender Wirklichkeiten, die eine Vielheit paralleler Welten erzeugen, tauchte erst später in seinem Gedankengang auf und war, wie Bell meint, ein fehlgeschlagener und nicht zwingender Zusatz. In seinen Augen sollten wir uns nur Everetts wichtiger These anschließen, daß uns jeglicher Zugang zur Vergangenheit versperrt ist und wir nur über Erinnerungen verfügen, die ihrerseits Teil des augenblicklichen (und daher nichtlokalen) Quantenzustands des Universums sind.

Die »Vervielfältigung der Welten ist ziemlich verstiegen«, erklärt Bell, »und läßt sich ohne weitere Folgen verabschieden«, während wir immer noch an der Vorstellung einer *potentiellen* Menge von Wirklichkeiten, die von der Wellengleichung beschrieben werden, festhalten können. Ebenso verhält es sich in der Leitwellentheorie, derzufolge die Welle selbst weder lokalisiert noch »reduziert« wird, ungeachtet der Tatsache, daß in jedem Augenblick nur *eine* mit der Welle verbundene Gruppe von Variablen »realisiert« wird. Die Forderung, jedes Universum müsse real sein, kommt nach Bell der Erwartung gleich, an jedem Ort im Raum, wo sich ein elektromagnetisches Feld befindet, auf ein geladenes Teilchen zu stoßen. Er zog es vor, das Augenmerk darauf zu lenken, wie die Everettsche Interpretation Wirklichkeit als eine Verteilung aller möglichen Lösungen für die Quantenwellengleichung darstellt, ohne daß verschiedene Konfigurationen einander zugeordnet würden. Doch ohne Zuordnung kein »Fließen« der Zeit (ein Thema, das Deutsch aufgriff), »keine Verbindung der bestimmten Gegenwart mit einer bestimmten Vergangenheit«:

> Die Struktur der Wellenfunktion ist ihrem Wesen nach nicht baumartig. Sie verknüpft einen bestimmten Zweig in der Gegenwart weder mit einem bestimmten Zweig in der Vergangenheit noch mit einem bestimmten Zweig in der Zukunft. Darüber hinaus scheint es sogar plausibel zu sein, die Vereinigung zuvor getrennter Zweige und das daraus resultierende Interferenzphänomen als die charakteristische Eigenschaft der Quantenmechanik zu betrachten. So gesehen ist Feynmans ›Summe aller möglichen Geschichten‹ ein treffendes Bild, das ohne die Vorstellung eines Baumes auskommt.

Doch Bell griff nicht zur Feder, um die Vielwelten-Idee zu verteidigen, er stellte sie nur so klar wie möglich dar. Er betont, »daß Everett, indem er an die Stelle der Vergangenheit die Erinnerungen treten läßt, in einem radikalen Solipsismus endet. Sämtliche nicht in unserem Kopf ablaufenden Ereignisse ersetzt er durch unsere Eindrücke und schließt dabei auch die Zeit ein ... nähme man eine solche Theorie ernst, so ließe sich schwerlich noch irgend etwas ernst nehmen.« Trotz seiner Skepsis brachte Bell es allerdings nicht über sich, die Idee in Bausch und Bogen zu verwerfen. An einer späteren Stelle seines Buches schreibt er: »Wäre da nicht ein kleines ›Aber‹, würde ich den Gedanken als absurd abtun ... Doch möglicherweise hat er uns etwas Wichtiges über das Einstein-Podolsky-Rosen-Paradoxon zu sagen, und es lohnte sich meines Erachtens, zu einer präzisen Version dieser Theorie zu gelangen, um das zu überprüfen« (S. 194). Aus dem Munde eines Mannes, der auf derselben Seite erklärt, »ich bin nie hinter die Bedeutung der Komplementarität gestiegen, und Widersprüche sind mir ein Greuel«, und der sich nicht scheute, von Neumanns Argumente zu den verborgenen Variablen als »schwachsinnig« zu bezeichnen, wirkt diese Aussage fast wie ein Bekenntnis zur Vielwelten-Interpretation. Dennoch hat Bell ausdrücklich nur den Gedanken der Leitwelle gebilligt, dessen Begrifflichkeit an sich klar und einfach ist, der aber darüber hinaus die Nichtlokalität in der Quantenwelt scharf herausstellt und somit ein Problem ins Rampenlicht rückt, dessen Bewältigung durch eine wahrhaft befriedigende Theorie noch aussteht.

Aus zwei Gründen bin ich noch einmal auf diesen anderen Blick auf die Vielwelten-Theorie zu sprechen gekommen. Erstens ist sie mir von allen traditionellen Interpretationen noch stets die liebste, und müßte ich eine der dargestellten Theorien zum Verkauf anbieten, so wäre es diese. Zweitens macht Bells Erklärung des eigentlichen Gehaltes der Vielwelten-Version deutlich, welche Rolle der Zeit in unserem Verständnis der Quantenwelt zufällt (was in geringerem Maße auch für Deutschs Versuche gilt, diese Ideen weiterzuentwickeln). Die Zeit ist eine sehr knifflige Angelegenheit, was eng mit der Natur der Quantenrealität und der Schwierigkeit zusammenhängt, die Gleichungen der Quantenmechanik mit denjenigen der Alltagswelt zu vereinbaren.

Diese Erkenntnis hat zu einem gänzlich anderen Lösungsansatz für die Quantengeheimnisse geführt, zu einem Ansatz, der von den Gesetzen der Alltagswelt ausgeht und versucht, zu einer Art Quantenwahrheit vorzudringen. Bevor ich diesen neuen Ansatz untersuche, lohnt es sich, einen kleinen Abstecher zu machen und das Wechselspiel von Quantenmechanik und Relativitätstheorie zu untersuchen. Jede wirklich gute Beschreibung des Wirkens des Universums (die gesuchte »Theorie für Alles«) muß offensichtlich diese beiden großen Theorien konsistent verbinden. Doch das ist nicht mein Thema, ich möchte vielmehr einen Blick auf diejenigen Punkte werfen, an denen die beiden Theorien unvereinbar erscheinen oder wo zumindest die Quantentheorie der *Speziellen* Relativitätstheorie zu widersprechen scheint.

Eine relativistische Nebenbemerkung

Wieder einmal ist es Bell, dem wir eine kristallklare Darlegung des Problems verdanken. Die entscheidende These der Speziellen Relativitätstheorie lautet, die Welt und die Gesetze der Physik sollten allen Beobachtern, unabhängig von ihrer Bewegung, gleich erscheinen (vergessen Sie aber nicht, daß es in der speziellen Theorie nur um konstante, nicht um beschleunigte Geschwindigkeiten geht). Wir sprechen in diesem Zusammenhang von der »Lorentz-Invarianz«, obwohl Lorentz, wie wir im 2. Kapitel sahen, nicht der einzige war, der in den Jahren vor Einsteins Beitrag dieses Phänomen untersuchte. Aus Aspects Experiment wissen wir, daß wir die lokale Realität fallenlassen müssen und daß das Universum »da draußen« entweder nicht wirklich ist oder Signale mit Überlichtgeschwindigkeit reisen, also Einsteins »geisterhafte Fernwirkung« mitmischt. Für Bell ist die »billigste Lösung« des Dilemmas, zu der Art von Relativitätstheorie zurückzukehren, die vor Einsteins Version bestand. Das heißt im Klartext, zu der Theorie, die Leute wie Lorentz unter der Annahme eines Äthers aufstellten.[23]

Diesen Vorstellungen zufolge existiert in der Tat ein bevorzugtes Bezugssystem, nur werden unsere Meßinstrumente durch die Bewegung genau um einen solchen Betrag verzerrt, daß keine Bewegung »durch« den (oder »relativ zum«) Äther feststellbar ist. Der Vorteil dieser Auffassung liegt darin, daß sich die Dinge zwar in diesem bevorzugten Bezugssystem schneller als Licht fortpflanzen *können*, es sich aber in anderen Bezugssystemen, wo sich Einwirkungen mit Überlichtgeschwindigkeit zu vollziehen und in der Zeit rückwärts zu gehen scheinen, um eine Art optische Täuschung handelt. Sollte ein bevorzugtes Bezugssystem existieren, dann müßten die Uhren in diesem eine bevorzugte Zeit angeben, womit beide, Newtons absoluter Raum *und* seine absolute Zeit, mit einem Schlag ihre Auferstehung feierten. Einzig und allein in Einsteins Version der Relativität, in der alle Lorentz-Bezugssysteme zueinander äquivalent sind, bedeutet ein Reisen mit Überlichtgeschwindigkeit auch, »wirklich« in der Zeit rückwärts zu gehen.

Bell entfaltete diese Gedanken in einem Aufsatz, den er später als 9. Kapitel in sein Buch *Speakable and Unspeakable in Quantum Mechanics* aufnahm. Er zeigte dort, wie aus der voreinsteinschen Annahme eines bevorzugten Bezugssystems, verbunden mit einer experimentellen Tatsache, daß sich keine Bewegung relativ zu diesem Bezugssystem entdecken läßt, die gewöhnliche Form der Lorentzschen Transformationsgleichungen hervorgeht, so daß »auf experimentellem Wege keinesfalls entscheidbar ist, welches, wenn überhaupt eines, von zwei gleichförmig sich bewegenden Systemen wirklich ruht und welches nicht« (S. 77). Wie Bell meint, weicht Einsteins Theorie von der Lorentzschen Version sowohl hinsichtlich ihrer Philosophie als auch hinsichtlich ihres Stils ab. Philosophisch unterscheiden sie sich dadurch, daß Einstein zu dem Schluß kommt, die Ausdrücke »wirklich in Ruhe« und »wirklich in Bewegung« würden bedeutungslos, wenn sich unmöglich sagen läßt, welches von zwei sich bewegenden Systemen (wenn überhaupt eines) wirklich in Ruhe ist und welches sich wirklich bewegt, so daß allein die relative Bewegung von Belang ist. Einsteins anderer Stil zeigt sich darin, daß er die Hypothese zugrunde legt, die Gesetze der Physik würden für gleichförmig sich bewegende Beobachter gleich aussehen, und dann die Lorentz-Transformation auf eine elegante und einfache Weise ableitet, statt von den experimentellen Belegen auszugehen und auf einem längeren Weg zum selben Ziel zu gelangen. Wie die Kopenhagener Deutung und die Vielwelten-Interpretation die gleichen »Antworten« auf Quantenprobleme geben, so liefern auch die Lorentzsche Version der Relativität und Einsteins spezielle Theorie in allen praktischen Situationen dieselben »Antworten«. Allerdings deuten sie das Geschehen in unterschiedlicher Weise.

Je nach Blickwinkel ist Bells Vorschlag entweder revolutionär oder reaktionär, und zweifellos zählt sich die Mehrheit der heutigen Physiker nicht zu seinen Anhängern. Augenzwinkernd weist Bell darauf hin, daß uns zumindest noch *ein* Ausweg aus dem Dilemma der Nichtlokalität bleibt, der uns keine Rückkehr zur voreinsteinschen Relativität aufnötigt. Gegenüber Paul Davies äußerte er: »Die Frage kann man auch so wenden, daß man sagt, die Welt sei überdeterminiert.«[24] Das heißt mit anderen Worten, ausnahmslos alles ist vorherbestimmt, einschließlich der Entscheidung des Versuchsleiters, welche Messungen im Experiment von Aspect vorgenommen werden sollten. Wenn der freie Wille eine Illusion ist, dann können wir dieser Zwickmühle entkommen. Doch wenn wir eine solche Theorie ernst nehmen müßten...

Eigentlich sollte uns die Behauptung, die Spezielle Relativitätstheorie müsse nicht unbedingt die beste Betrachtungsweise der Welt liefern, nicht allzusehr schockieren, denn schließlich sagt bereits ihr Name, daß sie nicht das Nonplusultra der Relativitätstheorien ist. Anders als die Allgemeine Relativitätstheorie ist sie unvollständig, da sie weder die beschleunigte Bewegung noch die Gravitation berücksichtigt.

Zwar habe ich Ihnen versprochen, Sie mit den Einzelheiten der Allgemeinen Relativitätstheorie zu verschonen; da es sich hier aber nur um einen Schlenker handelt, erlaube ich mir, mein Versprechen großzügig auszulegen und ein paar ihrer hervorstechenden Züge zu nennen. Die Allgemeine Relativitätstheorie versteht die Gravitation im Sinne einer Krümmung der Raumzeit. Statt an irgendeine geheimnisvolle Fernwirkung (genannt Gravitation) zu denken, die von der Sonne ausgeht und die Erde auf einer Umlaufbahn hält, sollten wir uns folgendes vorstellen: Die Sonne verursacht eine »Delle« in der Raumzeit ähnlich einer Bowlingkugel, die auf einem gespannten Gummituch liegt. Indem die Erde dem Weg des geringsten Widerstandes durch die gekrümmte Raumzeit folgt, wird sie auf ihre Bahn um die Sonne gelenkt, so wie eine Murmel, die um die von der Bowlingkugel hervorgerufene Vertiefung auf dem Gummituch herumläuft.

Die Gravitationswirkung der Sonne (oder anderer Körper) erstreckt sich im Prinzip durch das gesamte Universum, obwohl die von der Sonne verursachte Krümmung der Raumzeit mit zunehmender Entfernung immer kleiner wird. Zu Veränderungen in der Gravitationswirkung kann es dadurch kommen, daß Massen in der Raumzeit »durchgerüttelt« werden, wodurch mit Lichtgeschwindigkeit sich ausbreitende Kräuselungen erzeugt werden (analog zu jenen, die Sie erhalten, wenn Sie die Bowlingkugel auf dem gespannten Gummituch auf und ab hüpfen lassen). Einsteins Allgemeine Relativitätstheorie sagte solche Gravitationswellen voraus, und neuere Erforschungen eines als Doppelpulsar bekannten Systems haben ihre Existenz bestätigt. In einem solchen System verlieren zwei dichte, einander umkreisende Sterne so viel Energie in Form von Gravitationsstrahlung, daß sich ihre Umlaufzeit meßbar verändert. Die Bahnveränderung entspricht genau dem von der Allgemeinen Relativitätstheorie vorausgesagten Betrag. Diese Entdeckung wurde für so bahnbrechend gehalten, daß die beiden Wissenschaftler, Russell Hulse und Joe Taylor, denen wir sie zu verdanken haben, dafür 1993 mit dem Nobelpreis geehrt wurden.

Obgleich die Gravitationsstrahlung sich mit Lichtgeschwindigkeit bewegt, scheint der Gravitationseinfluß eines Objektes in gewisser Hinsicht nichtlokal zu sein. Nach der üblichen Vorstellung erstreckt sich das Gravitationsfeld durch den ganzen Raum (die ganze Raumzeit), und zwar die ganze »Zeit« über. Möglicherweise hängt das mit einem anderen Rätsel zusammen, das den Wissenschaftlern immer mal wieder Kopfzerbrechen bereitet hat: das Rätsel der Trägheit. Im Raum, in dem keine Reibung herrscht, wird ein angestoßenes Objekt sich so lange in die entsprechende Richtung bewegen, bis es einen weiteren Stoß erhält. Damit ein Objekt seine Richtung ändert, sich schneller bewegt oder langsamer wird, ist Energie vonnöten. Dieser Sachverhalt ist von so großer Bedeutung, daß man oftmals die Lorentz-invarianten Bezugssysteme von Beobachtern, die sich mit konstanter Geschwindigkeit bewegen, einfach »Inertialsysteme« (träge Systeme) nennt. Wie aber »weiß« das Objekt, daß sich seine Bewegung verändert oder nicht?

In einem nahezu leeren Universum, in dem nur ein Teilchen herumsaust, wäre es sinnlos, von Bewegung zu sprechen, da diese an keinem Bezugssystem meßbar wäre. Sobald aber ein weiteres Teilchen im Universum auftaucht, gibt es etwas, anhand dessen eine Messung durchführbar ist. Enthielte das Universum nur ein Teilchen, so wäre schwer vorstellbar, wie es überhaupt Trägheit geben könnte. Genügt nur ein weiteres Teilchen, um die volle Trägheit des ersten Teilchens »anzuschalten«? Oder würde die Trägheit mit der Anzahl der zusätzlichen Teilchen zunehmen? Niemand kennt die Antwort auf diese Fragen. Doch in dem uns bekannten Universum scheint das faktische Verhalten realer Objekte – ihre Trägheitsreaktion, wenn sie gestoßen oder gezogen werden – darauf hinzudeuten, daß sie ihre Geschwindigkeit mit Bezug auf die Durchschnittslage der gesamten Materie im Weltall »messen«.

Dieses Phänomen wurde nach dem österreichischen Physiker Ernst Mach (1838–1916) »Machsches Prinzip« genannt, und es übte auf Einstein, während er an seiner Allgemeinen Relativitätstheorie arbeitete, keinen geringen Einfluß aus. Ironischerweise liefert uns die Allgemeine Relativitätstheorie, allen Bemühungen Einsteins zum Trotz, weder für das Machsche Prinzip noch für den Ursprung der Trägheit eine Erklärung. Und der Gipfel der Ironie: Mach war, obgleich einer ihrer Geburtshelfer, kein Freund der Einsteinschen Theorie. Das Rätsel harrt also immer noch einer

Lösung. Wie vermag ein Objekt, das einen Stoß erhält, *augenblicklich* abzuschätzen, wie dieser Stoß seine Bewegung relativ zur Gesamtmaterie des Universums beeinträchtigt, und entsprechend zu reagieren? Wieder sind wir in die geisterhaften Bereiche der Fernwirkung eingetreten, doch diesmal nicht im Rahmen der Quantentheorie, sondern im Zusammenhang mit Einsteins eigenem Meisterwerk, der Allgemeinen Relativitätstheorie!

Wir wissen, daß die Spezielle Relativitätstheorie, die eine Kommunikation mit Überlichtgeschwindigkeit verbietet, eine unvollständige Theorie des Universums ist und nach Bells Ausführungen für alle praktischen Zwecke zu denselben Ergebnissen wie die Lorentzsche Theorie kommt, in der schneller als Licht reisende Signale zugelassen sind. Andererseits scheint in das Gebäude der Allgemeinen Relativitätstheorie, die als umfassendere Theorie weitaus mehr zufriedenstellt als die spezielle Theorie, irgendwie die Nichtlokalität eingebaut zu sein. Und sicherlich ist Ihnen nicht entgangen, daß, sofern das Machsche Prinzip überhaupt gültig ist, in der Tat ein bevorzugtes Bezugssystem im Universum existiert, gleichgültig ob es nun einen physikalischen Äther gibt oder nicht.

Wir wissen, daß sich das Universum ausdehnt und daß das bevorzugte Bezugssystem, das durch die durchschnittliche Verteilung der gesamten Materie im Universum bestimmt wird, zugleich jenes ist, in dem sich die Ausdehnung vollkommen gleichförmig in alle Richtungen vollzieht. Wir wissen auch, daß der Urknall, die Geburtsstunde des Universums, ein heißer Feuerball war, der das Universum mit elektromagnetischer Strahlung erfüllte, mit einer Strahlung, die seitdem so weit abgekühlt ist, daß sie sich im heutigen Universum nur mehr als ein schwaches Radiorauschen mit einer Temperatur von knapp 3 Kelvin (etwas unter −270 °C) bemerkbar macht – als die berühmte kosmische Hintergrundstrahlung. Das Licht selbst (in dem Sinne, in dem wir jede elektromagnetische Strahlung »Licht« nennen können) liefert uns ein bevorzugtes Bezugssystem.

Allmählich verdichtet sich die Handlung, und einige dieser Themen werde ich später noch einmal aufgreifen. Doch zuerst sollen

Sie erfahren, wie sich die alten Rätsel der Quantenmechanik neu betrachten lassen.

Ein Experiment mit der Zeit

Für ein wissenschaftliches Verständnis der Welt ist das Wesen der Zeit grundlegend. Nach der Quantenphysik stellt der »ungemessene« Zustand des Universums eine Überlagerung aller möglichen Zustände dar, und die Physik muß (im Prinzip) *all* diese Zustände berücksichtigen. Die neuere Version der von Deutsch und anderen entworfenen Vielwelten-Theorie geht nicht mehr von einer Verzweigung der Universen aus, da alle Möglichkeiten »immer« präsent sind; sie nimmt statt dessen eine unendliche Anzahl von Universen an, die »in ihren Anfängen« miteinander identisch sind. Durch den Vorgang der Quantenmessung wird keine Aufspaltung eines Universums hervorgerufen, vielmehr werden die alternativen Universen unterschiedlich verändert, weil das Ergebnis des Experimentes in ihnen je anders ausfällt – in der einen Welt lebt die Katze, in der Welt nebenan stirbt sie, in *beiden* Welten aber gab es vor dem Experiment eine lebende Katze, und mehr noch, vor Durchführung des Experimentes waren die zwei Universen *ununterscheidbar*. In diesem Bild existiert ein »Zeitpfeil« nur in dem Sinne, daß einige Zustände der vielen Welten komplexer sind als andere. Die Komplexität – ein Resultat vieler verschiedener Quantenmeßergebnisse – liegt in der Zukunft, während die Einfachheit in der Vergangenheit liegt.

Sind jedoch viele Teilchen versammelt und können sie miteinander wechselwirken, so kommen Eigenschaften ins Spiel, die mit der Komplexität des Systems zusammenhängen (gewöhnlich werden sie von jenem Zweig der Physik behandelt, den wir Thermodynamik nennen), und genau hier scheint der Zeitpfeil aufzutreten. In dem Beispiel, das immer in diesem Fall herangezogen wird, fällt ein Glas herunter und zerspringt, sobald es den Boden berührt, während es seine im Fall gewonnene Energie als Wärme abgibt, was eine leichte Erwärmung des Bodens verursacht. Wir beobachten jedoch nie, daß der Boden Energie an die zerbrochenen Glasstücke abgibt, sie zusammenfügt und das ganze Glas wieder auf den Tisch springen läßt, während er sich leicht abkühlt, obgleich die dynamischen Gleichungen auf der atomaren und molekularen Ebene genausogut in diese Richtung »gehen« könnten (und das ebenso in der Newtonschen wie in der Quantenphysik).

Komplexität, Zeitpfeil und die Entstehung von Ordnung aus dem Chaos – dies waren Themen, die vor allem Ilya Prigogines Interesse fanden. Der 1917 in Rußland geborene Prigogine lebt seit seinem zwölften Lebensjahr in Belgien; er erhielt 1977 den Nobelpreis für Chemie und hat seitdem energisch an einer Interpretation der Wirkungsweise des Universums gearbeitet. Prigogine entwickelte mathematische Modelle für Systeme, die sich nicht im Gleichgewicht befinden; diese Arbeit ist für den Ursprung und die Evolution des Lebens von unmittelbarer Bedeutung, und möglicherweise spielt sie auch in die verwirrende Frage hinein, was bei einer Quantenmessung abläuft.

Im wesentlichen besagt Prigogines Überlegung, die experimentell hergeleiteten, sich auf das Verhalten komplexer Systeme stützenden Gesetze der Thermodynamik seien die wahre Wirklichkeit, während das scheinbar zeitsymmetrische Verhalten kleiner, voneinander abprallender Kugeln (das naive Bild für das Verhalten von Atomen) bloß eine Annäherung an die Wirklichkeit darstellten. Kurz gesagt, wir sollten die thermodynamischen und nicht die Newtonschen Gesetze für bare Münze nehmen (übrigens auch nicht Schrödingers Gleichungen). Systeme, die zum Beispiel Newtons Gleichungen exakt folgen, heißen »integrierbar«; so ist die Bahn eines einzelnen Planeten um einen isolierten Stern integrierbar, und infolgedessen läßt sich – unter der Voraussetzung, daß die gegenwärtigen, Bahn und Position des Planeten beschreibenden Parameter bekannt sind – die Position des Planeten für jeden zukünftigen oder vergangenen Zeitpunkt berechnen. Sobald aber nur *ein* weiteres Objekt in das System eintritt und ein »Drei-Körper-Problem« entsteht, hören die Gleichungen auf, integrierbar zu sein.

Der Punkt ist nicht allein, daß die mathematischen Gleichungen für mehr Körper schwerer zu lösen sind – sie sind prinzipiell *unmöglich* exakt zu lösen. Wir können nicht mehr leisten, als Schritt für Schritt zu annehmbar genauen Näherungswerten für die zukünftige Position der drei Körper zu gelangen. Dazu müssen wir folgendes tun: Wir nehmen an, zwei der Körper befänden sich in Ruhe, dann läßt sich herausfinden, wie sich der dritte unter ihrem vereinten Gravitationseinfluß bewegt. Wir erlauben ihm aber nur, sich ein klein wenig zu bewegen, bevor wir ihn »anhalten« und zur Berechnung der nächsten kleinen Bewegung eines der beiden anderen Körper übergehen. Dann wiederholen wir den Vorgang für den dritten Körper und so fort. Selbst mit Hilfe eines schnellen Rechners ist das ein äußerst ermüdendes und nicht einmal vollkommen exaktes Verfahren. Für die Planetenbahnen im Sonnensystem funktioniert es nur deshalb recht gut, weil die Sonne sehr viel größer als jeder Planet ist (sie ist sogar viel größer als sämtliche Planeten zusammengenommen) und ihr Einfluß so zum beherrschenden Element der Berechnung wird. Hätte jeder der Planeten dieselbe Masse wie die Sonne, wäre es sehr viel schwieriger, auch nur Näherungswerte zu erstellen. Je nachdem in welcher Reihenfolge Sie jedem »Planeten« erlauben, sich ein wenig zu bewegen, während Sie die anderen anhalten, werden Sie verschiedene »Antworten« bekommen. Eine genaue Vorhersage, wie sich die Umlaufbahnen der drei Körper (von denen eines so komplexen Gebildes wie unser Sonnensystem ganz zu schweigen) mit der Zeit entwickeln werden, ist schlicht unmöglich – und ebenso läßt sich nicht exakt berechnen, wie sich diese Bahnen von der Vergangenheit bis auf den heutigen Tag entwickelt haben.

Und wenn das schon von nur drei wechselwirkenden Objekten gilt, was sollen wir dann über eine Katze sagen, die – wie Sie sich erinnern werden – aus 10^{26} Teilchen und nicht bloß aus drei besteht! Die wunderschönen, zeitsymmetrischen Gleichungen der Quantentheorie mögen von zwei oder drei wechselwirkenden Entitäten erfüllbar sein, doch für Prigogine ist die »Nicht-Integrierbarkeit« eine grundlegende Eigenschaft jedes realistisch komplexen Systems. Und was nicht integrierbar ist, läßt sich prinzipiell *nicht* in der Zeit zurückverfolgen, um seiner Vergangenheit habhaft zu werden. Das zerbrochene Glas ist *nicht* wiederherstellbar, selbst wenn sich die Atome im Fußboden vereinigten, um es mit Energie anzufüllen, während sie sich abkühlen.

In gewisser Weise bringt Prigogines Ansatz wieder eine der ursprünglichen Kopenhagener Deutung ähnliche Theorie ins Spiel. Was in der Physik von Bedeutung ist, sind für ihn die Messungen, die wir mit realen, »klassischen« Geräten (Geigerzählern und dergleichen) durchführen, während wir nicht hoffen dürfen, die inneren Vorgänge in den Apparaten mehr als annäherungsweise zu verstehen. Alastair Rae formuliert dies so:

> Wir können per definitionem keine Erfahrung von reversiblen, reinen Quanten›ereignissen‹ haben, die nicht wahrgenommen werden. ... Die Gesetze der klassischen Physik gingen von der unhinterfragten Voraussetzung aus, daß, obwohl Ereignisse reversibel sein mögen, immer darüber geredet werden kann, was geschehen ist. Selbst Einsteins Relativitätstheorie bezieht sich vielerorts auf das Aussenden von Signalen, die deutlich irreversible meßtypische Prozesse sind. Wenn wir ein Szenarium zu entwickeln versuchen, das über den Bereich möglicher Beobachtungen hinaus in das Reich des Reversiblen vordringt, sollte es uns wohl nicht erstaunen, daß unsere Modelle offenbare Widersprüche wie den Welle-Teilchen-Dualismus und die in EPR-Experimenten beobachtete räumliche Entlokalisierung enthalten.[25]

Diese Gedanken sind neu und fesselnd, und obgleich sie weit davon entfernt sind, allgemeine Zustimmung zu finden, werden sie sicherlich in den nächsten Jahrzehnten auf die eine oder andere Weise debattiert und weiterverfolgt werden. Worauf es ankommt, ist die Möglichkeit, daß das Wichtige an der Kopenhagener Deutung – der Punkt, an dem die »Messung« entscheidet, in welche Richtung die Quantenwelt springen wird – durch die Festschreibung einer irreversiblen Veränderung im Universum markiert wird (wie der Tod der Katze oder prosaischer die graphische Spur eines Aufzeichnungsgeräts). Der Haken liegt meines Erachtens darin, daß wir immer noch keine befriedigende Erklärung für die von Rae angesprochene und in den EPR-Experimenten beobachtete Nichtlokalität haben. Es ist ja schön und gut zu sagen, wir sollten uns in der Quantenwelt auf Überraschungen gefaßt machen, nur findet sich in Prigogines Ansatz keinerlei Andeutung der Nichtlokalität *per se*, obschon sie (wie im Doppelspaltexperiment und im Experiment von Aspect deutlich zutage tritt) den Kern der Quantengeheimnisse bildet. Wie der Physiker und Nobelpreisträger Brian Josephson von der Universität Cambridge einmal bemerkte, ist der experimentelle Nachweis, daß die reale Welt gegen die Bellsche Ungleichung verstößt, der wichtigste Fortschritt in der neueren Physik.[26] In welches Gewand Sie die Beschreibung des Meßaktes auch kleiden, es bleibt dennoch wahr, daß das Messen des Photons A *augenblicklich* den Zustand von Photon B bestimmt, wo immer es sich befinden mag, und sei es auf der anderen Seite des Universums.

Daher ist Prigogines Theorie nicht die beste in meinem »Sortiment«. Allerdings glaube ich auch, daß die Frage der Reversibilität und das zeitsymmetrische Verhalten einiger grundlegender Gleichungen für ein richtiges Verständnis der Quantenrealität von eminenter Bedeutung sind. Rae zitiert einen weiteren treffenden Kommentar von Prigogine: »Ein Elementarteilchen ist, was auch immer sein Name suggerieren mag, kein ›gegebenes‹ Objekt; wir müssen es zuallererst konstruieren.«[27]

Der Witz daran ist, daß alles, was wir über die Quantenwelt »wissen«, auf Schlüssen und Beobachtungen über Dinge aus der Alltagswelt beruht. Physiker handeln mit Modellen, die – wie sie hoffen – Annäherungen an eine zugrundeliegende Wirklichkeit sind. Leider vergessen sie dabei häufig, ihre Modelle und die Wirklichkeit auseinanderzuhalten, und unsere Vorbegriffe und kulturellen Einflüsse färben bereits unsere ersten Gedankenschritte zu einem Verständnis der Welt. Um einschätzen zu können, was wir wirklich an der Quantenwelt verstehen, sollten wir erst einmal zu begreifen versuchen, was wir mit »verstehen« meinen. Keine Sorge, ich werde nicht in die trüben Tiefen des Mystizismus, der Philosophie und der Psychologie hinabtauchen. Dennoch lohnt es sich, einmal zu betrachten, wie wir über Dinge im weitesten Sinne nachdenken, bevor wir darangehen, den Wert der vielen feilgebotenen Quantenrealitäten zu beurteilen und zu entscheiden, welches das beste Angebot *ist* und warum.

5 VOM NACHDENKEN ÜBER DIE DINGE

Die Welt der Physiker besteht aus Photonen. Dieser Satz ist auf zwei Ebenen wahr. Erstens sind Alltagsdinge aus Atomen zusammengesetzt. Um unsere unmittelbare Umgebung und die Vorgänge in unserem eigenen Körper zu begreifen, brauchen wir uns über noch kleinere Objekte nicht allzu viele Gedanken zu machen. Ein Atom ist freilich nichts als ein nahezu leerer Raum, zusammengehalten durch den Austausch von Photonen, also durch elektromagnetische Kräfte. Ein typischer positiv geladener Atomkern mißt 10^{-15} m im Durchmesser, während das Atom selbst hunderttausendmal größer ist, d. h. einen Durchmesser von 10^{-10} m hat. Betrüge der Durchmesser des Kerns 1 cm, so mäße der Abstand vom Kern bis zur äußeren, ihn umgebenden Elektronenhülle einen ganzen Kilometer. Das Äußere des Atoms, jener Teil, der mit anderen Atomen wechselwirkt, besteht aus reiner Elektrizität, d. h. aus Elektronen, die nach den Regeln der QED durch elektromagnetische Kräfte (Austausch von Photonen) an ihren Platz gebannt werden.

Mir erscheint der Computer, auf dem ich diese Worte tippe, wie ein solider Gegenstand. In Wirklichkeit ist er bloß ein Netz elektromagnetischer Kräfte, die zwischen ein paar winzigen, weit auseinanderliegenden Quantenentitäten ein Band knüpfen – ein System wechselwirkender Photonen. Wie ist dann aber meine Aussage zu verstehen, daß ich den Computer als ein solides Objekt »empfinde« oder ihn als eine kontinuierliche Einheit »sehe«?

Wenn wir irgend etwas fühlen – wenn ich etwa die Tasten meines Computers anschlage und meine Finger eine Reaktion spüren –, dann empfinden wir eigentlich die Wechselwirkungen zwischen den Elektronenwolken in dem Ding und den Elektronenwolken in unseren Fingerkuppen. Das sind nichts anderes als elektromagnetische Wechselwirkungen mittels Photonen. Wenn wir Dinge betrachten, so sehen wir sie offensichtlich mit Hilfe der Wechselwirkungen zwischen Photonen und den Atomen unseres Auges (genauer gesagt, zwischen Photonen und den Elektronen in den äußeren Atomhüllen). Wenn Botschaften über das, was wir empfinden und sehen (oder hören, riechen, tasten), an unser Gehirn weitergeleitet werden, so geschieht das mittels elektrischer Impulse über ein Netz von Nervenbahnen. Wie wir bereits sahen, laufen die Nervenimpulse nach der Auslösung chemischer Reaktionen über sogenannte Synapsen. Und die chemischen Reaktionen sind ihrerseits einfache, durch elektromagnetische Quantenvorgänge ausgelöste Prozesse, an denen die Elektronen in den äußeren Atomhüllen beteiligt sind. Selbst unser Gehirn funktioniert dank dieser Art von Chemie und mithin aufgrund eines Photonenaustausches.

Auch wenn wir diese Einschränkungen in Rechnung stellen, sind die menschlichen Sinne ungeeignet, die Quantenwelt im Innern der Atome zu erforschen. Teilchen werden nicht unmittelbar von uns wahrgenommen, geschmeckt, gerochen oder berührt. Ihre Wechselwirkungen werden vielmehr stellvertretend von mehr oder weniger komplizierten Geräten überwacht, und ihre Eigenschaften erschließen wir aus dem Ablesen einer Skala, aus den Spuren auf einer Photographie oder aus computerberechneten Zahlen. Sogar die Behauptung, wir seien endlich in der Lage, ein einzelnes, in einem magnetischen Feld eingefangenes Atom zu »sehen«, bedeutet genaugenommen, daß wir Licht von der richtigen Farbe am richtigen Ort entspringen sehen, so daß wir dieses Phänomen durch die Anwesenheit eines Objektes erklären dürfen, das wir Atom nennen und dessen Aufbau wir aus Experimenten und Beobachtungen erschlossen haben, zu denen wir gelangt sind, weil wir unseren Sinnen mit allen möglichen Apparaten auf die Sprünge geholfen haben. Die Art von Objekt, die wir Atom nennen, ist bei Lichte besehen nur ein theoretisches *Modell* der Wirklichkeit. All die Dinge, von denen ich gesagt habe, sie bildeten ein Atom – positiv geladene Kerne, Elektronenwolken, ausgetauschte Photonen –, sind Teil einer kohärenten Geschichte, die sowohl frühere Beobachtungen erklärt als auch die Ergebnisse zukünftiger Experimente voraussagbar macht. Unsere Ansicht darüber, was ein Atom eigentlich »ist«, hat sich allerdings in den letzten hundert Jahren ein paarmal gewandelt, und verschiedene Bilder (verschiedene Modelle) sind auch noch heute je nach Kontext sinnvoll.

Die Bezeichnung »Atom« geht auf die Vorstellung der alten Griechen zurück, daß es letzte, unteilbare Materieteilchen geben müsse. Gegen Ende des 19. Jahrhunderts stellte sich jedoch heraus, daß Atome nicht unteilbar sind und wir Stückchen (d. h. Elektronen) aus ihnen herausschlagen können. Später wurde ein Modell entwickelt, nach dem ein Atom aus einem in der Mitte ruhenden, von Elektronen umkreisten Kern besteht, vergleichbar der Art und Weise, in der die Planeten um die Sonne laufen. Mit Hilfe dieses Modells läßt sich noch immer gut erklären, wie Elektronen von einer Bahn zur anderen »springen«, elektromagnetische Energie absorbieren oder emittieren und dabei die für ein Atom dieser Art (dieses Elementes) charakteristischen Spektrallinien hervorrufen. Später kam dann die Vorstellung von Elektronen als Wellen oder Wahrscheinlichkeitswolken in Mode (weil diese Ideen anderenfalls paradox bleibende Eigenschaften des Atomverhaltens zu erklären vermögen), womit in den Augen der Quantenphysiker das ältere Planetenmodell passé war. Doch das bedeutet nicht zwangsläufig, daß Atomkerne »wirklich« von Elektronen umgeben sind, die Wahrscheinlichkeitswolken bilden, und damit alle anderen Modelle wertlos sind.

Physiker, die sich für das rein physikalische Verhalten eines Gases im gewöhnlichen Sinne interessieren, beispielsweise für den von ihm ausgeübten Druck auf die Wände eines Behälters, sind völlig zufrieden damit, das Gas als kleine, harte »Billardkugeln« zu betrachten. Chemikern, die die Zusammensetzung einer Substanz bestimmen wollen, zu diesem Zweck kleine Proben verbrennen und die so entstandenen Spektrallinien analysieren, genügt es vollauf, mit dem »Planetenmodell« zu arbeiten, nach dem Elektronen um den Kern kreisen. Dennoch wirft Nick Herbert, der es eigentlich besser wissen sollte, dieses Modell zum alten Eisen und schreibt in seinem Buch *Quantenrealität*:

> Fragt mich mein Sohn, woraus die Welt aufgebaut sei, so antworte ich im Brustton der Überzeugung, daß sich im tiefsten Inneren die Materie aus Atomen zusammensetze. Fragt er mich jedoch nach dem Wesen der Atome, bleibe ich ihm die Antwort schuldig, obwohl ich mein halbes Leben damit zugebracht habe, über diese Frage nachzudenken. Ich fühle mich wie ein Lügner, wenn ich – als ›Experte‹ für atomare Realität – Schulkindern das populäre Planetenbild des Atoms auf die Tafel zeichne; es war schon zu Zeiten ihrer Großeltern als eine Unwahrheit erkannt worden.[1]

War es tatsächlich eine Unwahrheit? *Ist* es eine? Zumindest nicht mehr als jedes andere Modell der atomaren Wirklichkeit auch. Herbert geht viel zu streng mit sich, mit der großelterlichen Generation und den Physikern im allgemeinen ins Gericht. Innerhalb seiner Grenzen ist das Planetenmodell noch genauso nützlich wie das Billardkugel-Modell in *seinen* Grenzen. Sämtliche Atommodelle sind in dem Sinne eine Unwahrheit, daß sie nicht die *alleinige* Wahrheit über das Atom sagen. Und umgekehrt sind alle Modelle wahr und nützlich, sofern sie uns Zugang zu einem Aspekt der atomaren Welt verschaffen.

Der Punkt ist, daß wir nicht nur nicht wissen, was ein Atom »wirklich« ist, wir *können* es auch gar nicht wissen. Unser Wissen erschöpft sich darin, zu erkennen, *wie* es ist. Bei bestimmten Untersuchungen sehen wir, daß es unter diesen Umständen »wie« eine Billardkugel ist. Erforschen wir es in einer anderen Hinsicht, entdecken wir, daß es »wie« das Sonnensystem ist. Auf wieder andere Fragen erhalten wir die Antwort, daß es »wie« ein positiv geladener Kern ist, den verschwommene Elektronenwolken umgeben. All diese Bilder entnehmen wir der Alltagswelt, um eine Vorstellung davon zu gewinnen, was ein Atom »ist«. Wir konstruieren ein Modell oder ein Bild, aber vergessen das dann leider oft und verwechseln Bild und Wirklichkeit. Läßt sich dann ein bestimmtes Modell nicht unter allen Bedingungen anwenden, unterläuft selbst einem so angesehenen Physiker wie Nick Herbert der Fehlgriff, es eine »Unwahrheit« zu nennen.

Physiker konstruieren ihre Modelle der Quantenwelt auf der Basis alltäglicher Erfahrungen. Wir können nur sagen, daß Atome und subatomare Teilchen »wie« etwas uns schon Vertrautes sind. Für jemanden, der niemals eine Billardkugel gesehen hat, ist es sinnlos, das Atom als eine Billardkugel zu beschreiben, wie es auch unsinnig wäre, jemandem, der keinen Schimmer vom Aufbau des Sonnensystems hat, zu erklären, Elektronenbahnen seien wie Planetenbahnen.

Mitunter läßt sich beobachten, daß wir bei der Formulierung von Analogien und Modellen ganz und gar zirkulär vorgehen, beispielsweise wenn wir zu erklären versuchen, wie Atome in einem Kristallgitter miteinander wechselwirken. In einem solchen Kristall sorgen elektromagnetische Kräfte dafür, daß die Atome in einer geometrischen Anordnung festgehalten werden. Verläßt ein Atom seinen Platz, wird es durch elektromagnetische, von seinen Nachbarn ausgehende Wechselwirkungen wieder zurückgezogen und -geschoben. Für diesen Vorgang bietet sich die hilfreiche Analogie kleiner Federn an, welche die Atome mit ihren unmittelbaren Nachbarn verbinden. Wird ein Atom von seinem Platz gerückt, verhalten sich die elektromagnetischen Kräfte wie imaginäre Federn, wobei die Federn an der einen Seite gedehnt werden und so das Atom wieder an seinen Ort zurückziehen, während die Federn an der anderen Seite zusammengedrückt werden und daher das Atom wieder an seinen Platz zurückstoßen. Es sieht so aus, als hätten wir einen Treffer gelandet und ein wirklich gutes Modell für die elektromagnetische Kraft gefunden, die unter diesen Umständen wie eine Feder wirkt.

Doch was ist eine Feder? Die verbreitetste und alltäglichste Spezies einer Feder ist ein spiralförmig gebogener Metalldraht. In der Spiralfeder kann sie Teil eines Uhrwerks sein, wodurch die Analogie erst recht anziehend wird, da das Uhrwerk für den Physiker das archetypische Modell der Wirklichkeit ist. Drücken wir die

Feder zusammen, erwidert sie den Druck, ziehen wir sie auseinander, zieht sie ihrerseits. Warum ist dies so? Nun, weil sie aus Atomen besteht, die durch elektromagnetische Kräfte zusammengehalten werden. Die Kräfte, die wir beim Zusammenpressen oder Auseinanderziehen einer Feder spüren, *sind* elektromagnetische Kräfte. Wenn wir demnach verkünden, man könne die zwischen den Atomen eines Kristalls wirkenden Kräfte mit kleinen Federn vergleichen, so sagen wir im Grunde nicht mehr, als daß elektromagnetische Kräfte wie elektromagnetische Kräfte sind.

Da uns die Vorstellung von den Atomen sehr vertraut ist, fällt es uns in ihrem Falle, wie das Beispiel belegt, oft schwer zu durchschauen, wie wir zu unseren Modellen kommen. Auf weniger Schwierigkeiten stoßen wir, wenn wir betrachten, wie die Physiker zu ihrem Standardmodell der subatomaren Welt gelangt sind, nämlich mit Hilfe von Analogien, die in vielen Fällen nicht direkt der Alltagswelt entlehnt wurden, sondern Ableitungen zweiter Hand aus unserem Alltagsverständnis der Wirklichkeit darstellten. Im Atomkern (den wir uns der Einfachheit halber als eine positiv geladene Billardkugel denken können) finden wir Teilchen, die in gewissem Sinne »wie« Elektronen sind, und Kräfte, die »wie« der Elektromagnetismus wirken. Doch Elektronen und Elektromagnetismus werden ihrerseits »wie« Dinge aus der Alltagswelt beschrieben: Billardkugeln, Wellen auf einem Teich oder was auch immer. Die Wirklichkeit ist das, was wir zur Wirklichkeit erheben, und solange die Modelle unsere Beobachtungen erklären, sind sie gute Modelle. Aber ist es denn richtig zu sagen, die Elektronen und Protonen hätten darauf gewartet, von uns im Innern der Atome entdeckt zu werden, und auch die Quarks hätten den Augenblick herbeigewünscht, wo die Wissenschaftler endlich findig genug waren, sie im Innern der Protonen zu »entdecken«? Oder stecken wir nicht statt dessen uns eigentlich unverständliche Quantenaspekte der Wirklichkeit in Schubladen und versehen sie mit Namensschildchen wie »Proton« und »Quark«, weil es uns so paßt?

Die Konstruktion von Quarks

Mit dieser Frage hat sich Andrew Pickering von der Universität Edinburgh in seinem hervorragenden Buch *Constructing Quarks* beschäftigt. Im Vorwort schreibt er: »Ich vertrete hier die Auffassung, daß die Realität der Quarks letzten Endes der Praxis der Teilchenphysik entsprang, und nicht umgekehrt.« Daraus erklärt sich der Titel seines Buches, den ich mir für meine Zusammenfassung seiner Argumente geborgt habe.

Nach dem gewöhnlichen Modell der Wirklichkeit, dem die meisten Physiker anhängen, besteht die Alltagswelt im wesentlichen aus vier Teilchenarten und vier verschiedenen Kräften. Das Gesamtbild wird dadurch ein wenig komplizierter, daß sich die Teilchen (allerdings nicht die Kräfte) zweimal zu verdoppeln scheinen, wodurch drei »Generationen« mit eng verwandten Eigenschaften, aber unterschiedlichen Massen entstehen. Soweit gewöhnliche Atome betroffen sind, reicht es, wenn wir uns bei unseren Erklärungen auf die vier Teilchen der »ersten Generation« beschränken. Das Elektron ist selbst eines dieser »fundamentalen« Teilchen, und mit ihm verbunden ist ein »Neutrino« genanntes Teilchen. Beide zusammen wurden »Leptonen« getauft. Protonen und Neutronen, die Teilchen »innerhalb« des Atomkerns, gelten demgegenüber nicht als wirklich fundamental. Statt dessen wird angenommen, daß sie sich aus »Quarks« zusammensetzen. Quarks *werden* als fundamental betrachtet, und in der ersten Generation treten sie (als Gegenstück zu den beiden Leptonen der ersten Generation) in zwei Varianten auf, »up« und »down« genannt. Hinter den Namen verbirgt sich kein tieferer Sinn, es sind einfach die von Physikern verwandten Bezeichnungen. Ebensogut hätte man die beiden Arten von Quarks »Hans« und »Grete« nennen können.

Nach dem Standardmodell wird ein Proton von zwei *up*-Quarks und einem *down*-Quark gebildet, die durch eine der vier grundlegenden Kräfte zusammengehalten werden, während ein Neutron aus zwei *down*-Quarks und einem *up*-Quark besteht, die auf ähnliche Weise zusammengehalten werden. Da jedes *up*-Quark (neben anderen Eigenschaften) eine positive Ladung aufweist, die zwei Drittel der elektrischen Ladung eines Elektrons beträgt, jedes *down*-Quark hingegen eine negative Ladung von einem Drittel der Ladung des Elektrons, verfügt das Proton über eine Einheit positiver Ladung ($2/3+2/3-1/3=1$), während das Neutron im ganzen keine Ladung hat ($2/3-1/3-1/3=0$), d. h. elektrisch neutral ist.

Neben der starken Kraft, die zum einen die Quarks zusammenhält und so Protonen und Neutronen erzeugt und zum anderen Protonen und Neutronen zum Atomkern zusammenbindet, existiert eine schwächere Kernkraft (sie wird logischerweise »schwache Kraft« genannt), die für die Radioaktivität verantwortlich ist. Bei den übrigen zwei grundlegenden Kräften handelt es sich um die Gravitation und den Elektromagnetismus. Quarks sind »wie« Elektronen und die starke und schwache Kraft »wie« der Elektromagnetismus, der durch den Austausch von Teilchen wirkt, die »Bosonen« heißen und ihrerseits »wie Photonen« sind. Dieses Bild ist in vielerlei Hinsicht einfach und attraktiv und hat sich bei Voraussagen, die experimentell bestätigt wurden, als außerordentlich fruchtbar erwiesen. Newton hätte ihm gewiß seinen Segen erteilt. Wie aber gelangten die Physiker zu diesem Modell der subatomaren Welt?

Pickering wird nicht müde zu betonen, daß keine Theorie vollkommen ist. Im Prinzip steht es uns frei, beliebig viele Theorien zu ersinnen, die alle eine bestimmte Anzahl experimenteller Tatsachen erklären werden. Eine Möglichkeit, die guten Theorien ins Töpfchen und die schlechten ins Kröpfchen zu tun, besteht darin, jene herauszupicken, welche die meisten Tatsachen mit den wenigsten Annahmen erklären. Doch wie wir im 4. Kapitel sahen, bleiben uns dann immer noch mehrere Erklärungen, unter denen wir wählen können. Einige Theorien gelten schlicht als weniger plausibel denn andere und werden deshalb ausgesiebt. Jede Berufung auf Plausibilität enthält freilich ein Urteil, und die Quanteninterpretationen haben uns bisher zur Genüge bewiesen, daß auch wissenschaftliche Urteile nicht frei von persönlichen und anderen Vorlieben sind. Von größtem Gewicht ist aber der Umstand, daß in der gesamten Geschichte der Wissenschaft keine Theorie jemals sämtliche Tatsachen zu erklären vermochte. Viele Physiker verkünden, sie seien auf der Suche nach einer solchen »Theorie für Alles«. Sollte uns die Geschichte überhaupt etwas lehren, so steht zu erwarten, daß ihre Bemühungen letztlich erfolglos bleiben werden. Es gibt immer Bereiche, in denen Theorie und Experiment nicht übereinstimmen, und dann schleicht sich bei der Entscheidung, welche dieser Unstimmigkeiten tolerierbar sind und welche den Untergang einer bestimmten Theorie einläuten, wiederum ein subjektives Moment ein.

Selbstverständlich ist nicht ausgemacht, ob eine Unstimmigkeit zwischen Experiment und Theorie nicht auf die Fehlerhaftigkeit des Experiments zurückzuführen ist. Für welche Deutung ihrer Versuchsergebnisse die Wissenschaftler votieren (vor allem wenn es um Experimente geht, die den inneren Aufbau des Protons untersuchen), hängt weitgehend davon ab, wie sie das Funktionieren des Experiments theoretisch begreifen. Jeder Mangel der Theorie kann sich in einer Unvollkommenheit des Versuchs niederschlagen (oder zumindest darin, wie wir ihn verstehen). Dann stehen Physiker erneut vor der Frage, was sie da eigentlich messen. Wie Pickering deutlich macht, muß sich eine Disziplin wie die Teilchenphysik mit dem ewigen Problem des Hintergrund»rauschens« herumschlagen. Damit ist gemeint, daß andere Ereignisse ablaufen, die möglicherweise jene Effekte nachahmen, die der Versuchsleiter zu beobachten wünscht, und diese müssen natürlich, soweit es in unserer Macht steht, beseitigt werden. Denken Sie etwa daran, wie Sie das von einem Radio eingefangene Hintergrundrauschen (oder »die atmosphärische Störung«) ausschalten und den Empfänger genau einstellen müssen, um das gewünschte Signal zu hören; Physiker bezeichnen die Eigenschaften, die sie untersuchen wollen, als »Signal« und die Hintergrundstörung als »Rauschen«. Nun läßt sich nicht jegliches Rauschen vermeiden, so daß wieder ein subjektives Urteil darüber fällig wird, wann das Experiment für die gewünschten Zwecke »gut genug« ist und ob das verbleibende Rauschen ignoriert werden darf.

Doch nichts ist erfolgreicher als der Erfolg. Sobald sich eine Theorie als »gute« Beschreibung der Geschehnisse entpuppt (oder als solche betrachtet wird), ist damit das Aus für alle rivalisierenden Theorien besiegelt, die nun nicht mehr beachtet werden. Das war das Schicksal der Lichttheorien. Nach Newton beherrschte die Teilchentheorie ein Jahrhundert lang das Feld, um nach den Arbeiten von Young, Fresnel und später Maxwell von der Wellentheorie verdrängt zu werden. Dennoch sind *beide* Theorien, wie wir mittlerweile erkennen, gute Modelle. Verglichen mit der Welle-Teilchen-Theorie des Lichtes ist die Quarktheorie noch längst nicht so ausgefeilt. »Durch die Deutung der Quarks und anderer Teilchen als wirklicher Entitäten«, schreibt Pickering, »erscheint uns die Wahl des Quarkmodells... als unproblematisch: Sind Quarks in der Tat die fundamentalen Bausteine der Welt, warum sollte dann irgend jemand alternativen Theorien nachgehen wollen?« – selbst wenn diese, wie sich sehr wohl herausstellen könnte, ebenfalls sämtliche Versuchsergebnisse erklären.[2] Viele Physiker laufen Gefahr zu vergessen, daß das Standardmodell eben auch nur ein *Modell* ist. Protonen verhalten sich, »als ob« sie drei Quarks enthielten, aber ist damit »bewiesen«, daß Quarks »wirklich existieren«?

In seinem 1988 erschienenen Buch *Labyrinths of Reason* schreibt William Poundstone:

> Wissenschaftler müssen vor nichtübertragbaren Begriffen auf der Hut sein. Quarks sind hypothetische Entitäten, die sich im tiefsten Inneren von Protonen, Neutronen und anderen subatomaren Teilchen aufhalten sollen. Quarks sind kontrafaktisch: Ein isoliertes Quark ist weder jemals beobachtet worden, noch ist es (nach den meisten Theorien) überhaupt möglich. Quarks sind das, worin sich ein Proton aufspalten *würde, falls* es sich aufspalten könnte, was *nicht der Fall ist*... Mancher fragt sich, ob [die angenommenen Eigenschaften der Quarks] nicht eine einfache Wirklichkeit, die wir noch nicht genügend verstehen, auf künstliche Weise komplizierter als nötig machen. Möglicherweise wird eines Tages jemand entdecken, wie die Dinge wirklich sind, und dann werden wir erkennen, daß die Physik heute die Wirklichkeit allzu umständlich beschreibt. ... Nur liegt die Antwort nicht im Himmel, sondern allein in unseren Köpfen.

Doch Poundstone erkennt nur zur Hälfte, was sich in der Physik abspielt. Er unterschlägt, daß Protonen, Neutronen und andere subatomare Teilchen ebenfalls hypothetische Entitäten sind, die wir vermittels der in unseren Köpfen entstandenen Modelle auf die Wirklichkeit übertragen. Es mag in der Tat einfachere Wege geben, modellhaft darzustellen, was bei physikalischen Phänomenen vor sich geht, die wir heute üblicherweise mit Hilfe des Quarkmodells deuten. Doch auch sie würden nicht erfassen, wie die Dinge »wirklich« sind; es wären bloß neue Modelle der Wirklichkeit, so wie Maxwells Wellengleichung und Einsteins Photonen gute Modelle für jene Realität sind, der wir im Phänomen des Lichts begegnen, und wie auch das Billardkugel- und das Planetenmodell des Atoms, je nach Problemstellung, gute Modelle sind.

Meiner Ansicht nach beruht das ganze Geschäft der Physik darauf, Analogien und Modelle zu erfinden, um zu erklären, was in Bereichen vor sich geht, die wir nicht mit unseren eigenen Sinnesorganen erforschen können. Der ungeheure Fortschritt in der Entwicklung des Standardmodells der Teilchenwelt während der sechziger und siebziger Jahre verdankt sich zwei entscheidenden Analogien: Die eine übertrug das Modell des Atomkerns, nach dem dieser aus Protonen und Neutronen besteht, auf ein Modell der Protonen und Neutronen selbst, das diese als aus Quarks zusammengesetzt betrachtet; und die zweite griff die Erklärung der elektromagnetischen Kraft als Austausch von Photonen auf und wandte sie auf die Beschreibung der zwischen den Quarks herrschenden Kräfte an, so daß auch diese als Austausch photonenartiger Teilchen begriffen wurden. Die Analogie zur Quantenelektrodynamik (QED) ist so exakt und so bewußt gewählt, daß die Theorie dieser starken (oder »Farb«-) Wechselwirkung den Namen Quantenchromodynamik, kurz QCD, erhielt. Der Wortteil »chromo« bezieht sich darauf, daß einige der beteiligten Teilchen Eigenschaften aufweisen, die nach Farben benannt wurden, was eine ebenso beliebige Übereinkunft ist wie die Bezeichnungen *up*- und *down*-Quarks und in keiner Weise andeuten will, daß die Teilchen »wirklich« farbig sind.

Die Quarktheorie zog nicht plötzlich die Aufmerksamkeit aller auf sich. Sie betrat nicht mit einem Paukenschlag die Bühne, um jeglichen Widerstand hinwegzufegen, sondern schlich sich fast gegen den Willen der Physiker ein. Zu Beginn der sechziger Jahre entwickelten zwei Theoretiker unabhängig voneinander diesen Gedanken, aber keiner von beiden war so recht bereit, für die neue Theorie zu Felde zu ziehen. Der eine war Murray Gell-Mann, ein 1929 in New York geborener amerikanischer Physiker, der ihr auch in Anlehnung an eine Zeile aus Joyce' *Finnegans Wake* den Namen verlieh. Damals arbeitete Gell-Mann am California Institute of Technology und hatte sich bereits den Ruf erworben, einer der größten theoretischen Physiker zu sein, da es ihm gelungen war, sämtliche den Physikern bekannten Teilchen nach ihren Eigenschaften zu ordnen und die Eigenschaften noch nicht entdeckter Teilchen vorauszusagen. In ähnlicher Weise hatte Dimitri Mendelejew im 19. Jahrhundert die chemischen Elemente in der Periodentafel geordnet und vorausgesagt, welche Eigenschaften die noch zu entdeckenden Elemente aufweisen würden; was wieder einmal beweist, wie machtvoll die Analogie und wie traditionsbewußt die Wissenschaft ist.

Diese Suche nach Mustern führte auch zu der Erkenntnis, daß sich viele Eigenschaften der Protonen und Neutronen mit Hilfe grundlegender, auf unterschiedliche Weise angeordneter Drillings-Teilchen (die wir heute Quarks nennen) erklären lassen. 1964 veröffentlichte Gell-Mann seine Idee in einem nur zwei Seiten umfassenden Artikel in den *Physics Letters*. Er tat dies mit einem Gestus, den man fast schon als verschämt bezeichnen könnte. Ein Grund für sein Zögern und für die Zurückhaltung, mit der die meisten Physiker die Vorstellung von Quarks in den nächsten Jahren aufnahmen, war die Behauptung, die elektrische Ladung der Drillings-Teilchen (Tripletts) müßte einen Bruchteil der Ladung eines Elektrons betragen, die damals unangefochten als die »kleinste« Ladungseinheit galt. Heute beunruhigt es niemanden mehr, daß die Ladung der Quarks zwei Drittel oder ein Drittel der Ladung des Elektrons beträgt, 1964 aber »wußte jeder«, daß dies ein Unding war. Daher verleugnete Gell-Mann am Schluß seines Artikels beinahe seinen eigenen Vorschlag. Er meinte, in Wirklichkeit handelte es sich bei den Quarks, die so schön die Eigenschaften von Protonen und Neutronen erklärten, um mathematische Hilfsmittel, um eine Möglichkeit, Zugriff auf einige dieser Eigenschaften zu gewinnen, und er faßte zusammen:

> Es ist spannend, darüber zu spekulieren, wie Quarks sich wohl verhalten würden, wenn sie physikalische Teilchen mit einer endlichen Masse wären (statt rein mathematische Größen, was sie sein müßten, wenn ihre Masse gegen unendlich strebt) ... Die Suche nach stabilen Quarks mit der Ladung $-1/3$ oder $+2/3$ und/oder stabilen Diquarks mit der Ladung $-2/3$ oder $+1/3$ oder $+4/3$ in Hochenergiebeschleunigern würde uns die Nichtexistenz realer Quarks wohl bestätigen.[3]

Selbst der »Erfinder« der Quarks wollte sichergehen, daß sie bloße Ausgeburten seiner Phantasie waren und nicht wirklich existierten. Das ist nicht ganz so seltsam, wie es zunächst klingt. Gell-Mann ging auf eine höchst mathematische und reichlich esoterische Weise an die »Entdeckung« der Quarks heran. Er fand heraus, daß bestimmte Merkmale der Gleichungen erklärbar waren, falls man Protonen und Neutronen so behandelte, *als würden* sie aus Tripletts bestehen, aber sein Ausgangspunkt war die mathematische Seite, nicht die Überlegung, daß diese Teilchen physikalisch real sind.

Der zweite Erfinder der Quarks verhielt sich zu seiner Schöpfung weniger ambivalent, mußte allerdings erleben, daß die Propagierung der Idee seiner Karriere nicht unbedingt förderlich war. George Zweig wurde 1937 in Moskau geboren und wanderte später in die Vereinigten Staaten aus, wo er 1959 ein Diplom an der Universität Michigan erwarb, bevor er eine Forschungsstelle am CalTech erhielt. Zunächst widmete er sich der experimentellen Physik, wandte sich nach drei fruchtlosen Jahren jedoch der Theorie zu und begann eine Doktorarbeit bei Richard Feynman. Wie Gell-Mann erkannte er, daß die Eigenschaften solcher Teilchen wie Protonen und Neutronen erklärbar waren, wenn man sie als Verbindung dreier anderer Teilchen auffaßte, die er »Asse«

nannte. Weil er noch verhältnismäßig jung und ein Neuling im Spiel der Teilchenphysik war (und daher weniger von der Tradition eingeschüchtert), neigte er möglicherweise mehr dazu, jegliche Vorsicht in den Wind zu schlagen und diese Entitäten als physikalisch reale Teilchen zu akzeptieren.

1963 ging Zweig ans CERN, das europäische Forschungszentrum für Teilchenphysik in Genf, wo er seine Doktorarbeit beendete und die Entdeckung für den Druck vorbereitete. Sein »Entdeckungs«aufsatz wurde 1964 veröffentlicht, und Zweig kommt darin zu dem Schluß, »daß die von uns gewonnenen Ergebnisse, angesichts der eher kruden Weise, mit der wir an das Problem herangegangen sind, wie ein kleines Wunder erscheinen«[4].

Die meisten Angehörigen der Zunft schienen ihm zuzustimmen, doch statt für seine Einsicht Anerkennung zu ernten, fehlte nicht viel und Zweig wäre als Spinner gebrandmarkt worden. 1980 erzählte er auf einem internationalen Kongreß:

> Die theoretischen Physiker reagierten auf das Asmodell im allgemeinen mit wenig Wohlwollen. Den CERN-Bericht in der von mir gewünschten Form zu veröffentlichen stieß auf so viele Hindernisse, daß ich schließlich resignierte. Als das Physikalische Institut einer namhaften Universität meine Berufung erwog, boykottierte der Fakultätsvorsitzende, einer der angesehensten Vertreter der theoretischen Physik, auf einer Institutsversammlung meine Ernennung, indem er vehement behauptete, das Asmodell sei die Arbeit eines ›Scharlatans‹.[5]

Und das mußte Zweig sich anhören, obwohl er in seinem ursprünglichen Entwurf, aus dem der CERN-»Vorabdruck« hervorging, im Gegensatz zu Gell-Mann auf 24 Seiten die Folgen der Triplett-Idee detailliert durchdacht hatte.

Damit war noch kein Ende der Ungerechtigkeiten in Sicht. 1969 erhielt Gell-Mann für seine Beiträge und Entdeckungen zur Klassifikation der Elementarteilchen und ihrer Wechselwirkungen den Nobelpreis für Physik. Fraglos war die Verleihung gerechtfertigt, doch da sich die Quarktheorie selbst 1969 noch nicht durchgesetzt hatte, wurde diese Arbeit in der Begründung der Preisverleiher nicht eigens erwähnt. Nachdem die Quarktheorie endlich zu einem Teil des Standardmodells geworden war, wäre es unpassend gewesen, Gell-Mann noch ein zweites Stück vom Kuchen vorzulegen, und offenbar konnte sich das Nobelpreis-Komitee auch nicht dazu durchringen, Zweigs Arbeit zu würdigen, ohne Gell-Mann einzuschließen. Dennoch bleibt es eine eklatante Ungereimtheit, daß der Mann, der als erster behauptete, Quarks könnten real sein, der die Folgen dieser Annahme im einzelnen darlegte und den Weg für das heutige Standardmodell der Teilchenphysik bereitete, keinen Nobelpreis erhielt. Aber wer sagt denn, Nobelpreise würden immer nach völlig fairen und ganz und gar rationalen Gesichtspunkten verliehen?

Ernst genommen wurde die Quarktheorie erst, nachdem Stoßexperimente mit Elektronen und Protonen eine innere Differenziertheit des Protons enthüllten. Das scheint zunächst einfacher zu sein, als es tatsächlich ist, denn Protonen sind ihrem Wesen nach komplexere Geschöpfe als Elektronen, ungeachtet der Frage, ob sie nun aus Quarks bestehen oder nicht. (Was ich im folgenden über ihre innere Struktur sage, gilt übrigens auch für Neutronen, nur wurden die Versuche selbst mit Protonen angestellt, da diese dank ihrer elektrischen Ladung von magnetischen Feldern beeinflußt werden und sich auf diese Weise zu hohen Energien beschleunigen lassen.)

Denken Sie daran, wie ein Elektron von der QED beschrieben wurde, nämlich als ein Punkt, umgeben von einer Wolke »virtueller« Photonen, Elektron-Positron-Paare und dergleichen. Das magnetische Moment des Elektrons läßt sich beeindruckend exakt berechnen, indem immer kompliziertere (»höherstufige«) Möglichkeiten dieser Art in Betracht gezogen werden, wobei jeder weitere Schritt auf der Komplexitätsleiter zu einer kleineren Korrektur der Berechnung führt. Aufgrund seiner positiven Ladung ist das Proton ebenfalls an derartigen elektromagnetischen Wechselwirkungen beteiligt, und es hat zudem ein magnetisches Moment, das wir durch dasselbe Verfahren berechnen können wie das magnetische Moment des Elektrons. Doch anders als das Elektron »spürt« das Proton auch die starke Kraft. Schon bevor den Theoretikern bewußt wurde, daß die starke Kraft auf Wechselwirkungen zwischen Quarks zurückgeht, wußten sie, daß die Protonen und Neutronen im Atomkern durch die starke Kraft zusammengehalten werden, und es gelang ihnen, einige von deren Eigenschaften zu erforschen. In Analogie zur QED fanden sie heraus, daß ein Proton von einer Wolke anderer Teilchen umgeben sein muß, darunter Protonen-Antiprotonen-Paare, Neutronen-Antineutronen-Paare und sogenannte Mesonen als Träger der Kraft (diese sind im starken Feld das Gegenstück zu den Photonen). Allerdings ist ein entscheidender Unterschied zu beachten. Im starken Feld nehmen diese zusätzlichen Einflüsse mit wachsender Komplexität – d. h. bei höheren Stufen der Berechnung – *nicht* ab. Die höherstufigen Einflüsse ziehen nicht immer kleinere Korrekturen nach sich, sondern sind ebenso wichtig wie das »wirkliche« Proton selbst. Infolgedessen müssen wir uns nach der Quantenfeldtheorie das Proton als eine komplexe Kugel wechselwirkender virtueller Teilchen vorstellen, die sich über die Reichweite der starken Kraft erstrecken, welche glücklicherweise nur etwa 10^{-13} cm beträgt.

Die Versuche zur Erforschung des Protonenaufbaus waren auf eine gute Theorie des Elektrons angewiesen, d. h. auf die QED. Nur weil die Theoretiker nicht daran zweifelten, daß sie die Elektronen verstanden und diese sich tatsächlich als punktartige Objekte begreifen ließen, waren sie in der Lage, aus der Art und Weise, wie Elektronen die Protonen »streuten«, auf den Aufbau letzterer selbst zu schließen. Wenn hochenergetische (d. h. sich schnell bewegende) Elektronen in Beschleunigerexperimenten voneinander abprallen, neigen sie dazu, in sehr großen Winkeln zerstreut zu werden, d. h. sie prallen so ab, wie wir es von harten, Billardkugeln ähnlichen Objekten erwarten würden. Werden Elektronen jedoch von Protonen zurückgeworfen, so ist der Abprallwinkel gewöhnlich klein, gleichsam als würden sie von einem weichen Objekt gestreut, das ihnen bloß einen sanften Stups zu geben vermag. Die beiden Arten der Wechselwirkung laufen unter der Bezeichnung »harte« und »weiche« Streuexperimente. Aus den Experimenten ging hervor, daß Protonen in der Tat einen Durchmesser von etwa 10^{-13} cm haben, was den Feldtheoretikern großen Auftrieb gab. Doch welche »Antworten« die Natur auf die von den Versuchsleitern gestellten Fragen lieferte, hing noch immer davon ab, für welches Experiment sie sich entschieden und was sie messen wollten. Oder wie der Philosoph Martin Heidegger es formulierte:

> Die neuzeitliche Physik ist nicht deshalb Experimentalphysik, weil sie Apparaturen zur Befragung der Natur ansetzt, sondern umgekehrt: Weil die Physik, und zwar schon als reine Theorie, die Natur daraufhin stellt, sich als einen vorausberechenbaren Zusammenhang von Kräften darzustellen, deshalb wird das Experiment bestellt, nämlich zur Befragung, ob sich die so gestellte Natur und wie sie sich meldet.[6]

In den späten sechziger Jahren entwickelten zwei Feldtheoretiker unterschiedliche Erklärungsansätze für die detaillierten Ergebnisse der Streuexperimente, die auf verblüffende Weise daran erinnerten, wie zwei andere Forscher ungefähr zehn Jahre zuvor auf verschiedenen Wegen die Quarks entdeckt (oder erfunden) hatten. Einer der Feldtheoretiker, James Bjorken von der Universität Stanford, trat in Gell-Manns Fußstapfen und ging die Sache von der mathematischen Seite an. Mathematisch betrachtet, machten seine Erklärungen dieser Phänomene Sinn, doch wenn wir Pickering Glauben schenken, »waren sie dermaßen esoterisch, daß es schon an Unverständlichkeit grenzte«.[7] Der andere Ansatz stammte von Richard Feynman, was immer eine Garantie für Scharfsinn *und* Verständlichkeit ist.

Wenn Physiker herausbekommen wollen, woraus bestimmte Dinge wie z. B. Atome bestehen, dann nehmen sie sie für gewöhnlich auseinander, und dieser Tradition entsprach auch Feynmans Modell, was ein bedeutender Vorzug war. Feynman entwickelte seine Ideen Mitte der sechziger Jahre und veröffentlichte sie 1969. Ohne die Frage vorab zu entscheiden, ob Quarks existieren oder nicht, entwickelte er eine *allgemeine* Theorie über die Vorgänge beim Eindringen eines energiereichen Elektrons in ein Proton oder beim Zusammenprall zweier energiereicher Protonen.

Feynman ging von dem Gedanken der Feldtheorie aus, daß ein Proton ein Schwarm von Teilchen sein müsse. In strikter Analogie zur QED mußte es eine Kugel aus Protonen, Neutronen und ihren entsprechenden Antiteilchen nebst Mesonen sein; nach der Quarktheorie hingegen müßte es aus drei grundlegenden Quarks bestehen, die aber *ihrerseits* mit einer Wolke eigener virtueller Teilchen verbunden sind. Feynman nannte diese inneren Bestandteile des Protons »Partonen«, um die Frage bewußt offenzulassen und beide Möglichkeiten abzudecken. Dann erkannte er allerdings, daß diese Komplexität bei einem einzigen Zusammenstoß nur wenig ins Gewicht fiel. Wird ein Elektron auf ein Proton abgeschossen, kann es ein Photon mit einem einzelnen Parton austauschen, das in der Folge zurückspringt, während das Elektron abgelenkt wird. Damit ist sein Einfluß auf das Proton (und der Einfluß des Protons auf das Elektron) auch schon erschöpft. Selbst wenn zwei Protonen frontal zusammenstoßen, wechselwirken einzelne Partonen aus den beiden Protonen in Gestalt einer Reihe punktartiger, »harter« Streuereignisse miteinander. Bjorkens Berechnungen demonstrierten (den Eingeweihten!), daß diese Art der Protonenstreuung in einem bestimmten mathematischen Rahmen erklärbar ist, und er fügte hinzu, man könne unter Umständen zu diesem mathematischen Rahmen gelangen, wenn Protonen punktartige Teilchen enthielten. Feynmann meinte, wenn Protonen so beschaffen wären, würde das eine mathematische Beschreibung ermöglichen, welche die Streubeobachtungen erklärte.

Pickering ist der Überzeugung, Feynmans Ansatz hätte deshalb den Sieg davongetragen und weitere Experimente initiiert, die in den Augen der meisten Theoretiker die »Wirklichkeit« der Quarks hinreichend bewiesen, weil er sich an eine längst etablierte und gut verstandene Tradition hielt. Die Theoretiker konnten auf eine klassische, längst bereitliegende Analogie zurückgreifen, und zwar in Gestalt von Experimenten, die zu Beginn des 20. Jahrhunderts zur Erforschung der Atomstruktur durchgeführt wurden. Ernest Rutherford, der Teilchenphysiker der ersten Stunde, beschoß Atome mit sogenannten Alpha-Teilchen (heute sprechen wir von Heliumkernen) und entdeckte, daß sie weitwinkelig gestreut wurden, was belegte, daß sich im Zentrum des Atoms (in seinem Kern) etwas Hartes, Billardkugelartiges befinden müsse. Versuche aus den sechziger Jahren ergaben, daß mitunter Elektronen von »Protonen«, die in ihrem Inneren eigentlich »weich« sind, erstaunlich weitwinkelig gestreut wurden, und Feynmans Modell lieferte dafür mit der Annahme harter, billardkugelähnlicher Objekte im Proton eine Erklärung.

Jahre gingen ins Land, bis sich das Standardmodell durchsetzte. Nachdem die Physiker jedoch einmal begonnen hatten, in diese Richtung zu denken, gewann der ganze Prozeß den Anstrich der Zwangsläufigkeit. Mit der Rückendeckung durch die beiden großen Analogien – das Kernmodell des Atoms und die QED-Theorie des Lichtes – avancierte das Quarkmodell der Protonen und Neutronen und die QCD-Theorie der starken Wechselwirkung zum unangefochtenen Gemeingut der Physiker. Für Pickering »war die Analogie nicht bloß eine Möglichkeit unter vielen, sondern das Fundament der ganzen Entwicklung. Ohne die Analogie hätte es keine neue Physik gegeben.«[8]

Dasselbe trifft auch auf die Quantenmechanik zu. Es fällt schwer, in der Quantenphysik etwas anderes als eine Analogie zu sehen. Ein klassisches Beispiel dafür ist der Welle-Teilchen-Dualismus: Bei unserem hartnäckigen Bemühen, etwas zu erklären, was wir nicht verstehen, greifen wir gleich auf *zwei* einander ausschließende Analogien zurück und wenden sie auf dasselbe Quantenobjekt an.

Doch Pickering wirft eine weitere spannende und vielleicht beunruhigende Frage auf, die Frage, ob der Weg zum Standardmodell der Teilchenphysik wirklich unvermeidlich war. Liefert es die wirkliche (oder einzige) Wahrheit darüber, wie die Welt beschaffen ist? Seiner Ansicht nach konnte sich keine der Theorien, die zum Standardmodell führten, rühmen, vollkommen zu sein, und die Teilchenphysiker standen ständig vor der Entscheidung, welche Theorien sie in den Papierkorb werfen und welche sie weiterverfolgen sollten, um stets bessere Übereinstimmungen mit den

Experimenten zu erzielen. Die Wahl der Theorien, auf die sie setzten, wirkte auf die Entscheidungen über die durchzuführenden Experimente zurück, und diese ineinandergreifende Kette von Entschlüssen bescherte uns die neue Physik. Sie war ein Produkt der Kultur, in der sie geschaffen wurde.

Der Wissenschaftsphilosoph Thomas Kuhn hat die Logik dieses Argumentes zu Ende gedacht und behauptet, daß, sofern wissenschaftliche Erkenntnis tatsächlich kulturell bestimmt sei, einzelne wissenschaftliche Gemeinschaften, die verschiedene Welten bewohnten (und vielleicht buchstäblich auf anderen Planeten oder zu verschiedenen Zeiten auf demselben Planeten lebten) je andere Naturphänomene für wichtig halten und sie auf unterschiedliche theoretische Weise (unter Verwendung unterschiedlicher Analogien) erklären würden. Die Theorien dieser verschiedenen Wissenschaftsgemeinden aus verschiedenen Welten lassen sich nicht aneinander überprüfen und sind mithin, wie die Philosophen zu sagen pflegen, »inkommensurabel«.

Das steht im krassen Widerspruch zu den Ansichten, die Physiker gemeinhin über ihre Arbeit hegen. Sie sind der festen Überzeugung, daß, sollte es jemals zu einer Begegnung zwischen uns und der wissenschaftlichen Zivilisation eines anderen Planeten kommen, wir entdecken würden, daß sich die Ansichten der fremden Zivilisation über das Wesen der Atome, die Existenz von Protonen und Neutronen sowie das Wirken der elektromagnetischen Kraft mit den unsrigen decken – vorausgesetzt natürlich, wir überwinden die Sprachbarriere. In der Tat hat mehr als eine Science-fiction-Geschichte behauptet, die Wissenschaft *sei* (buchstäblich) die Universalsprache, und wenn wir mit einer fremden Zivilisation ins Gespräch kommen wollten, bräuchten wir z. B. lediglich die chemischen Eigenschaften der Elemente oder das Wesen der Quarks zu beschreiben, um uns auf einem gemeinsamen Boden zu bewegen. Sollte sich herausstellen, daß die Fremden ganz und gar andere Vorstellungen von Atomen haben oder überhaupt keinen Begriff von einem Atom, wären solche Versuche, eine gemeinsame Basis zu finden, von Anfang an zum Scheitern verurteilt.

Gewöhnlich wird die Idee von der Wissenschaft als Universalsprache am eindrücklichsten im Hinblick auf die Mathematik formuliert. Viele Wissenschaftler haben sich zu der geradezu phantastischen Weise geäußert, in der die Mathematik als Werkzeug zur Beschreibung des Universums »funktioniert«. Albert Einstein sagte einmal, »das Unbegreiflichste an der Welt ist, daß wir sie begreifen können«. Ich habe manchmal über die Tatsache gerätselt, daß ein gewöhnlicher Mensch zu seinen Lebzeiten genug über die Welt zu lernen vermag, um sie auf diese Weise zu »begreifen«. Mittlerweile glaube ich allerdings, daß wir in Wirklichkeit vor gar keinem Rätsel stehen, denn Pickering hat mich davon überzeugt, daß ich durch das falsche Ende des Fernrohrs geschaut habe. Er zitierte John Polkinghorne, einen englischen Quantentheoretiker, der zugleich Priester der anglikanischen Kirche ist, mit dem Ausspruch: »Es ist eine nicht triviale Tatsache über die Welt, daß sie für uns verstehbar ist und daß die Mathematik uns die vollkommene Sprache für die Physik liefert, mit einem Wort, daß die Wissenschaft überhaupt möglich ist.«[9]

Dergleichen Behauptungen sind in Pickerings Augen falsch:

> Es wirft durchaus *kein Problem* auf, daß Wissenschaftler zu Erklärungen der Welt gelangen, die sie verständlich finden: Angesichts ihrer kulturellen Mittel hätten sich die Mitglieder der physikalischen Zunft schon durch einzigartige Unfähigkeit auszeichnen müssen, wenn es ihnen nicht gelungen wäre, irgendwann in ihrer Geschichte eine verständliche Version der Wirklichkeit hervorzubringen. Wenn wir bedenken, in welch subtilen mathematischen Techniken sie ausgebildet wurden, so ist das Übergewicht der Mathematik in den Realitätsbeschreibungen der Teilchenphysiker nicht schwerer zu erklären als die Tatsache, daß die verschiedenen Ethnien ihre Muttersprache lieben.

Mit anderen Worten: Das »Rätselhafte« daran, daß die Mathematik eine so vorzügliche Sprache für die Beschreibung der Welt bereitstellt, ist in etwa so spektakulär wie die Entdeckung, daß Englisch eine hervorragende Sprache für das Verfassen von Dramen ist. Sind Weltmodelle, wie Pickering und Kuhn argumentieren, tatsächliche kulturelle Produkte, dann ist die Menge der abweichenden Interpretationen der Quantenrealität nicht weiter verwunderlich. Doch bevor ich dieses Thema weiterverfolge, möchte ich Sie mit einigen Beispielen aus einem anderen Wissenschaftsbereich zu der Auffassung bekehren, daß es ganz und gar nicht bemerkenswert ist, wenn wir die Welt mit Hilfe der Mathematik beschreiben können, und daß es weitgehend (wenn nicht gar ausschließlich) eine Frage der Wahl ist, wie wir diese mathematische Beschreibung der Realität deuten.

Ein neuer Blick auf Einstein

Ein Beispiel für die Fähigkeit der Mathematik, die Welt zu beschreiben, habe ich häufig selbst zitiert. Dabei geht es um bestimmte abstrakte geometrische Anschauungen, die nach Meinung eines Mathematikers aus dem 19. Jahrhundert keinerlei Relevanz für die Erklärung der realen Welt zu haben schienen und die später zu einem Eckpfeiler der Einsteinschen Allgemeinen Relativitätstheorie wurden. Witzigerweise erkannte Einstein selbst das nicht sofort und mußte erst recht grob mit der Nase darauf gestoßen werden, welche Möglichkeiten in der neuen Geometrie des 19. Jahrhunderts schlummerten, bevor er Licht sah und die Mathematik für die Entwicklung seines Weltmodells heranzog.

Der Schlüsselbegriff der Einsteinschen Allgemeinen Relativitätstheorie ist die gekrümmte Raumzeit. Einstein war jedoch weder der Vater einer Raumzeit-Geometrie, noch war er der erste, der den Raum als gekrümmt betrachtete. Über die Geometrie läßt sich der leichteste Zugang zu Einsteins zwei Relativitätstheorien gewinnen. Wie wir im 2. Kapitel sahen, gelten Raum und Zeit als Teile eines vierdimensionalen Ganzen, der Raumzeit. Die Spezielle Relativitätstheorie, die sich mit gleichförmigen Bewegungen bei konstanter Geschwindigkeit beschäftigt, läßt sich mit Hilfe der Geometrie einer flachen, vierdimensionalen Oberfläche darlegen. Beispielsweise folgen die Gleichungen der speziellen Theorie, die solch seltsame Phänomene wie die Zeitdilatation und das Schrumpfen sich bewegender Gegenstände beschreiben, im wesentlichen der uns vertrauten Gleichung des Satzes von Pythagoras, mit dem einzigen Unterschied, daß sie auf vier Dimensionen erweitert wurden und die zeitliche Dimension in negativer Richtung messen – nicht mehr als eine Feinheit.

Wenn Sie das begriffen haben, sollten Sie Einsteins Allgemeine Relativitätstheorie, die eine Theorie der Gravitation und der Beschleunigung ist, ohne große Schwierigkeiten verstehen. Was wir gewöhnlich für Kräfte hielten, die durch die Anwesenheit von Materieanhäufungen (wie der Sonne) im Weltall verursacht wurden, geht eigentlich auf Verzerrungen im Gewebe der Raumzeit zurück. Beispielsweise verursacht die Sonne eine Delle in der Geometrie der Raumzeit, und die Bahn der Erde um die Sonne entspricht dem kürzesten Weg durch die gekrümmte Raumzeit, der sogenannten geodätischen Linie.

Natürlich benötigt man ein paar Gleichungen, wenn man die Bahn im Detail ausarbeiten möchte. Doch dieses Geschäft dürfen wir getrost den Mathematikern überlassen. Die Physik ist entwaffnend einfach und unkompliziert, und diese Einfachheit wird oftmals als Beleg für Einsteins »einzigartiges Genie« angeführt.

Bloß verdanken wir diese klare Einfachheit nicht Einstein.

Nehmen wir zunächst die Spezielle Relativitätstheorie. Als Einstein sie 1905 dem Publikum vorlegte, trat sie als eine auf Gleichungen beruhende mathematische Theorie auf. Zu jener Zeit erregte sie kein großes Aufsehen, und es dauerte eine Weile, bis die wissenschaftliche Welt aufhorchte und sie zur Kenntnis nahm. Daß es dazu kam, war einer Vorlesung zu verdanken, die Hermann Minkowski 1908 in Köln hielt. In dieser 1909, kurz nach Minkowskis Tod veröffentlichten Vorlesung tauchten die Ideen der Speziellen Relativitätstheorie zum ersten Mal im Sinne einer Raumzeit-Geometrie auf. Minkowskis einleitende Worte verweisen auf die Durchschlagskraft der neuen Einsicht:

> Die Anschauungen über Raum und Zeit, die ich Ihnen entwickeln möchte, sind auf experimentell-physikalischem Boden erwachsen. Darin liegt ihre Stärke. Ihre Tendenz ist eine radikale. Von Stund an sollen Raum für sich und Zeit für sich völlig zu Schatten herabsinken, und nur noch eine Art Union der beiden soll Selbständigkeit bewahren.[10]

Minkowskis ungeheure Vereinfachung der speziellen Theorie war sehr einflußreich. Es ist weder ein Zufall, daß Einstein im Juli 1909 von der Genfer Universität seine erste Ehrendoktorwürde erhielt noch daß er im Jahr darauf zum ersten Mal für den Nobelpreis für Physik vorgeschlagen wurde.

Die Geschichte entbehrt nicht einer feinen Ironie. Gegen Ende des 19. Jahrhunderts war Minkowski einer von Einsteins Lehrern am Zürcher Polytechnikum gewesen. Ein Paar Jahre vor dem Erscheinen der speziellen Theorie hatte Minkowski Einstein einen »faulen Hund« geschimpft, »der sich nie groß um die Mathematik geschert hat«. Der faule Hund zeigte sich zunächst von der Geometrisierung der Relativität nicht sehr beeindruckt und ließ sich Zeit, ihre Bedeutung zu erfassen. Da er sich am Polytechnikum nie um die Mathematik geschert hatte, wußte er bemerkenswert wenig über die wichtigen mathematischen Entwicklungen im 19. Jahrhundert. Daher begann er sich mit dem Begriff einer *gekrümmten* Raumzeit erst zu beschäftigen, nachdem ihn sein Freund und Kollege Marcel Grossman auf diese Sache gestoßen hatte.

Auch bei einer anderen Gelegenheit hatte Einstein Grossmans Freundschaftsdienste in Anspruch genommen. Am Polytechnikum gehörten Grossman und Einstein demselben Jahrgang an, nur war Grossman ein ungleich eifrigerer Student, der (im Gegensatz zu Einstein) die Vorlesungen besuchte und zudem ausführliche Mitschriften anfertigte. Mit Hilfe dieser Aufzeichnungen paukte sich Einstein den Prüfungsstoff in letzter Minute ein und bestand so 1900 mit knapper Not das Abschlußexamen am Polytechnikum.

Was Grossman wußte, Einstein aber erst 1912 durch ihn erfahren sollte, war, daß die Geometrie (auch die mehrdimensionale Geometrie) sich nicht mehr auf die gute alte »ebene« Geometrie des Euklid beschränkte.

Die euklidische Geometrie ist jene, die uns aus dem Schulunterricht vertraut ist und in der die Winkelsumme im Dreieck genau 180 Grad beträgt, Parallelen sich nie schneiden und so weiter. Der

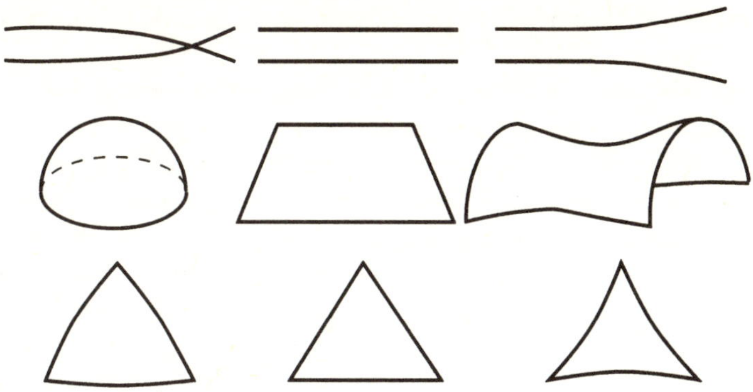

Abb. 20: Der Raum kann einer dieser drei grundlegenden Geometrien entsprechen, die wir, obgleich der Raum natürlich dreidimensional ist, zweidimensional darstellen können.
Ist der Raum positiv gekrümmt, so ist das Universum geschlossen. In einem positiv gekrümmten Raum (links) können sich anfänglich (im üblichen Sinne) parallellaufende Linien schneiden, und die Winkelsumme eines Dreiecks beträgt mehr als 180 Grad.
Ist der Raum negativ gekrümmt, so ist das Universum offen. In einem negativ gekrümmten Raum (rechts) können Parallelen auseinanderlaufen, und die Winkelsumme eines Dreiecks ist kleiner als 180 Grad.
Ist der Raum eben, folgen Parallelen und Dreiecke den geometrischen Regeln, die wir in der Schule gelernt haben (d. h. der »euklidischen Geometrie«). Der ebene Raum (Mitte) ist ein Spezialfall auf der Scheide zwischen positiver und negativer Krümmung. Unser Universum ist von einem ebenen Raum kaum zu unterscheiden.

deutsche Mathematiker Carl Friedrich Gauß war der erste, der über Euklid hinausging und sich der Bedeutung dieses Schrittes bewußt war. Gauß wurde 1777 geboren und hatte bereits 1799 alle seine großen mathematischen Entdeckungen abgeschlossen. Da es ihn jedoch nicht drängte, seine Gedanken zu veröffentlichen, wurde die nichteuklidische Geometrie eigenständig von zwei weiteren Mathematikern entwickelt: von dem Russen Nikolai Iwanowitsch Lobatschewski, der 1829 als erster eine Beschreibung dieser Geometrie in Druck gab, sowie von dem Ungarn Janos Bolyai.

Alle drei stießen im wesentlichen auf dieselbe Art »neue« Geometrie, die für sogenannte »hyperbolische« Flächen gilt, z. B. für Flächen in Form eines Sattels oder eines Bergpasses. Auf einer solchen gekrümmten Fläche ergibt die Winkelsumme eines Dreiecks immer *weniger* als 180 Grad. Auch lassen sich auf ihr eine gerade Linie ziehen und durch einen nicht auf ihr liegenden Punkt viele Geraden zeichnen, von denen keine die erste Gerade schneidet und die daher alle parallel zu ihr verlaufen.

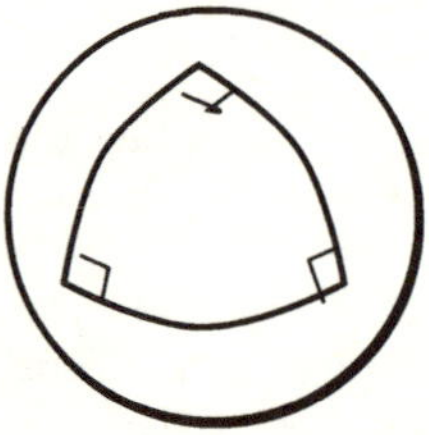

Abb. 21: Eine Kugeloberfläche wie die der Erde ist das Urbild einer geschlossenen Fläche. Auf einer sphärischen Fläche kann die Winkelsumme eines Dreiecks 270 Grad betragen, d. h. drei rechte Winkel umfassen.

Doch erst Bernhard Riemann, ein Schüler von Gauß, lieferte in den fünfziger Jahren des 19. Jahrhunderts ein umfassendes Fundament für die Idee der nichteuklidischen Geometrie. Riemann erkannte auch, daß es noch eine weitere Variante des Themas gibt, eine Geometrie, die für die geschlossene Oberfläche einer Kugel gilt (also auch für die Erdoberfläche). In der sphärischen Geometrie ist die Winkelsumme eines Dreiecks stets größer als 180 Grad, und obwohl alle »Längengrade« den Äquator im rechten Winkel schneiden und folglich zueinander parallel laufen müssen, schneiden sie einander an den Polen.

Riemann hielt am 10. Juni 1854 eine Vorlesung mit dem Titel »Über die Hypothesen, welche der Geometrie zugrunde liegen«. In dieser erst 1867 – ein Jahr nach seinem Tod – veröffentlichten Vorlesung behandelte er eine ungeheure Menge von Gegenständen, darunter eine brauchbare Definition dessen, was unter der Krümmung des Raumes zu verstehen ist und wie sie sich messen läßt, die erste Beschreibung der sphärischen Geometrie (und sogar die Spekulation, daß wir einen leicht gekrümmten Raum bewohnen, so daß das gesamte Universum wie die Oberfläche einer Kugel geschlossen ist, allerdings drei- und nicht zweidimensional gesehen), und, als Krönung des Ganzen, eine mit Hilfe der Algebra durchgeführte Erweiterung der Geometrie in beliebig viele Dimensionen.

Riemann starb 1866 im Alter von 39 Jahren an Tuberkulose. Aber Einstein war nicht einmal der zweite, der die Möglichkeit erwog, daß der Raum in unserem Universum gekrümmt sein könnte. Leben und Werk des englischen Mathematikers William Clifford, der von 1845 bis 1879 lebte und wie Riemann ein Opfer der Tuberkulose wurde, füllen wunderbar exakt die zeitliche Kluft zwischen Riemanns Arbeit und Einsteins Geburt aus. Clifford übersetzte Riemanns Werk ins Englische und trug maßgeblich zur Verbreitung der Idee des gekrümmten Raumes und der Einzelheiten der nichteuklidischen Geometrie in der angelsächsischen Welt bei. Ihm war durchaus bewußt, daß das dreidimensionale von uns bewohnte Universum möglicherweise ebenso wie die zweidimensionale Oberfläche einer Kugel geschlossen und endlich ist, was allerdings eine vierdimensionale Geometrie voraussetzt. Das bedeutet etwa, daß ein Reisender in einem geschlossenen Universum in irgendeine Richtung im Raum losziehen könnte und, sofern er immer geradeaus geht, wieder an seinen Ausgangsort zurückkommt, so wie ein Globetrotter, der in eine beliebige Richtung auf der Erde aufbricht und immer geradeaus geht, schließlich wieder bei seinem Ausgangspunkt landet.

Clifford erkannte jedoch auch, daß die Raumkrümmung mehr beinhalten könnte als nur ein allmähliches, das ganze Universum erfassendes Gebogensein. 1870 hielt er einen Vortrag vor der Cambridger Philosophischen Gesellschaft (damals war er ein Mitglied des Trinity College, Newtons früherer Wirkungsstätte), in dem er über die Möglichkeit sprach, daß die »Raumkrümmung« von Ort zu Ort »variieren« könne, und meinte dazu, »kleine Ausschnitte des Raumes sind ihrer Natur nach kleinen Hügeln auf der

Erdoberfläche analog, die im Durchschnitt flach ist, was heißt, daß die gewöhnlichen Gesetze der Geometrie dort nicht gelten«. Mit anderen Worten, sieben Jahre vor Einsteins Geburt dachte Clifford über *lokale* Verformungen im Aufbau des Raumes nach, obgleich er sich über die Entstehung solcher Verformungen ausschwieg und auch nicht anzugeben vermochte, welche beobachtbaren Folgen deren Existenz haben könnte. Die Allgemeine Relativitätstheorie spricht freilich davon, daß die Sonne und die Sterne für Vertiefungen statt für Hügel sorgen, und das nicht nur im Raum, sondern in der Raum*zeit*.

Clifford war nur einer unter vielen Forschern, die sich in der zweiten Hälfte des 19. Jahrhunderts mit der nichteuklidischen Geometrie befaßten; allerdings gehörte er zu den Besten, und seine Erkenntnisse darüber, was das für die reale Welt bedeuten könnte, zählen zu den klarsten. Seine Einsichten zeichnen sich durch eine besondere Tiefgründigkeit aus, und es ist reizvoll, darüber zu spekulieren, wie weit er Einstein hätte zuvorkommen können, wenn ihn nicht elf Tage vor dessen Geburt der Tod ereilt hätte.

Als Einstein seine Spezielle Relativitätstheorie entwickelte, geschah es in seliger Unkenntnis all der mathematischen Arbeiten, die im 19. Jahrhundert zur Geometrie des mehrdimensionalen und gekrümmten Raumes geleistet worden waren. Die große Errungenschaft der Speziellen Relativitätstheorie liegt darin, daß sie das von Maxwells Gleichungen beschriebene Verhalten des Lichts (und vor allem die Tatsache, daß die Lichtgeschwindigkeit absolut konstant ist) mit der Mechanik versöhnen konnte – allerdings um den Preis, daß die Newtonsche Mechanik aufs Altenteil geschickt und durch etwas Besseres ersetzt wurde.

Weil der Widerstreit zwischen der Newtonschen Mechanik und den Maxwellschen Gleichungen zu Beginn des 20. Jahrhunderts unübersehbar war, wird oft behauptet, die spezielle Theorie sei ein ausgesprochenes Kind ihrer Zeit gewesen, und hätte Einstein sie nicht 1905 vorgeschlagen, so hätte es ein oder zwei Jahre später ein anderer getan.

Andererseits gilt Einsteins großer Sprung von der Speziellen zur

Allgemeinen Relativitätstheorie – d. h. zu einer neuen, nichtnewtonschen Gravitationstheorie – gemeinhin als ein Geniestreich, der seiner Zeit weit voraus war. Sie wird als Einsteins ureigenstes Werk gerühmt, das keinen Vorläufer in den Problemen hatte, mit denen sich Physiker seiner Zeit auseinandersetzten.

Das mag richtig sein, doch diese herkömmliche Version übersieht, daß Einsteins Weg von der Speziellen zur Allgemeinen Relativitätstheorie dorniger und verwickelter war, als er hätte sein können und sollen. Die Allgemeine Relativitätstheorie folgt in der Tat so natürlich aus der *Mathematik* des späten 19. Jahrhunderts wie die spezielle Theorie aus der damaligen *Physik*.

Wäre Einstein nicht so ein fauler Hund gewesen und hätte er in den Mathematikvorlesungen am Polytechnikum aufmerksamer zugehört, so hätte er seine Allgemeine Relativitätstheorie schon bald nach Entwicklung der speziellen Theorie im Jahre 1905 formulieren können. Wäre Einstein nie geboren worden, so hätte sehr wahrscheinlich ein anderer, vielleicht sogar Grossman selbst, Riemanns und Cliffords Arbeiten als Sprungbrett benutzt, um im zweiten Jahrzehnt unseres Jahrhunderts zu einer geometrischen Theorie der Gravitation zu gelangen.

Hätte Einstein die Geometrie des 19. Jahrhunderts gut genug gekannt, hätte er sehr viel schneller seine beiden Relativitätstheorien abschließen können. Es hätte dann auf der Hand gelegen, daß sie auf früheren Arbeiten aufbauten, und möglicherweise hätte Einstein sogar, falls seine »einzigartige Einsicht« weniger in den Vordergrund gerückt und dafür klarer erkannt worden wäre, wie sich seine Ideen in die etablierte Mathematik einfügten, den Nobelpreis für seine allgemeine Theorie erhalten.

Diese meines Erachtens mögliche Version der Geschichte unterstreicht den Einfluß der Mathematik. Sie ist hier nicht zum ersten Mal nachzulesen, sondern folgt einem Artikel, den ich Anfang 1993 für den *New Scientist* schrieb. Als Reaktion darauf erhielt ich einen Brief von Bruno Augenstein, einem Wissenschaftler der RAND in Santa Monica, Kalifornien. Augensteins Mitteilung warf ein ganz anderes Licht auf die Geschichte und bestärkte mich in meiner Überzeugung, daß Pickering mit seiner Auffassung über die Entwicklung der Wissenschaft richtigliegt. »Eine Zeitlang«, so Augenstein, »war ich Anhänger der Wigner-Dyson-Schule (›die übermäßige Wirksamkeit der Mathematik in der Physik…‹), doch mittlerweile glaube ich fest, daß die in Ihrem Artikel dargelegte Vorstellung es verdient, in den Rang einer starken Arbeitshypothese erhoben zu werden. Das heißt, buchstäblich jeder Version mathematischer Vorstellungen entspricht irgendwo ein physikalisches Modell, und der kluge Physiker ist gut beraten, wenn er in seiner Arbeit bewußt und routiniert die physikalischen Modelle bereits entdeckter mathematischer Strukturen aufspürt.«

Mit anderen Worten, Physiker können, wie Pickering meinte, aus *irgendeinem* Rohmaterial, sofern es logisch widerspruchsfrei ist, eine verständliche Version der Realität herausfiltern.

Ich will nicht verschweigen, daß Augenstein nicht allein durch die Klarheit und Scharfsichtigkeit meines Artikels für diese Ansicht gewonnen werden konnte. Er war schon vorher darauf gestoßen, daß ein recht unbekannter Zweig der Mathematik (er nennt ihn »eine etwas surreale Nische der Mengentheorie«), dessen Gegenstand das sogenannte Banach-Tarski-Theorem ist, einen weiteren Beleg dafür liefert, daß eine rein mathematische Arbeit, von der niemand annahm, sie hätte irgendeine Bedeutung für die wirkliche Welt, heute als Vorwegnahme einer später entdeckten Realisierung in der Physik gilt. In diesem Fall handelt es sich um die ursprüngliche Quarktheorie von Gell-Mann und Zweig.

Ich möchte hier nicht ins Detail gehen, zumal meine Kenntnisse über die »surrealen Nischen der Mengenlehre« dazu auch nicht ausreichen, und werde mich daher auf Augensteins Aussagen verlassen.[11] Worauf es hier ankommt, ist, daß die 1924 erschienene Schrift von Banach und Tarski sich damit beschäftigt, wie man Gegenstände in einzelne Teile zerlegen und dann wieder zu etwas Neuem zusammensetzen kann.[12] In Augensteins Beschreibung nimmt es sich so aus: »Ein fester Körper A mit irgendeiner endlichen Größe und beliebigen Gestalt läßt sich in *m* Stücke zerschneiden, die sich, ohne Veränderung, zum festen Körper B zusammensetzen lassen, der ebenfalls von irgendeiner endlichen Größe und von beliebiger Gestalt ist.«

Das ist in der Tat surreal, doch auch so allgemein, daß es kaum einen praktischen Wert hat. Daher hat Augenstein sich einer besonderen Version dieses Sachverhalts zugewandt, die mit massiven Kugeln zu tun hat. Im besondern gilt: Eine Vollkugel mit Einheitsradius läßt sich so in fünf Teile zerschneiden, daß zwei der Teile zu einer Vollkugel mit Einheitsradius zusammenfügbar sind, während die anderen drei Teile gemeinsam eine zweite Vollkugel mit Einheitsradius bilden. Das ist die Mindestanzahl von Stücken, die für den Trick benötigt werden. Er läßt sich jedoch unendlich oft wiederholen, und vielleicht ahnen Sie schon, was nun kommt.

In seinem in *Speculations in Science and Technology* veröffentlichten Artikel zeigt Augenstein, daß die Regeln, die das Verhalten dieser mathematischen Mengen und Teilmengen bestimmen, formal gesehen exakt mit denjenigen übereinstimmen, die das Verhalten von Quarks und »Gluonen« im Standardmodell der Teilchenphysik beschreiben, also in der Quantenchromodynamik (QCD), die ein halbes Jahrhundert nach der Veröffentlichung des ursprünglichen Banach-Tarski-Theorems entwickelt wurde. Die Physiker, die dieses Modell aufstellten, lebten in völliger Unkenntnis dieser surrealen Nische der Mengentheorie. Denken Sie daran, daß Neutronen und Protonen nach diesem Modell aus Quark-Drillingen bestehen, während die Gluonen, das Bindemittel zwischen Protonen und Neutronen (entsprechend den Photonen in der QED) aus Quark-Paaren bestehen.

Das magische Verfahren, durch das ein Proton bei seinem Auftreffen auf eine metallene Zielscheibe eine Schar neuer Protonen erzeugt, die aus dem Zielpunkt austreten und alle mit dem ursprünglichen Proton identisch sind, wird genau durch das Banach-Tarski-Theorem und das Zerlegen von Kugeln in Teile beschrieben, die sich wieder zu Kugelpaaren zusammenfügen lassen. Das Theorem wurde als »das erstaunlichste Ergebnis der theoretischen Mathematik« bezeichnet, ein Urteil, dem Augenstein sich anschloß und zu dem vermutlich auch Sie neigen.

Und was erst recht verblüfft, ist die Tatsache, daß Augensteins Analogie auch für Voraussagen sorgt. Wie einst Protonen als undifferenzierte Billardkugeln betrachtet wurden und Experimente mit hochenergetischen Elektronen dann die drei Quarks in ihrem Inneren »offenbarten« (und wie Rutherford den Kern im Innern des Atoms freilegte), so gehen die jüngsten Vorhaben der Experimentalphysiker davon aus, daß, falls noch höhere Energien erzielt werden könnten, ein Blick ins »Innere« der Quarks möglich wird, wobei selbstverständlich offen ist, ob es dort etwas zu sehen gibt. Interessanterweise sind die fünf mathematischen »Bruchstücke« in Augensteins Fassung des Banach-Tarski-Theorems eine Mischung: Vier der Stücke sprechen für eine äußerst detaillierte Struktur innerhalb der Quarks, während das fünfte die mathematische Beschreibung eines einzelnen Punktes ist.

Augenstein ist nicht der einzige, der sich von den Implikationen des Banach-Tarski-Theorems für die Teilchenphysik fesseln ließ. 1982 schrieb Roger Jones in seinem Buch *Physics as Metaphor*:

> Warum gibt es überhaupt ein Myon, wenn es nicht mehr leistet als bereits das Elektron...? Das Myon ist ungefähr 200mal schwerer als das Elektron... sie unterscheiden sich [nur] in einem wichtigen quantitativen Maß: der Masse.
>
> Andere Teilchen unterscheiden sich hinsichtlich mehrerer wichtiger Maße, doch das Elektron und das Myon gleichen zwei Abschnitten einer Geraden, die in derselben Weise aus elementaren Punkten bestehen, nur daß sie unterschiedlich lang sind. Elektron und Myon sind Kugeln unterschiedlicher Größe, aber mit derselben Anzahl von Punkten. ... Größe, Maß und Anzahl sind bloße Erscheinungen und metaphorisch zu verstehen, man sollte sie nicht für eine letzte Invariante halten; es besteht kein Grund, sie zu Fetischen zu machen.
>
> Im Falle des dreidimensionalen Maßes, des Volumens, sollte uns noch eine andere Überlegung stutzig machen, nämlich das verblüffende und paradoxe Theorem von Banach und Tarski, demzufolge eine Kugel beliebiger Größe zerlegbar und wieder zu einer Kugel mit unterschiedlicher Größe zusammensetzbar ist... ein Elektron kann in einer begrenzten Anzahl von Schritten in ein Myon verwandelt werden.
>
> In dem Maße, wie die Materie nach unserem heutigen Verständnis durch eine Art abstrakter Verteilung in einem mathematischen Raum dargestellt wird... reden wir in Wirklichkeit in einer stärker organischen, vereinheit-

lichten und chaotischen Bedeutung vom Raum. Dieser Raum ist darum nicht unzulänglich, er ist lediglich anders als der unsere, er ist eine andere Metapher.

Ob Physiker diese Gedanken aufgreifen und ein neues »Standardmodell« entwickeln, das über die Quark-QCD-Beschreibung der Wirklichkeit hinausgeht, oder ob sie als ein merkwürdiger Nebenzweig der Wissenschaft, als eine verrückte mathematische Kuriosität ohne physikalische Bedeutung ein kümmerliches Dasein fristen, wird die Zeit erweisen. Augenstein vergleicht die Realitätsbeschreibungen der Physiker mit Märchen und betont, daß sich Haltung und Gewohnheiten der Physiker radikal ändern müßten, bevor der Gedanke, Modelle ließen sich nahezu beliebig aus irgendwelchen greifbaren Ingredienzien konstruieren, Fuß fassen kann. Vermutlich wird ein solcher Einstellungswandel, sollte er je stattfinden, lange auf sich warten lassen; doch ist er ein deutlicher Widerhall der Pickeringschen Thesen darüber, wie Physiker zu ihren Modellen kommen, und einige Wissenschaftler, die Physiker und Philosophen zugleich sind, verfolgen diese Ideen schon heute weiter und ergründen, woher die Modelle stammen und wie Physiker die Welt begreifen. Und möglicherweise gehen bereits einige Physiker in die von Pickering und Augenstein gewiesene Richtung, ohne sich über die Bedeutung ihres Tuns völlig im klaren zu sein.

Die Beschreibung des Unbeschreibbaren

Nachdem wir einen Blick in die zwielichtigen, surrealen Abteilungen der Mengentheorie geworfen haben, möchte ich, bevor ich mich wieder den Ansichten der Philosophen über das Wie und Was der Physik zuwende, noch ein kleines Beispiel aus der Kosmologie darlegen.

Gleich den Teilchenphysikern, die mit ihren Quarks und der QCD »erklären«, wie sich Dinge im sehr Kleinen abspielen, verfügen die Kosmologen über ein Standardmodell, das uns Aufschluß über den Bau des Universums im Großen gibt und dessen Grundbestandteile die Materie, die Gravitation und die Allgemeine Relativitätstheorie sind. Eine der großen Schwierigkeiten, wenn nicht die größte Schwierigkeit des kosmologischen Standardmodells, der »Urknalltheorie«, ist das Vorhandensein einer Singularität bei der Geburt des Weltalls. Daß das Universum expandiert, wissen die Astronomen, weil ein Blick durch ihre Teleskope sich voneinander entfernende Galaxien zeigt. Diese Expansion entspricht einer Voraussage der Einsteinschen Allgemeinen Relativitätstheorie, der zufolge sich der Raum zwischen den Galaxien im Laufe der Zeit ausdehnen muß. Theorie wie auch Beobachtung deuten darauf hin, daß, wenn wir die Ausdehnung in der Zeit zurückspulen, um herauszufinden, wie das Universum vor Urzeiten aussah, wir auf einen Zeitpunkt stoßen müssen, wo sich die gesamte Materie und die gesamte Raumzeit des Universums in einem einzigen Punkt verdichteten: der Singularität.

Eine Singularität ist ein Ort, an dem die uns bekannten Gesetze der Physik zusammenbrechen. Fassen wir die Gleichungen buchstäblich auf, so ist das Volumen der Singularität gleich null und ihre Dichte unendlich, was einfach absurd scheint. In den sechziger Jahren zeigten Stephen Hawking und Roger Penrose jedoch, daß, vorausgesetzt, die Beschreibung des Universums durch die Allgemeine Relativitätstheorie ist korrekt, wir nicht umhinkönnen, eine Singularität am Anfang der Zeit zu postulieren. Die von uns heute beobachtete Ausdehnung beweist in Verbindung mit den Einsteinschen Gleichungen, daß es am Anfang eine Singularität gegeben haben muß.

Ist es denkbar, daß dieser fatale Schluß seinen Ursprung allein in einer falsch gewählten Analogie hat? In den achtziger Jahren beschäftigte sich Hawking erneut mit dem rätselhaften Ursprung unseres Universums und ging gemeinsam mit anderen daran, das Universum mit Hilfe eines Modells zu begreifen, das die Vorstellung der Quantenmechanik ebenso wie diejenigen der Allgemeinen Relativitätstheorie einschließt. Aufgrund dieser Arbeit gewannen viele Kosmologen den Eindruck, die Theorie der »vielen Welten« oder der »vielen Geschichten« sei in irgendeiner Form zwingend, und zwar aus dem einfachen Grund, weil sich ein Beobachter unmöglich »außerhalb« des Universums befinden und dessen Wellenfunktion aus einer Überlagerung von Zuständen in eine einzigartige Geschichte zusammenbrechen lassen kann. Doch Hawkings Ansatz wartet noch mit einem anderen fesselnden Aspekt auf, mit einer Analogie, die eine ganz andere Perspektive auf den Urknall eröffnet.

Ich erwähnte schon, daß die Gleichungen der Relativität (in der speziellen ebenso wie in der allgemeinen Theorie) den Raum und die Zeit in einer wichtigen Hinsicht unterschiedlich behandeln. Die Zeit, so sagte ich, taucht in den Gleichungen mit einem Minuszeichen versehen auf. Doch das dicke Ende kommt noch, denn die Gleichungen enthalten, wie der berühmte Satz des Pythagoras über rechtwinklige Dreiecke, *quadratische* Ausdrücke. Mithin sind die Parameter, die in Einsteins Gleichungen die räumlichen Verschiebungen darstellen, quadratisch: x^2, y^2 und z^2. Die Parameter für die Zeitverschiebung stellen jedoch ein *negatives* Quadrat dar: $-t^2$. Dieser Schritt verhindert, daß sich die Zeit genauso wie der Raum behandeln läßt, denn wie wir alle in der Schule gelernt haben, können wir nicht die Wurzel aus einer negativen Zahl ziehen. Ist x^2 bekannt, dann ist der Wert von x leicht zu ermitteln, beispielsweise ist 2 die Quadratwurzel von 4. Wissen wir hingegen, welchen Wert $-t^2$ hat, was wissen wir dann über t? Was ist die Quadratwurzel von, sagen wir, *minus* 9?

Hawking zeigte, daß wir das Singularitätsproblem am Anfang des Universums – den »Rand« der Zeit – mit einem nahezu trivialen mathematischen Kunstgriff aus der Welt schaffen können. Für Mathematiker sind Quadratwurzeln negativer Zahlen nichts Besonderes. Seit gut 200 Jahren gehören sie zum Standardrepertoire der Mathematik, und Mathematiker können sie in ihren Gleichungen mit einem einfachen Trick manipulieren. Dazu erfanden sie die »Zahl« *i*, die als »Quadratwurzel von –1« definiert ist. Daher ist $i \cdot i$ gleich –1. Möchten Sie nun die Quadratwurzel von –9 herausfinden, so sagen Sie, daß –9 gleich $(-1) \cdot 9$ und die Quadratwurzel gleich dem Produkt der Quadratwurzel von –1 und der Quadratwurzel von 9 ist, und erhalten dann das Ergebnis $i \cdot 3$. Mit diesen »imaginären Zahlen« läßt sich ebenso jonglieren wie mit gewöhnlichen Zahlen – man kann sie addieren, multiplizieren, dividieren und anderes mehr –, und sie bilden einen wichtigen Teil vieler mathematischer Berechnungen. Dank ihrer besitzen die Mathematiker ein Modell für die Beschreibung des Unbeschreibbaren, d. h. für die Welt der Quadratwurzeln negativer Zahlen, und diese imaginären Zahlen verhalten sich analog zu den »reellen« Zahlen.

Hawking behauptete nun dreist, unser Alltagsverständnis der Zeit sei falsch und wir erhielten ein besseres Modell des Universums, wenn wir dazu übergingen, Messungen mit der imaginären Zahl it zu verwenden. Was die mathematische Seite betrifft, so ist der Eingriff schlicht trivial. Seine Bedeutung ist in etwa so groß wie die Entscheidung eines Kartographen, lieber mit dieser als mit jener Projektion ein Bild der Erde anzufertigen. Beispielsweise gibt die herkömmliche Mercator-Projektion im großen und ganzen die korrekten Umrisse der Kontinente wieder, verzerrt jedoch deren relative Flächen, wohingegen die in den siebziger Jahren entwickelte Peters-Projektion die relativen Proportionen der Kontinente genau darzustellen vermag, aber deren Form verzerrt. Beide Projektionen erfassen (neben anderen) kartographisch die ganze Erdoberfläche auf einem Papierbogen, und da die Oberfläche einer Kugel auf einem Blatt Papier nicht perfekt abbildbar ist, wäre es verfehlt zu sagen, die eine Projektion sei »richtig«, die andere hingegen »falsch«. Sie sind bloß verschieden.

Ähnlich steht es den Mathematikern frei, sich Koordinatensysteme auszuwählen, mit deren Hilfe sie beschreiben, wo und wann Ereignisse in Raum und Zeit stattfinden. Nehmen wir zur Veranschaulichung ein anderes Beispiel aus der Geographie: Es ist ein historisch bedingter Zufall, daß wir die Längengrade relativ zu dem durch Greenwich in London verlaufenden Meridian bestimmen. Ein Navigator könnte ebensogut einen der anderen Meridiane, d. h. der imaginären Linien, die an den Nord- und Südpolen unseres Planeten zusammenlaufen, als »Längengrad null« verwenden.

Bei Hawkings Übergang zur »imaginären Zeit« liegen die Dinge nicht ganz so einfach, denn obwohl er lediglich eine Veränderung in der Wahl der mathematischen Koordinaten beinhaltet, hat er den erstaunlichen Effekt, daß damit der Zeitparameter in Einsteins Gleichungen auf dieselbe Basis wie die Raumparameter gestellt wird. Messen wir die Zeit in Einheiten von $i\,t$, dann erhalten wir bei Quadrierung der Zeitmessungen Einheiten von $i^2 \cdot t^2$, was einfach $(-1) \cdot t^2$ oder $-t^2$ ist. Nun müssen wir diese negative Zahl mit dem Minuszeichen der Einsteinschen Gleichungen multiplizieren, und wir erhalten, da die (-1), von i^2 aufgehoben wird, t^2 (sicherlich erinnern Sie sich an den alten Merkspruch »minus mal minus ergibt plus«).

Durch dieses Hinzuziehen eines anderen Modells bzw. durch die Wahl einer anderen mathematischen Analogie wurde aus der Zeit, jedenfalls sofern die Einsteinschen Gleichungen betroffen sind, im Grunde genommen *genau* dasselbe wie der Raum. Und wie sich zeigt, entfernt dieser bescheidene mathematische Eingriff die Singularität aus den Gleichungen.

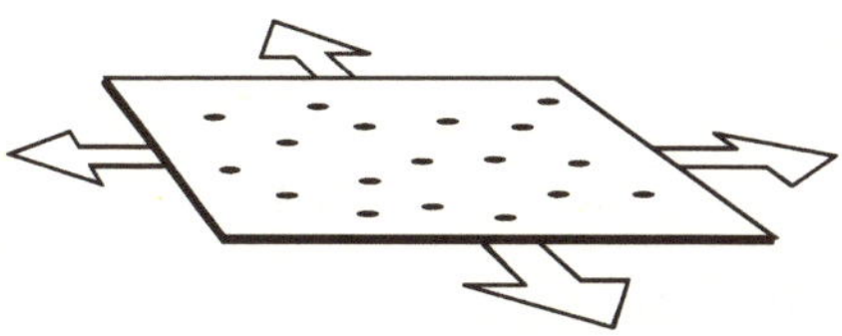

Abb. 22: Wir können uns das expandierende Universum wie ein Gummituch vorstellen, das gleichzeitig in alle Richtungen gezogen wird. Die Punkte darauf stellen die Galaxien dar. Diese entfernen sich voneinander, weil sich der »Raum« zwischen ihnen ausdehnt, und nicht, weil sie sich durch den Raum bewegen.

Heute müssen wir uns, wie Hawking meint, das expandierende Universum nicht mehr als eine Raumzeit-Blase denken, die aus einem mathematischen Punkt (der Singularität) hervorgeht und wächst, sondern als Breitenlinien, gezogen auf der Oberfläche einer Kugel, deren Größe konstant bleibt. Ein winziger Kreis um den Nordpol der Kugel stellt das junge Universum dar, wobei der gesamte Raum von der Kreislinie repräsentiert wird. Dehnt sich das Universum aus, wird es durch die Kreislinien dargestellt, die weiter weg vom Nordpol und näher zum Äquator gezogen werden, so daß jede Kreislinie größer als die vorangegangene ist. Das Fortschreiten vom Pol zum Äquator stellt das »Fließen« der Zeit dar. Ist der Äquator überschritten, beginnt das »Universum« zu schrumpfen, während die aufeinander folgenden Breitenkreise kleiner werden, bis sie schließlich am Südpol verschwinden.

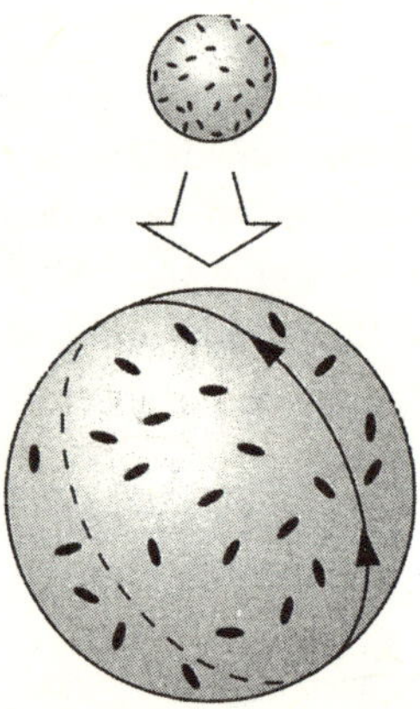

Abb. 23: Möglicherweise ist das Universum geschlossen, obwohl es nahezu flach ist. In diesem Fall könnte man es mit der Haut einer sich ausdehnenden Seifenblase vergleichen, wobei die Punkte wie in Abb. 22 für die Galaxien stehen. Wäre dem so, eröffnet sich die kuriose Möglichkeit, das Universum auf dieselbe Weise wie die Erde zu umrunden und zu unserem Ausgangsort zurückzukehren, indem wir stets einer geraden Linie folgen.

Was aber geschieht an den Polen, am Anfang und am Ende der Zeit? An diesen Punkten hat die Kugel keinen »Rand«, auch wenn wir davon sprechen, daß die Zeit am Nordpol »beginnt«. Da die Zeit mathematisch gesehen dem Raum gleichgestellt wurde, ist die Analogie zur Geographie der Erde perfekt. Am Nordpol unseres Planeten führen alle Wege nach »Süden«, eine »nördliche« Richtung existiert einfach nicht, und dennoch hat unser Planet hier keinen Rand. Am Nordpol des Hawkingschen Modells des Universums läuft die Zeitrichtung immer in die »Zukunft«, keine Zeitrichtung entspricht »der Vergangenheit«, und dennoch hat die Zeit dort keinen Rand. Das Singularitätsproblem taucht erst gar nicht auf.

Wäre es möglich, daß Sie rückwärts in der Zeit zum Urknall reisten, würden Sie daher auch nicht von einer Singularität verschluckt. Statt dessen würden Sie durch den Punkt (den Augenblick) der »Nullzeit« gehen und bemerken, daß Sie wieder in die Zukunft wandern, gerade so wie ein Reisender, der etwas südlich vom Nordpol auf diesen zumarschiert, ihn passiert und in der gleichen Richtung fortwandert, bemerkt, daß er sich nicht mehr nach Norden, sondern nach Süden bewegt. In diesem Bild wird uns das Universum als ein völlig in sich geschlossenes Paket von Raumzeit und Massen-Energie vorgestellt, das sich aus dem Nichts ausdehnt und wieder zum Nichts zusammenschrumpft.

Und für all das war nicht mehr als eine einfache Koordinatenveränderung nötig, dank deren die Zeit dem Raum gleichgestellt wurde. Es ist recht mißlich, daß Zahlen, die *i* enthalten, im mathematischen Jargon traditionell »imaginäre Zahlen« genannt werden, denn daraus folgt, daß Hawkings alternative Zeitkoordinate unter der Bezeichnung »imaginäre Zeit« läuft, was den Anschein erweckt, als entspränge sie einer Science-fiction-Geschichte oder Alice im Wunderland.[13] Dabei ist diese Betrachtungsweise

Abb. 24: In Stephen Hawkings Version werden Raum und Zeit (also alle vier Dimensionen) durch die Oberfläche einer Kugel dargestellt. Das Universum ist anfangs ein winziger Kreis um den »Nordpol«, den Zeitpunkt Null; dann wächst es heran zu immer größeren Kreisen und bewegt sich allmählich in Richtung »Äquator«. Während es sich dann durch die Zeit in Richtung »Südpol« weiterbewegt, schrumpft es wieder zu einem Nichts zusammen. In dieser Raumzeit gibt es jedoch keinen »Rand«, wie es ja auch am wirklichen Nordpol keinen »Rand der Welt« gibt. Diese bildliche Darstellung soll zeigen, warum es sinnlos ist, von einer Zeit »vor dem Urknall« oder »nach dem Tod des Universums« zu sprechen.

der Dinge mathematisch gesehen durch und durch seriös, und in physikalischer Hinsicht scheint sie weitaus vernünftiger als die herkömmliche Sichtweise zu sein, da sie uns die gefürchtete Singularität vom Halse schafft.

Die dadurch geschaffenen Möglichkeiten lassen sich auch auf andere Weise erkunden. Hawking hat die Zeit »verräumlicht«, während Ilya Prigogine über seinen Beschreibungsansatz sagt, er sei gleichbedeutend mit einer »Verzeitlichung« des Raumes, wodurch die Schöpfung als etwas erscheint, das sich in gewissem Sinne gleichzeitig überall in der Raumzeit ereignet. Doch möchte ich die Einzelheiten dieses Modells übergehen und lediglich festhalten, daß Hawkings Lösung für das Singularitätsproblem auffällig dem Geiste der Augensteinschen These entspricht, die Mathematik sei eine unerschöpfliche Fundgrube für physikalisch sinnvolle Wirklichkeitsmodelle. Physik ist in demselben Sinne Arbeit wie das Tischlern, auch sie stellt Dinge aus Rohmaterialien her. Ein Tischler baut Möbel aus Holz, ein Physiker zimmert Modelle der Welt aus Mathematik. Wer hätte vor zwei Jahrhunderten, als die Theorie der imaginären Zahlen bereits ein blühender Zweig der reinen Mathematik war, geahnt, daß sie eines Tages herangezogen würde, um den Ursprung des Universums zu erklären?

Selbstverständlich war eine Anwendung erst in dem Moment möglich, da Physiker und Astronomen eine Weltsicht oder ein Modell entwickelt hatten, in dem das Problem so aufbereitet war, daß die imaginäre Zeit eine offensichtliche Lösung darstellte. Wie aber haben die Physiker die Welt in den Griff bekommen, wie sind sie zu ihrer gegenwärtigen Beschreibung der Wirklichkeit gelangt?

Ein Zugriff auf die Wirklichkeit

Eine der jüngsten und überzeugendsten Darlegungen, wie die Physiker ihre Modelle der Wirklichkeit entdecken (oder erfinden), ist in Martin Kriegers faszinierendem Buch *Doing Physics* nachzulesen. Krieger, der an der Universität von Südkalifornien arbeitet, hat in seiner Untersuchung bestimmter, in der zweiten Hälfte unseres Jahrhunderts entstandener Analogien und Modelle nachgewiesen, wie tief sie in der modernen Kultur (und was diesen Zeitraum betrifft, vor allem in der amerikanischen Kultur) wurzeln und wie eng sie mit den Analogien und Modellen früherer Generationen verwandt sind. Eines der offensichtlichsten Beispiele dafür ist die Ähnlichkeit der QCD mit der QED und damit indirekt mit den Maxwellschen Gleichungen. Kriegers Buch erinnert streckenweise an die Art, wie einige Philosophen seit den dreißiger Jahren – in erster Linie wäre hier Karl Popper zu nennen[14] – die Arbeit der Wissenschaftler im 20. Jahrhundert analysiert haben. Krieger ist allerdings von Haus aus Physiker, was andere Physiker erst recht aufhorchen und aufmerksam werden lassen sollte, zumal seine Version der Geschichte die neuesten Forschungsentwicklungen berücksichtigt und große Überzeugungskraft besitzt.

Als ausgebildeter Physiker bedient sich Krieger zwar immer wieder der physikalischen Terminologie, übersetzt sie jedoch in die Alltagssprache. Beispielsweise spricht Krieger dort, wo Physiker die Eigenschaften eines Systems als »Freiheitsgrade« bezeichnen würden, von »Griffen«, mit deren Hilfe wir das System zu fassen bekommen und eine Vorstellung von seiner Beschaffenheit gewinnen. Dieser Gedanke läßt sich ganz einfach anhand der Temperatur eines gasgefüllten Behälters illustrieren: Die Temperatur ist ein Freiheitsgrad, und wenn wir sie kennen, erfahren wir etwas über die Gesamtbedingungen des Gases in dem Behälter. Die Position eines einzelnen Atoms ist ein weiteres Beispiel für einen Freiheitsgrad, aber wir müssen nicht die Lage jedes einzelnen Gasatoms in dem Behälter kennen, um die Temperatur des Gases herauszufinden. Krieger unternimmt erst gar nicht den Versuch zu sagen, wie die Welt »wirklich« ist, sondern betont, daß alles und jedes auf Analogien beruht; er schildert, wie die Physiker sich der Welt bemächtigen (nämlich mittels der von den Freiheitsgraden bereitgestellten »Griffe«) und sie beschreiben. Die Welt mag »wie« alles mögliche sein – wie Wellen, Billardkugeln oder was auch immer –, ohne deshalb eines dieser Dinge wirklich *zu sein.*

Kriegers Verwendung der Analogie geht freilich sehr viel tiefer als meine früher präsentierten Beispiele. In einem seiner einsichtsvollsten Sinnbilder beschreibt er die Funktionsweise der subatomaren Welt anhand der Vorgänge in einer Fabrik oder im Wirtschaftssystem eines ganzen Landes. Ein Außenstehender, der untersucht, wie die Rohmaterialien in die Fabrik gelangen und die fertigen Produkte herauskommen, vermag den tatsächlichen Produktionsprozeß nicht zu verfolgen, da dieser hinter den Mauern verborgen abläuft. Dennoch kann der Beobachter einige Schlüsse über den Produktionsprozeß ziehen, indem er vergleicht, was in die Fabrik hineingegangen ist und was wieder herauskommt. Die Mauern entziehen die Einzelheiten des Herstellungsprozesses seinen Blicken – sie verhüllen die Freiheitsgrade – und machen aus der Fabrik eine »black box«, über die der Außenstehende nur weiß, daß eine bestimmte Zufuhr einen bestimmten Ausstoß nach sich zieht. Krieger sieht darin eine passende Analogie für die Art und Weise, in der die Elektronenwolke eines Atoms für dessen chemisches Verhalten verantwortlich ist und über die Vorgänge im Innern des Atoms einen Schleier wirft. Für die chemischen Reaktionen ist allein von Belang, wie die äußeren Elektronen mit den äußeren Elektronen anderer Atome wechselwirken, so daß wir es im dunkeln lassen können, was die Atome selbst zusammenhält.

Die Bedeutung der Wände liegt darin, daß sie komplexe Situationen vereinfachen und uns erlauben, sinnvolle Physik zu betreiben, ohne sämtliche Daten über ein System in Erfahrung bringen zu müssen. Aus diesem Grund erfinden die Physiker »Wände«, wobei der Trick darin besteht, genau die richtige Art von Wänden zu errichten. Das heißt im Klartext, die Wissenschaftler klammern so viele Freiheitsgrade wie möglich aus und untersuchen, was geschieht, wenn wir die restlichen Freiheitsgrade ändern, oder noch anders gesagt, sie beschäftigen sich mit dem Effekt, der auftritt, wenn wir das System an seinen verbleibenden »Griffen« erfassen und es schütteln.

Ein gutes Beispiel liefert uns die Temperatur. In vielen Experimenten mit eingeschlossenen Gasen warten Physiker erst einmal ab, bis die Temperatur des Gases einen konstanten Wert angenommen hat, d. h., bis es sich im »thermodynamischen

Gleichgewicht« befindet. Nun muß sie die Temperatur nicht mehr bekümmern, wenn sie andere Eigenschaften des Gases untersuchen wollen, beispielsweise wie sich sein Druck verändert, sobald wir das Gas in einen halb so großen Behälter zusammenpressen. In der praktischen Durchführung dieses einfachen Experimentes muß der Behälter an ein großes Objekt mit konstanter Temperatur angeschlossen sein – d. h. an ein »Wärmebad« –, um sicherzustellen, daß seine eigene Temperatur beim Zusammenpressen des Gases gleichbleibt. Wenn Sie das Gas zusammenpressen, während es gleichzeitig von außen erwärmt wird, wäre es erheblich schwieriger, alle sich verändernden Freiheitsgrade zu entflechten und ein Bild von den Zustandsänderungen des Gases zu gewinnen. Wählen Sie für Ihre Untersuchung die richtigen Freiheitsgrade, werden die physikalischen Ergebnisse eine klare Sache sein, unterläuft Ihnen hingegen ein Fehler in der Wahl der Freiheitsgrade, wird die Situation so schrecklich kompliziert, daß sie kaum zu entwirren ist. Wie Steven Weinberg bemerkte, »können wir beliebige Freiheitsgrade verwenden, um ein physikalisches System zu beschreiben, wählen wir jedoch die falschen, werden wir es schnell bereuen«.[15]

In einer Weiterführung seiner Fabrikanalogie vergleicht Krieger den Teilchenbegriff der Physiker mit den einzelnen Arbeitern in der Fabrik und ihren Eigenschaften, etwa Geschicklichkeit, Beweglichkeit und Lohnforderungen. Die Eigenschaften der »Arbeiter« werden durch die Schildchen bezeichnet, die wir den Teilchen anheften und die wir zur Bestimmung ihrer Ladung, ihrer Masse oder der Heftigkeit ihrer Reaktion auf die starke Wechselwirkung heranziehen. »Teilchen«, so Krieger, »werden so erdacht, daß sie lokalisierbar und isolierbar sind, daß sie uns wie stabile, objektive, mit einem Namen versehene und individuelle Dinge erscheinen.«[16] Um es noch einmal zu sagen: Die Pointe ist, daß Physiker nicht ins Innere der subatomaren Welt spähen und dort Teilchen vorfinden. Vielmehr gehen sie von der Vorstellung von Billardkugeln und deren Eigenschaften aus und stellen dann solche Fragen (wählen solche Freiheitsgrade), die zu teilchenartigen Reaktionen führen.

> Möglicherweise fragt es sich, ob unsere alltäglichen Begriffe von Billardkugeln oder Wänden uns nicht in die Irre führen, wenn wir versuchen, die Natur unseren naiven Intuitionen anzupassen. Das könnte durchaus der Fall sein. Allerdings ist es immer wieder beeindruckend, wie wir unsere naiven Intuitionen verändern und uns dazu erziehen, die richtigen Merkmale der Alltagsobjekte wahrzunehmen, so daß sie Modelle für die Natur abgeben.

Ein Musterbeispiel dafür ist die Quanteneigenschaft, die wir unter dem Namen »Spin« kennen. Als die Physiker herausfanden, daß die Schildchen »Masse« und »Ladung« für ein Elektron nicht ausreichen, zogen sie eine zusätzliche Analogie zur Rotation einer Billardkugel, um ein neues Etikett zu finden. Die Analogie hinkt ein wenig, da sich zeigt, daß das Elektron, falls wir es wie ein rotierendes Teilchen behandeln wollen, sich nicht um 360 Grad, sondern um 720 Grad drehen muß, um zu seinem Ausgangspunkt zurückzukommen (es muß also *zwei* vollständige Umdrehungen vollziehen).[17] Doch Physiker haben sich daran gewöhnt, in dieser merkwürdigen Eigenschaft eine Analogie zur Drehung einer Billardkugel oder zur Erdrotation zu sehen.

Der dritte Baustein in der Welt der Physiker ist, neben den »Wänden« und den »Arbeitern«, das Feld. Ein Feld ist das genaue Gegenteil eines Teilchens – es ist ausgebreitet statt konzentriert, es unterliegt allmählichen Veränderungen, statt scharf konturiert zu sein. Felder sind allerdings immer mit Teilchen verbunden, und wie Krieger deutlich macht, würde ein »vollkommenes« Teilchen ganz und gar in sich geschlossen sein und uns keine Griffe anbieten, mit denen wir ihm zu Leibe rücken könnten. Nur weil Gravitationsfelder, elektromagnetische Felder oder was auch immer aus den Teilchen austreten, wissen wir überhaupt, daß es sie gibt.

Das bedeutet freilich nicht, daß das Feld »wirklich» ist – so wenig, wie Teilchen wirklich sind oder ein Elektron wirklich um seine Achse wirbelt. Oder, wie ich lieber sagen würde, *alle* Modelle sind wirklich, ungeachtet der Tatsache, daß sie unvollständig sein mögen. Welche Wirklichkeit sollte es denn neben den Modellen geben? fragt Krieger treffend.

Gleich Pickering erörtert Krieger, wie die Physiker ihr Handwerk erlernen und Fortschritte durch die Nachahmung von Techniken erzielen, die sich in der Vergangenheit bewährt haben und zu denen als eine der erfolgreichsten die Annahme gehört, alles bestehe aus kleineren Teilen. Er thematisiert die Durchschlagskraft der Uhrwerk-Analogie und weist darauf hin (S. 33), daß »eine Uhr viel weniger (aber vielleicht interessantere) Dinge tut als alle ihre Bestandteile für sich genommen«, was wieder einmal illustriert, daß die Einschränkung der Freiheitsgrade eine gute Sache ist. Allerdings unterläßt er es, im einzelnen darzulegen, wie Maxwell durch den Zwischenschritt über ein uhrwerkartiges System wechselwirkender Räder und Übersetzungen zu seinen berühmten Wellengleichungen gelangte.

Gewöhnlich wird dieser Schritt als eine Krücke betrachtet, die man wegwirft, sobald der Patient gelernt hat, ohne Hilfe zu gehen. Das ändert freilich nichts am Erfolg. Der Zwischenschritt mag umständlich und langweilig erscheinen, liefert uns aber nichtsdestoweniger ein Modell für die Übermittlung elektromagnetischer Kräfte. Die Feldtheorie ist »besser«, weil sie uns einfacher und klarer erscheint. Doch das Faktum, daß ein Uhrwerkmodell seine Funktion erfüllen kann, selbst wenn es in unseren Augen häßlich und roh ist, sollte uns davor warnen, in den von uns bevorzugten Analogien die alleinige Wahrheit über den Aufbau der Welt zu sehen. Wenn Physiker sagen, die Natur arbeite auf eine bestimmte Art und Weise, so behaupten sie nach Meinung Kriegers in Wahrheit nur, die Modelle könnten legitimerweise so *gemacht* werden, daß sie auf diese Weise funktionieren.

Und noch ein Beispiel für eine allgemein verworfene und dennoch entwicklungsfähige Metapher. Als ich die Entstehung von Elektron-Positron-Paaren aus reiner Energie erörterte, tat ich es in Übereinstimmung mit der Formel $E=mc^2$, welche die Umwandlung von Energie in Masse beschreibt. Doch als Paul Dirac Ende der zwanziger Jahre als erster die Möglichkeit der heute so genannten Antiteilchen erwog, unterbreitete er ein anderes Modell. Nach seiner Version der Wirklichkeit ist das »Nichts« des Vakuums mit einem Meer von Elektronen erfüllt und jede mögliche *negative* Energiestufe besetzt. Wir nehmen diese Elektronen nicht wahr, weil sie überall sind und uns keine Handhabe bieten, sie von ihrer Umgebung zu unterscheiden. Ist eine Wand in einer einheitlichen Farbe gestrichen (sagen wir in Rot), dann ist jeder Punkt auf der Wand genauso rot wie alle anderen, und keiner sticht hervor. Ein gewöhnliches Elektron (eines mit positiver Energie) wird »wahrgenommen«, weil es sich von seinen Nachbarn abhebt, so wie wir mühelos einen blauen Farbfleck auf einem roten Hintergrund ausmachen.

Diesem Bild zufolge entsteht ein Elektron-Positron-Paar, wenn ein genügend energiereiches Photon eines der negativ-energetischen Elektronen anstößt und ihm soviel Energie mitteilt, daß es in einen Zustand mit positiver Energie »befördert« wird. Damit wird es zu einem »wirklichen« Elektron innerhalb unserer gewohnten Realität (ein blauer Fleck) und hinterläßt zugleich innerhalb unserer gewohnten Realität ein Loch im Meer der negativ-energetischen Elektronen (einen weißen Fleck vor dem roten Hintergrund). Dieses Loch verfügt über alle Eigenschaften eines positiv geladenen Elektrons, d. h. eines Positrons. Gibt es beispielsweise in der Nähe eine positive elektrische Ladung, werden alle negativ-energetischen Elektronen dort hinstreben. Wo sie Schulter an Schulter stehen, vertreten sie sich gegenseitig den Weg und können sich nicht bewegen. Das Elektron in unmittelbarer Nähe des Loches vermag sich jedoch nach vorne zu schieben, indem es in das Loch springt und dabei eine Lücke hinterläßt, in die das nächste Elektron sich stürzen kann, und so geht es immer weiter. Infolgedessen entfernt sich das Loch von der positiven Ladung, es wird wie ein positiv geladenes Teilchen abgestoßen. In dem negativ-energetischen Meer sorgt das *Fehlen* eines Elektrons für den notwendigen Kontrast zu seiner Umgebung, für den »scharfen Rand«, der zu den Wesensmerkmalen eines Teilchens gehört. Das Loch bleibt und verhält sich wie ein Teilchen, bis ein positiv-energetisches Elektron hineinfällt und dabei Energie in Form elektromagnetischer Strahlung abgibt.

Wie Maxwells Zahnräder und Wirbel wird dieses Modell der Wechselwirkung zwischen Teilchen und Antiteilchen heute als ein bloßer Zwischenschritt auf dem Weg zur »wahren« Vorstellung vom Entstehen der Teilchen aus reiner Energie betrachtet. Gleichwohl ist es ein durchaus vernünftiges, in sich stimmiges Modell, auf dessen Grundlage sich Berechnungen anstellen lassen, und das die in Versuchen gemessenen Eigenschaften der Positronen richtig voraussagt. Und vielleicht erinnern Sie sich, daß es noch ein weiteres, ebenso befriedigendes Modell gibt, das Positronen als Elektronen erklärt, die in der Zeit rückwärts laufen. Mag sein, daß uns die Vorstellung, das Universum sei voller negativ-energetischer Elektronen, Unbehagen bereitet. Aber das ist schließlich unser Problem, nicht das des Universums. Wir haben die Wahl, welche Freiheitsgrade wir untersuchen wollen, und unsere Entscheidungen befinden über die Eigenschaften, die wir der Natur zuschreiben. Die Analogie ist das *ein und alles* der Physik, und solange die von uns konstruierten Modelle in sich widerspruchsfrei sind und zu experimentell überprüfbaren und bestätigbaren Voraussagen führen, dürfen wir jegliche Analogie verwenden und jeden beliebigen Freiheitsgrad wählen. Damit stehen wir erneut vor meiner Frage, welche der vielen Quanteninterpretationen, wenn überhaupt eine, als »bestes Angebot« gelten kann.

Großeinkauf in der Quantenrealität

Meines Erachtens könnte die beste Antwort darauf sein: Kaufen wir doch das ganze Sortiment. Alle Interpretationen sind entwicklungsfähige Modelle und gewähren uns nützliche Einblicke in den Aufbau der Welt. Es ist durchaus vernünftig, in jeder Quanteninterpretation einen eigenen Freiheitsgrad zu sehen und auf Weinbergs Diktum zurückgreifend zu behaupten, es stehe uns frei, diejenige Interpretation zu wählen, die unseren Bedürfnissen in einer bestimmten Situation am weitesten entgegenkommt. Wählen wir die falsche, so werden wir das bereuen – beispielsweise, wenn wir die Kopenhagener Deutung zur Erklärung dessen heranziehen, was Schrödingers Katze zustößt. Wählen wir hingegen die richtige

– das heißt in diesem Fall die Vielwelten-Interpretation –, dann liegt alles klar zutage. Ein guter Physiker sollte sämtliche Quanteninterpretationen in seinem Werkzeugkasten haben und angesichts eines bestimmten Quantenrätsels die richtige hervorholen.

Zur Bekräftigung dieser These erinnere ich Sie kurz daran, welche Interpretationen zur Auswahl stehen und wie sie sich zu Bells Theorem verhalten, der wichtigsten Entwicklung in der Quantenphysik während der zweiten Hälfte unseres Jahrhunderts. Jede akzeptable Version der Quantenrealität muß mit den Resultaten des Experimentes von Aspect vereinbar sein, und das trifft auf *alle* zu!

Für die gute alte Kopenhagener Deutung stellen Bells Theorem und Aspects Experiment kein Problem dar, denn Niels Bohr und seine Mitstreiter haben seit jeher verkündet, das Ergebnis eines Experimentes hinge von der gesamten Versuchsanordnung ab. Sind beide Spalte im Doppelspaltexperiment offen, beobachten wir eine Interferenz; steht hingegen nur ein Spalt offen, so ist das nicht der Fall. Und schließt die gesamte Versuchsanordnung zwei Photonen an entgegengesetzten Enden der Galaxie ein, dann müssen wir eben auch diese beiden Photonen berücksichtigen, selbst wenn das eine »geisterhafte Fernwirkung« beinhaltet. Ebenso gilt: Entsteht die Wirklichkeit erst durch den Akt des Messens, dann müssen wir – falls wir die Ergebnisse des Experimentes von Aspect im Sinne dieser Deutung verstehen wollen – lediglich akzeptieren, daß sich die geschaffene Wirklichkeit nicht auf den unmittelbaren Ort der Messung beschränken muß, sondern auch weiter entfernt sein kann, an Orten, die von den Lichtsignalen der Messungen noch nicht erreicht worden sein konnten.

Statt dessen könnte die Welt auch auf jene Weise »wirklich real« sein, die David Bohm und seine Anhänger vorschlugen. Sollte das zutreffen, muß sie sich freilich, laut Bohm, in einem Zustand ungeteilter Ganzheit befinden, so daß ein punktueller Stoß eine weit entfernte, nichtlokale und augenblickliche Reaktion auszulösen vermag. In dieser wie auch in der damit verwandten Vorstellung, daß es wirkliche Teilchen mit wirklichen Eigenschaften gibt, die von einer den Gesetzen der Statistik unterworfenen

Leitwelle beeinflußt werden, wirkt sich die augenblickliche »Kommunikation« auf das Versuchsergebnis aus, indem sie den Zustand des übrigen Universums berücksichtigt, doch so, daß es menschlichen Beobachtern verwehrt bleibt, Signale, die nützliche Informationen enthalten, mit Überlichtgeschwindigkeit weiterzuleiten.

Die Vielwelten-Interpretation fällt in eine etwas andere Kategorie, da ihr zufolge sämtliche denkbaren Ergebnisse aller möglichen Experimente gleichermaßen wirklich sind. Wie ich schon bemerkte, ist diese Interpretation zweifellos nichtlokal, da die Auswahl möglicher Ergebnisse von Quantenereignissen hier auf Erden augenblicklich die Entstehung vieler Kopien der Wirklichkeit in weit entfernten Galaxien verursacht (und Veränderungen in diesen Galaxien umgekehrt die Wirklichkeit auf der Erde unmittelbar in viele Kopien aufspaltet). Dennoch handelt es sich um eine erfolgreiche, in sich widerspruchsfreie Deutung der Quantenrealität.

In seiner Erörterung der gegnerischen Interpretationen der Quantentheorie rückt John Bell die Dinge in ein angemessenes Verhältnis:

> In welchem Maße sind diese möglichen Welten Fiktionen? Sie gleichen literarischen Fiktionen darin, daß sie freie Erfindungen des menschlichen Geistes sind. In der theoretischen Physik weiß der Erfinder mitunter von Anfang an, daß er mit einer Fiktion arbeitet, beispielsweise wenn er sich mit einer vereinfachten Welt beschäftigt, in welcher der Raum statt drei Dimensionen bloß zwei oder gar nur eine Dimension hat. Weitaus häufiger aber stellt sich im nachhinein durch die Widerlegung der Hypothese heraus, daß sich irgendwo eine Fiktion eingeschlichen hat. Wenn er ernsthaft forscht, wenn er nicht bewußt vereinfachte Modelle untersucht, glaubt der theoretische Physiker im Gegensatz zum Romancier, daß seine Geschichte wahr sein könnte.[18]

Solche Hoffnungen sind freilich unbegründet. Denn *alle* Modelle sind bewußt durch unsere Entscheidung vereinfacht, welche Freiheitsgrade wir als Zugriff auf die Wirklichkeit verwenden wollen; auch ist jedes Modell, das wir uns von der Welt machen und das nicht auf unseren unmittelbaren Sinneswahrnehmungen beruht, eine Fiktion, eine freie Erfindung des menschlichen Geistes. Sie haben die Wahl: Greifen Sie die Quanteninterpretation heraus, die Ihnen am meisten zusagt, oder weisen Sie alle zurück, bzw. erwerben Sie das ganze Paket, und benutzen Sie die verschiedenen Interpretationen nach Belieben, nach Wochentag oder Laune. Denn die Wirklichkeit ist größtenteils das, was Sie in ihr sehen wollen.

Dennoch möchte fast jeder »die Antwort« kennen. Die Suche nach einem *wirklich* realen Modell beflügelt die theoretischen Physiker ebenso, wie sie andere dazu motiviert, Philosophie zu studieren oder sich einer bestimmten Religion anzuschließen. Auch mir ist dieser Wunsch nicht fremd, obgleich mir der rational denkende Teil meines Bewußtseins sagt, daß die Suche aussichtslos ist und wir allein hoffen dürfen, einen in sich stimmigen Mythos für unsere Zeit zu finden. Daher werde ich Ihnen trotz alledem ein Angebot machen und Ihnen sagen, was meiner Ansicht nach der beste Kauf auf dem derzeitigen Markt der Quantenrealität ist; ich werde Ihnen eine Interpretation vorstellen, die nicht allein die ganze Sache mit der Nichtlokalität scharf konturiert, sondern auch eine Reihe von Analogien und Metaphern anbietet, die meiner Meinung nach auf dem besten Weg sind, die Ansichten der Physiker über die Welt zu verändern.

In seinem Buch *Doing Physics* zählt Krieger viele Analogien auf, die das Treiben der Physiker verständlicher machen. Die Fabrik und ihre Arbeiter, Ökonomien, das bekannte Uhrwerkmodell und selbst Verwandtschaftssysteme haben ihren Ort in seiner Erörterung. Allerdings meint er (S. XIX), »daß andere wichtige Analogien wie die Evolution und der Organismus in der Physik weitgehend eine untergeordnete Rolle zu spielen scheinen«.

Meiner Ansicht nach ist das ein historisch bedingtes Versäumnis, das allmählich nachgeholt wird. In meinem Buch *In the Beginning* habe ich dargelegt, daß Astronomen und Kosmologen neue Einsichten in die Natur der Welt, ihre Ursprünge und ihr letztendliches Schicksal gewinnen, indem sie solche Objekte wie

Galaxien und auch das Universum behandeln, als seien sie lebendige, sich entwickelnde Organismen. Und Begriffe, die sich wesentlich auf das Wirken lebendiger Dinge beziehen, tauchen auch in meiner bevorzugten Quantenfiktion, der sogenannten Transaktionsinterpretation, auf. Ich behaupte nicht, daß sie mehr als eine Fiktion ist, da alle wissenschaftlichen Modelle schlicht Kiplingsche »Genau-so«-Geschichten sind, die den Eindruck erwecken, als verstünden wir die Geschehnisse, ohne deshalb zwangsläufig irgendwelche letzten Antworten über das Universum zu erteilen. Wenn Sie gerne eine Geschichte hören möchten, der Sie fürs erste Glauben schenken dürfen und die vielleicht lange gültig bleiben wird, bevor eine bessere (oder auch nur modischere) Geschichte an ihre Stelle tritt, dann empfehle ich Ihnen wärmstens die Transaktionsinterpretation. Nun, da auch die Leser wieder zu uns stoßen, die vom Prolog bis hierher alles übersprungen haben, ist es Zeit, Farbe zu bekennen und eine Version der Wirklichkeit vorzustellen, die tatsächlich den Schleier vor allen Quantengeheimnissen lüftet.

EPILOG

Die Lösung – Ein Mythos für unsere Zeit

Wenn wir sichergehen wollen, daß wir die Geheimnisse der Quantenwelt tatsächlich durchschauen, dann sollten wir vor allem ein zentrales Problem klären, das sich in der von mir im Prolog erzählten Geschichte von Schrödingers Kätzchen verbirgt. Zu Ihrer Erinnerung: In dem Experiment sind zwei Kätzchen an weit auseinanderliegende Orte im Raum expediert worden, wobei jedes einer 50prozentigen Wahrscheinlichkeitswelle unterliegt, bei deren Zusammenbruch ein Elektron in einem der beiden Raumschiffe zu einem »wirklichen« Teilchen wird. Sobald eine der Raumkapseln geöffnet wird und ein intelligenter Beobachter feststellt, ob sich im Innern ein Elektron befindet oder nicht, bricht die Wahrscheinlichkeitswelle zusammen, und das Schicksal des Kätzchens ist besiegelt; allerdings nicht nur das Schicksal dieses Kätzchens, sondern *gleichzeitig* auch dasjenige des in der zweiten Kapsel, am anderen Ende des Universums sich befindenden Kätzchens.

So jedenfalls stellt sich die Geschichte dar, wenn wir der üblichen Kopenhagener Deutung hinsichtlich der Korrelation der beiden Kätzchen folgen, und welche Quanteninterpretation Sie auch bevorzugen, das Experiment von Aspect sowie Bells Ungleichung beweisen, daß Quantenentitäten, sind sie erst einmal durch eine Wechselwirkung miteinander verstrickt, sich zu allen späteren Zeitpunkten in der Tat so verhalten, als wären sie unter dem Einfluß von Einsteins »geisterhafter Fernwirkung« Teile eines einzigen Systems. Das Ganze ist größer als die Summe seiner Teile, und die Teile des Ganzen sind durch Rückkoppelungen miteinander verbunden – durch Rückkoppelungen, die anscheinend augenblicklich wirksam werden.

Genau an dieser Stelle können wir eine erste fruchtbare Analogie zu lebenden Systemen ziehen. Ein lebendes System, wie etwa unser Körper, ist fraglos mehr als die Summe seiner Teile. Ein menschlicher Körper besteht aus Millionen von Zellen, doch er vermag Dinge zu tun, zu denen ein gleich großer Haufen von Zellen niemals in der Lage wäre. Auch sind die einzelnen Zellen für sich genommen lebendig und können ihrerseits Dinge erledigen, zu denen eine einfache chemische Mischung aus den in ihnen enthaltenen Elementen niemals fähig wäre. Daß lebende Zellen und lebende Körper so spannende Dinge vollbringen, gründet hauptsächlich darin, daß per Rückkoppelungen Informationen übermittelt werden, und zwar von einer Seite der Zelle zur anderen und von einem Teil des Körpers zu einem anderen. Auf der Tiefenebene, im Innern der Zellen, werden die Rückkoppelungen von chemischen Boten erledigt, die Rohmaterialien an die richtigen Stellen befördern und daraus komplexe Moleküle des Lebens bauen. Auch auf der nichtmikroskopischen Ebene des menschlichen Organismus beruht nahezu jede Routinetätigkeit – beispielsweise wenn meine Finger durch das Anschlagen der richtigen Tasten des Computers diesen Satz erzeugen – auf Rückkoppelungen, die dem Gehirn ununterbrochen Informationen etwa durch den Gesichts- und den Tastsinn übermitteln, mit deren Hilfe es dann das Verhalten des Körpers verändert (d. h. in diesem Fall bestimmt, wohin meine Finger als nächstes gehen sollen).

Das ist im wahrsten Sinne des Wortes eine Rückkoppelung, ein vor- und zurücklaufender Prozeß, nicht nur eine Anweisung des Gehirns an meine Finger. Das ganze System verfolgt, wo sich meine Finger jetzt befinden, wie schnell und in welche Richtung sie sich bewegen, es achtet darauf, daß genügend Druck auf die Tasten ausgeübt wird, daß die Finger (was bei mir sehr häufig der Fall ist) zurückgehen, um Fehler zu korrigieren usw. Auch wer blind das Zehnfingersystem beherrscht, muß die genauen Bewegungen seiner Finger ständig solchen Rückkoppelungen entsprechend anpassen, ebenso wie ein Fahrradfahrer ununterbrochen und automatisch seine Balance anpaßt, um nicht zu stürzen. Wüßten Sie nichts von derartigen Rückkoppelungen und hätten Sie nicht die geringste Idee davon, daß die verschiedenen Teile des Körpers durch ein Kommunikationssystem verbunden sind, wäre es das reinste Wunder, daß die länglichen Gebilde aus Fleisch und Knochen an meinen Händen eine intelligente Botschaft »erzeugen« können, indem sie einfach auf die Tastatur hämmern. Ebenso muß es uns, solange wir nicht irgendeine Form der Kommunikation oder der Rückkoppelung ins Spiel bringen, wie ein Wunder erscheinen, daß der Polarisationszustand zweier Photonen, die in entgegengesetzte Richtungen von einem Atom wegfliegen, so miteinander korreliert ist, wie uns das Experiment von Aspect demonstriert. Der eine große Unterschied, die Hürde, die wir überwinden müssen, ist freilich die *augenblickliche* Natur der Rückkoppelung in der Quantenwelt. Doch diese erklärt sich aus der Natur des Lichtes selbst, und zwar ebenso im Kontext der Relativitätstheorie wie aus dem richtigen Blickwinkel auf die Quantennatur der Elektrodynamik. Unter dem richtigen Blickwinkel verstehe ich das vergleichsweise unbesungene Wheeler-Feynman-Modell der elektromagnetischen Strahlung – ein Modell, das uns auch überraschende Einblicke in die Wirkungsweise der Gravitation verschafft.

Masse und Trägheit

Feynman verkündete schon vor einem halben Jahrhundert, daß wir das Verhalten der elektromagnetischen Strahlung und ihre Wechselwirkung mit geladenen Teilchen möglicherweise durchschauen könnten, wenn wir die beiden Lösungsmengen der Maxwellschen Gleichungen berücksichtigten, d. h. jener Gleichungen, anhand deren wir die Bewegungen elektromagnetischer Wellen durch den Raum als sich auf der Oberfläche eines Teiches ausbreitende Kräuselungen beschreiben. Eine der Lösungsmengen, die Lösungen des »gesunden Menschenverstandes«, beschreibt Wellen, die sich von einem beschleunigten und geladenen Teilchen weg und in der Zeit vorwärts bewegen, als Kräuselungen, die von dem Punkt ausgehen, an dem ein Stein in den Teich fiel. Die zweite, selbst heute noch weitgehend ignorierte Lösungsmenge beschreibt Wellen, die in der Zeit rückwärts und auf geladene Teilchen zulaufen, als Kräuselungen, die am Rande des Teiches *beginnen* und zu einem Punkt in dessen Mitte streben. Wie ich im 2. Kapitel erörterte, hebt sich die Komplexität weitgehend auf, vorausgesetzt, wir lassen beide Wellenmengen mit sämtlichen geladenen Teilchen im Universum wechselwirken, so daß letztlich nur die uns vertrauten, vom gesunden Menschenverstand erwarteten »retardierten« Wellen übrigbleiben, um die elektromagnetischen Einflüsse von einem geladenen Teilchen zu einem anderen zu transportieren. Infolge all dieser Wechselwirkungen erkennen sämtliche geladenen Teilchen – einschließlich der Elektronen – *augenblicklich*, wo sie sich im Verhältnis zu allen anderen geladenen Teilchen des Universums befinden. Der einzige greifbare Einfluß der in der Zeit rückwärts gehenden »avancierten« Wellen besteht in einer Rückkoppelung, dank deren jedes geladene Teilchen ein integrierter Bestandteil des ganzen elektromagnetischen Netzes wird. Stupsen Sie ein Elektron in einem Laboratorium hier auf Erden an, dann weiß im Prinzip jedes geladene Teilchen in der mehr als zwei Millionen Lichtjahre entfernten Andromeda-Galaxie *augenblicklich*, was geschehen ist, obgleich jede durch das Anstoßen des Elektrons hier auf Erden ausgelöste retardierte Welle länger als zwei Millionen Jahre braucht, um die Andromeda-Galaxie zu erreichen.

Selbst die Anhänger der Absorber-Theorie von Wheeler und Feynman scheuen sich gewöhnlich davor, den Sachverhalt so darzustellen. Nach der konventionellen Version (sofern überhaupt irgend etwas an dieser Theorie als konventionell bezeichnet werden kann) »weiß« unser Elektron hier auf der Erde, wo es sich im Verhältnis zu den geladenen Teilchen überall im Raum befindet, jene in der Andromeda-Galaxie eingeschlossen. Aber es ist ja gerade der Witz der Rückkoppelung, daß sie in beide Richtungen wirkt.

Weiß *unser* Elektron, wo die Andromeda-Galaxie liegt, dann weiß die Andromeda-Galaxie natürlich, wo sich unser Elektron herumtreibt.

Infolge der Rückkoppelung – d.h. der Tatsache, daß unser Elektron nicht isoliert betrachtet werden darf, sondern als Teil eines holistischen, das Universum erfüllenden elektromagnetischen Netzes gelten muß – widersetzt sich das Elektron unseren Versuchen, es herumzustoßen, und zwar aufgrund des Einflusses all dieser geladenen Teilchen in den entfernten Galaxien, der sich bemerkbar macht, ohne daß Informationen übermittelnde Signale mit Überlichtgeschwindigkeit zwischen den Galaxien hin und her reisen können.

Diese Erklärung dafür, warum geladene Teilchen einen Strahlungswiderstand erfahren, ist einem früher erwähnten Rätsel, das die Physiker lange verwirrt hat, recht ähnlich. Warum sträuben sich gewöhnliche Materieanhäufungen dagegen, herumgestoßen zu werden, und wie finden sie heraus, wieviel Widerstand sie zu leisten haben, wenn sie einen Stoß erhalten? Woher stammt die Trägheit?

Galileo scheint als erster erkannt zu haben, daß nicht die Geschwindigkeit eines Körpers, sondern seine Beschleunigung die Wirkung der Kräfte enthüllt, denen er ausgesetzt ist. Auf der Erde ist Reibung – eine jener äußeren Kräfte – stets gegeben. Sie verlangsamt jedes sich in Bewegung befindende Objekt, sofern es nicht ständig angestoßen wird. Ohne Einfluß der Reibung würden sich die Objekte, falls keine ziehenden oder stoßenden Kräfte auf sie einwirkten, stets geradlinig fortbewegen.

Diese Erkenntnis wurde zu einem Eckpfeiler der Newtonschen Gesetze der Mechanik. Newton nahm an, daß sich die Gegenstände im leeren Raum (relativ zu einem absoluten Ruhepunkt) mit konstanter Geschwindigkeit bewegen, solange sie nicht durch äußere Kräfte beschleunigt werden. Bei einem Gegenstand einer bestimmten Masse läßt sich die von einer bestimmten Kraft verursachte Beschleunigung vermittels der Division von Kraft durch Masse berechnen.

Ein faszinierender Aspekt dieser Entdeckung ist, daß diese Masse, d. h. der Divisor in der Berechnung, gleich jener Masse ist, die eine Rolle in der Gravitation spielt. Daß dies zwangsläufig so sein muß, ist keineswegs auf den ersten Blick zu erkennen. Die Gravitationsmasse bestimmt die Stärke der Kraft, mit der ein Gegenstand über den Raum hinweg andere Gegenstände anzieht; die sogenannte träge Masse bestimmt die Stärke der Reaktion eines Gegenstandes auf das Gestoßen- oder Gezogenwerden durch alle äußeren Kräfte, und nicht allein durch die Gravitation. Die »Menge der Materie« eines Objekts legt sowohl dessen Einfluß auf die äußere Welt als auch seine Reaktion auf diese fest.[1] Es hat stark den Anschein, als sei hier eine Rückkoppelung am Werk, ein in beide Richtungen wirkender Prozeß, der jeden Gegenstand mit dem ganzen Universum verbindet. Doch bis vor kurzem hatte niemand eine klare Vorstellung davon, wie eine solche Rückkoppelung funktionieren könnte.

Newton beschrieb einmal ein hübsches Experiment, das anscheinend die Existenz eines bevorzugten Bezugssystems im Universum beweist und von dem spätere Philosophen meinten, es zeige, wodurch sich die absolute Ruhelage definiere. Als er 1686 die *Principia* verfaßte, schilderte Newton, was geschieht, wenn Sie einen Eimer Wasser an ein langes Seil hängen, dieses fest zwirnen und dann loslassen. Selbstverständlich beginnt der Eimer zu rotieren, wenn sich das Seil aufdreht. Zunächst bleibt die Wasseroberfläche glatt, doch in dem Maße, wie sich durch die Reibung das Rotieren des Eimers allmählich auf das Wasser überträgt, beginnt sich auch dieses zu drehen, und die Oberfläche nimmt eine konkave Form an, da die »Zentrifugalkraft« das Wasser an die Ränder des Eimers drückt. Halten wir nun den Eimer an und unterbrechen die Drehbewegung, so setzt das Wasser die seine fort, und seine Oberfläche bleibt konkav. Allmählich aber wird es langsamer, die Oberfläche wird flacher und flacher, bis sie sich nicht mehr bewegt und wieder vollkommen glatt ist.

Newton sah in der konkaven Form der Oberfläche einen Beweis dafür, daß das rotierende Wasser um seine Drehbewegung

»wisse«. Doch relativ zu was dreht es sich? Die relative Bewegung von Eimer und Wasser scheint völlig bedeutungslos zu sein. Denn sind Eimer und Wasser in Ruhe, so daß keine relative Bewegung stattfindet, ist das Wasser glatt; dreht sich der Eimer, das Wasser hingegen nicht, ist die Oberfläche trotz der relativen Bewegung zwischen Wasser und Eimer noch stets glatt; rotiert das Wasser, nicht aber der Eimer, so gibt es eine relative Bewegung zwischen den beiden, und die Oberfläche ist konkav; drehen sich hingegen sowohl Wasser als auch Eimer, so daß wiederum keine relative Bewegung zwischen den beiden vorliegt, ist die Oberfläche konkav. Daher schloß Newton, daß das Wasser »wisse«, ob es sich relativ zum absoluten Raum bewege oder nicht.

Im 18. Jahrhundert bot der Philosoph Berkeley eine andere Erklärung an. Er argumentierte, alle Bewegungen müßten relativ zu etwas Materiellem gemessen werden, und bemerkte, das Wichtige an dem berühmten Eimer-Experiment scheine zu sein, wie sich das Wasser relativ zu den entferntesten Objekten bewege, und das waren in Berkeleys Tagen die Fixsterne. Heute wissen wir natürlich, daß sie für uns verhältnismäßig nahe Nachbarn im All sind, und daß es jenseits der Milchstraße Millionen und Abermillionen weiterer Galaxien gibt. Dennoch traf Berkeleys Einsicht ins Schwarze. Die Oberfläche eines Eimer Wassers ist glatt, wenn sich das Wasser nicht relativ zu den entfernten Galaxien dreht, und sie wird gekrümmt sein, wenn es relativ zu den entfernten Galaxien rotiert. Auch die Beschleunigung scheint relativ zu den entfernten Galaxien meßbar zu sein, d. h. relativ zur durchschnittlichen Verteilung der Materie im Universum. Es sieht so aus, als würde sich ein Ding, das wir herumstoßen wollen, Rechenschaft über seine Situation relativ zur Gesamtmaterie des Universums ablegen und entsprechend reagieren. Auf irgendeine Weise wird es durch die Gravitation an seinem Ort festgehalten, und aus diesem Grund sind träge Masse und Gravitationsmasse identisch.

Dieser Gedanke, daß die Trägheit tatsächlich durch die Reaktion eines materiellen Gegenstandes auf das gesamte Universum hervorgerufen wird, ist als Machsches Prinzip bekannt. Benannt wurde es nach dem österreichischen Physiker Ernst Mach, dessen Name durch die Zahl unsterblich geworden ist, mit der wir Geschwindigkeiten relativ zur Schallgeschwindigkeit messen. Machs Interesse erstreckte sich aber auch auf die Natur der Trägheit, über die er lange und angestrengt gegrübelt hat.

Wie bereits erwähnt, haben Machs Ideen, die im wesentlichen eine Erweiterung der Vorstellungen Berkeleys darstellen, Einstein nicht unerheblich beeinflußt. Einstein behauptete, die Identität von träger Masse und Gravitationsmasse ergebe sich in der Tat daraus, daß die Trägheitskräfte ihren Ursprung in der Gravitation haben, und versuchte Machs Prinzip – die Rückkoppelung des ganzen Universums an jede Gravitationsmasse – in seine Allgemeine Relativitätstheorie einzubauen. Ein naives Argument in dieser Richtung liegt auf der Hand: Die gesamte Masse in sämtlichen entfernten Galaxien (und alles übrige) erstreckt ihren Gravitationseinfluß auf alle Gegenstände hier auf der Erde (und anderswo), den Stapel Computerdisketten auf meinem Schreibtisch eingeschlossen. Versuche ich, eine der Disketten wegzunehmen, so ist die Größe der Anstrengung, die ich dafür unternehmen muß, ein Maß für die Stärke, mit der das Universum die Diskette umklammert hält.

Weitaus schwieriger ist es jedoch, das alles auf eine solide wissenschaftliche Basis zu stellen. Wie »weiß« die Diskette augenblicklich, wieviel Widerstand exakt sie meiner Bemühung entgegensetzen muß? Eine reizvolle Möglichkeit (solange wir uns auf dem Boden dieses naiven Bildes bewegen) ist die Annahme, wir veranlaßten ein Objekt, indem wir es anstoßen und seine Bewegung verändern, dazu, gewissermaßen Gravitationskräuselungen in das Weltall zu entsenden, die alles übrige im Universum derart stören, daß eine Art Echo zu dem aufgestörten Objekt zurückläuft und versucht, den Status quo zu erhalten. Können Signale einschließlich dieser Gravitationskräuselungen jedoch nur mit Lichtgeschwindigkeit reisen, dann dürfte es eine Ewigkeit dauern, bevor das Eche zurückkommt und die Diskette entscheiden kann, wie sie auf das Gestoßenwerden reagieren soll.

Anders lägen die Dinge freilich, wenn sich das Prinzip der zeitsymmetrischen Wheeler-Feynman-Absorber-Theorie in die Beschreibung der Gravitation hineinnehmen ließe, so daß einige der an der Rückkoppelung beteiligten Gravitationskräuselungen in der Zeit rückwärts reisten. Da die Wheeler-Feynman-Theorie der elektromagnetischen Strahlung etwa dreißig Jahre nach Einsteins Gravitationstheorie formuliert wurde und niemand sie damals sehr ernst nahm, mußte diese Lösung für das durch Machs Prinzip aufgeworfene Rätsel lange auf ein geeignetes mathematisches Fundament warten.

Seit Einstein seine allgemeine Theorie der Öffentlichkeit vortrug, wurde darüber gestritten, ob sie dem Machschen Prinzip in angemessener Weise Rechnung trägt oder nicht. Zumindest darf sie beanspruchen, Machs Prinzip ein Stück weit einzuschließen, insofern nämlich, als das Verhalten eines Gegenstandes an jedem Ort im Raum von der Krümmung der Raumzeit an diesem Ort abhängt und die Krümmung ihrerseits durch den vereinten Gravitationseinfluß der gesamten Materie im Universum bestimmt ist. Doch die Frage, wie schnell die »Signale«, die über die Krümmung der Raumzeit befinden, von einem Ort zu einem anderen gelangen, ist damit noch nicht beantwortet. Da sich die entfernten Galaxien selbst bewegen, sollte man eine unaufhörliche Änderung ihres Einflusses erwarten. Pflanzen sich diese Veränderungen nun lediglich mit Lichtgeschwindigkeit fort oder augenblicklich? Und falls das zweite zutrifft, fragt sich, auf welche Weise es geschieht.

Zu den faszinierenden Aspekten der Debatte gehört nicht zuletzt, daß Einsteins Gleichungen nur unter einer Bedingung zu einer angemessenen Berücksichtigung der Machschen Einflüsse führen: Im Universum muß es genügend Materie geben, damit die Raumzeit durch die Gravitation in sich selbst zurückläuft. In einem »offenen«, sich unendlich in alle Richtungen erstreckenden Universum lassen sich die Gleichungen niemals mit einem endlichen Betrag an Trägheit in Einklang bringen. Unter Anführung dieses Arguments wurde dann auch bestritten, daß die Allgemeine Relativitätstheorie das Machsche Prinzip enthält, da man das Universum für »offen« hielt. Doch wie wir im 2. Kapitel sahen, haben sich die Auffassungen darüber gewandelt, und heute scheint alles darauf hinzudeuten, daß das Universum tatsächlich »geschlossen« ist. Dieser Meinungswandel ist nicht zuletzt ein Grund dafür, daß die Wheeler-Feynman-Absorber-Theorie mittlerweile größeren Anklang findet.

1993 veröffentlichte Shu-Yuan Chu, ein Mitarbeiter der Universität von Kalifornien, einen Aufsatz, der deutlich zeigt, aus welcher Richtung der Wind derzeit weht.[2] Im Rahmen seiner Beschäftigung mit einer Spielart der Wheeler-Feynman-Theorie hat Chu sich mit der Bellschen Ungleichung auseinandergesetzt, und so erkundigte ich mich bei ihm, woran er sonst noch arbeitete. Es stellte sich heraus, daß Chu unter anderem darüber forschte, wie man Quantenmechanik unter den Bedingungen der Gravitation betreiben könne. Seine Forschungen verknüpften sehr schön einige der jüngsten Ideen in der Teilchenphysik mit einem zeitsymmetrischen Wheeler-Feynman-Modell, um zu zeigen, worin die Gravitation selbst ihren Ursprung hat, und dabei in einem Streich auch die Trägheit zu erklären. Als ich ihm (im März 1994) schrieb, lag seine Arbeit nur als ein »Vorabdruck« der Universität Kalifornien unter der Nummer UCR-HEP-T117 vor. Sie hier vorzustellen, ist für das vorliegende Buch eine denkbar günstige Gelegenheit, Ihnen einen Einblick in die gegenwärtige Forschung zu verschaffen. Sie schnürt derart viele Gedanken so säuberlich zu einem Paket zusammen, daß ich sie unmöglich unerwähnt lassen darf.

Gravitationsfäden

Zunächst muß ich Sie einen kleinen Umweg führen, um Ihnen die teilchenphysikalische Seite der Geschichte zu erklären. In den neunziger Jahren beendeten Teilchenphysiker ihre Reise in das tiefste Innere der Materie nicht mehr bei Teilchen wie Elektronen und Quarks. Mitte der achtziger Jahre, als einige Teilchenphysiker noch einmal die historischen Prozesse zusammenfaßten, in denen die »fundamentalen« Teilchen zur Erforschung ihres Inneren auseinandergenommen worden waren, machten sie die erregende Entdeckung, daß die Eigenschaften solcher Teilchen wie Quarks und Elektronen keine Rätsel mehr aufgeben, wenn wir annehmen, sie setzten sich aus viel kleineren, »Strings« genannten Entitäten zusammen. Wie der Name bereits andeutet, unterscheiden sich die »neuen« Entitäten von dem bekannten Billardkugelmodell anderer Teilchen dadurch, daß sie eine Länge haben – d. h. eine Ausdehnung in einer Dimension aufweisen, buchstäblich wie winzige Stückchen Schnur.

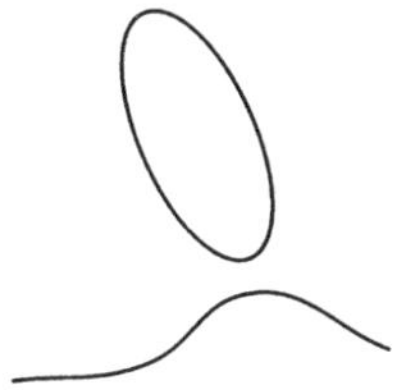

Abb. 25: Strings treten in zwei Varianten auf – offen oder als geschlossene Schleifen.

»Winzig« ist das Wort, auf das es ankommt. Ein typischer String wäre bloß 10^{-35} Meter lang, so daß wir 10^{20} solcher Strings aneinanderlegen müßten, um den Durchmesser eines Protons zu erreichen. Für die Existenz solcher Strings gibt es keine direkten experimentellen Beweise. Um Experimente über Wechselwirkungen in dieser Größenordnung anzustellen, bräuchten wir sehr viel mehr Energie, als der beste Teilchenbeschleuniger, den wir hier auf der Erde bauen könnten, uns je bereitzustellen in der Lage wäre. Aber immerhin stützt sich die Möglichkeit ihrer Existenz auf eine wohlfundierte Theorie darüber, wie Wechselwirkungen in der Teilchenwelt vor sich gehen, auf eine »Theorie für Alles«, die zum Teil aus den ursprünglichen QED- und QCD-Ansätzen abgeleitet wurde.

Nun habe ich behauptet, daß keine unserer Theorien und Modelle »die Wahrheit« über die Teilchenwelt enthüllt, sondern alle mehr oder weniger erfolgreiche Versuche darstellen, uns verständliche Bilder und Modelle zu unterbreiten, mit deren Hilfe wir Voraussagen machen können. Und was das betrifft, so ist die

String-Theorie ausgesprochen erfolgreich. Obwohl noch niemand Strings gesehen oder in einem Teilchenbeschleuniger-Experiment entdeckt hat, lassen sich solche Eigenschaften wie die elektrische Ladung dadurch erklären, daß wir sie uns mit den Enden der Strings »verbunden« denken. Und die Wechselwirkungen zwischen Teilchen werden unter der Annahme verstehbar, daß Strings zusammenstoßen, sich verbinden oder teilen. Es zeigt sich sogar, daß geschlossene Schleifen vibrierender Strings – wir können sie mit winzigen elastischen Bändern vergleichen – automatisch die nötigen Eigenschaften besitzen, um als »Gravitonen« aufzutreten, d. h. als jene Teilchen, welche die Gravitationskraft tragen, ähnlich der Art und Weise, in der Photonen als Träger der elektromagnetischen Kraft gelten. Das ganze Paket ist in sich stimmig, logisch und für die mathematisch Eingeweihten keine schlechtere Erklärung für das Wirken der Welt als andere auch. Der einzige Schönheitsfehler ist, daß wir bislang keine Möglichkeit haben, Newtons entscheidenden experimentellen Prüfstein anzulegen. Allerdings haben sich die Theoretiker deshalb nicht davon abhalten lassen, mit dieser Theorie bereits bekannte Merkmale des Universums zu erklären – und genau das hat auch Chu getan.

Seine Untersuchungen über die Schwerkraft sind Teil eines umfassenderen Versuchs, Wechselwirkungen auf dieser Ebene durch zeitsymmetrische, auf den Wheeler-Feynman-Ansatz zurückgehende Beschreibungen einsichtig zu machen. Dabei wird die Vorstellung von »Feldern« – etwa von elektromagnetischen und Gravitationsfeldern – als unabhängigen Entitäten aufgegeben. Teilchen wechselwirken auf eine zeitsymmetrische Weise miteinander, sie tauschen avancierte und retardierte »Botschaften« in einer kontinuierlichen Rückkoppelung aus. Was wir gewöhnlich für ein kontinuierliches Feld halten, beispielsweise die Gravitation, beruht im Grunde auf dem Durchschnitt sämtlicher Wechselwirkungen kleiner Materieteilchen. Das kontinuierliche Gravitationsfeld entspringt diesem Durchschnittsprozeß in einem Maßstab, der im Vergleich zur Größenordnung der involvierten Teilchen groß sein muß. Handelt es sich bei den Teilchen tatsächlich um

Stringstückchen, die so klein sind, daß wir 10^{20} davon benötigen, um den Durchmesser eines Protons zu erreichen, dann folgt daraus, daß sogar in der Größenordnung eines Protons die Gravitation sehr glatt und kontinuierlich erscheint. »Die Krümmung der Raumzeit«, meint Chu, »spiegelt lediglich die Muster des Bewegungsteppichs wider, der aus den Welttüchern der Strings gewebt ist.«

Eine Implikation dieses Ansatzes ist, daß sich die Bewegungsbeschreibung von Teilchen im Sinne der klassischen, Newtonschen Wege aus einer Art statistischem Durchschnitt des Verhaltens der Teilchen ergibt. »Die Strings vollziehen auf ihren teilchenartigen Bahnen kleine Zitterbewegungen..., aus denen wir die größeren Bewegungen per Durchschnitt herausfiltern.« Darin klingt Feynmans Pfadintegral-Methode (die Summierung der Möglichkeiten) ebenso an wie Ilya Prigogines statistischer, sich aus der Thermodynamik ergebender Ansatz zum Verständnis der Teilchenwelt.

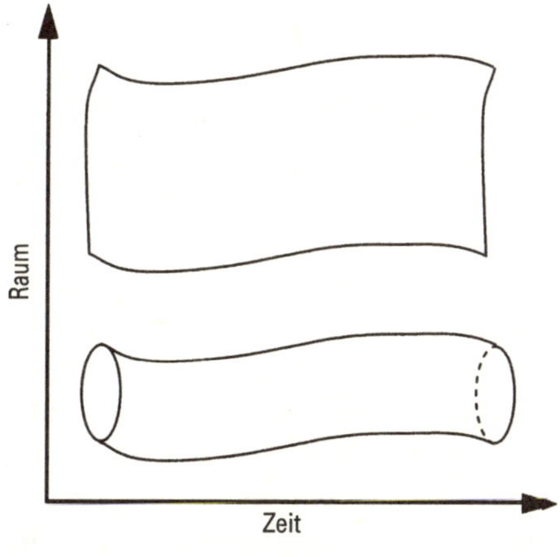

Abb. 26: Bewegen sich offene Strings durch die Raumzeit, bilden sie »Welttücher«; bewegen sich geschlossene Schleifen durch den Raum, werden sie zu »Weltröhren«.

Hier ist nicht der Ort, in die Details zu gehen – darüber müßte ich ein eigenes Buch schreiben –, doch wir sollten festhalten, daß Prigogine und Chu Beschreibungen der Realität liefern, in denen die Statistik den ersten Platz einnimmt und die klassischen Teilchenbahnen aus ihr hervorgehen. Chu zufolge trifft es auf die klassische Welt nicht weniger als auf die Quantenwelt zu, daß »die Mechanik offenbar auf der Statistik aufbaut... Wir sollten daher die Mechanik aus der Statistik ableiten und nicht umgekehrt.«

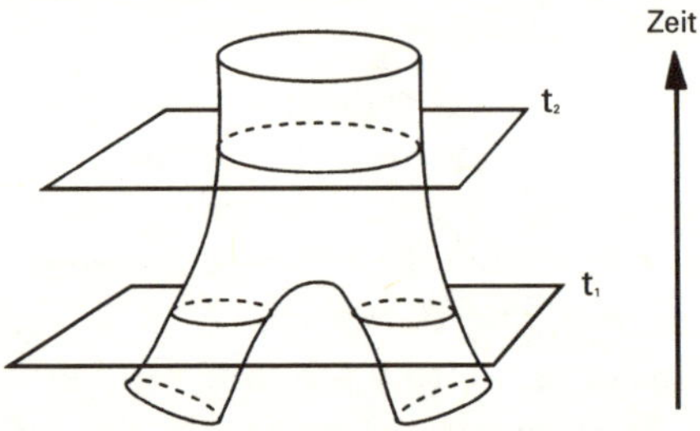

Abb. 27: Zwei sich durch die Raumzeit bewegende und miteinander verschmelzende Stringschleifen erzeugen ein Paar Raumzeithosen.

Die Verbindung zur Thermodynamik liegt auf der Hand, da deren Kernbegriff die Entropie ist, eine Eigenschaft, die den Gleichgewichtszustand eines Systems mißt. Chus Beschreibung macht deutlich, daß Einsteins Bewegungsgleichung unter der Gleichgewichtsbedingung maximaler Entropie die Teilchenbahnen korrekt angibt. Nach der ursprünglichen Wheeler-Feynman-Theorie (und bei Versuchen, das Machsche Prinzip in die Allgemeine Relativitätstheorie aufzunehmen) muß jedoch die Strahlung, die von den Strings heute in die Zukunft abgegeben wird, vollständig absorbiert werden, was mit anderen Worten bedeutet: Das Universum muß geschlossen sein. In einem Ende 1993 an mich gerichteten Brief faßte Chu seine Schlußfolgerungen mit aller Klarheit zusammen: »Die klassische Mechanik beschreibt die Gleichgewichtsbedingung (daher finden wir in ihr auch keine Wahrscheinlichkeitsaussagen); die Quantenmechanik beschreibt hingegen die Fluktuationen, und der Formalismus der Pfadintegral-Methode ergibt sich aus der Summierung der riesigen Anzahl der Strings im System.«

Jeder, der die kosmologische Debatte in den letzten Jahren verfolgt hat, wird bemerken, daß es einen zusätzlichen Pluspunkt gibt. Einsteins Beschreibung der Welt, das Gleichungssystem der allgemeinen Theorie, enthält eine Zahl, die sogenannte kosmologische Konstante, die seit mehr als siebzig Jahren die Astronomen in Verwirrung stürzt. Der Wert dieser Zahl läßt sich in keiner Weise aus Einsteins Gleichungen vorhersagen, und anscheinend könnte sie einen beliebigen Wert annehmen. Beobachtungen über die Expansion des Universums im Ganzen weisen allerdings darauf hin, daß sie nahezu Null sein muß. Selbst eine kleine kosmologische Konstante würde sich tiefgreifend auf die von uns wahrgenommene Expansion des Universums auswirken. Chus Beschreibung der Gravitation deckt sich für Entfernungen, die weitaus größer als die Länge eines Strings sind, völlig mit Einsteins Beschreibung, ohne daß überhaupt eine kosmologische Konstante auftaucht.

Kehren wir zur Bellschen Ungleichung zurück, so müssen wir uns wieder einmal der Schwierigkeit stellen, daß aus den Experimenten eine augenblickliche Korrelation voneinander entfernter Teilchen folgt. In seinem Aufsatz in den *Physical Review Letters* behauptete Chu jedoch: »Eine augenblickliche Korrelation zwischen zwei räumlich isolierten Teilchen kann durchaus von einem dritten Teilchen hergestellt werden, das mit einem der Teilchen durch die avancierte und mit dem anderen Teilchen durch die retardierte Wechselwirkung verbunden ist.«

Hier wird das Motiv für Chus Versuch angesprochen, den Wheeler-Feynman-Ansatz zunächst in eine Beschreibung der Quantenmechanik hineinzunehmen, um ihn dann über die Stringtheorie in eine Beschreibung der Gravitation einzubauen. Doch Chu war damals entgangen, daß John Cramer von der Universität Washington in Seattle bereits die philosophische Grundlage für ein solches Vorgehen geliefert hatte. In den achtziger Jahren veröffentlichte Cramer eine Reihe von Aufsätzen, die weitgehend unbeachtet blieben. In seiner dort entwickelten »Transaktionsinterpretation« der Quantenmechanik bediente sich Cramer genau dieser Betrachtungsweise, und Chus erfolgreiche Anwendung ähnlicher Ideen auf die Stringtheorie und die Gravitation ist ein starkes Indiz dafür, daß sich daraus in der nahen Zukunft ein fruchtbarer Zweig der Physik entwickeln wird. Nachdem ich ihn auf Cramers Arbeit aufmerksam gemacht hatte, sagte Chu zu mir: »Hätte ich gewußt, daß avancierte Wechselwirkungen bereits als eine Möglichkeit in Betracht gezogen wurden, so hätte ich sicherlich mit weniger Bedenken die stringtheoretische Verallgemeinerung der zeitsymmetrischen Elektrodynamik von Wheeler und Feynman vorangetrieben.«

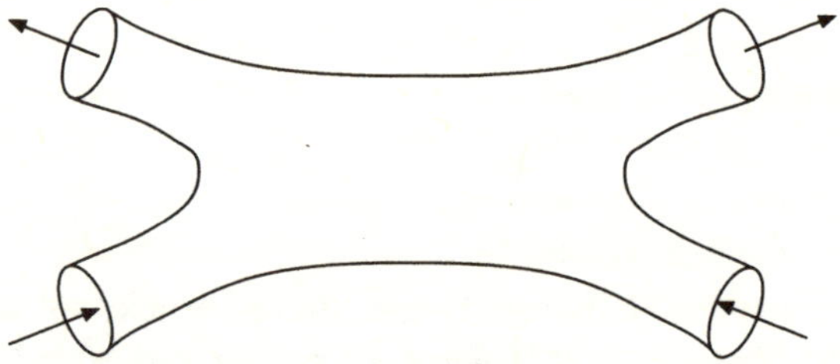

Abb. 28: Im Rahmen der Stringtheorie wird eine Wechselwirkung zwischen zwei Teilchen als sich verbindende und auseinanderbrechende Weltröhren neu interpretiert. Diese Art von Diagramm läßt sich noch sehr viel komplizierter gestalten, indem man viele Stringschleifen mit einbezieht. Die daraus folgenden Komplikationen lassen sich mit jenen vergleichen, die bei der Berechnung des magnetischen Moments eines Elektrons entstehen (vgl. Abb. 13).

Lassen Sie jetzt also einmal sämtliche Bedenken beiseite. Denn für all jene, die nach einer einzigen »Antwort« auf die Rätsel der Bellschen Ungleichung, des Experiments von Aspect und des Schicksals der Schrödingerschen Kätzchen verlangen, habe ich endlich eine Interpretation anzubieten, die das beste Gesamtbild der Struktur der Welt auf der Quantenebene zeichnet.

Die einfache Seite der Komplexität

Die ursprüngliche Version der Wheeler-Feynman-Theorie muß strenggenommen als klassisch bezeichnet werden, da sie keine Quantenprozesse berücksichtigt. Gleichwohl haben Wissenschaftler in den sechziger Jahren herausgefunden, daß es tatsächlich nur zwei stabile Situationen gibt, die aus der Komplexität sich überschneidender und wechselwirkender Wellen resultieren, von denen einige in der Zeit vorwärts und andere rückwärts laufen. Ein solches System muß am Ende entweder von retardierter Strahlung beherrscht werden (wie es in unserem Universum der Fall ist) oder von avancierter Strahlung (was einem Universum gleichkäme, in dem die Zeit rückwärts läuft). Fasziniert von dem Rätsel, warum es im Universum überhaupt einen Zeitpfeil geben muß, arbeitete eine Handvoll Kosmologen in den frühen siebziger Jahren an Varianten der Wheeler-Feynman-Theorie, die der Quantenmechanik Rechnung tragen sollten. Das heißt im Klartext, sie entwarfen Wheeler-Feynman-Versionen der QED. Fred Hoyle und Jayant Narlikar bedienten sich der Pfadintegral-Methode, während sich Paul Davies für einen alternativen mathematischen Ansatz, die sogenannte S-Matrix-Theorie, entschied. Die mathematischen Einzelheiten brauchen uns nicht zu beschäftigen, wichtig ist vor allem, daß alle drei zu dem Ergebnis kamen, die Wheeler-Feynman-Absorber-Theorie lasse sich in ein vollständiges quantenmechanisches Modell überführen.

Die Kosmologen interessieren sich für diese Dinge aufgrund einer These, die allerdings bis heute eine bloße Vermutung geblieben ist. Sie besagt, die Ursache dafür, daß unser Universum zwangsläufig von retardierten Wellen beherrscht wird und daß es infolgedessen einen bestimmten Zeitpfeil gibt, ginge auf eine Zeit-Asymmetrie des Universums selbst zurück: Seine Vergangenheit ist der Urknall und seine Zukunft (vermutlich) der große Kollaps. Die Wheeler-Feynman-Theorie erlaubt es den Teilchen, hier und heute die vergangenen und zukünftigen Zustände des Universums zu »kennen«. Möglicherweise geht es auf diese »Randbedingungen« zurück, daß die retardierten Wellen die vorherrschenden sind.

Doch das alles galt nur für die elektromagnetische Strahlung. Cramers Riesensprung bestand darin, diese Gedanken auf die Wellengleichungen der Quantenmechanik ausgeweitet zu haben, d.h. auf die Schrödinger-Gleichungen und die Gleichungen zur

Beschreibung der Wahrscheinlichkeitswellen, die gleich den Photonen mit Lichtgeschwindigkeit reisen. Seine Ergebnisse erschienen 1986 in einem ausführlichen Aufsatz[3], riefen allerdings eine so geringe Resonanz hervor, daß beispielsweise Chu, als er 1993 seine auf der Stringtheorie gründenden Ideen entfaltete, nie von Cramers Interpretation gehört hatte.

Um die Absorber-Theorie auf die Quantenmechanik anwenden zu können, benötigt man eine Gleichung, die wie die Maxwellschen Gleichungen zwei Lösungen hat, von denen die eine mit einer positiven, in die Zukunft fließenden Energiewelle äquivalent ist, während die andere eine negative, in die Vergangenheit fließende Energiewelle beschreibt. Auf den ersten Blick scheint Schrödingers berühmte Wellengleichung dafür ungeeignet zu sein, da sie lediglich ein Fließen in eine Richtung behandelt, das wir (selbstverständlich) als ein Fließen von der Vergangenheit in die Zukunft deuten. Doch wie alle Physiker an der Universität lernen (um es sogleich wieder zu vergessen), ist die überwiegend verwendete Version dieser Gleichung unvollständig. Schon den Quantenpionieren ist nicht entgangen, daß sie die Forderungen der Relativitätstheorie unberücksichtigt läßt. In den meisten Fällen spielt das keine Rolle, weshalb sich Physikstudenten und sogar die Mehrzahl der praktisch arbeitenden Quantenmechaniker damit zufriedengeben. Die vollständige Version der Wellengleichung, die relativistische Effekte richtig mit einbezieht, weist hingegen eine sehr viel größere Ähnlichkeit mit Maxwells Gleichungen auf. Vor allem hat sie *zwei* Lösungsmengen: Die eine entspricht der bekannten einfachen Schrödinger-Gleichung, während die andere eine Art Spiegelbild der Schrödinger-Gleichung ist und das Fließen negativer Energie in die Vergangenheit beschreibt.

Diese Dopplung macht sich am deutlichsten bemerkbar, wenn wir im Rahmen der Quantenmechanik Wahrscheinlichkeitsberechnungen anstellen. Die Eigenschaften eines Quantensystems werden durch einen mathematischen Terminus wiedergegeben, der manchmal als »Zustandsvektor« bezeichnet wird (was im Grunde genommen bloß ein anderes Wort für die Wellenfunktion ist) und der Informationen über den Zustand einer Quantenentität enthält; d. h., er unterrichtet uns über Ort, Impuls, Energie und andere Eigenschaften des Systems (bei dem es sich etwa um ein Elektronenwellenpaket handeln könnte). Im allgemeinen setzt sich der Zustandsvektor aus gewöhnlichen (»reellen«) und imaginären Zahlen zusammen (d. h. aus solchen, in denen die Zahl *i*, die Quadratwurzel aus – 1, vorkommt). Aus einsichtigen Gründen nennen wir eine solche Mischung eine komplexe Variable; niedergeschrieben besteht sie aus einem reellen Teil plus (oder minus) einem imaginären Teil. Wollen wir die Wahrscheinlichkeit berechnen, mit der sich etwa ein Elektron zu einer bestimmten Zeit an einem bestimmten Ort befindet, müssen wir das Quadrat des Zustandsvektors herausfinden, der diesem bestimmten Zustand des Elektrons entspricht. Zur Quadrierung einer komplexen Variablen genügt es freilich nicht, sie mit sich selbst zu multiplizieren. Vielmehr müssen wir zunächst eine weitere Variable aufstellen, gewissermaßen eine spiegelbildliche Version, die im Fachjargon »konjugiert komplexe Zahl« heißt, und dazu haben wir das Vorzeichen des imaginären Teils zu ändern; d. h., aus + wird – und umgekehrt. Die Wahrscheinlichkeit ergibt sich dann aus der Multiplikation der beiden komplexen Zahlen. Geht es um Gleichungen zur Beschreibung der zeitlichen Veränderung eines Systems, so ist das Vertauschen des Vorzeichens vor dem imaginären Teil und das Auffinden der konjugiert komplexen Zahl gleichbedeutend mit einer Umkehrung der Zeitrichtung!

Die bereits 1926 von Born formulierte grundlegende Wahrscheinlichkeitsgleichung enthält einen ausdrücklichen Verweis auf das Wesen der Zeit und die Möglichkeit, zwei Arten von Schrödinger-Gleichungen aufzustellen, eine für avancierte und eine zweite für retardierte Wellen. Mittlerweile sollte es uns nicht mehr erstaunen, wenn die beiden Lösungsmengen für die vollständig relativistische Fassung der Wellengleichung in der Quantenmechanik durch diese konjugiert komplexen Zahlen exakt wiedergegeben werden. In Befolgung einer altehrwürdigen Tradition haben die meisten Physiker in den letzten 70 Jahren jedoch eine der beiden Lösungsmengen beharrlich vernachlässigt, da sie es für »offensichtlich« widersinnig hielten, von Wellen zu reden, die in der Zeit rückwärts laufen.

Bemerkenswerterweise haben die Physiker seit 1926 – ohne sich dessen bewußt zu sein – jedesmal dann, wenn sie die konjugiert komplexe Zahl der einfachen Schrödinger-Gleichung heranzogen und sie zur Berechnung der Quantenwahrscheinlichkeit mit dieser Gleichung verbanden, die avancierte Wellenlösung für die Gleichungen berücksichtigt und damit den Einfluß von Wellen, die in der Zeit rückwärts gehen. Die mathematische Seite der Cramerschen Interpretation der Quantenmechanik ist ganz und gar unproblematisch, denn sie ist bis hin zu Schrödingers Gleichung mit der üblichen Kopenhagener Deutung *genau identisch*. Die Abweichung ist buchstäblich bloß eine Frage der Interpretation. Cramer formulierte den Sachverhalt in seinem 1986 erschienenen Aufsatz so: »Das Feld wird im Grunde genommen zu einer bequemen mathematischen Beschreibung von Vorgängen, die eine Fernwirkung beinhalten.« (S. 660) Zu eben dieser Auffassung gelangte Chu unabhängig von Cramer einige Jahre später. Nachdem ich Sie nun – wie ich hoffe – davon überzeugt habe, daß dieser Ansatz Sinn macht, sollten wir uns anschauen, wie er einige der Rätsel und Paradoxien der Quantenwelt auflöst.

Händeschütteln mit dem Universum

Cramer beschreibt eine typische Quanten»transaktion« so, als würde ein Teilchen mit einem anderen Teilchen irgendwo in Raum und Zeit »die Hände schütteln«. Wir können uns das anhand eines Elektrons veranschaulichen, das eine elektromagnetische Strahlung emittiert, die von einem anderen Elektron absorbiert wird, obgleich die Beschreibung ebensogut für den Zustandsvektor einer Quantenentität funktioniert, deren Anfangszustand infolge einer Wechselwirkung verändert wird. Ein Beispiel wäre der Zustandsvektor eines Teilchens, das auf der einen Seite des Doppelspaltexperimentes von einer Quelle emittiert und auf der anderen Seite des Experimentes von einem Detektor absorbiert wird. Ein Problem bereitet es freilich, in der Alltagssprache Wechselwirkungen zu schildern, die in der Zeit beide Richtungen gleichzeitig einschlagen und daher, unseren alltäglichen Uhren zufolge, *augenblicklich* eintreten. Cramer überwindet diese Schwierigkeit, indem er einen Ort außerhalb der Zeit einnimmt und sich des semantischen Kunstgriffes bedient, eine Art Pseudozeit in seine Beschreibung einfließen zu lassen. Doch auch wenn es sich bloß um einen semantischen Trick handelt, trägt er sicherlich zur Klärung des Bildes bei.

Und so geht das Ganze vor sich: Gerät ein Elektron in Schwingung, so versucht es, Strahlung abzugeben, indem es ein Feld erzeugt, das eine zeitsymmetrische Mischung aus einer retardierten, in die Zukunft sich fortpflanzenden Welle und einer avancierten, in die Vergangenheit reisenden Welle darstellt. Um ein Bild des Geschehens zu gewinnen, sollten wir zunächst die avancierte Welle außer acht lassen und nur die Geschichte der retardierten Welle nachzeichnen. Diese eilt in die Zukunft, bis sie auf ein Elektron trifft, das die vom Feld getragene Energie absorbieren kann. Durch den Vorgang der Absorption wird das absorbierende Elektron in eine Schwingung versetzt, die nun ihrerseits ein neues retardiertes Feld erzeugt, welches das erste retardierte Feld exakt auslöscht. Der Nettoertrag besteht also darin, daß es in der Zukunft des absorbierenden Elektrons kein retardiertes Feld gibt.

Doch das absorbierende Teilchen erzeugt auch eine avancierte Welle mit negativer Energie, die auf der Spur der ursprünglich retardierten Welle in der Zeit rückwärts zum emittierenden Teilchen läuft. Diese avancierte Welle wird vom emittierenden Teilchen absorbiert, wobei das ursprüngliche Elektron zurückprallt und eine zweite avancierte Welle in die Vergangenheit ausstrahlt. Diese »neue« avancierte Welle hebt die »ursprünglich« avancierte Welle exakt auf, so daß vor dem Zeitpunkt der ursprünglichen Emission keine effektive Strahlung in die Vergangenheit zurückläuft. Was übrigbleibt, ist lediglich eine Doppelwelle, die Emitter und Absorber miteinander verbindet und die zur einen Hälfte aus einer retardierten, positive Energie in die Zukunft transportierenden

Welle und zur anderen Hälfte aus einer avancierten, negative Energie in die Vergangenheit (d. h. in Richtung der negativen Zeit) tragenden Welle besteht. Weil negativ mal negativ positiv ergibt, addiert sich die avancierte Welle so zu der ursprünglich retardierten Welle, als wäre auch sie eine retardierte Welle, die vom Emitter zum Absorber läuft.[4]

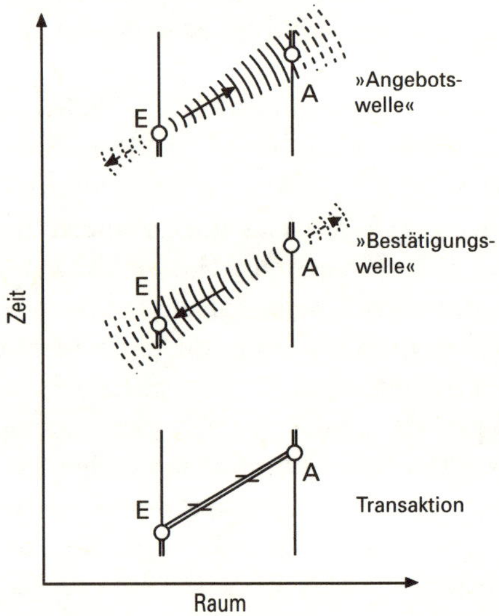

Abb. 29: In diesem Diagramm ist John Cramers »Transaktionsinterpretation« der Quantenmechanik zusammengefaßt. Von oben nach unten gelesen ergibt sich folgendes: Ein Emitter E schickt eine »Angebotswelle« in die Zukunft *und* in die Vergangenheit (oben). Sie wird von einem Absorber A aufgefangen, der gleichsam als Echo eine »Bestätigungswelle« in der Zeit rückwärts zum Emitter *und* in die Zukunft sendet (Mitte). Angebotswelle und Bestätigungswelle heben einander überall im Universum auf, nur nicht auf dem direkten Weg zwischen Absorber und Emitter. Dort verstärken sie sich wechselseitig so, daß eine Quantentransaktion zustande kommt (unten). Wenn Sie dieses Diagramm verstehen, halten Sie alles in Händen, um sämtliche Quantengeheimnisse zu erklären. Es ist der Mythos für unsere Zeit.

Mit Cramers Worten: »Wir können es uns so vorstellen, daß der Emitter eine ›Angebots-Welle‹ erzeugt, die zum Absorber reist. Der Absorber schickt dann eine ›Bestätigungswelle‹ zum Emitter zurück, und die ganze Transaktion wird mit einem ›Händeschütteln‹ durch die Raumzeit abgeschlossen.«[4] So sieht die Ereignisfolge allerdings nur vom Standpunkt der Pseudozeit aus. In Wirklichkeit verläuft der Prozeß atemporal; alles geschieht auf einmal. Denn mit Lichtgeschwindigkeit reisende Signale benötigen bis zu ihrem Eintreffen keinerlei Zeit, da für Lichtsignale praktisch jeder Punkt im Universum jedem anderen Punkt unmittelbar benachbart ist. Ob die Signale in der Zeit rückwärts oder vorwärts gehen, spielt keine Rolle, da sie (in ihrem eigenen Bezugssystem) überhaupt keine Zeit brauchen und +0 dasselbe wie −0 ist.

Komplizierter wird die Situation in drei Dimensionen, obwohl sich das auf die Schlußfolgerungen selbst nicht auswirkt. Betrachten wir den denkbar extremsten Fall: In einem Universum, das nur ein einziges Elektron enthält, könnte das Elektron überhaupt keine Strahlung abgeben (auch besäße es, falls Machs Prinzip korrekt ist, keinerlei Masse). Gäbe es nur ein weiteres Elektron im Universum, so würde das erste Elektron befähigt, Strahlung abzugeben, allerdings nur in Richtung auf dieses zweite »Absorber«elektron. Wäre die Materie im wirklichen Universum nicht im großen und ganzen gleichförmig verteilt und wäre das Absorptionsvermögen in einigen Richtungen geringer als in anderen, so würden wir feststellen, daß z. B. Radiosender sich »weigerten«, in alle Richtungen mit gleicher Intensität zu strahlen. Diese Möglichkeit wurde tatsächlich experimentell überprüft, und man strahlte zu diesem Zweck Mikrowellen in verschiedene Richtungen des Universums ab. Doch nichts wies darauf hin, daß Elektronen ihre Strahlung in eine bestimmte Richtung mit geringerer Intensität abgeben.

Cramer wird nicht müde zu betonen, daß sich die Voraussagen seiner Interpretation in keiner Weise von denen der herkömmlichen Quantenmechanik unterscheiden. Er möchte sie als ein begriffliches Modell verstanden wissen, das den Leuten möglicherweise zu einer klaren Vorstellung vom Geschehen in der Quantenwelt verhilft; für ihn ist sie ein Werkzeug, das vermutlich von besonderem Nutzen in der Lehre und von großem Wert für die Entwicklung von Intuitionen und Einsichten in Quantenphänomene ist, die anderenfalls rätselhaft blieben. Es gibt nicht den geringsten Grund für die Annahme, die Transaktionsinterpretation sei verglichen mit anderen Interpretationen in dieser Hinsicht unzulänglich, denn wie wir sahen, bieten sie allesamt nicht mehr als begriffliche Modelle, die uns einen Einblick in die Quantenphänomene verschaffen sollen, und was die Voraussagen betrifft, so sind sie in allen Fällen identisch. Das *einzig* gültige Kriterium, um einer Interpretation Vorrang vor den anderen einzuräumen, ist, wie weit sie unseren gedanklichen Umgang mit diesen Geheimnissen erleichtert, und so gesehen gewinnt die Cramersche Interpretation nach Längen.

Erstens bietet sie uns mehr als nur einen Hinweis darauf, warum es einen Zeitpfeil gibt, und stellt zudem sämtliche physikalischen Prozesse auf die gleiche Basis. Nichts zwingt uns dazu, dem Beobachter (sei er nun intelligent oder nicht) oder dem Meßapparat einen besonderen Rang zuzuschreiben, wodurch einem großen Teil des philosophischen Streites über die Bedeutung der Quantenmechanik, der nun schon länger als ein halbes Jahrhundert währt, mit einem Schlag der Wind aus den Segeln genommen wird. Und abgesehen davon, daß sie die leidige Debatte über die Rolle des Beobachters beendet, löst die Transaktionsinterpretation tatsächlich die klassischen Quantengeheimnisse. Ich werde Ihnen nur ein paar Beispiele nennen, etwa wie Cramer mit dem Doppelspaltexperiment fertig wird und wie seine Interpretation das Experiment von Aspect sinnvoll deutet.

Wenn wir uns schon daranmachen, das zentrale Geheimnis des Doppelspaltexperimentes zu erklären, dann können wir gleich ganze Arbeit leisten und die letzte Version dieses Geheimnisses aufs Korn nehmen, nämlich John Wheelers Beitrag: das im 3. Kapitel erörterte Experiment der »verzögerten Entscheidung«. In einer bestimmten Version dieses Versuchs – Sie erinnern sich – emittiert eine Lichtquelle eine Reihe einzelner Photonen, die das Experiment durchlaufen. Auf der anderen Seite befindet sich ein Detektorschirm, der die Orte aufzeichnet, an denen die Photonen auftreffen. Dieser Schirm kann versenkt werden, während die Photonen unterwegs sind, damit diese zu einem der beiden Teleskope gelangen können, die auf jeweils einen Spalt gerichtet sind.

Ist der Schirm versenkt, beobachten die Teleskope einzelne Photonen, die jeweils durch den einen oder anderen Spalt gehen, ohne eine Spur von Interferenz festzustellen; ist der Schirm oben, scheint es, als gingen die Photonen durch beide Spalte und erzeugten so ein Interferenzmuster auf dem Bildschirm. Der Schirm kann nun heruntergelassen werden, *nachdem* die Photonen die Spalte passiert haben, so daß ihre Entscheidung für ein bestimmtes Verhaltensmuster offenbar von einem Ereignis bestimmt wird, das erst *nach* ihrer Entscheidung eintritt.

Nach Cramer passiert hier folgendes: Eine retardierte »Angebotswelle« (die für die Zwecke dieser Erörterung in der »Pseudozeit« überwacht wird) wandert im Experiment durch beide Spalte. Ist der Schirm oben, wird die Welle vom Detektor absorbiert und löst eine avancierte »Bestätigungswelle« aus, die durch beide Spalte der Versuchsanordnung zur Quelle zurückläuft. Die abschließende Transaktion kommt entlang beider möglicher Pfade (oder wie Feynman betont hätte, entlang *aller* denkbaren Pfade) zustande, so daß Interferenz entsteht.

Ist der Bildschirm hingegen versenkt, so läuft die Angebotswelle zu den beiden auf die Spalte gerichteten Teleskopen. Da jedes Teleskop allein für einen Spalt zuständig ist, vermag jede Bestätigungswelle, die durch die Wechselwirkung der Angebotswelle mit dem Teleskop entsteht, nur durch den Spalt zur Quelle zurückzulaufen, auf den das Teleskop gerichtet ist. Selbstverständlich muß ein ganzes Photon, nicht nur eines seiner Teile, an dem Absorptionsereignis beteiligt sein. Obgleich jedes Teleskop eine Bestätigungswelle durch seinen jeweiligen Spalt zurückschicken kann, hat sich die Quelle (willkürlich) zu »entscheiden«, welche sie akzeptiert, so daß wir am Ende eine Transaktion vor uns haben, die sich dem Durchgang eines Photons durch einen Spalt verdankt. Der daraus resultierende Zustandsvektor des Photons »weiß«, ob der Schirm hochgezogen oder heruntergelassen wird, weil die Bestätigungswelle tatsächlich in der Zeit rückwärts durch den Apparat läuft, doch so, daß die ganze Transaktion wiederum atemporal vor sich geht.

> Die Frage, wann sich der Beobachter für die eine oder andere Form des Experimentes entscheidet, wird damit gegenstandslos. Er legte die Versuchsanordnung und die Randbedingungen fest, und dementsprechend kam die Transaktion zustande. Darüber hinaus verliert auch die Tatsache an Bedeutung, daß das Aufspüren durch eine Messung (im Gegensatz zu einer anderen Wechselwirkung) geschieht, so daß dem Beobachter keine besondere Rolle bei dem Vorgang zufällt.[6]

Sie können sich damit vergnügen, eine ähnliche Erklärung für Schrödingers Katze (und Wigners Freund) zu erstellen. Um es noch einmal zu sagen: Der entscheidende Punkt ist, daß die abgeschlossene Transaktion nur *eine* Möglichkeit wirklich werden läßt (entweder ist die Katze tot oder sie lebt), und weil der »Zusammenbruch der Wellenfunktion« nicht darauf warten muß, daß ein Beobachter in die Kiste schaut, war die Katze zu keinem Zeitpunkt halb tot oder halb lebendig. Daß ich es Ihnen getrost überlassen kann, die Einzelheiten selbständig auszuarbeiten, ohne daß ich sie Ihnen soufflieren muß, ist ein Zeichen für die Überzeugungskraft und Klarheit der Transaktionsinterpretation.

Wie steht es aber mit der Bellschen Ungleichung, dem Einstein-Podolsky-Rosen-Paradox und dem Experiment von Aspect, denen wir es schließlich zu verdanken haben, daß das Interesse an der Bedeutung der Quantenmechanik in den achtziger Jahren wieder auflebte? Vom Blickwinkel der Absorber-Theorie bereiten sie unserem Verständnis keinerlei Schwierigkeit. Wir stellen uns (immer noch im Sinne der Pseudozeit) vor, daß das angeregte Atom, das im Begriff ist, zwei Photonen zu emittieren, Angebotswellen in verschiedene Richtungen und entsprechend den jeweils möglichen Polarisationszuständen aussendet. Die Transaktion wird erst dann abgeschlossen und die Photonen tatsächlich emittiert, wenn bestätigende avancierte Wellen rechtzeitig von einem geeigneten Beobachterpaar zu dem emittierenden Atom zurückgeschickt werden. Sobald die Transaktion vollzogen ist, werden die Photonen emittiert und beobachtet, wobei die Polarisation der jeweiligen Photonen miteinander korreliert ist, gleichgültig wie weit sie voneinander entfernt sind. Sollten die bestätigenden Wellen einer erlaubten Polarisation nicht entsprechen, können sie nicht dieselbe Transaktion »beglaubigen«, und es wird zu keinem Handschlag kommen. Aus der Perspektive der Pseudozeit kann das Photonenpaar *nicht* emittiert werden, solange keine Vorkehrungen für ihre Absorption getroffen wurden, und diese Absorptionsvorkehrung bestimmt ihrerseits die Polarisation der emittierten Photonen, auch wenn sie »vor« ihrer Absorption emittiert werden. Es ist buchstäblich unmöglich, daß das Atom Photonen in einem Zustand emittiert, der nicht der von den Detektoren zugelassenen Art der Absorption entspricht. Nach dem Absorber-Modell vermag das Atom überhaupt keine Photonen zu emittieren, es sei denn, daß eine Absprache über ihre Absorption stattgefunden hat.

Dasselbe trifft auf die beiden Kätzchen zu, die in ihrem jeweiligen Raumschiff zu den entgegengesetzten Enden der Galaxie reisen. Die Beobachtung, durch die festgelegt wird, in welcher Kistenhälfte das Elektron herumschwirrt, welches Kätzchen mithin am Leben bleibt und welches stirbt, schickt ein Echo in der Zeit rückwärts zum Beginn des Experimentes, wodurch augenblicklich (genauer gesagt atemporal) der Zustand der Kätzchen während des gesamten Zeitraums ihrer unbeobachteten Gefangenschaft in den Raumschiffen bestimmt wird.

> Sollte es ein bestimmtes Glied in der Ereigniskette geben, das eigentümlich erscheint, dann gewiß nicht das Schlußglied. Vielmehr gilt dies für das Anfangsglied der Kette, wenn der Emitter, nachdem er die verschiedenen Bestätigungswellen für seine Angebotswelle erhalten hat, eine von ihnen so verstärkt, daß diese bestimmte Bestätigungswelle als abgeschlossene Transaktion wirklich wird. Die atemporale Transaktion hat kein ›wenn‹ am Ende.[7]

Dieser durchschlagende Erfolg bei der Lösung aller Rätsel der Quantenphysik hat natürlich seinen Preis: Wir haben eine Idee zu akzeptieren, die dem gesunden Menschenverstand zuwiderläuft, die Idee, daß ein Teil der Quantenwelle tatsächlich in der Zeit rückwärts zu reisen vermag. Auf den ersten Blick scheint dies unserer Alltagsintuition ins Gesicht zu schlagen, daß Ursachen stets dem von ihnen verursachten Ereignis vorausgehen müssen. Bei näherem Hinsehen zeigt sich indes, daß die Art von Zeitreise, die von der Transaktionsinterpretation gefordert wird, gar nicht gegen den alltäglichen Begriff von Kausalität verstößt, ebensowenig wie das atemporale Händeschütteln quer durch das Universum zwangsläufig jene Eigenschaft beseitigt, die wir als höchste menschliche Auszeichnung schätzen: unsere Willensfreiheit.

Zeit braucht Zeit

In der Alltagswelt ist es offensichtlich, daß Wirkungen stets nach ihren Ursachen eintreten. Ich überlege mir zuerst im Kopf, welchen Satz ich als nächsten niederschreiben möchte, schlage dann auf die Tasten meines Computers, und immer, nachdem ich auf eine Taste gedrückt habe, erscheint den Bruchteil einer Sekunde später der betreffende Buchstabe auf dem Bildschirm. Es ist (leider) nicht wahr, daß die Worte zuerst auf dem Bildschirm auftauchen, ich sie lese und mir dann darüber klar werde, was ich sagen möchte. Wenn aber ein atemporaler Handschlag mit Hilfe einer avancierten, in der Zeit rückwärts reisenden Quantenwelle stattfindet, so muß sich das in keiner Weise auf das logische Kausalitätsmuster in der Alltagswelt auswirken.

Cramer schlägt zwei Arten von Kausalität vor, die er »stark« bzw. »schwach« nennt. In der Alltagswelt (der »makroskopischen Welt«) gilt das »Prinzip schwacher Kausalität«, und dieses ist die Grundlage der Vorstellungen, die unser gesunder Menschenverstand über die Zeit hegt. Es besagt, daß eine makroskopische Ursache ihren makroskopischen Wirkungen in jedem Bezugssystem vorausgehen muß. Makroskopische Informationen können unter keinen Umständen mit Überlichtgeschwindigkeit oder in der Zeit rückwärts übermittelt werden. Damit würden sich wohl die meisten Menschen einverstanden erklären. Cramer definiert indes auch ein »Prinzip starker Kausalität«, demzufolge in jedem Bezugssystem eine Ursache früher als *alle* ihre Wirkungen sein muß, so daß selbst auf der mikroskopischen Ebene (d. h. auf der Quantenebene) Informationen nicht in der Zeit rückwärts übermittelbar oder schneller als Licht sind. Darin sieht man häufig eine offensichtliche Erweiterung des Prinzips schwacher Kausalität. Cramer bemerkt jedoch, daß es keinerlei experimentelle Belege für die starke Kausalität gibt. Soweit wir überhaupt über einschlägige Belege verfügen – die Tests der Bellschen Ungleichung –, so beweisen diese, daß die »mikroskopische« Kausalität verletzt wird, gleichgültig welche Interpretation der Quantenmechanik man vorzieht. In der Absorber-Theorie wird ständig gegen die starke Kausalität verstoßen; doch solange die Absorption stets in Richtung Zukunft abgeschlossen wird, bleibt die schwache Kausalität unangetastet.

Es sollte uns eigentlich nicht überraschen, daß die Transaktionsinterpretation eine andere Auffassung von der Zeit hat als der gesunde Menschenverstand. Schließlich berücksichtigt sie ausdrücklich die Wirkungen der Relativitätstheorie, und daß diese ganz und gar nicht dem gesunden Menschenverstand entsprechen, wenn es um die Zeit geht, haben wir ja bereits erfahren. Hingegen behandelt die Kopenhagener Deutung die Zeit auf eine klassische, Newtonsche Weise, und gerade das ist die tiefere Ursache für die Widersprüchlichkeiten sämtlicher Versuche, experimentelle Ergebnisse wie die von Aspect im Sinne der Kopenhagener Deutung plausibel zu machen. Wäre die Lichtgeschwindigkeit unendlich groß, löste sich das Problem in Wohlgefallen auf. Denn unter dieser Bedingung wären die lokalen und nichtlokalen Beschreibungen von Prozessen, in denen die Bellsche Ungleichung eine Rolle spielt, ununterscheidbar, und zudem lieferte die gewöhnliche Schrödinger-Gleichung eine korrekte Beschreibung des Geschehens, da sie genaugenommen die richtige »relativistische« Gleichung ist, wenn die Lichtgeschwindigkeit unendlich groß wird. Cramer hat ein recht subtiles Bindeglied zwischen Relativität und Quantenmechanik entdeckt, und das ist der Kern seiner Interpretation.

Inwiefern berührt das atemporale Händeschütteln die Möglichkeit der Willensfreiheit? Auf den ersten Blick mag es den Anschein haben, als sei durch diese Kommunikationen zwischen Vergangenheit und Zukunft alles festgelegt. Jedes emittierte Photon

»weiß« bereits, wann und wo es absorbiert werden wird, jede Quantenwahrscheinlichkeitswelle, die mit Lichtgeschwindigkeit durch die Löcher des Doppelspaltexperimentes schlüpft, »weiß« bereits, von welchem Detektor sie auf der anderen Seite erwartet wird. Wieder taucht vor uns das Bild eines erstarrten Universums auf, wie es sich aus der Perspektive eines Photons ausnehmen würde, in der weder Zeit noch Raum eine Bedeutung haben und alles, was je war oder sein wird, einfach *ist*.

Doch vergessen Sie nicht, daß dies die Perspektive eines Photons oder einer anderen Entität (beispielsweise einer Quantenwahrscheinlichkeitswelle) ist, die mit Lichtgeschwindigkeit reist. Für makroskopische Objekte, wie wir Menschen es sind, ist die Zeit etwas durch und durch Wirkliches. In meinem Bezugssystem bleibt mir noch genug Zeit, zu entscheiden, welchen Satz ich als nächsten schreiben werde, und ob ich jetzt oder erst in zwanzig Minuten meine Arbeit unterbreche, um zu Mittag zu essen. Möglicherweise erzeugen meine Entscheidungen ein verschlungenes Gewebe atemporaler Quantenverbindungen, so daß mir ein Photon, wäre es der Sprache mächtig, sagen könnte, wie sich diese Entscheidungen auf mein zukünftiges Leben auswirken. Das Prinzip schwacher Kausalität bewahrt mich jedoch davor, daß Informationen aus der mikroskopischen Welt in die makroskopische Welt durchsickern. In meinem Zeitrahmen beruhen diese Entscheidungen auf echter Willensfreiheit, und ich weiß in keiner Weise um ihre Folgen. In der makroskopischen Welt braucht es Zeit, jene Entscheidungen zu treffen, die die atemporale Realität der mikroskopischen Welt hervorbringen. (Und das gilt sowohl für menschliche Entscheidungen als auch für Quanten»entscheidungen«, die etwa am Zerfall eines Atoms beteiligt sind.) Unsere Erfahrungen entsprechen sehr viel stärker Cramers »Pseudozeit« als dem atemporalen Händeschütteln, das den Quantenwechselwirkungen zugrunde liegt.

Das ist jedenfalls meine Sichtweise. Wie bei allem in dieser Geschichte handelt es sich auch hier nur um eine Analogie, einen Mythos oder ein Modell. Möglicherweise finden Sie noch eine andere Möglichkeit, sich das Ineinandergreifen unseres alltäglichen Zeitbewußtseins und der atemporalen Quantenwelt verständlich zu machen. Unter Umständen akzeptieren Sie lieber John Bells maliziösen Vorschlag, wir könnten schließlich auch die Idee der Willensfreiheit zum alten Eisen werfen, und meinen, der Erfolg der Transaktionsinterpretation beweise (von unserer menschlichen Warte aus) die Vorherbestimmtheit sämtlicher Ereignisse, so daß ich mithin gar keine andere Wahl hatte, als dieses Buch zu schreiben, und Sie gar nicht anders konnten, als es zu lesen. Zwar mag uns die Nichtlokalität des Universums auf der mikroskopischen Ebene ein gewisses Unbehagen bereiten und ein Verständnis der Beziehung von Vergangenheit, Gegenwart und Zukunft in unserer Alltagssprache erschweren; dennoch sollten wir nicht vergessen, daß sie keineswegs ein eigentümliches Merkmal der Transaktionsinterpretation ist. Die Nichtlokalität ist eine experimentell belegte Tatsache, der jede befriedigende Interpretation der Quantenrealität Rechnung zu tragen hat. Zudem scheint diese atemporale Verbindung verschiedener Teile der Raumzeit zu einem kohärenten Ganzen recht gut mit dem im 2. Kapitel erörterten Bild der Relativitätstheorie von einer kontinuierlichen Raumzeit-»Geschichte« zu harmonisieren. Der Erfolg der Transaktionsinterpretation ist größtenteils darauf zurückzuführen, daß sie dieses Problem beherzt angeht und offen die Atemporalität der Quantenwelt zugrunde legt, die in den Experimenten zur Überprüfung der Bellschen Ungleichung manifest geworden ist.

Ich möchte noch einmal betonen, daß *alle* Interpretationen dieser Art Mythen sind, Krücken, die uns zu einer Vorstellung der Geschehnisse auf der Quantenebene und zu überprüfbaren Voraussagen verhelfen sollen. Keine von ihnen kann sich zu *der* Wahrheit aufwerfen, vielmehr sind sie *alle* »wirklich«, auch wenn sie einander widersprechen. Cramers Interpretation hat jedoch den Vorzug, ein ausgezeichneter Mythos für unsere Zeit zu sein. Sie ist ein hervorragendes Arbeitswerkzeug und bestens für die Konstruktion geistiger Bilder des Geschehens geeignet, und mit etwas Glück wird die nächste Generation von Wissenschaftlern sie anstelle der Kopenhagener Deutung als das übliche Verständnis der Quantenphysik akzeptieren.

Ohne Zweifel bietet sie vorzügliche Möglichkeiten, Anfängern die Quantenphysik näherzubringen (d. h. all jenen, die noch nicht von der Kopenhagener Deutung verdorben sind). Oder wie Cramer es formulierte:

> Eine Abkehr von der Kopenhagener Deutung mag besonders schwer zu vollziehen sein, da sie seit fünf Jahrzehnten in der Lehre der Quantenphysik traditionell die Favoritenrolle innehatte. Man sollte jedoch nicht unterschätzen, welcher Wert neuen Interpretationen und den aus ihnen hervorgehenden Einsichten in die physikalischen Prozesse zukommt. Erfahrungen in vielen Zweigen der Physik haben gezeigt, daß Fortschritte, neue Ideen und Ansätze durch die Fähigkeit stimuliert werden, physikalische Phänomene auf eine klare Weise bildlich zu veranschaulichen.[8]

Als Fred Hoyle 1977 über die Schwierigkeit nachdachte, die Ergebnisse der Quantenexperimente als Wechselwirkungen zu begreifen, die im Prinzip das ganze Universum einschließen, bemerkte er: »Eines Tages mag sich ein Erfolg abzeichnen, doch wenn überhaupt, so ist er nur von nichtlokalen Theorien in der Physik zu erwarten, d. h. von der Art Physik, die heute alles andere als populär ist.«[9] Hoyles vorausschauender Kommentar und Cramers Hoffnung scheinen sich angesichts solcher Arbeiten wie der von Chu über das Wesen der Gravitation allmählich zu bewahrheiten und zu erfüllen. Gewiß ist damit kein Schlußstrich unter die Geschichte der Quantenmechanik gezogen, wohl aber wurde ein neues Kapitel aufgeschlagen.

Bevor ich meine Darlegung der bisherigen Geschichte beschließe, kann ich es nicht lassen, Sie auf eine letzte Ironie aufmerksam zu machen. Unter den großen Physikern des 20. Jahrhunderts war es vor allem Richard Feynman, der mit großer Klarheit und Beharrlichkeit darauf hinwies, daß die gewöhnliche Form der Quantenmechanik im Grunde genommen unverständlich sei. So schrieb er Mitte der sechziger Jahre in seinem Buch *Vom Wesen physikalischer Gesetze*:

> Früher einmal konnte man in den Zeitungen lesen, es gebe nur zwölf Menschen, die die Relativitätstheorie verstünden. Das glaube ich nicht. Wohl mag eine Zeitlang nur ein Mensch sie verstanden haben, weil er als einziger überhaupt auf den Gedanken verfallen war. Nachdem er aber seine Theorie zu Papier gebracht und veröffentlicht hatte, waren es gewiß mehr als zwölf. Andererseits kann ich mit Sicherheit behaupten, daß niemand die Quantenmechanik versteht.
> ... Also fragen Sie nicht dauernd, wenn Sie es fertigbringen: ›Aber wie ist das denn möglich?‹ Das führt in eine Sackgasse, aus der noch keiner wieder herausgekommen ist. Niemand weiß, wieso es so sein kann, wie es ist.[10]

Die Ironie liegt selbstverständlich darin, daß es nun doch einen Ausweg aus der Sackgasse gibt und daß er ausgerechnet von der Theorie des Lichtes gewiesen wurde, die Feynman selbst zwanzig Jahre vor dieser Bemerkung vorgeschlagen hatte. Allerdings mußten dreißig Jahre vergehen, bevor sich das deutlich abzeichnete. Mag sein, daß Cramers Transaktionsinterpretation bloß einen Mythos für unsere Zeit abgibt, doch das Großartige an ihr ist, daß sie die Frage »Aber wie ist das denn möglich?« durchaus zuläßt und auch noch eine einfache, leicht verständliche Antwort präsentiert, mit der wir nicht in einer »Sackgasse« landen. Was mehr kann man von einer Interpretation der Quantenmechanik verlangen?

ANMERKUNGEN

Prolog: Das Problem

1 Für meine Zwecke sind die Begriffe »Quantentheorie«, »Quantenphysik« und »Quantenmechanik« austauschbar. Ausführliche Hinweise auf die im Text erwähnten Bücher finden sich im Literaturverzeichnis.
2 Ralph Baierlein, *Newton to Einstein*, S. 170.
3 Zitiert nach Nick Herbert in: Paul Davies (Hrsg.), *The New Physics*, Cambridge 1989, S. 143.
4 Heinz Pagels, *Cosmic Code: Quantenphysik als Sprache der Natur*, S. 140.
5 Vgl. etwa Hawkings *Eine kurze Geschichte der Zeit* oder mein Buch *In Search of the Big Bang*.
6 Vgl. dazu mein Buch *Unsere Sonne – ein rätselhafter Stern?*, Basel 1992.
7 Jedenfalls nicht mit der gleichen Wahrscheinlichkeit; es gibt eine geringe (*sehr* geringe) Wahrscheinlichkeit, daß sich das Elektron in der anderen Hälfte oder ganz außerhalb der Kiste befindet. Doch für unsere Zwecke dürfen wir diese Möglichkeit vernachlässigen.
8 Paul Davies/J. R. Brown, *Der Geist im Atom*, S. 34.
9 Erwin Schrödinger, ›Die gegenwärtige Situation in der Quantenmechanik‹, in: *Die Naturwissenschaften* 23 (1935), S. 812.
10 Ebd.
11 Davies/Brown, a. a. O., S. 67.
12 Brief an Nick Herbert, zitiert in Herbert, *Quantenrealität*, S. 278.
13 Davies/Brown, a. a. O., S. 66.

1 Licht aus alten Zeiten

1 Vgl. Kathleen Freeman, *Ancilla to the Pre-Socratic Philosophers*.
2 Lucretius, *De rerum natura*, Buch 4, 185–188.
3 Versuchen Sie aber *niemals*, direkt in die Sonne zu schauen, denn das kann schon in kürzester Zeit Ihre Augen dauerhaft schädigen.
4 Nach dem alten julianischen Kalender, der in England noch in Gebrauch war. Auf dem europäischen Festland, wo eine Kalenderreform durchgeführt worden war, damit Jahreszeiten und Kalender nicht immer mehr voneinander abwichen, schrieb man bereits den 4. Januar 1643.

5 Das Riesen-Zitat steht in keinem Zusammenhang zu Newtons Gravitationstheorie, sondern findet sich in einem Brief an Hooke aus dem Jahr 1675, zwölf Jahre vor der Veröffentlichung der *Principia*. Zu den Einzelheiten des Streites mit Hooke vgl. Gribbin, *Jenseits der Zeit*, 1. Kap.
6 Zitiert in Richard Westfall, *Never at Rest*, S. 242.
7 Zitiert in Arthur Zajonc, *Die gemeinsame Geschichte von Licht und Bewußtsein*, S. 124.
8 Zitiert in Ralph Baierlein, *Newton to Einstein*, S. 95.
9 Henry Lord Brougham, zitiert in Zajonc, a. a. O., S. 135.
10 Einige seiner Arbeiten waren von praktischem Nutzen. 1820 entwickelte Fresnel einen Linsentyp, der aus einer Reihe konzentrischer Ringe bestand. Diese noch heute nach ihm benannte Linse wird zur Konzentration des Lichtstrahls bei Leuchttürmen und in anderen Bereichen verwendet.
11 Zitiert in Baierlein, a. a. O., S. 102.
12 Ebd., S. 103; die Hervorhebung stammt von mir.
13 Wie sehr Faradays Ideen zu einem unerläßlichen Bestandteil der modernen Wissenschaft geworden sind, zeigt sich schon daran, daß es nahezu unmöglich ist, seine Arbeit präzise zu beschreiben, ohne solche erst später eingeführten Begriffe wie »Feld« zu verwenden. Heute »weiß jedes Kind«, was Felder sind, und von Kraftlinie zu reden ist für uns ebenso selbstverständlich, wie es für frühere Generationen selbstverständlich war, einen Äther zu postulieren!
14 Aus: Michael Faraday, *Experimentaluntersuchungen über die Elektricität*, Berlin 1889–1891, Bd. III, S. 314.
15 John Tyndall, *On Light*, S. 63; ich habe mir erlaubt, die Zahlen dem heutigen Wissensstand anzupassen.
16 Zitiert in: C. W. F. Everitt, *James Clerk Maxwell*, S. 88.
17 *On Physical Lines of Force*, zitiert in Everitt, a. a. O., S. 99.
18 Beide Zitate aus Maxwells 1864 erschienenem Aufsatz finden sich bei Baierlein, a. a. O., S. 122.
19 Vgl. etwa Zajonc, a. a. O., S. 176.

2 Moderne Zeiten

1 Zitiert in Robert Weber, *Pioneers of Science*, S. 33.
2 Zitiert in Weber, a. a. O., S. 33.
3 Mein eigener, zusammen mit Michael White geschriebener Beitrag zur Einstein-Industrie ist in der Bibliographie aufgeführt.
4 Vgl. Gribbin, *Auf der Suche nach Schrödingers Katze*, S. 95 ff.
5 Zitiert in Dipankar Home, *New Scientist*, 8. Januar 1994.
6 Die Zitate in diesem und dem nächsten Paragraphen stammen aus dem Artikel von Dipankar Home im *New Scientist* vom 8. Januar 1994.

7 Jedenfalls auf dem Feld der Wissenschaft. Als einer meiner Kollegen, Marcus Chown, am CalTech studierte, bat er Feynman, seiner Mutter die Bedeutung der Physik zu erklären. Er schrieb ihr einen Brief, um die Dinge ins rechte Licht zu rücken, und sagte, sie solle sich nicht zu viele Gedanken darüber machen, was die Arbeit ihres Sohnes eigentlich beinhalte. »Die Physik«, so meinte er in seinem Brief, »ist nicht so wichtig, wohl aber die Liebe.«
8 Richard Feynman, *QED* (dt. Ausgabe), S. 57.
9 Ebd., S. 66.
10 Ebd., S. 128.
11 Ebd., S. 147.
12 Zitiert in James Gleick, *Genius*, S. 115.
13 Vgl. dazu mein Buch *Am Anfang war…*

3 Seltsam, aber wahr

1 Paul Davies, *Mehrfachwelten*, S. 139.
2 Beide Zitate stammen aus Dipankar Home/John Gribbin, ›What is Light?‹, in: *New Scientist*, 2. November 1991.
3 Das gilt jedenfalls für *einige* Bücher, wenn auch nicht für dieses.
4 Die Zitate stammen aus *Science News* vom 10. April 1993.
5 Der Vergleich mit der radioaktiven Halbwertszeit hinkt ein wenig, denn in diesem Fall wird der Übergang von außen, d. h. durch die Radiowellen, »angeheizt«, und aus diesem Grund vollziehen *alle* Ionen den Übergang innerhalb von genau 256 Millisekunden.
6 Ein milliardstel Meter bezeichnen wir als Nanometer. Die Vorsilbe »nano« ist vom griechischen Wort *nanos*, Zwerg, abgeleitet, daher auch der Begriff »Nanotechnologie«.
7 *Scientific American*, Juli 1992, S. 75.

4 Verzweifelte Maßnahmen

1 Paul Davies/J. R. Brown, *Der Geist im Atom*, S. 90.
2 Nick Herbert, *Quantenrealität*, S. 217.
3 Davies/Brown, a. a. O., S. 93.
4 J. S. Bell, *Speakable and Unspeakable in Quantum Mechanics*, S. 191. Es ist zu betonen, daß Bell nicht seine eigene Auffassung der Quantenrealität wiedergibt, sondern lediglich die Argumente von Physikern wie Eugene Wigner und John Wheeler zusammenfaßt.
5 H. P. Stapp, *Mind, Matter, and Quantum Mechanics*, Berlin 1993, S. 152.
6 Gell-Mann, *The Nature of the Physical Universe*, New York, S. 29.
7 Interview in *Omni*, Mai 1988, S. 88.
8 *Review of Modern Physics* 65 (1993), S. 803.
9 Davies/Brown, a. a. O., S. 144 f.

10 Bell, a.a.O., S. 191.
11 Davies/Brown, a.a.O., S. 67.
12 Ebd., S. 104. Im gleichen Interview bemerkte Paul Davies, die Vielwelten-Interpretation sei »sparsam mit Annahmen, aber verschwenderisch im Umgang mit Welten«.
13 Alle Zitate dieses Absatzes finden sich in Davies/Brown, a.a.O., S. 120f.
14 *New Scientist*, 10. Oktober 1992.
15 T. Padmanabhan, *New Scientist*, 10. Oktober 1992.
16 *Physics Today*, April 1993.
17 Paz/Mahler, *Physical Review Letters* 71 (1993), S. 3235.
18 Ebd.
19 Penroses Buch ist unter dem Titel *Computerdenken. Des Kaisers neue Kleider* auf deutsch erschienen. Die entsprechenden Stellen in der deutschen Ausgabe befinden sich – in der Reihenfolge der Zitate – auf S. 220, S. 245 und S. 291. (A. d. Ü.)
20 Davies/Brown, a.a.O., S. 139.
21 Heinz Pagels, *Cosmic Code*, S. 175.
22 Bell, a.a.O., Kap. 15.
23 Davies/Brown, a. a. O., S. 65 f.
24 Ebd., S. 63.
25 Alastair Rae, *Quantum Physics*, S. 109.
26 Zitiert in Davies/Brown, a. a. O., S. 62; ohne nähere Quellenangabe.
27 Zitiert in Rae, a. a. O., S. 109; ohne nähere Quellenangabe.

5 Vom Nachdenken über die Dinge

1 Nick Herbert, *Quantenrealität*, S. 260 f.
2 Andrew Pickering, *Constructing Quarks*, S. 7.
3 *Physics Letters* 8 (1964), S. 214.
4 CERN-Preprint Nr. 8182/TH 401.
5 In: *Baryon '80*, hrsg. von N. Isgur, Toronto 1981, S. 439.
6 Martin Heidegger, *Die Technik und die Kehre*, Pfullingen 1962, S. 21.
7 Pickering, a. a. O., S. 132. Es freut mich, daß auch Pickering sich in diesem Sinne äußerte, denn für mich sind sie ein Buch mit sieben Siegeln. Ich kann mich lediglich auf die Versicherungen meiner mathematisch gebildeten Freunde verlassen, daß sie tatsächlich funktionieren.
8 Pickering, a. a. O., S. 407.
9 Dieses und das folgende Zitat findet sich bei Pickering, a. a. O., S. 413.
10 Zitiert in Abraham Pais, »*Raffiniert ist der Herrgott...*«, Braunschweig 1986, S. 151. Weitere Zitate in diesem Abschnitt aus derselben Quelle.
11 Die seinerseits durch die Tatsache beglaubigt werden, daß *Speculations in Science and Technology*, eine trotz ihres Namens sehr angesehene wissenschaftliche Zeitschrift, seine Ideen zur Veröffentlichung akzeptiert hat.

12 S. Banach/A. Tarski, *Fundamenta Mathematica* 6 (1924), S. 224.
13 Diese terminologische Entscheidung ist in zweierlei Hinsicht unglücklich, denn in Wirklichkeit behandelt Hawking die Zeit so, als wäre sie ein *imaginärer Raum*. In den Gleichungen spielt $i \cdot t$ dieselbe Rolle wie x, y oder z.
14 Vgl. etwa Karl R. Popper, *Logik der Forschung*, 2., erw. Aufl., Tübingen 1966.
15 Zitiert in Martin Krieger, *Doing Physics*, S. 30.
16 Dieses und das nachfolgende Zitat findet sich bei Krieger, ebd., S. 22f.
17 Auf S. 29 seines Buches *Elementary Particles and the Laws of Physics* illustriert Richard Feynman anhand einer Teetasse auf köstliche Weise, wie man durch zwei Umdrehungen wieder zum Ausgangspunkt zurückkommt.
18 J. S. Bell, *Speakable and Unspeakable in Quantum Mechanics*, S. 194f.

Epilog: Die Lösung – Ein Mythos für unsere Zeit

1 Lassen Sie sich nicht von der Tatsache verwirren, daß ein Gegenstand auf dem Mond weniger als auf der Erde wiegt. Der Grund dafür ist nicht in einer Veränderung des Gegenstandes selbst zu suchen. Die Ursache ist vielmehr die im Verhältnis zur Erdoberfläche geringere Gravitation auf der Mondoberfläche. Die äußere Kraft ist auf dem Mond schwächer, und da die Trägheitsreaktion des Gegenstandes der verringerten äußeren Kraft entspricht, »wiegt« er »weniger«.
2 Shu-Yuan, *Physical Review Letters* 71 (1993), S. 2847
3 John Cramer, ›The transactional interpretation of quantum mechanics‹, in: *Reviews of Modern Physics* 58 (1986), S. 647.
4 Der ganze Gedankengang bleibt auch dann gültig, wenn wir mit dem »Absorber«elektron beginnen, das Strahlung in die Vergangenheit emittiert; die Transaktionsinterpretation sagt nichts darüber aus, welche Zeitrichtung zu bevorzugen ist, meint jedoch, eine Bevorzugung sei durch die Randbedingungen des Universums gegeben, die einen vom Urknall wegweisenden Zeitpfeil begünstigten.
5 Cramer, a. a. O., S. 661.
6 Ebd., S. 673.
7 Ebd., S. 674.
8 Ebd., S. 681.
9 Fred H. Hoyle, *Ten Faces of the Universe*, London 1977, S. 128.
10 Richard Feynman, *Vom Wesen physikalischer Gesetze*, München 1990, S. 159f.

LITERATURVERZEICHNIS

Neben den im Text angegebenen Verweisen, bei denen es sich gewöhnlich um eher technische Bücher und wissenschaftliche Aufsätze handelt, führe ich nachstehend alle Werke auf, die mir bei der Klärung meiner Gedanken über die Bedeutung der Quantenrealität und den eigentlichen Gehalt der Physik eine große Hilfe waren (und mich in einigen Fällen beeinflußten). In dieser Bibliographie finden Sie auch ein paar meiner eigenen Bücher, denen Sie entnehmen können, wie sich meine Gedanken in den letzten zwei Jahrzehnten entwickelt und verändert haben.

DAVID ALBERT, *Quantum Mechanics and Experience*, Harvard University Press, Cambridge, Mass. 1992.
Albert verficht die Interpretation der »vielen Bewußtseine« in der Quantenmechanik, vermochte mich aber ganz und gar nicht zu überzeugen. Sollte diese Idee Sie fesseln, dann können Sie hier selbst herausfinden, wie einleuchtend die Begründung ist.

HANS VON BAEYER, *Taming the Atom*, Viking, London 1992. [Dt.: *Das Atom in der Falle*, Reinbek 1993.]
Das Buch vermittelt einen guten Eindruck von der atomaren und molekularen Welt. Es enthält phantastische Photographien von einzelnen Atomen, DNS-Molekülen und anderen Wundern der Mikrowelt. Allerdings muß ich Sie vor einigen Fehlern warnen, darunter auch die »Erklärung« zur Struktur des Heliumatoms.

JIM BAGGOTT, *The Meaning of Quantum Theory*, Oxford University Press, Oxford 1992.
Eine etwas technische Darstellung aus der Feder eines Physikers, der erst 1987 von der Entdeckung des Bellschen Theorems aufgeschreckt wurde, nachdem er zuvor in seliger Unkenntnis der Bedeutung der Quanten-Nichtlokalität gelebt hatte. Sein naives Erstaunen angesichts der soeben von ihm entdeckten Geheimnisse verleihen dem Buch einen großen Reiz, wenn Sie sich nicht an den Gleichungen stören.

RALPH BAIERLEIN, *Newton to Einstein*, Cambridge University Press, Cambridge 1992.

Das Buch beschäftigt sich mit der Doppelnatur des Lichtes und skizziert die Spezielle Relativitätstheorie. Da es für Studienanfänger und nicht für Fachleute geschrieben wurde, ist es für jeden, der sich für das Thema interessiert, verhältnismäßig verständlich. Allerdings bleibt es ein Lehrbuch, auch wenn es viel zugänglicher als die meisten Exemplare dieser Gattung ist.

JOHN S. BELL, *Speakable and Unspeakable in Quantum Mechanics*, Cambridge University Press, Cambridge 1987.
Eine Sammlung *aller* Aufsätze John Bells zu den begrifflichen und philosophischen Problemen der Quantentheorie. Einige sind recht gut verständlich, andere hingegen ausgesprochen technisch.

PAUL DAVIES, *Other Worlds*, Pelican, London 1988; die Originalausgabe erschien 1980 bei J. M. Dent in London. [Dt.: *Mehrfachwelten. Entdeckungen der Quantenphysik*, Köln 1981.]
Ein guter, leicht veralteter Überblick über die Quantenideen, der vor dem Experiment von Aspect verfaßt wurde. Davies legt ausführlich und wohlwollend die »Vielwelten«-Theorie dar und erörtert die anthropischen »Zufälle«, durch die die Welt wurde, wie sie ist.

PAUL DAVIES/J. R. BROWN (Hrsg.), *The Ghost in the Atom*, Cambridge University Press, Cambridge 1986. [Dt.: *Der Geist im Atom*, Basel 1988.]
Das Buch enthält – aus allererster Hand – Versionen der unterschiedlichen Interpretationen der Quantentheorie. Sie basieren auf Interviews, die für eine Sendereihe der BBC aufgenommen wurden. Hervorragende Fachleute treten für wechselseitig unvereinbare Möglichkeiten ein, und das auf der Grundlage derselben Beweismittel! Ein köstliches Beispiel für die Konfusionen in den Köpfen der Physiker, wenn es gilt, die Bedeutung der Quantenmechanik zu verstehen.

DAVID DEUTSCH, *The Fabric of Reality*, Viking, London 1995.
Eine sehr persönliche Auffassung der Quantentheorie, die auf Hugh Everetts »Vielwelten«-Theorie fußt und einige faszinierende Gedanken zum Wesen der Zeit enthält.

J. W. DUNNE, *An Experiment with Time*, Faber & Faber, 3. Aufl., London 1934.
Eine leicht mystische Abhandlung über das Wesen der Zeit, aus der klar hervorgeht, daß wir eine zweite Zeitschicht brauchen, um das »Fließen« der Alltagszeit zu messen, sodann eine dritte, um die zweite zu messen, und so weiter *ad infinitum*.

C. W. F. EVERITT, *James Clerk Maxwell*, Scribner's, New York 1975.
Eine lesenswerte und klare Darstellung von Leben und Werk Maxwells.

J. FAUVEL/R. FLOOD/M. SHORTLAND/R. WILSON (Hrsg.), *Let Newton Be!*, Oxford University Press, Oxford 1988. [Dt.: *Newtons Werk – Die Begründung der modernen Naturwissenschaften*, Basel 1993.]
Eine sehr lesbare Aufsatzsammlung über Newton und sein Werk.

RICHARD FEYNMAN, *QED: The strange theory of light and matter*, Penguin, London 1990. [Dt.: *QED – Die seltsame Theorie des Lichts und der Materie*, München 1988.]
Die letzte Auflage eines zuerst 1965 veröffentlichten Buches, das auf einer von der BBC ausgestrahlten Vorlesungsreihe beruht. Es enthält ein Kapitel über die Quantentheorie, sei aber insgesamt wärmstens zur Lektüre empfohlen, wenn Sie die authentische Stimme Feynmans hören wollen.

RICHARD FEYNMAN, *Six Easy Pieces*, Addison-Wesley, Reading, Mass. 1995.
Sechs der Einführungsvorlesungen aus Feynmans berühmtem Physikkurs (vgl. unten), nebst einer Einführung in die Quantenphysik.

RICHARD FEYNMAN/ROBERT LEIGHTON/MATTHEW SANDS, *The Feynman Lectures on Physics, Bd. III*, Addison-Wesley, Reading, Mass. 1965. [Dt.: *Vorlesungen über Physik*, Bd. III, München 1971.]
Dieser Band der berühmten Feynman-Vorlesungen beschäftigt sich mit der Quantentheorie. Ein Text für die ersten Semester und alle, die sich ernsthaft für das Thema interessieren.

RICHARD FEYNMAN/STEVEN WEINBERG, *Elementary Particles and the Laws of Physics*, Cambridge University Press, Cambridge 1987.
Nachschriften zweier Vorlesungen, die Mitte der achtziger Jahre zu Ehren Paul Diracs gehalten wurden. Sie vermitteln einen ausgezeichneten Einblick in die Denkweise der Physiker.

KATHLEEN FREEMAN, *Ancilla to the Pre-Socratic Philosophers*, Harvard University Press, Cambridge, Mass. 1983.
Hier finden Sie Abschnitte über das Werk des Empedokles, von dem im 1. Kapitel die Rede war.

JAMES GLEICK, *Genius*, Little Brown, London 1992. [Dt.: *Richard Feynman: Leben und Werk des genialen Physikers*, München 1993.]
Eine umfassende Studie über Leben und Werk Feynmans im Kontext der Physik unseres Jahrhunderts.

JOHN GRIBBIN, *In Search of Schrödinger's cat*, Bantam, New York, und Black Swan, London 1984. [Dt.: *Auf der Suche nach Schrödingers Katze*, München 1987.]
Bricht dort ab, wo das vorliegende Buch den Faden wieder aufnimmt. Das beste Handbuch für den Laien über die Geschichte der Quantentheorie (könnte ich etwas anderes behaupten?).

JOHN GRIBBIN, *In Search of the Big Bang*, Bantam, New York, und Black Swan, London 1986.
Die akzeptierte Theorie über den Ursprung des Universums im Rahmen einiger Überlegungen zur Quantenphysik.

JOHN GRIBBIN, *In Search of the Edge of Time*, Harmony, New York, und Black Swan, London 1992. [Dt.: *Jenseits der Zeit. Experimente mit der 4. Dimension*, Essen etc. 1994.]

Meine Auffassung über die Entstehung der Relativitätstheorie und ihre Folgen, nebst Überlegungen zum Problem der Zeit und der Möglichkeit von Zeitreisen.

John Gribbin, *In the Beginning*, Little Brown, New York, und Viking, London 1993. [Dt.: *Am Anfang war...: Neues vom Urknall und der Evolution des Kosmos*, Basel 1995.]
Die meisten Ideen über den Ursprung des Universums sowie die Belege dafür, daß es in der Weise »geschlossen« ist, wie es die Wheeler-Feynman-Absorber-Theorie fordert.

John und Mary Gribbin, *Time and Space*, Dorling Kindersley, London 1994. [Dt.: *Raum und Zeit. Was wir über das Universum wissen*, Hildesheim 1995.]
Der Versuch, eine einfache und gut lesbare Erklärung der Einsteinschen Relativitätstheorien vorzulegen. Das Buch ist mit vielen Illustrationen und wenig Text versehen. Möglicherweise eine gute Hilfe, um einige der im 2. Kapitel dargelegten Gedanken zu verdeutlichen.

Herman Haken/Anders Karlqvist/Uno Svedin (Hrsg.), *The Machine as Metaphor and Tool*, Berlin 1993.
Eine Aufsatzsammlung, die sich um das Thema der Maschine und ihrer metaphorischen Verwendung in vielfältigen Kontexten, einschließlich der wissenschaftlichen Weltansicht dreht. Hervorgegangen ist das Buch aus einer Arbeitstagung in Abisko, Schweden. Im Mittelpunkt steht das Gehirn, dennoch ist die Sammlung für die im 5. Kapitel erörterten Themen von Belang.

Nick Herbert, *Quantum Reality*, Rider, London 1985. [Dt.: *Quantenrealität. Jenseits der neuen Physik*, Basel 1987.]
Eine sehr lesenswerte, leicht überholte Darstellung verschiedener Interpretationen der Quantentheorie.

Roger Jones, *Physics as Metaphor*, University of Minnesota Press, Minneapolis, Minn. 1982.
Der Autor beobachtet, wie Physiker über die Welt nachdenken, und hinterfragt die gewöhnlichen Annahmen über die Beziehung von Modellen und Wirklichkeit.

Martin Krieger, *Doing Physics*, Indiana University Press, Bloomington, Ind. 1992.
Ein Buch, das frischen Wind in Ihr Denken bringt. Mehr als jede andere mir bekannte Erörterung legt es klar und überzeugend dar, inwiefern die Physik nicht nur auf Analogien und Metaphern beruht, sondern ein System von Analogien und Metaphern *ist*, – mit anderen Worten, Physik ist eine Fiktion. Das Buch argumentiert sehr dicht und verlangt nach einer sorgfältigen Lektüre. Sollten Sie sich der Mühe unterziehen, werden Sie die Welt der Wissenschaft nie mehr mit denselben Augen betrachten.

THOMAS KUHN, *The Structure of Scientific Revolutions*, University of Chicago Press, Chicago 1970. [Dt.: *Die Struktur wissenschaftlicher Revolutionen*, Frankfurt am Main 1976.]
Ein klassisches Werk über Denk- und Arbeitsweise der Wissenschaftler sowie darüber, wie und warum sie manchmal ihre Einstellungen ändern.

JEAN-PIERRE MAURY, *Newton: Understanding the Cosmos*, Thames & Hudson, London 1992.
Die englische Übersetzung eines erstmals 1990 erschienenen französischen Buches. Bei weitem die müheloseste Einführung in Newton und sein Werk, mit einem leicht zu lesenden Text, farbigen Illustrationen, und das alles auf 144 Seiten im Taschenbuchformat.

DUGALD MURDOCH, *Niels Bohr's Philosophy of Physics*, Cambridge University Press, Cambridge 1987.
Das Urteil eines Gelehrten über Bohrs Beitrag zur Quantentheorie, insbesondere über Bohrs exakte Auffassung dessen, was heute als Kopenhagener Deutung bekannt ist. Nicht immer leicht zu lesen, aber hier geht es wirklich um Entscheidendes.

HEINZ PAGELS, *The Cosmic Code*, Michael Joseph, London 1982. [Dt.: *Cosmic Code. Quantenphysik als Sprache der Natur*, Berlin 1983.]
Legt klar und fesselnd dar, wie seltsam die Quantenwelt (und vor allem die Kopenhagener Deutung) ist. Dieses Buch eines hervorragenden Physikers mit der Begabung, seine Leser anzusprechen, wurde geschrieben, kurz bevor die Ergebnisse des Experimentes von Aspect Begeisterung für alternative Interpretationen auslösten.

ROGER PENROSE, *The Emperor's New Mind*, Oxford University Press, Oxford 1989. [Dt.: *Computerdenken. Des Kaisers neue Kleider oder die Debatte um Künstliche Intelligenz, Bewußtsein und die Gesetze der Physik*, Heidelberg 1991.]
In der Absicht zu beweisen, daß es keine wahrhaft intelligenten Computer geben könne, führt Penrose den Leser auf eine Rundreise durch weite Gebiete der modernen Physik, einschließlich der Quantentheorie. Eine streckenweise mühsame, dann wieder anregende Lektüre; obwohl oft umstritten, kann ich das Buch nur empfehlen.

ANDREW PICKERING, *Constructing Quarks*, Edinburgh University Press, Edinburgh 1984.
Eine fesselnde Darstellung der Geschichte der modernen Teilchenphysik. Hin und wieder beschwerlich, schildert es die Geschichte und die letztgültige Theorie nicht als Resultat der Aufdeckung einer verborgenen Wahrheit durch die Wissenschaftler, sondern als Schöpfung einer Realität, die Ausfluß ihrer Experimente und Theorien ist. Sorgfältige Lektüre lohnt sich.

WILLIAM POUNDSTONE, *Labyrinths of Reason*, Anchor Books, New York 1988. [Dt.: *Im Labyrinth des Denkens: Wenn Logik nicht weiterkommt*, Reinbek 1992.]
Eine leicht verständliche Abhandlung darüber, wie Physiker die Welt betrachten.

ILYA PRIGOGINE/ISABELLE STENGERS, *Order out of Chaos*, Heinemann, London 1984.
Eine gute Einführung in Prigogines Überlegungen zur Komplexität und zum Zeitpfeil, allerdings streckenweise sehr mühsam zu lesen. Eine noch härtere Nuß ist die Version, die Prigogine im Alleingang vorlegt, vgl. *From Being to Becoming*, Freeman, San Francisco 1980. [Dt.: *Vom Sein zum Werden*, 5., überarb. u. erw. Aufl., München 1979.]
Prigogine hat seine Ideen in einer Reihe von Büchern ausgebreitet, die zwar randvoll mit spannenden Gedanken sind, aber meiner Ansicht nach an einigen Stellen schwer zu verdauen. Glücklicherweise hat Alastair Rae in seinem Buch *Quantum Physics: Illusion or Reality?* (siehe unten) die mögliche Bedeutung dieser Gedanken für die Quantenwelt mit beispielhafter Klarheit erörtert. Das Buch sei jedem empfohlen, der sich einen schnellen Überblick verschaffen möchte.

ALASTAIR RAE, *Quantum Physics: Illusion or Reality?*, Cambridge University Press, Cambridge 1986.
Eine recht traditionelle Standardeinführung für den Laien. Das Buch bietet unter anderem eine Erörterung der Arbeiten Prigogines, die verständlicher ist als dessen eigene Schriften.

HENRY PIERCE STAPP, *Mind, Matter, and Quantum Mechanics*, Berlin 1993.
Obgleich stellenweise schwer verständlich, profitiert das Buch davon, daß es eine Sammlung von Stapps Aufsätzen enthält, die allesamt das Problem der Quantentheorie und des Bewußtseins angehen. Da er seine Gedanken zu verschiedenen Gelegenheiten leicht unterschiedlich dargestellt hat, kann der hartnäckige Leser ein Gespür dafür entwickeln, was eigentlich vor sich geht. Die Mühe lohnt sich, wenn Sie tiefer in das im 4. Kapitel berührte Geheimnis von Geist und Materie eindringen möchten.

JOHN TYNDALL, *On Light*, Longman, London 1873. [Dt.: *Das Licht*, hrsg. v. G. Wiedemann, Braunschweig 1876.]
Ein wunderbares Buch, das auf Vorlesungen zurückgeht, die Tyndall auf einer Vortragsreise durch die Vereinigten Staaten gehalten hat. Es gewährt einen spannenden Einblick in die Welt der viktorianischen Wissenschaft, eröffnet von dem Mann, der als erster erkannte, warum der Himmel blau ist.

ROBERT WEBER, *Pioneers of Science*, Adam Hilger, 2. Aufl., Bristol 1988.
Kurzporträts aller Nobelpreisträger für Physik, angefangen bei Wilhelm Röntgen (1901) bis hin zu Alex Müller und Georg Bednorz (1987).

RICHARD WESTFALL, *Never at Rest*, Cambridge University Press, Cambridge 1980.
Die endgültige Biographie Newtons. 1993 erschien eine gekürzte Fassung desselben Buches unter dem Titel *The Life of Isaac Newton* bei Cambridge University Press. Möglicherweise ist diese Ausgabe leichter greifbar, das Original ist jedoch unvergleichlich besser.

JOHN WHEELER/WOJCIECH ZUREK, *Quantum Theory and Measurement*, Princeton University Press, Princeton 1993.
Eine wunderbare Sammlung klassischer Aufsätze, welche die Geschichte der Untersuchungen über die Bedeutung der Quantentheorie dokumentieren. Der EPR-Artikel, der Erstabdruck von Schrödingers Katze, Bohm, Bell und Aspect, sie alle sind hier neben vielen anderen (doch leider nicht Cramer) vertreten. Daneben finden Sie knappe Kommentare. Die Artikel sind größtenteils sehr technisch, es lohnt sich aber, das Buch in der Bibliothek durchzublättern.

ARTHUR ZAJONC, *Catching the Light*, Bantam, London 1993. [Dt.: *Die gemeinsame Geschichte von Licht und Bewußtsein*, Reinbek 1994.]
Ein faszinierender Blick auf die Geschichte des Lichts. Neben wissenschaftlichen Gedanken finden Sie hier auch künstlerische und poetische Impressionen.

NAMEN- UND SACHREGISTER